Aktuelle Probleme der Polymer-Physik I

(Sonderausgabe aus Kolloid-Zeitschrift & Zeitschrift für Polymere, Band 241)

Vorträge

der Arbeitstagung des Fachausschusses Physik der Hochpolymeren
in der Frühjahrstagung 1970 des Regionalverbandes Hessen-Mittelrhein-Saar
der Deutschen Physikalischen Gesellschaft in Darmstadt, 10.–13. März 1970

Herausgegeben von

Prof. Dr. E. W. FISCHER
Mainz

PROF. DR. F. H. MÜLLER
Marburg/Lahn

Mit 174 Abbildungen in 232 Einzeldarstellungen und 38 Tabellen

SPRINGER-VERLAG BERLIN HEIDELBERG GMBH 1970

ISBN 978-3-7985-0328-1 ISBN 978-3-642-52083-9 (eBook)
DOI 10.1007/978-3-642-52083-9

Erscheinungsweise: zwanglos – Bandpreis: DM 50,–

Herstellung: Universitätsdruckerei Mainz GmbH

INHALT

KOLLOID-ZEITSCHRIFT & ZEITSCHRIFT FÜR POLYMERE

ORGAN DER KOLLOID-GESELLSCHAFT

Band 241 November 1970 Heft 1–2

Aus dem Institut für Theoretische Physik, Abt. Struktur der Materie, Technische Universität Hannover

Zur Deutung des Deformationsverhaltens von fadenförmigen partiell-kristallinen verstreckten Hochpolymeren*)

Von J. Juilfs

Mit 14 Abbildungen in 28 Einzeldarstellungen

(Eingegangen am 10. April 1970)

1. Morphologie verstreckter Fasern

Verstreckte Fasern besitzen eine charakteristische übermolekulare Struktur. Die röntgenographisch beobachtbare Langperiode weist bekanntlich auf eine periodische Folge von amorphen und kristallinen Bereichen hin. Die ausgedehnten Kristallschichten wechseln mit nahezu amorphen Schichten einander ab und bilden auf diese Weise das bekannte, von *Bonart* und *Hosemann* (1) diskutierte Modell des parakristallinen Schichtgitters. Dieses Modell präzisierte *Bonart* (2) kürzlich durch die Einfügung von Molekülkettenenden in die amorphen Schichten.

Nun werden im verstreckten Material bei elektronenmikroskopischen Aufnahmen vor allem Fibrillen und stärkere Stränge in Verstreckrichtung nachgewiesen (3) (vgl. Abb. 1). *Bonart* und *Hosemann* (4) untersuchten die Möglichkeit der Existenz von Mikrofibrillen mit aufeinanderfolgenden amorphen und kristallinen Bereichen und der aus den Mikrofibrillen zusammengesetzten Fibrillarstränge an verstrecktem Polyäthylen. Während bei kaltverstrecktem Polyäthylen im allgemeinen zwischen den kristallinen Bereichen in seitlich benachbarten Mikrofibrillen keine Lagekorrelationen bestehen, lassen sich durch Pressen und Tempern der verstreckten Probe unterschiedliche Lagekorrelationen erzeugen. Die Autoren zeigten das Strukturschema eines Fibrillarblocks mit Lagekorrelationen zwischen den kristallinen Bereichen in seitlich benachbarten Mikrofibrillen (vgl. Abb. 1). Obwohl eine kristalline Schicht keine Struktur mehr erkennen zu lassen braucht, kann sie doch durchaus aus einzelnen Mosaik-Kristall-Blöcken aufgebaut sein.

Ähnlich wie nach *Hosemann* (5) die sog. Hochpolymer-Einkristalle eine Mosaikstruktur aufweisen, setzen sich Mosaik-Kristallit-Blöcke in mehr oder weniger regelmäßiger Anordnung zu den kristallinen Schichten in der verstreckten Faser zusammen (6) (vgl. Abb. 2). Die Häufung von Defektstellen zwischen den aneinandergrenzenden Mosaikblöcken vermindert den seitlichen Zusammenhang der kristallinen Schichten in diesen Grenzflächen. In der Verstreckrichtung sind die Mosaikblöcke der einzelnen kristallinen Schichten in Form der Mikrofibrillen zusammengeschlossen.

Der Längszusammenhalt in solchen Mikrofibrillen wird durch Moleküle bewirkt, die, einen Kristall-Mosaikblock verlassend, durch den amorphen Bereich hindurchlaufen und wieder Bestandteil des folgenden Kristalliten werden: die Verbindungs-Moleküle, die in der Literatur in Anlehnung an die englischsprachige Bezeichnungsweise auch kurz als tie-Moleküle bezeichnet werden. Der Zusammenhalt in der Verstreckrichtung wird als Folge der die Kristallite unmittelbar miteinander verbindenden Moleküle wesentlich höher sein als der seitliche Zusammenhalt zwischen den Mosaikblöcken benachbarter Mikrofibrillen.

Die seitliche Ausdehnung der Mosaikblöcke liegt – naturgemäß abhängig von der Natur der Substanz – in der Größenordnung von 100 Å. Für Polyamid-6-Fasern wurde von *Juilfs* und *Berg* (7) die Breite der einzelnen Kristalliteinheiten *in* Richtung der Faltungs- bzw. Rostebenen deutlich abhängig vom mittleren Molekulargewicht der Substanz

*) Vorgetragen auf der Arbeitssitzung des Fachausschusses Physik der Hochpolymeren in der Frühjahrstagung 1970 des Regionalverbandes Hessen-Niederrhein-Saar der Deutschen Physikalischen Gesellschaft in Darmstadt, 10.–13. März 1970.

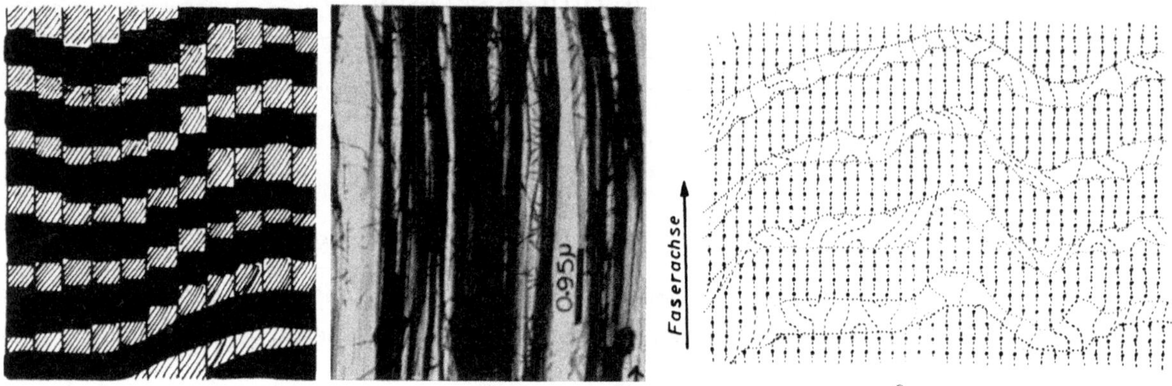

a b c

Abb. 1. Zur Fibrillarstruktur von verstreckten Fasern: a) Modell des parakristallinen Schichtgitters nach *Bonart-Hosemann*; b) Elektronenmikroskopische Aufnahme von Mikrofibrillen und Fibrillarsträngen nach *Peterlin*; c) Schema eines Fibrillarblocks mit Lagekorrelationen zwischen den Kristalliten nach *Bonart-Hosemann*

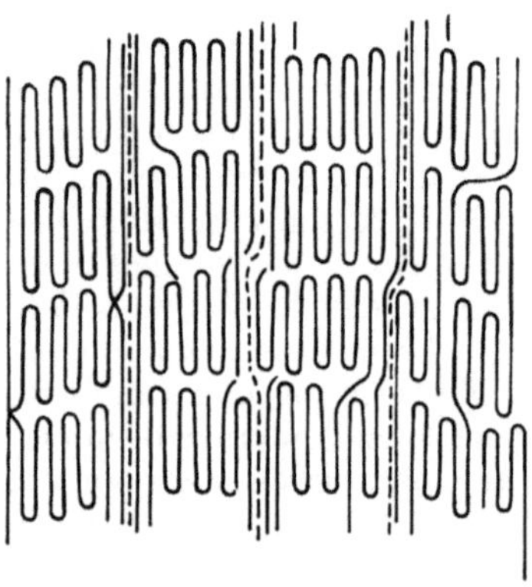

Abb. 2. Schema der Fibrillarstruktur nach *Peterlin*

gefunden (Abb. 3). *Senkrecht* zur Richtung der Rostebenen konnte keine solche Abhängigkeit nachgewiesen werden. Damit wäre die Breite der Mikrofibrillen vom mittleren Molekulargewicht abhängig. Dieser Befund könnte darüber hinaus nahelegen, einen

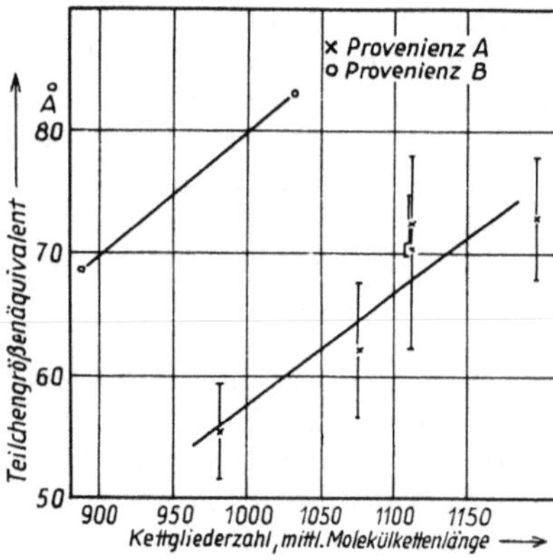

Abb. 3. Abhängigkeit des Teilchengrößenäquivalentes von der mittleren Molekularkettenlänge nach *Juilfs-Berg*

wesentlichen Anteil von Molekülenden auch in die seitlichen Grenzflächen zwischen die Kristall-Mosaikblöcke und nicht nur in die amorphen Schichten zu legen, wie es dem Bild von *Bonart* (2) entsprechen würde.

2. Mikrofibrillen als Spannungsträger

Beim Anlegen einer Zugkraft an die Faser wird die Spannung naturgemäß von den tragfähigen Elementen in der Beanspruchungsrichtung, also von den Mikrofibrillen aufgenommen. Innerhalb der Mikrofibrillen mit der periodischen Folge von kristallinen und amorphen Bereichen sind die amorphen Bereiche am schwächsten. Der Bruch der Faser wird also zweifellos durch diese hindurch erfolgen. Ihr Deformationsmechanismus wird daher von besonderem Interesse sein.

Die amorphen Bereiche enthalten unter dem Gesichtspunkt der Beanspruchung durch Zug zwei verschiedene Gruppen von Molekülen bzw. Molekülabschnitten (vgl. Abb. 4): 1. mehr oder weniger große Faltungsbögen der rückgefalteten Moleküle sowie Kettenenden, 2. tie-Moleküle, die in mehr oder weniger verknäuelter Form die aufeinanderfolgenden Kristallitbereiche miteinander verbinden sowie gegebenenfalls miteinander unauflösbar verschlungene Faltungsbögen, die im folgenden einfach zu den tie-Molekülen gezählt werden sollen. Nach dem besprochenen Mikrofibrillenbild werden solche Moleküle des amorphen Bereiches teilweise auch in die Grenzflächen zwischen den Mosaik-Blöcken hinein reichen oder als Bestandteile von Mosaikblöcken der Nachbarfibrillen weiterlaufen.

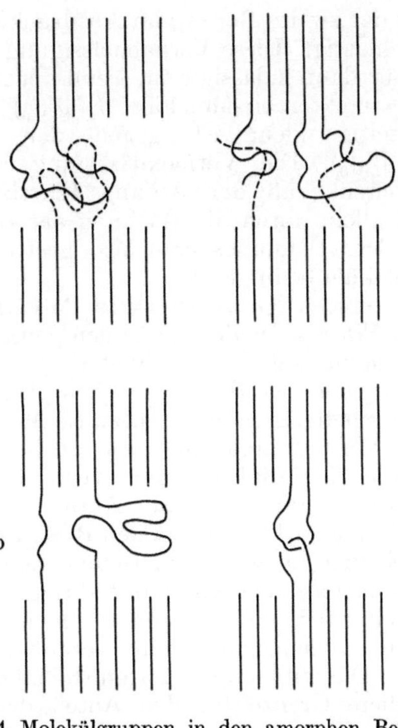

Abb. 4. Molekülgruppen in den amorphen Bereichen: a) Rückfaltungsbögen und Kettenenden; b) tie-Moleküle und unauflösbar miteinander verschlaufte Faltungsbögen

Die Faltungsbögen und Kettenenden können ein Netzwerk miteinander verschlaufter Molekülteile bilden, zwischen denen die vergleichsweise geringen zwischenmolekularen Kräfte wirken. Die tie-Moleküle zwischen den kristallinen Bereichen werden zweifellos auch an diesem Netzwerk beteiligt sein. Sie werden aber, sobald sie die gestreckte Konformation erreichen, einen wesentlich größeren Anteil der Spannung tragen. Sobald durch weitere Dehnung der Faser tie-Moleküle brechen, werden immer wieder neue tie-Moleküle in die gestreckte Konformation kommen, so daß während der Deformation ein sukzessives Brechen von tie-Molekülen über die ganze Substanz hinweg erfolgen kann, worüber *Zhurkov* (8), *Campbell* und *Peterlin* (9) sowie neuerdings auch *Becht* und *Fischer* (10) berichtet haben.

Die Zurückführung des makroskopischen Dehnungsvorganges auf die Dehnung der Mikrofibrillen verlangt im Grunde auch eine Vorstellung über die Kraftübertragung auf die Mikrofibrillen. Da Röntgenuntersuchungen (11) ausweisen, daß die Dehnung der Langperiode völlig derjenigen der makroskopischen Dehnung entspricht, darf die volle Kraftübertragung auf die Mikrofibrille – zumindest für die überprüften Substanzen – im Mittel als gesichert angenommen werden. Auf welche Weise die Kraftübertragung geschieht, soll hier nicht diskutiert werden. Auch soll die Form der Spannungsverteilung in der Mikrofibrille hier unberücksichtigt bleiben.

Die theoretischen Ansätze und Modellvorstellungen zur Beschreibung der molekularen Effekte beim Dehnungsvorgang aufgrund makroskopischer Messungen können naturgemäß nur ein mittleres Verhalten wiedergeben. Die Schwankungen in der Ausdehnung und Orientierung der Mosaikblöcke und in der Form der amorphen Schichten, sowie die Schwankungen in Zahl und Länge der tie-Molekül-Abschnitte und die seitliche Versetzung ihrer Enden können im Mittel-Modell nicht berücksichtigt werden. Sie führen jedoch, was im Einzelfall nicht zu vernachlässigen ist, zu einer großen Variationsbreite der Spannungskonzentration auf die tie-Moleküle.

3. Über den Bruch von tie-Molekülen in amorphen Schichten

Peterlin (6) teilte kürzlich einen Ansatz mit, bei welchem – entsprechend dem Ziel der angestellten Untersuchungen – die tie-Moleküle als die wesentliche Komponente für die Längsfestigkeit der Faser behandelt werden. Der Anteil der tie-Moleküle, die aus dem Kristallit in den amorphen Bereich treten, sei β (vgl. Abb. 5). Der Anteil der zurückgefalteten Ketten und Kettenenden ist dann $1 - \beta$. Die Längenverteilung der tie-Molekülabschnitte zwischen den einander parallel vorausgesetzten Kristallit-Endflächen sei durch die Summenverteilungsfunktion $W(h)$ gegeben, die den Anteil der tie-Moleküle mit einer Länge $\leqslant h$ angibt.

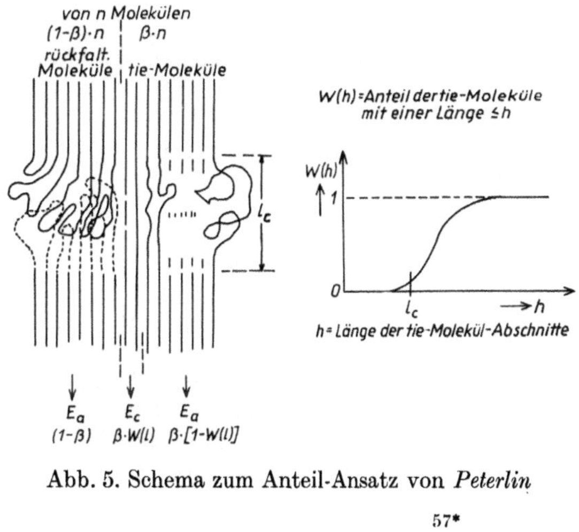

Abb. 5. Schema zum Anteil-Ansatz von *Peterlin*

Peterlin führte seine Rechnungen unter der Annahme durch, daß die jeweils auf Dehnung beanspruchten gestreckten tie-Moleküle über die ganze Längung in der gestreckten Konformation eine Spannung entsprechend dem Elastizitätsmodul der kristallinen Modifikation E_c aufnehmen, und daß die Menge der noch nicht gestreckten tie-Moleküle einerseits sowie das Netzwerk der Rückfaltungsbögen und Kettenenden andererseits ein Dehnungsverhalten entsprechend dem gleichen Elastizitätsmodul der amorphen Modifikation E_a zeigen.

Für kleine Dehnungen, bei welchen noch keine tie-Moleküle gerissen sind, ist der gemessene Elastizitätsmodul

$$E = \lim_{\varepsilon \to 0} \frac{\sigma}{\varepsilon}.$$

Es soll nun vorausgesetzt werden, daß die Dehnung der kristallinen Bereiche gegenüber derjenigen der amorphen Bereiche vernachlässigt werden kann. Weiter sei α' der Kristallinitätsgrad in der Mikrofibrille, der – wegen der Existenz der Grenzschichten zwischen den Kristallitblöcken – nicht notwendig mit dem Kristallinitätsgrad α der Gesamtsubstanz übereinzustimmen braucht. Dann wird die Beziehung zwischen der makroskopischen Dehnung ε und der Dehnung ε_a allein des amorphen Bereiches

$$\varepsilon_a \cdot (1 - \alpha') = \varepsilon .$$

Damit wird dann der gemessene Anfangs-Elastizitätsmodul

$$E = \frac{1}{1 - \alpha'} \cdot \lim_{\varepsilon_a \to 0} \frac{\sigma}{\varepsilon_a} .$$

Der Modul σ/ε_a setzt sich dabei aus folgenden Anteilen zusammen:

für die tie-Moleküle in gestreckter Form

$$[\beta \cdot W(l)] \cdot E_c$$

für die tie-Moleküle in nicht-gestreckter Form

$$[\beta \cdot \{1 - W(l)\}] \cdot E_a$$

für das Netzwerk der Rückfaltungen und Kettenenden

$$[1 - \beta] \cdot E_a .$$

Zusammengefaßt wird schließlich:

$$E = \frac{1}{1 - \alpha'} \cdot \{\beta \cdot W(l_0) \cdot E_c + [1 - \beta \cdot W(l_0)] \cdot E_a\} .$$

Da der Elastizitätsmodul der nicht-kristallinen Modifikation E_a gegen den Elastizitätsmodul der kristallinen Modifikation E_c praktisch vernachlässigt werden kann, wird häufig der zweite Beitrag im Ausdruck für E vernachlässigt. Diese Vernachlässigung kann aber nur dann zulässig sein, wenn der Anteil der gestreckten tie-Moleküle $\beta \cdot W(l_0)$ nicht gleichzeitig klein ist gegen den Rest $1 - \beta \cdot W(l_0)$. Die Vernachlässigung würde involvieren, daß der Anfangs-Elastizitätsmodul allein durch die Wirkung der zu Beginn des Dehnungsversuches gestreckten tie-Moleküle bedingt ist.

Für verschieden verstrecktes Polyäthylen erhielt *Peterlin* für den unter den genannten Voraussetzungen errechneten Anteil $\beta \cdot W(l_0)$ der bei der elastischen Anfangsdehnung beteiligten gestreckten tie-Moleküle Werte von 0,02 und 0,03 (nur bei hochverstrecktem Material wurden Werte bis 0,1 gemessen). Damit ist dieser Anteil von tie-Molekülen aber klein gegen den Rest. Bei der Betrachtung des gesamten Dehnungsmechanismus darf also der Anteil der übrigen Molekülabschnitte in nicht-gestreckter Konformation im allgemeinen nicht vernachlässigt werden. Die mitgeteilten Daten stellen daher eine obere Grenze für den Anteil der tie-Moleküle dar.

Wenn die Reißkraft allein durch tie-Moleküle bedingt angenommen wird, kann deren Anteil beim Bruch aus dem Vergleich mit der Festigkeit der kristallinen Modifikation ermittelt werden. Für die gleichen Polyäthylen-Proben gibt *Peterlin* für diesen Anteil Werte zwischen 0,02 und 0,04 an. Auf 100 Molekülketten im Querschnitt der kristallinen Modifikation kommen also – in guter Übereinstimmung mit anderen Abschätzungen – nur 2–4 unmittelbar vor dem Bruch der Probe tragende tie-Molekülketten. Auch dieser Wert muß als obere Grenze angesehen werden. – Die Gesamtzahl der tie-Moleküle des ungedehnten Materials wird von *Peterlin* aufgrund von Ätzversuchen mit rauchender Salpetersäure um eine Größenordnung höher mit β-Werten um 0,2 angegeben.

Die experimentellen Untersuchungen über Brüche von tie-Molekül-Ketten durch Nachweis der Radikalbildung (8, 9, 10) zeigen, daß für die verschiedenen Substanzen recht unterschiedliche, teilweise recht gut nachweisbare Radikalkonzentrationen gefunden werden. Für Polyamid-6 wurde erst oberhalb einer Dehnung von 10% eine eindeutige Zunahme der Radikalkonzentration bis zum Bruch der Probe gemessen (10). Für kleinere Dehnungen wurde keine Radikalkonzentration nachgewiesen. Die Mitwirkung von Molekülabschnitten in nicht-gestreckter Konformation beim Dehnungsvorgang ist daher naheliegend.

Sie soll anhand von Untersuchungen erläutert werden, die kürzlich von *Reiter* (12) an Polyamid-6 und Polyacrylnitril durchgeführt worden sind.

4. Beschreibung des Deformationsverhaltens durch Element-Modelle

Beim Dehnen von verstreckten Polyamid-6-Fasern bleibt die Orientierung der kristallinen Bereiche praktisch unverändert (7, 13, 14). Die geringe Dehnung der kristallinen Bereiche ist gegenüber der Dehnung der nichtkristallinen Bereiche praktisch zu vernachlässigen. Man kann daher, sofern die kristallinen Bereiche als solche stabil sind, modellmäßig die Dehnungsverhältnisse zunächst für voll-amorphe Polymere in Ansatz bringen.

Das grundsätzliche visko-elastische Deformationsverhalten wird im einfachsten Falle in jedem Dehnungszustand in bekannter Weise durch ein *Maxwell*-Modell mit hintereinandergeschaltetem Feder- und Dämpfer-Element mit den Moduln E und η beschrieben. Nun ändert sich die Substanzstruktur während des Deformationsvorganges von Dehnungszustand zu Dehnungszustand. Die momentane differentielle Deformation wird daher in jedem Zustandspunkt durch andere Moduln gekennzeichnet werden. Die Abhängigkeit der Moduln vom Dehnungszustand bedingt also Modell-Elemente mit veränderlichen E und η, d. h. nicht-lineare Modell-Elemente (vgl. Abb. 6a).

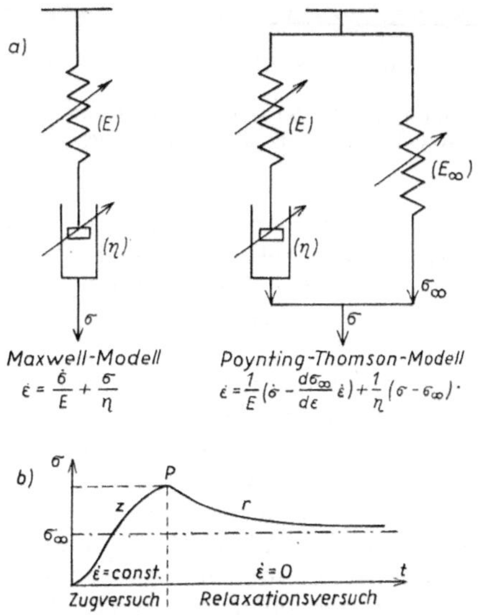

Abb. 6. Zum Ansatz mit Element-Modellen: a) *Maxwell*- und *Poynting-Thomson*-Modell; b) Relaxationsversuch

Bei einem Relaxationsversuch mit der bei konstanter Dehnung eingespannten Probe wird die Spannung bekanntlich nicht voll abgebaut: sie strebt einem von Null verschiedenen Spannungs-Gleichgewichtswert σ_∞ zu. Zur Beschreibung dieses Verhaltens wird dem nicht-linearen *Maxwell*-Modell ein nicht-lineares Feder-Element mit dem Modul E_∞ parallelgeschaltet. Dadurch entsteht ein nicht-lineares *Poynting-Thomson*-Modell [vgl. (15, 16), Abb. 6a, b].

Den Gleichgewichtswert σ_∞, der natürlich abhängig von ε ist, erhält man definitionsgemäß aus dem Relaxationsversuch. Für die durchgeführten Messungen ist der Wert innerhalb der Meßgenauigkeit unabhängig von der vorangegangenen Deformationsgeschwindigkeit $\dot{\varepsilon}$ und allein eine Funktion von der Dehnung ε (siehe auch weiter unten). So wird

$$E_\infty = \left.\frac{d\sigma_\infty}{d\varepsilon}\right|_\varepsilon .$$

Die Berechnung der Moduln E und η in einem bestimmten Dehnungszustand ε, die beide in der gleichen rheologischen Zustandsgleichung auftreten, erfordert zwei Bestimmungsgleichungen. Diese werden auf einfache Weise dadurch erhalten, daß das anfängliche Deformationsprogramm mit einem bestimmten Wert für $\dot{\varepsilon}$ im betrachteten Dehnungszustand durch Übergang zu einem anderen Wert von $\dot{\varepsilon}$ (beispielsweise zu $\dot{\varepsilon} = 0$ entsprechend dem Relaxationsversuch) geändert wird.

5. Molekulartheoretischer Ansatz

Grundsätzlich sollte es möglich sein, die Moduln E und η sowie E_∞ mit Parametern eines Strukturmodells in Verbindung zu bringen. Aus dem Verlauf der Modulfunktionen könnten dann Schlüsse auf die Änderung der Strukturparameter während der Dehnung gezogen werden. – Der *Maxwell*-Zweig und der Feder-Zweig im *Poynting-Thomson*-Modell sollen in bezug auf den Zusammenhang mit den Struktur-Modellen zunächst getrennt verfolgt werden.

Eine molekulare Theorie, die in einer dem *Maxwell*-Modell entsprechenden Weise das visko-elastische Verhalten in jedem Dehnungszustand in viskose und elastische Anteile aufspaltet, ist von *Graessley* (17) angegeben worden. Diese Theorie bezieht sich auf amorphe Substanzen, die aus linearen Makromolekülen aufgebaut sind. Diese Moleküle bilden ein räumliches Molekülnetzwerk.

Seine Vernetzungsstellen sind die – infolge der Temperaturbewegung – temporären Verschlauf- bzw. Abgleitstellen zwischen den Molekülen, die im folgenden kurz als „Netzstellen" bezeichnet werden sollen. Der theoretische Ansatz ist die getrennte Betrachtung der elastischen und viskosen Effekte, die zugleich nebeneinander in der Substanz ablaufen, indem die elastisch gespeicherte Energie durch den Fließvorgang abgebaut wird.

Der Ansatz wird übersichtlich für eine Scherdeformation: Bei einer Schergeschwindigkeit $v_1 = \dot{\gamma} \cdot y$ (vgl. Abb. 7) entsprechend dem Schergefälle $\dot{\gamma}$ wird für die viskose Scherung der Zusammenhang mit der entsprechenden Spannung $p = \eta \cdot \dot{\gamma}$. Die zeitliche Änderung der in der Volumeneinheit dissipierten Energie E_{vis} wird dann $\dot{E}_{\text{vis}} = \eta \cdot \dot{\gamma}^2$ und daraus

$$\eta = \frac{\dot{E}_{\text{vis}}}{\dot{\gamma}^2}.$$

Wenn die gleiche Spannung p eine vollkommen elastische Scherung erzeugen würde, dann wäre die Scherdehnung bei einem Schermodul μ: $s = p/\mu$. Die bei einer elastischen Scherung mit der Scherdehnung s in der Volumeneinheit gespeicherte elastische Energie E_{el} wird dann $E_{\text{el}} = \frac{1}{2}\,\mu\, s^2$. Damit ergibt sich – ohne hier die Einzelheiten auszuführen – bei Gleichsetzung der die elastische Verformung und den Fließvorgang erzeugenden Spannung der formale Zusammenhang zwischen der elastisch gespeicherten Energie und dem Viskositätsmodul η zu

$$E_{\text{el}} = \frac{1}{2\,\mu} \cdot \eta^2 \cdot \dot{\gamma}^2.$$

Bei der Durchbrechung wird angenommen, daß die punktförmig lokalisierten Netzstellen der Sitz der Abgleitkräfte werden, und daß der Abgleitmechanismus die einzige Quelle der Energiedissipation darstellt. Die in jeder Abgleitstelle wirkende Kraft wird im Mittel in Richtung der makroskopischen Verschiebung angenommen. Sie ist dann $K = f_0 \cdot v_1$, wobei f_0 unabhängig von der Molekülkettenlänge und von der Geschwindigkeit und v_1 die Relativgeschwindigkeit der Molekülschwerpunkte ist. Damit wird die zeitliche Änderung der hier dissipierten Energie $\dot{e}_{\text{vis}} = f_0 \cdot v_1 \cdot v_1 = f_0 \cdot \dot{\gamma}^2 \cdot y^2$. In der Volumeneinheit sind nun N Moleküle vorhanden. Wegen der Größe von N kann die Summe über alle Netzstellen in der Volumeneinheit durch ein Integral ersetzt werden. Ist die mittlere Netzstellenanzahl je Molekülpaar J, so wird die zeitliche Änderung der in der Volumeneinheit dissipierten Energie

$$\dot{E}_{\text{vis}} = N \cdot \frac{N}{2} \cdot J \cdot f_0 \cdot \dot{\gamma}^2 \iiint y^2\, dx\, dy\, dz$$

und damit

$$\eta = \frac{\dot{E}_{\text{vis}}}{\dot{\gamma}^2} = \frac{N^2}{2} J\, f_0 \iiint y^2\, dx\, dy\, dz$$

unabhängig von $\dot{\gamma}$.

Zur Integration werden folgende Annahmen gemacht (vgl. Abb. 7): 1. Nur Moleküle, die vom Bezugsmolekül einen Schwerpunktsabstand $\leqslant R$ besitzen – R ist die mittlere Ausdehnung eines Molekülknäuels –, haben gemeinsame Netzstellen. 2. Die Bildung von gemeinsamen Netzstellen ist nur dann möglich, wenn die mittlere Verweilzeit zweier Moleküle im Abstand $\leqslant R$ größer ist als die Zeit τ, die zur Einstellung des Gleichgewichtes der Netzstellendichte erforderlich ist. Andernfalls gibt es keine Vernetzungen zwischen diesen Molekülen.

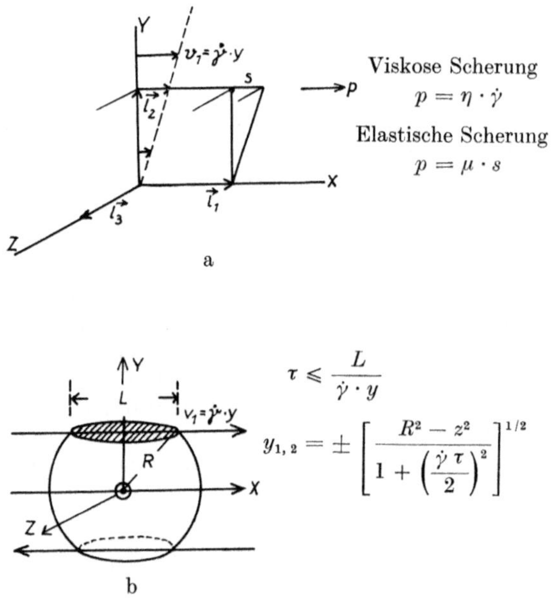

Abb. 7. Zum Ansatz der Scherdeformation; a) Koordinaten-Bezeichnung; b) Integrationsgrenzen

Für die Verweilzeit im gegenseitigen Schwerpunktsabstand $\leqslant R$ ist daher eine untere Schranke für den Quotienten aus Weg L in Scherrichtung und Geschwindigkeit $v_1 = \dot{\gamma} \cdot y$ gegeben (vgl. Abb. 7): $\tau \leqslant L/\dot{\gamma} \cdot y$. Dies führt zu einer Bedingung für die Integrationsgrenzen der y-Koordinaten im Integral:

$$y_{1,2} = \pm \left[\frac{R^2 - z^2}{1 + \left(\frac{\dot{\gamma}\,\tau}{2}\right)^2} \right]^{1/2}.$$

Diese Grenzen sind nun aber $\dot{\gamma}$-abhängig.

Die Abhängigkeit von $\dot{\gamma}$ spielt praktisch keine Rolle für $\dot{\gamma}\,\tau \ll 1$. Für $\dot{\gamma}\,\tau \gg 1$ ist die Abhängigkeit wesentlich und führt zu der charakteristischen, auch experimentell gefundenen η-Abhängigkeit von $\dot{\gamma}$. Für $\dot{\gamma}\,\tau \gg 1$ erhält man einen Ausdruck für η, der außer den strukturkennzeichnenden festen Parametern eine $\dot{\gamma}$-Abhängigkeit entsprechend

$$\eta \sim |\dot{\gamma}|^{-0,75}$$

aufweist. Unter Benutzung von $E_{\text{el}} = \frac{1}{2\mu}\,\eta^2\,\dot{\gamma}^2$ gewinnt man dann

$$E_{\text{el}} \sim |\dot{\gamma}|^{+0,5}.$$

Die dargestellten Beziehungen gelten für Scherbeanspruchung. Die im Zugversuch ermittelten Moduln E und η_τ (*Trouton*-Modul) hängen für inkompressible Substanzen bekanntlich in einfacher Weise mit den Moduln μ und η für den Scherversuch zusammen: $E = 3 \cdot \mu$ und $\eta_\tau = 3 \cdot \eta$. Die Aufspaltung in elastische und viskose Anteile gestattet die unmittelbare Zuordnung der Messdaten. Wegen der laufenden Veränderung der übermolekularen Struktur während des Dehnungsvorganges sind naturgemäß nur die differentiellen Änderungen in vergleichbaren Strukturzuständen, hier also Zuständen bei gleichen Längenänderungen miteinander in Beziehung zu setzen.

Die Abhängigkeit des Viskositätsmoduls η von der Deformationsgeschwindigkeit $\dot{\varepsilon}_D$ des Dämpfers im *Maxwell*-Modell ergibt für die vermessenen Polyamid-6- und Polyacrylnitril-Fasern (vgl. Abb. 8)

$$\eta \sim \dot{\varepsilon}_D{}^a \quad \text{mit} \quad a \approx -0,8$$

in recht guter Übereinstimmung mit dem theoretischen Wert von $-0,75$. Dieser kann sich nach Anbringung einiger Korrekturen, die dann allgemeinere Abgleitvorgänge berücksichtigen, ohnedies bis zu etwa $-0,86$ verschieben.

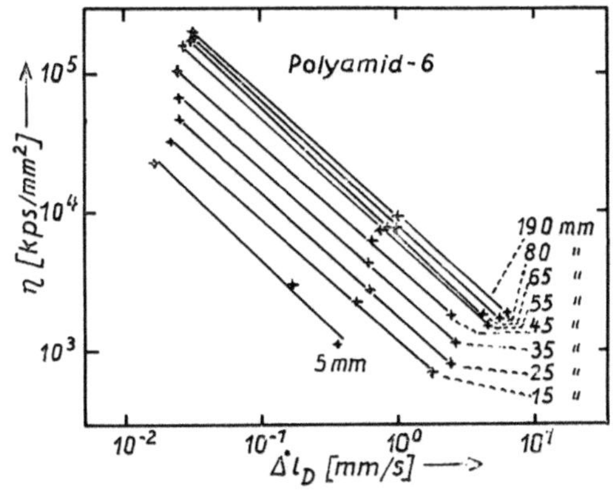

Abb. 8. Abhängigkeit des Viskositätsmoduls von der Deformationsgeschwindigkeit (Beispiel: Polyamid-6) nach *Reiter*

Die für die gleiche Dehnung errechnete gespeicherte elastische Energie E_{el} wird, wieder in Abhängigkeit von $\dot{\varepsilon}_D$, für die beiden Faserarten (vgl. Abb. 9)

$$E_{el} \sim \dot{\varepsilon}_D{}^b \quad \text{mit} \quad b \approx 0,3\ldots 0,4.$$

Gegenüber dem theoretischen Wert von $+0,5$ kann sich hier die bereits für den a-Wert erforderliche Korrektur bemerkbar machen. Insofern ist auch dies experimentelle Ergebnis als in Übereinstimmung mit der Theorie zu bezeichnen. Diese Übereinstimmung erlaubt also die Vorstellung, daß die nicht-kristallinen Bereiche zwischen den Kristalliten ein räumliches Molekülnetzwerk enthalten, das durch Abgleitvorgänge sukzessive aufgelöst werden kann.

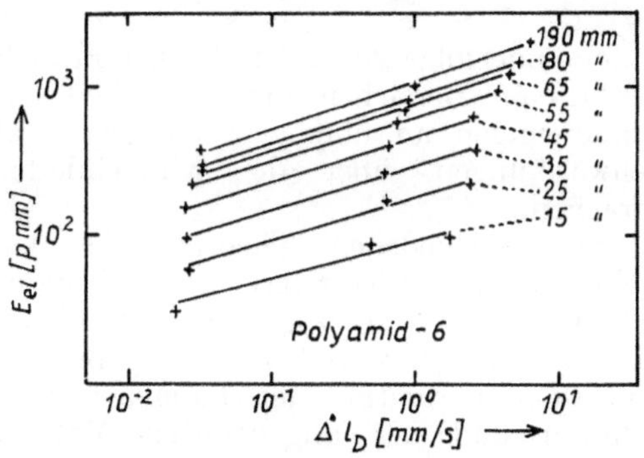

Abb. 9. Abhängigkeit der elastischen Energie von der Deformationsgeschwindigkeit (Beispiel: Polyamid-6) nach *Reiter*

6. Modell für das Molekülnetzwerk der tie-Moleküle

Die Existenz einer endlichen Gleichgewichtsspannung τ_∞ im Relaxationsversuch läßt sich leicht durch die Vorstellung verstehen, daß die kristallinen Bereiche in der Faserlängsrichtung durch die tie-Moleküle miteinander verhängt sind. Dabei können die, die Kristallite miteinander verbindenden Molekülabschnitte noch in den verschiedensten Konformationen vorliegen. Ihre Gesamtheit betrachten wir zunächst als ein gesondertes Netzwerk. Als Modell für die Mikrofibrille nehmen wir eine regelmäßige

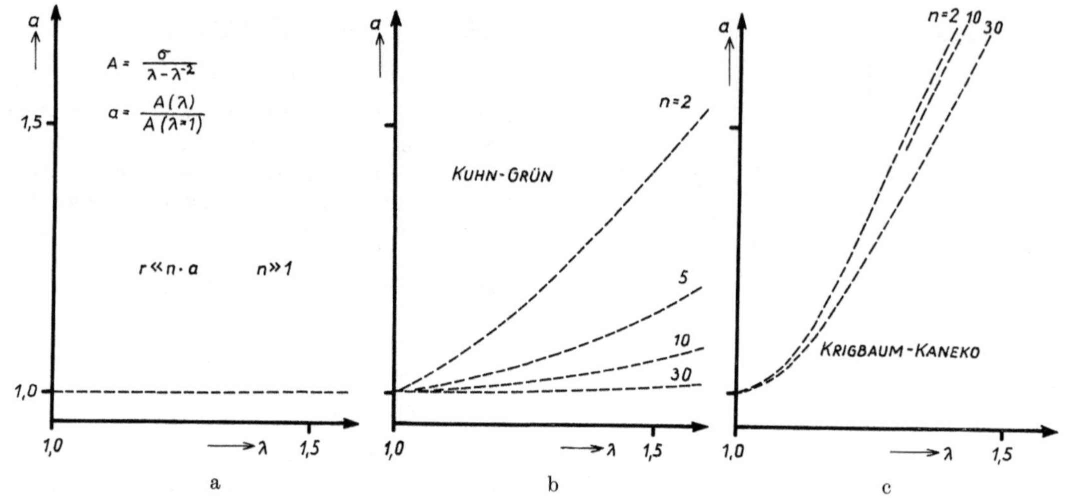

Abb. 10. Abhängigkeit der Werte $A(\lambda)/A(\lambda = 1)$ von λ: a) für kleine Molekülenden-Abstände; b) nach *Kuhn-Grün*; c) nach *Krigbaum-Kaneko*

Aufeinanderfolge von kristallinen und nichtkristallinen Bereichen mit je einheitlichen Abmessungen an und vernachlässigen alle Schwankungen, über die wir einleitend sprachen.

Die verschiedenen Theorien der kautschukelastischen Netzwerke geben bekanntlich je nach Näherungsgrad verschiedene Zusammenhänge zwischen der Spannung σ und dem Verhältnis der Längen des gedehnten und des ungedehnten Materials $l/l_0 = \lambda$. Für kleine Molekülenden-Abstände ($r \ll n \cdot a$) und große Kettengliederzahl $n \gg 1$ sollte die Größe $A = \sigma/(\lambda - \lambda^{-2})$ konstant sein (vgl. Abb. 10 a). Die Berücksichtigung von Molekülenden-Abständen, die vergleichbar mit der Länge der gestreckten Kette sind, gibt nach *Kuhn* und *Grün* (18) eine Abhängigkeit des Wertes A von dem Längenverhältnis λ einerseits und von der Anzahl n der statistisch freien Kettenglieder zwischen den Vernetzungspunkten andererseits (vgl. Abb. 10 b). Ist die freie Drehbarkeit um die Bindungsrichtungen durch Lagepotentiale eingeschränkt, so ergeben sich wieder andere Abhängigkeiten. Für ein Modell, bei welchem die Bindungen stets in Richtung der Koordinatenachsen liegen und das Potential von der aufeinanderfolgenden Achsenorientierung abhängig ist, haben *Krigbaum* und *Kaneko*(19) die A-Abhängigkeiten von λ und n berechnet (vgl. Abb. 10c; als Beispiel: Potential-Amplitude $= k \cdot T$).

Für den Vergleich der experimentellen Daten mit den theoretischen Zusammenhängen darf natürlich nur das Längenverhältnis der nicht-kristallinen Bereiche angesetzt werden. Dieses Längenverhältnis ist wiederum über den Kristallinitätsgrad α' in

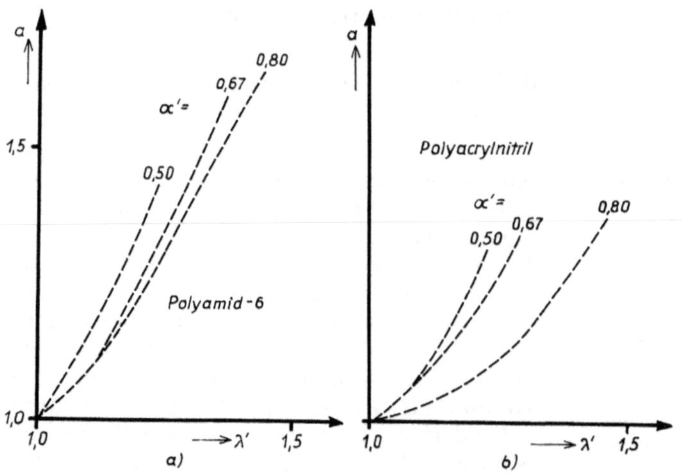

Abb. 11. Meßwerte für $A(\lambda')/A(\lambda' = 1)$ in Abhängigkeit vom Längenverhältnis λ' der amorphen Bereiche (Parameter: Kristallinitätsgrad α'): a) für Polyamid-6; b) für Polyacrylnitril

der Mikrofibrille mit dem makroskopischen Längenverhältnis verknüpft. So wird eine Anpassung nur durch geeignete Wahl *zweier* unabhängiger Parameter, nämlich des Kristallinitätsgrades α' in der Mikrofibrille und der Anzahl n der Kettenglieder zwischen den Vernetzungs- bzw. Fixpunkten möglich sein. Aus dem Vergleich der Funktionsverläufe liest man folgende Zusammenhänge ab (vgl. Abb. 11): Nur der Vergleich mit dem Netzwerk aus Molekülen mit den Bindungsrichtungen in Richtung der Koordinatenachsen gibt eine Übereinstimmung auch für größere n bei einer recht weitgehenden Unempfindlichkeit gegenüber n, wenn ein Potential der inneren Rotation mit einer Amplitude von kT eingesetzt wird. Die maximale Anpassung wird für einen Kristallinitätsgrad α' von etwa 0,6 in den Mikrofibrillen erreicht, was den in der Literatur angegebenen Werten für die Gesamtkristallinität α von etwa 0,5 recht gut entsprechen könnte.

Für Polyacrylnitril ist die Anpassung bis zur Reißdehnung, die bei etwa 10% liegt, voll möglich. Für Polyamid-6 gelingt eine Anpassung nur bis zu Dehnungen von etwa 10%. Darüber hinaus müssen andere Mechanismen mitwirken. Die Annahme eines molekularen Netzwerkes aus tie-Molekülen vermag also den experimentellen Befund aus dem Relaxationsverhalten für Polyacrylnitril über den ganzen Dehnungsbereich bis zum Bruch, für Polyamid-6 bis zu Dehnungen von etwa 10% richtig wiederzugeben. – Die praktische Unabhängigkeit des Moduls E_∞ von der Deformationsgeschwindigkeit $\dot{\varepsilon}$, die bei den Messungen festgestellt wurde, ist bei der Deutung durch ein Netzwerk aus tie-Molekülen unmittelbar verständlich.

Die modellmäßig durch den *Maxwell*-Zweig erfaßten molekularen Effekte werden sich nicht nur auf die Faltungsbögen in mehr oder weniger verknäuelter Konformation und auf die freien Molekülenden sondern auch auf die Abgleitwechselwirkungen mit den tie-Molekülen beziehen. Damit bleibt die wesentliche Abhängigkeit des visko-elastischen Verhaltens des räumlichen Molekülnetzwerkes entsprechend dem *Maxwell*-Modell von den charakteristischen Relaxations- und Einstellzeiten beim Deformationsprozeß erhalten.

Auch *v. Kausch* und *Becht* (20) schätzten aus Beobachtungen über die Spannungsrelaxation am Polyamid-6 ab, daß selbst bei Dehnungen von über 10% neben dem Bruch von tie-Molekülen Relaxationsprozesse in den wesentlich zahlreicheren nicht-gestreckten Kettenstücken der amorphen Schicht mitwirken müssen. In der gleichen Arbeit untersuchen die Autoren, ob die kristallinen Bereiche von Polyamid-6 unter dem Einfluß ungleichmäßiger Beanspruchung eine Scherverformung zeigen oder sich sogar auffalten könnten. Aus den experimentellen Daten über die Spannungskonzentration können sie aber schließen, daß die damit verbundene Reihenschaltung kleiner Bereiche mit sehr unterschiedlichen visko-elastischen Eigenschaften bei dieser Substanz nicht vorliegt.

7. Diskussion

Bei der Diskussion der Abhängigkeit der Modulfunktionen und der Strukturparameter von der Dehnung aufgrund eines vorliegenden Deformationsprogrammes muß vor allem anderen beachtet werden, daß die durchlaufenen Dehnungszustände keine Gleichgewichtszustände sind. Die Modulfunktionen sind für ein bestimmtes Deformationsprogramm bestimmt worden und können im allgemeinen auch nur auf dieses bezogen werden.

Bei den Polyamid-6- und den Polyacrylnitril-Fasern ist der Verlauf der Modulfunktionen E und η im Bereich der Dehnungen zwischen 0 und etwa 10% gleichsinnig (vgl. Abb. 12): Nach einem ersten Abfall der Mo-

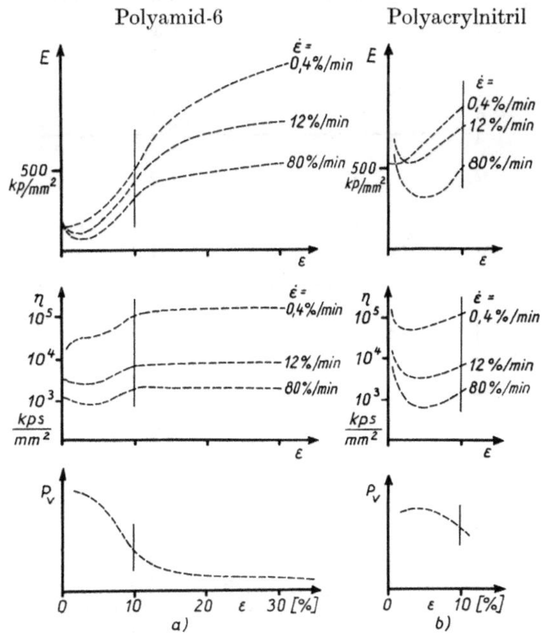

Abb. 12. Abhängigkeit des Elastizitätsmoduls E und des Viskositätsmoduls η im *Maxwell*-Zweig sowie der Relativwerte P_v der Molekülabschnittslängen zwischen den Netzstellen von der makroskopischen Dehnung ε: a) für Polyamid-6; b) für Polyacrylnitril

duln erfolgt nach Durchlaufen eines Minimums im Dehnungsbereich zwischen etwa 2 und 5% ein erneuter Anstieg. Für Polyamid-6 folgt ein Bereich weiteren, allerdings schwächeren Anstiegs von E und eines nahezu konstanten η.

In den ersten Dehnungsprozenten nimmt bei beiden Materialien der E-Modul zunächst ab. Für größere Deformationsgeschwindigkeiten wird die Abnahme geringer, und das nachfolgende Minimum liegt bei größeren Dehnungen. Solches Verhalten, das auch schon für andere Faserarten gefunden wurde (15, 21), weist darauf hin, daß in der kürzer werdenden Dehnzeit die Relaxation immer weniger weit erfolgen konnte. *Schultze-Gebhardt* (22) beschrieb kürzlich den gleichen Effekt bei Polyamid-6.

Der Wiederanstieg der Modulfunktionen geht parallel mit einer Abnahme der formal aus den Moduln berechenbaren Relativwerte für die Längen der Molekülabschnitte zwischen den temporären Netzstellen. Ganz offenbar erfolgt durch die Streckung des Netzwerkes eine Zunahme der Verschlauf- bzw. Abgleitstellen, die ein Anwachsen der E- und η-Moduln in diesem Bereich zur Folge hat.

Die Modulfunktionen E_∞ zeigen für Polyamid-6 und Polyacrylnitril einen geringen Anstieg bis zu einer Dehnung von etwa 10%

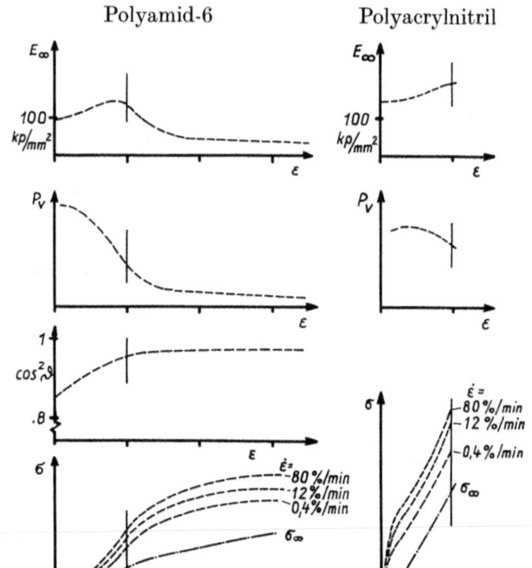

Abb. 13. Abhängigkeit des Langzeit-Elastizitätsmoduls E_∞, der Relativwerte P_v der Molekülabschnittslängen zwischen den Netzstellen, des Orientierungsfaktors und der Spannungsanteile von der makroskopischen Dehnung ε: a) für Polyamid-6; b) für Polyacrylnitril

(vgl. Abb. 13). Für Polyamid-6 folgt nach einem Maximum an dieser Stelle ein auslaufender Abfall bis zum Bruch der Probe. Die Ursache dieses Abfalls dürfte in völligem Bezug zu den von *Becht* und *Fischer* (10) mitgeteilten Ergebnissen in dem sukzessiven, durch Radikalbildung nachgewiesenen Reißen der tie-Moleküle liegen.

Die in diesem Dehnungsbereich beobachtete weitere Abnahme der Länge der Molekülabschnitte zwischen den temporären Netzstellen deutet allein auf weitere Streckung des Netzwerkes hin. In Übereinstimmung mit früheren Angaben von *Schultze-Gebhardt* (14) über den Orientierungsfaktor für Polyamid-6 ist die maximale Streckung des Netzwerkes bei etwa 12% Dehnung erreicht, so daß für höhere Dehnungen nur noch gleichartige Abgleitprozesse entsprechend dem jetzt auch konstant bleibenden η erfolgen.

Die Diskussion über die Einflüsse des Relaxationsverhaltens einerseits und der tie-Moleküle andererseits wäre unvollständig, wenn nicht die Spannungsanteile miteinander verglichen werden, die die beiden Molekülgruppen aufnehmen. Während für Polyamid-6 der von den tie-Molekülen getragene Spannungsanteil über 50% beträgt und vergleichsweise zu höheren Dehnungen hin anwächst, ist dieser Anteil beim Polyacrylnitril vor allem bei kleinen Dehnungen sehr gering. Erst vor dem Reißen steigt er hier auf über 50%. Ohne weitere unmittelbare experimentelle Nachweise legen diese Zusammenhänge in Zusammenschau mit dem übermolekularen Aufbau nahe, daß Abgleit- und Auflösungsvorgänge ohne wesentliche Kettenbrüche zum Bruch der Polyacrylnitril-Faser führen.

Früher durchgeführte Messungen (23) über die Änderung von Spannungs-Dehnungs-Kurven nach verschiedenen Vorbelastungen geben weitere Hinweise auf das unterschiedliche Deformationsverhalten der verschiedenen Faserarten (vgl. Abb. 14). Polyamid-6 zeigt weitgehend elastisches Erholungsvermögen: die Spannungs-Dehnungs-Kurven für vorbelastete Fasern liegen selbst für Belastungen von dem 0,25-fachen der Reißkraft noch nahe der Spannungs-Dehnungs-Kurve der unbelasteten Faser. Bei Polyacrylnitril-Fasern dürften schon nach Einwirkung verhältnismäßig kleiner Vorlasten (beispielsweise nach dem 0,05-fachen der Reißkraft) Strukturveränderungen vorliegen, die wesentlich unterschiedliche Spannungs-Dehnungs-Kurven zur Folge haben. Die Änderungen der Spannungs-Dehnungs-Kurven von Polyester-Fasern und Polyvinylchlorid-Fasern nach ver-

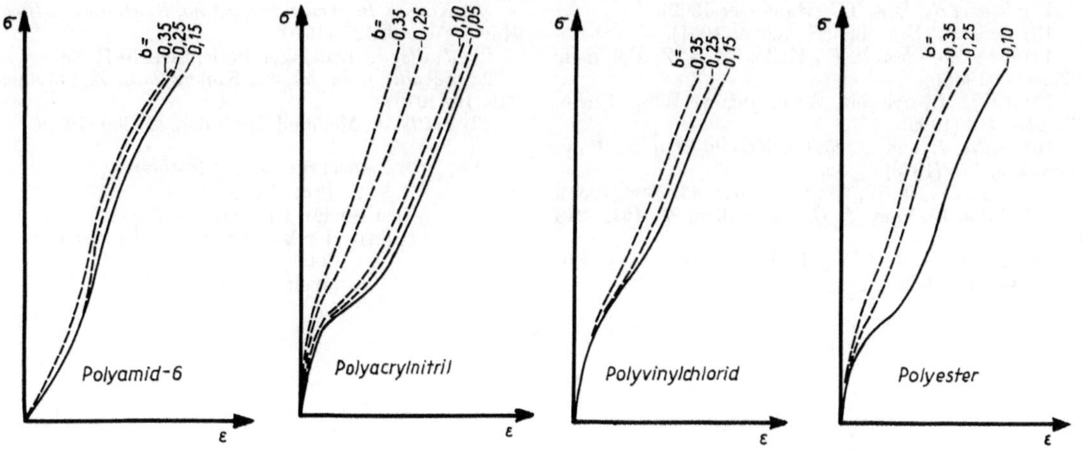

Abb. 14. Spannungs-Dehnungs-Kurven für verschiedene Faserarten nach Vorbelastungen mit dem *b*-fachen der Reißlast (Belastungsdauer 24 h, Entlastungsdauer 24 h)

schiedenen Vorbelastungen sind als weitere Beispiele aufgeführt.

Zur Deutung des Deformationsverhaltens der verschiedenen Arten von verstreckten Fasern wird es stets notwendig sein, die anteilmäßige Mitwirkung der tie-Molekülketten und des Molekülnetzwerkes aus Rückfaltungsbögen, Kettenenden und tie-Molekülabschnitten zu untersuchen. Die unterschiedliche Festigkeit und Dehnfähigkeit der kristallinen Bereiche, aber auch gegebenenfalls die Molekulargewichtsverteilung können einen wesentlichen Einfluß auf die Variationsbreite der durch die beiden Molekülgruppen bedingten visko-elastischen Eigenschaften und auf mögliche Umordnungs- und Auflösungsmechanismen besitzen. Denn das Deformations- und Bruchverhalten von Fasern ist in hohem Maße von der Spannungskonzentration in den jeweils schwächsten Mikrobereichen abhängig. Die modellmäßige Beschreibung wird um so differenzierter sein müssen, je größer die Variationsbreite der übermolekularen Anordnung in den Mikrobereichen ist.

Zusammenfassung

Bei Zugrundelegung des mikrofibrillären Aufbaus verstreckter partiellkristalliner hochpolymerer Fasern wird aus dem *Peterlin*'schen Ansatz abgeleitet, daß zur Deutung des Deformationsverhaltens neben dem Anteil der die Kristallite unmittelbar verbindenden Moleküle (tie-Moleküle) der Anteil des Netzwerks der Moleküle in nicht-gestreckter Konformation notwendig berücksichtigt werden muß. Am Beispiel des Polyamid-6 und Polyacrylnitril wird mit Hilfe einer molekulartheoretischen Interpretation der Modulfunktionen die Deutung des Deformationsverhaltens in den verschiedenen Dehnungsabschnitten vorgenommen. Das unterschiedliche Spannungs-Dehnungs-Verhalten der verschiedenen Substanzen verlangt eine genaue Analyse der Anteile der einzelnen die Verformung bestimmenden Komponenten.

Summary

The deformation of drawn, partially crystalline polymers with microfibrillar structure is suggested to be based on two different parts: 1. the tie-molecules are broken successively during the whole stretching process, 2. the network of molecules in non-aligned conformation causes differential elastic and viscous effect. An investigation has been made into the variation in shape of the load-elongation curves of nylon-6 and polyacrylnitrile filaments (monofil) with change of extension. The experimental results are shown to be consistent with a molecular mechanism for the deformation which separates theoretically the elastic and viscous effects equivalent to the elements of the rheological *Poynting-Thomson* model. A suggestion is made that the modulfunctions for the elastic and the viscous parts of deformation are corresponding to molecular parameters. A discussion is followed about the analysis of the different parts of the load-elongation curves for some types of filaments.

Literatur

1) *Bonart, R.* und *R. Hosemann*, Makromol. Chem. **34**, 105 (1960).

2) *Bonart, R.*, Kolloid-Z. u. Z. Polymere **231**, 438 (1969).

3) *Peterlin, A.*, Polymer Letters **2**, 739 (1964).

4) *Bonart, R.* und *R. Hosemann*, Kolloid-Z. u. Z. Polymere **186**, 16 (1962).

5) *Hosemann, R.*, J. Polymer Sci. C **20**, 1 (1967).

6) *Peterlin, A.*, J. Polymer Sci. A-2, **7**, 1151 (1969).

7) *Juilfs, J.* und *H. Berg*, Kolloid-Z. u. Z. Polymere **179**, 29 (1961).

8) *Zhurkov, S. N.*, *A. Ya. Savostin* und *E. E. Tomashevsky*, Doklady Akad. Nauk UdSSR **159**, 303 (1964).

9) *Campbell, D.* und *A. Peterlin*, J. Polymer Sci. B **6**, 481 (1968).

10) *Becht, J.* und *H. Fischer*, Kolloid-Z. u. Z. Polymere **240**, 766 (1970).

11) *Zhurkov, S. N.*, *A. I. Slutsker* und *A. A. Yastrebinsbii*, Sov. Physics-Solid State **6**, 2881 (1965).

12) *Reiter, H.*, Diss. TU (Hannover 1969).
13) *Berg, H.*, Diss. TH (Hannover 1961).
14) *Schultze-Gebhardt, F.*, Kolloid-Z. u. Z. Polymere **225**, 175 (1968).
15) *Juilfs, J.*, Schweiz. Arch. angew. Wiss. Techn. **35**, 245, 313 (1969).
16) *Juilfs, J.* und *H. Reiter*, Kolloid-Z. u. Z. Polymere **236**, 125 (1970).
17) *Graessley, W. W.*, J. Chem. Phys. **43**, 2696 (1965).
18) *Kuhn, W.* und *F. Grün*, Kolloid-Z. **101**, 248 (1942).
19) *Krigbaum, W. R.* und *M. Kaneko*, J. Chem. Phys. **36**, 99 (1962).
20) *Kausch-Blecken v. Schmeling, H. H.* und *J. Becht*, Rheol. Acta **9**, 137 (1970).
21) *Juilfs, J.*, Lenzinger Berichte 1970 H. 29.
22) *Schultze-Gebhardt, F.*, Kolloid-Z. u. Z. Polymere **236**, 19 (1970).
23) *Juilfs, J.*, Melliand Textilber. **41**, 800 (1960).

Anschrift des Verfassers:
Prof. Dr. *J. Juilfs*
Institut für Theoretische Physik
Abt. Struktur der Materie, Techn. Universität
3000 Hannover 1
Welfengarten 1

Kolloid-Z. u. Z. Polymere **241**, 909–915 (1970)

Aus der Ingenieur-Abteilung für Angewandte Physik der Farbenfabriken Bayer AG, Leverkusen

Nebenvalenzvernetzte Urethan-Elastomere*)

Von R. Bonart und L. Morbitzer

Mit 12 Abbildungen in 23 Einzeldarstellungen

(Eingegangen am 30. Juli 1970)

I. Bemerkungen zum Kettenbau

Polyurethan- oder abkürzend PU-Elastomere sind Block-Copolymere aus harten und weichen Segmenten (1). Als Weichsegment dienen vorwiegend lineare Polyäther oder Polyester (beispielsweise das Desmophen 2000® mit einem mittleren Mol.-Gew. von ca. 2000, d.h. einer mittleren Segmentlänge von ca. 200 Å). Falls die Weichsegmente kristallisationsfähig sind, muß ihr Schmelzpunkt unterhalb oder knapp oberhalb der Gebrauchstemperatur liegen, so daß sie infolge des Copolymer-Effektes im Elastomer als Schmelze vorliegen und so dem Material eine Dehnbarkeit von einigen 100% verleihen. Die Hartsegmente kommen durch den Umsatz von Diphenylmethan-4,4'-diisocyanat (DD 44®) mit kurzkettigen Diaminen oder Diolen zustande. Abb. 1 zeigt den prinzipiellen Aufbau eines harten Segmentes aus zwei Diisocyanatresten, die durch einen Diamin- oder Diolrest, der als Kettenverlängerer bezeichnet wird, miteinander verknüpft sind. Je nach Substanz und molaren Einsatzverhältnissen haben die harten Segmente unterschiedliche Längen bzw. enthalten eine unterschiedliche Anzahl von Diisocyanatresten. Bei der Verlängerung beispielsweise mit Hydrazin (NH_2-NH_2) oder Äthylendiamin ($NH_2-[CH_2]_2-NH_2$) haben sich molare Einsatzverhältnisse „Weichsegment zu Diamin zu Diisocyanat" von etwa 1:1:2 bewährt. Hierbei enthalten sie Hartsegmente wie in Abb. 1 gezeigt, im Mittel je zwei Diisocyanatreste und sind ca. 25–30 Å lang. Sie enthalten Urethan- und Harnstoffgruppierungen, die zur Ausbildung von Wasserstoffbrücken mit benachbarten Hartsegmenten befähigt sind, wodurch die Vernetzung zustande kommt (vgl. Abb. 2). Die harten Segmente sind prinzipiell nicht kristallisationsfähig, da sie keinerlei Periodizität enthalten.

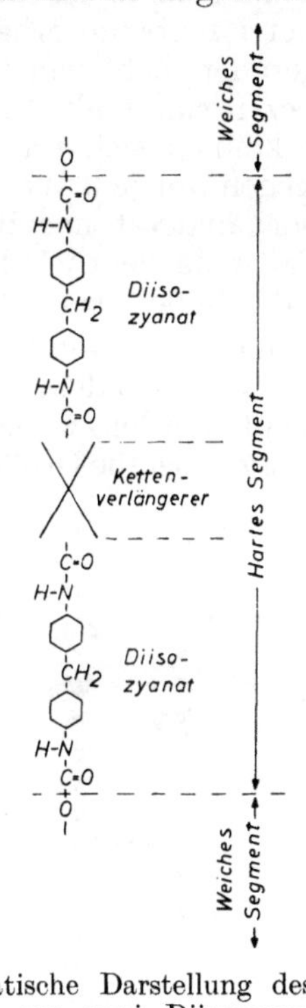

Abb. 1. Schematische Darstellung des Aufbaus eines Hartsegmentes aus zwei Diisocyanatresten, die als Kettenverlängerer durch einen Diol- oder Diaminrest miteinander verknüpft sind. Oben und unten schließen sich an das harte Segment Weichsegmente an, die wieder in harte Segmente übergehen

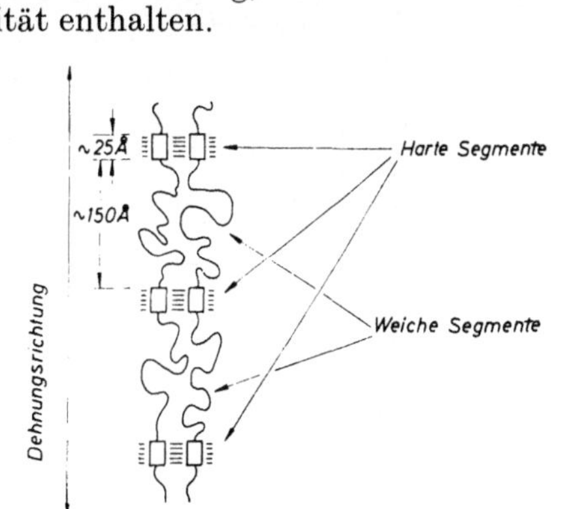

Abb. 2. Schematische Darstellung der Vernetzung zwischen den nebeneinander liegenden Hartsegmenten. Die dazwischen liegenden Weichsegmente geben dem Material die Dehnbarkeit. [Nach *Oertel* (2)]

*) Vorgetragen auf der Arbeitssitzung des Fachausschusses Physik der Hochpolymeren in der Frühjahrstagung 1970 des Regionalverbandes Hessen-Niederrhein-Saar der Deutschen Physikalischen Gesellschaft in Darmstadt, 10.–13. März 1970.

Gegenüber Styrol-Butadien-(3) oder ähnlichen elastischen Block-Copolymeren besitzen die PU-Elastomere einen vergleichsweise kleinen Hartsegmentgehalt, was eine Reihe technisch interessanter Vorteile mit sich bringt. Ausschlaggebend hierfür ist die hohe Konzentration an relativ starken zwischenmolekularen Wechselwirkungspartnern innerhalb der Hartsegmente.

Je nach der Reaktionsführung treten bei der Synthese der PU-Elastomere chemische Hauptvalenzvernetzungen durch Biuret- oder Allophanatbindungen auf, wie beispielsweise im Vulkollan®, bzw. erhält man einen streng linearen Kettenbau ohne jede Hauptvalenzvernetzung, wie beispielsweise beim Desmopan® oder Dorlastan®.

Ist letzteres der Fall, so kann das Material im Spritzguß verarbeitet oder aus der Lösung gesponnen werden, da sich die rein physikalischen Netzstellen unter dem Temperatur- oder Lösungsmitteleinfluß reversibel auflösen bzw. neu bilden.

II. Segregation

Die verhältnismäßig schwachen Nebenvalenzwechselwirkungen bewirken nur dann eine technisch befriedigende Vernetzung, wenn viele derartige Bindungen gleichzeitig und kooperativ wirksam sind (4). Hierzu müssen die harten und die weichen Segmente räumlich entmischt sein, wobei der Entmischungsgrad vom Affinitätsverhältnis der Hartsegmente zueinander bzw. zu den weichen Segmenten abhängt. Wegen der Affinität der Estergruppen im Weichsegment zu den Urethangruppen der Hartsegmente ist die Entmischung bei sonst gleichen Verhältnissen bei Elastomeren mit Esterweichsegmenten systematisch kleiner als bei solchen mit Ätherweichsegmenten. Die Affinität der harten Segmente zueinander hängt in hohem Maße vom jeweiligen Kettenverlängerer ab, da dieser die sterische Symmetrie der harten Segmente beeinflußt. Betrachtet man die Diaminverlängerer $NH_2-(CH_2)_n-NH_2$, so kann man sich anhand der Abb. 3 leicht deutlich machen, daß man bei einer geraden Zahl von CH_2-Gruppen im Diamin Hartsegmente mit einem Symmetriezentrum erhält, während bei einer ungeraden Zahl von CH_2-Gruppen das Symmetriezentrum fehlt. Im Zusammenhang hiermit können sich im 1. Fall je 4, im 2. Fall dagegen nur je 3 Wasserstoffbrükken pro Diisocyanatrest ausbilden, so daß man im 1. Fall eine deutlich höhere Hartsegment-Affinität findet als im 2. Fall (4).

Die Segregation der harten Segmente kann mit Hilfe der Röntgenkleinwinkelstreuung quantitativ erfaßt werden, wobei man gleichzeitig eine Aussage über die Größe der Phasen-

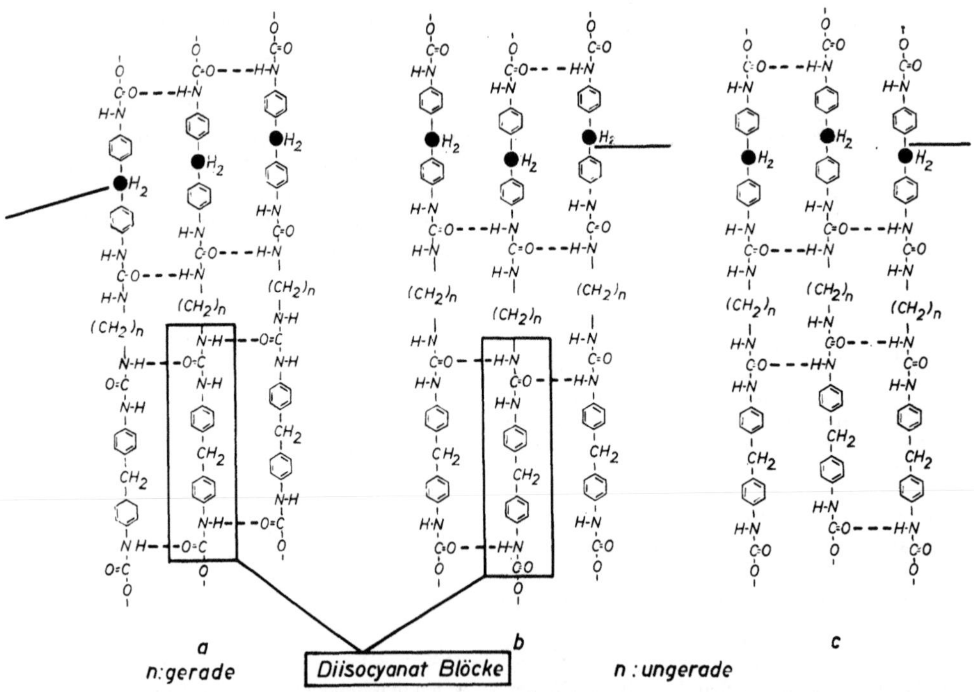

Abb. 3. Schematische Darstellung der Wechselwirkungsmöglichkeiten zwischen benachbarten Hartsegmenten in Abhängigkeit von der Symmetrie des Kettenverlängerers

grenzfläche (6) zwischen den Hart- und den Weichsegmentbereichen erhält. Ganz allgemein kann gesagt werden, daß nur die räumlich entmischten Hartsegmente zur Vernetzung beitragen, während die in der Matrix des Weichsegments gelösten Hartsegmente *mann*schen Theorie der Parakristalle (9) zeigt, macht sich dies in den genannten kristallähnlichen Hartsegmentreflexen bemerkbar. Zur Veranschaulichung möge der lichtoptische Modellversuch Abb. 5 dienen. Die vertikalen Striche in Abb. 5a stellen die

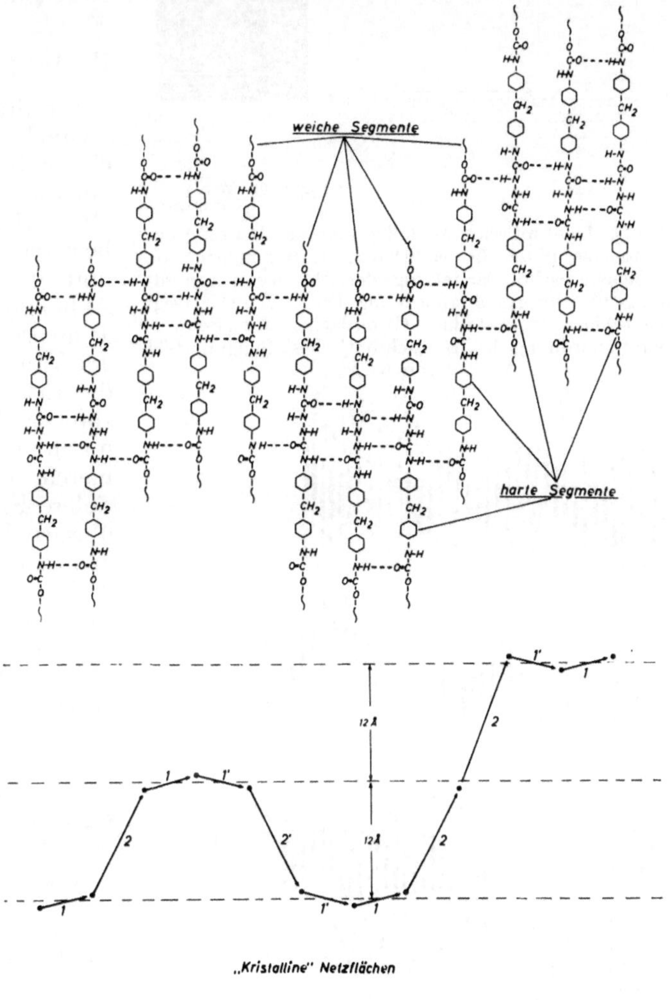

Abb. 4. Schematische Darstellung des Systems der Wasserstoffbrücken zwischen nebeneinander liegenden Hartsegmenten im Fall der Verlängerung mit Hydrazin. Da die benachbarten Hartsegmente jeweils nur um definierte Beträge nach oben bzw. unten verschoben sind, liegen ihre Schwerpunkte auf äquidistanten „kristallinen" Gitterflächen, obwohl im konventionellen Sinne in keiner Weise vom Vorliegen einer Kristallstruktur gesprochen werden kann

lediglich die Eigenschaft des Weichsegments verändern. Infolgedessen beeinflußt der Entmischungsgrad in entscheidender Weise die technologischen Eigenschaften des Materials.

III. Die physikalische Struktur der Vernetzung

Obwohl die harten Segmente wegen ihrer Kürze prinzipiell nicht kristallisationsfähig sind, rufen sie im Röntgendiagramm dennoch kristallähnliche Hartsegmentreflexe hervor. Maßgeblich hierfür sind statistische Systeme von Wasserstoffbrücken, denenzufolge die Schwerpunkte der harten Segmente auf äquidistanten Gitterebenen liegen (s. Abb. 4) (7, 8). Wie eine Spezialisierung der *Hose*-

nebeneinander liegenden harten Segmente dar. Die weichen Segmente, die sich nach oben und unten anschließen, sind nicht wiedergegeben worden. Die Punktreihe in Abb. 5b entspricht der Schwerpunktanordnung der Striche in a). Wie man aus Abb. 5c sieht, liegen die Punkte in b) auf horizontalen, zueinander parallelen und äquidistanten Geraden, die im Beugungsbild d) zu scharfen Intensitätsmaxima auf dem Meridian Anlaß geben. Die schleifenförmige Intensitätsverteilung zwischen diesen Maxima entspricht dem sich verbreiternden und wieder enger werdenden Scheibchen *o*. Ordnung des zugrunde liegenden *K*-Faktors der *Hosemann*schen Theorie. Obwohl die Struktur b) an

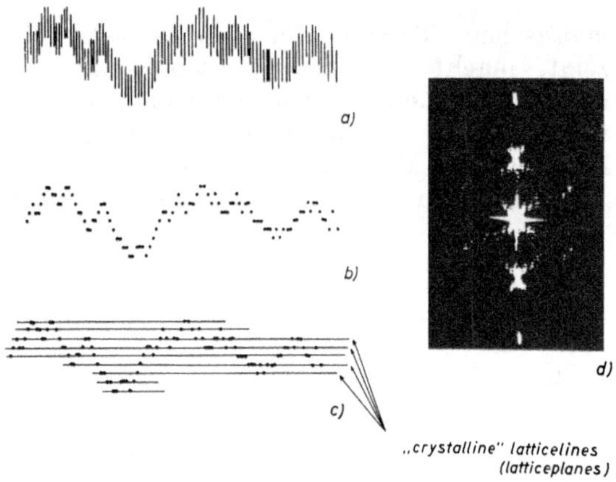

Abb. 5. Lichtoptischer Modellversuch zur Deutung der röntgenographisch beobachtbaren Hartsegmentreflexe. a) Schematische Darstellung der Hartsegmentanordnung. b) Schwerpunktanordnung der Striche (Hartsegmente) in a. c) „kristalline" Gitterflächen in der Schwerpunktanordnung b. d) Lichtoptisches Beugungsbild von b

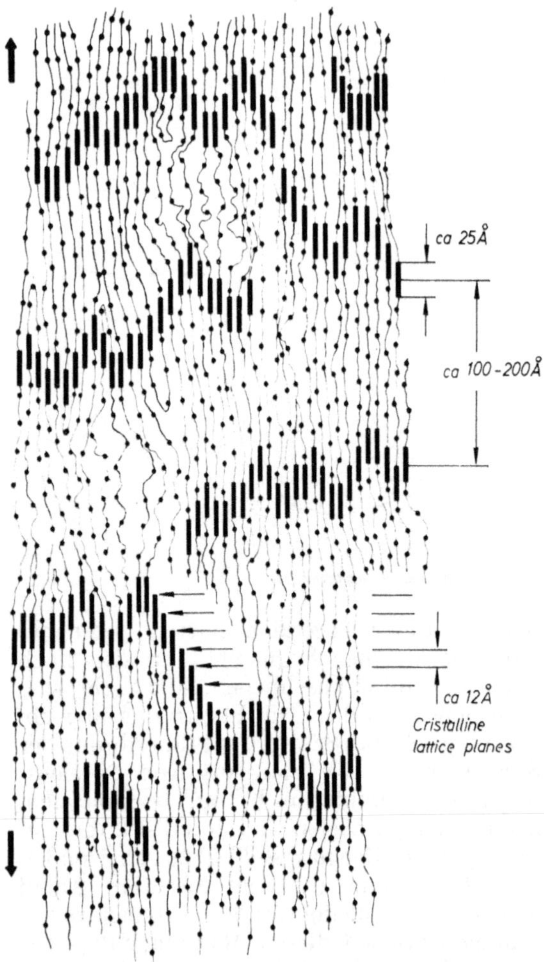

Abb. 6. Modell der gegenseitigen Hart- und Weichsegmentanordnung im gedehnten Material. Teilweise zeigen die Weichsegmente zusätzlich Dehnungskristallisation, was hier nicht berücksichtigt worden ist

keiner Stelle eine Periodizität in Längsrichtung aufweist, ist ihr Interferenzdiagramm d) durch Meridianreflexe gekennzeichnet. Das Entsprechende gilt für Abb. 4. Im gedehnten Material hat man mit einer Hartsegmentanordnung entsprechend Abb. 6 zu rechnen.

IV. Temperaturerweichung

Die Stabilität der Vernetzung macht sich technologisch u.a. in der Temperaturerweichung bemerkbar, die man am einfachsten anhand sog. Erweichungskurven bestimmt (10). Hierbei werden isotrope, schwachbelastete Proben kontinuierlich aufgeheizt und die Längenzunahme der Proben in Abhängigkeit von der jeweils erreichten Temperatur registriert. Durch Anlegen der 45°-Tangente an die Erweichungskurven wird die Erweichungstemperatur bestimmt. Entsprechend der geringeren Hartsegmententmischung bei Ester – gegenüber Ätherelastomeren, findet man bei ersteren systematisch tiefere Erweichungstemperaturen, sofern die übrigen Verhältnisse konstant gehalten werden (Abb. 7a). Das Analoge gilt für den Einfluß des Kettenverlängerers (s. Abb. 7b). Phänomenologisch hängt die Erweichungstemperatur sowohl vom Kettenverlängerer als auch vom Weichsegment ab. Molekularanschaulich ist beides in gleicher Weise auf die unterschiedliche Hart-Weichsegment-Entmischung zurückzuführen, die sowohl von der Hart–Hart- als auch von der Hart–Weichsegment-Affinität beeinflußt wird (4).

V. Spannungserweichung

Unter Spannungserweichung wird teils der Fließbeginn eines Thermoplasten (Thermoplasterweichung) (11), teils der Modulabfall bei wiederholter Dehnung eines Elastomers (Elastomererweichung) (12) verstanden. Bei den PU-Elastomeren treten beide Effekte miteinander gekoppelt auf (s. Abb. 8). Die Elastomererweichung der PU-Elastomere beruht auf der beginnenden plastischen Deformation bzw. dem Fließen der Hartsegmentbereiche, wobei es zum Bruch von Kraftsträngen (nicht zum Kettenbruch) und zur Neubildung jetzt längerer Stränge kommt. Da die neugebildeten längeren Kraftstränge bei der Entlastung erhalten bleiben, liegt der Modul bei erneuter Dehnung wesentlich unter dem bei erstmaliger Belastung (Elastomererweichung). Eine erneute Thermoplasterweichung ist beobachtbar, wenn bei der erneuten

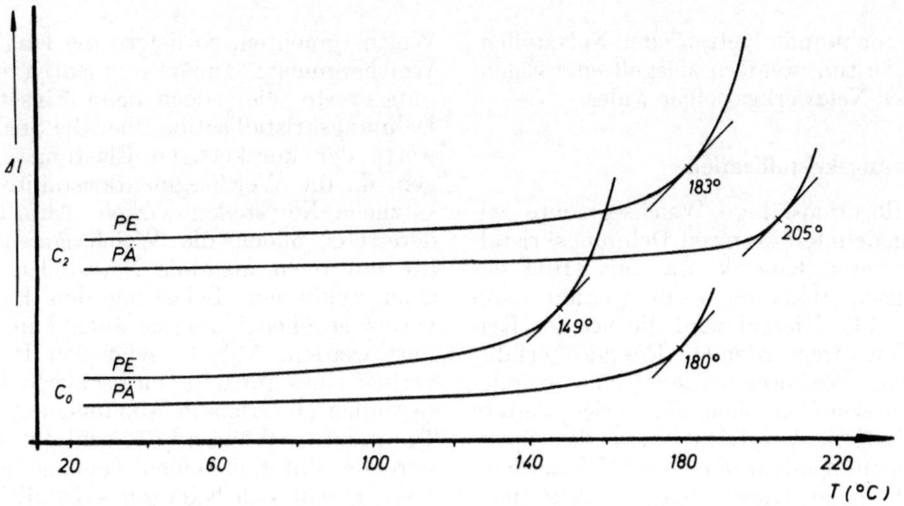

Abb. 7a. Erweichungskurven von PU-Elastomeren mit Hydrazin (C_0) bzw. Äthylendiamin (C_2) als Kettenverlängerer sowie Polyester (PE) bzw. Polyäther (PÄ) als Weichsegment. Die Polyäther-Elastomere haben bei gleichem Kettenverlängerer die höhere Erweichungstemperatur

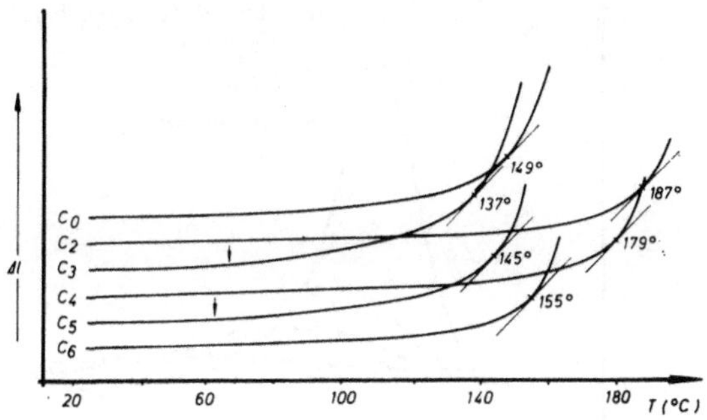

Abb. 7b. Erweichungskurven verschiedener PU-Elastomere mit unterschiedlichem Kettenverlängerer, jedoch gleichem Weichsegment. Der Index n in C_n gibt die Zahl der CH_2-Gruppen im als Kettenverlängerer eingesetzten Diamin an

Dehnung die bei der ersten Dehnung erreichte Längung überschritten wird, da von hier ab weitere Kraftstränge „reißen" und neue, längere Stränge sich bilden. Röntgenographisch macht sich dieser Mechanismus dadurch bemerkbar, daß sich die Hartsegmente anfänglich zur Dehnungsrichtung quer einstellen und sich erst mit fortschreitender Dehnung mehr und mehr zur Dehnungsrichtung parallel legen. Nach vollständiger Streckung und Entlastung des Materials kehren die Weichsegmente in den isotropen Zustand zurück, während die harten Segmente orientiert bleiben. Letzteres gibt bei Temperaturerhöhungen zu einem markanten Schrumpf Anlaß. Kommerziell gesponnene oder im Spritzguß verarbeitete PU-Elastomere enthalten oftmals derartige Hartsegmentorientierungen, die bei physikalischen Untersuchungen unbedingt berücksichtigt werden müssen.

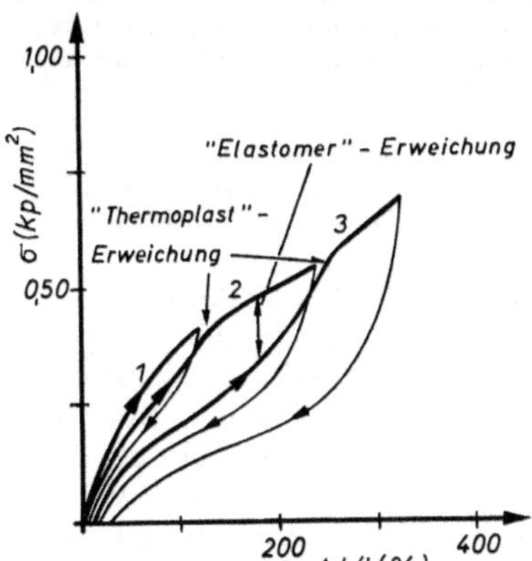

Abb. 8. Spannungs-Dehnungs-Kurven eines speziellen Elastomers, das deutlich sowohl die Thermoplast- als auch die Elastomer-Erweichung zeigt. Erstere beruht auf einer plastischen Deformation der Hartsegmentbereiche, letztere auf der Umstrukturierung bzw. dem Längerwerden der Kraftstränge

Die Spannungserweichung ist nicht, wie teilweise irrtümlich angenommen wird, auf eine prinzipielle Schwäche der Nebenvalenzvernetzung zurückzuführen (13). Sie tritt bei hauptvalenzvernetztem Gummi in gleicher Größenordnung auf (12). Zu beachten ist hierbei, daß die Erweichung eine Funktion der angelegten Spannung, und nicht eine Funktion der Dehnung ist. Ungefüllter und mit Ruß gefüllter Gummi zeigen bei gleicher Spannung etwa die gleiche Erweichung. Durch Quellen und sorgfältiges Trocknen kann die Erweichung rückgängig gemacht werden. Sie hat also nichts mit Ketten oder Netzstellenbrüchen zu tun, sondern spiegelt eine Eigenschaft des Netzwerkes selber wider.

VI. Dehnungskristallisation

Kristallisationsfähige Weichsegmente zeigen im gedehnten Material Dehnungskristallisation, deren Kinetik u.a. mit Hilfe des Dehnungskalorimeters erfaßt werden kann (Abb. 9) (14). Hierbei wird die bei der Kristallisation freiwerdende Energie erfaßt. Langkettige Weichsegmente zeigen, von anderen Einflüssen abgesehen, eine ausgeprägtere Kristallisation. Vergleicht man die Spannungs-Dehnungs-Kurven von PU-Elastomeren mit langkettigen bzw. kurzkettigen Weichsegmenten, so liefern die langkettigen Weichsegmente zunächst niedrigere Spannungswerte, die jedoch beim Einsetzen der Dehnungskristallisation über die Spannungswerte der kurzkettigen Elastomere ansteigen, da die Weichsegmentkristallite als zusätzliche Netzstellen wirken (Abb. 10). Andererseits bilden die Weichsegmentkristallite nur recht instabile Netzstellen, die bei einer zyklischen Belastung den Hystereseverlust erhöhen, indem sie laufend umstrukturiert werden. Abb. 11 zeigt den Hystereseverlust eines gut und eines schlecht kristallisierenden Materials in Abhängigkeit von der Temperatur. Während das schlecht kristallisierende Material keinen Temperatureinfluß zeigt, macht sich beim gut kristallisierenden

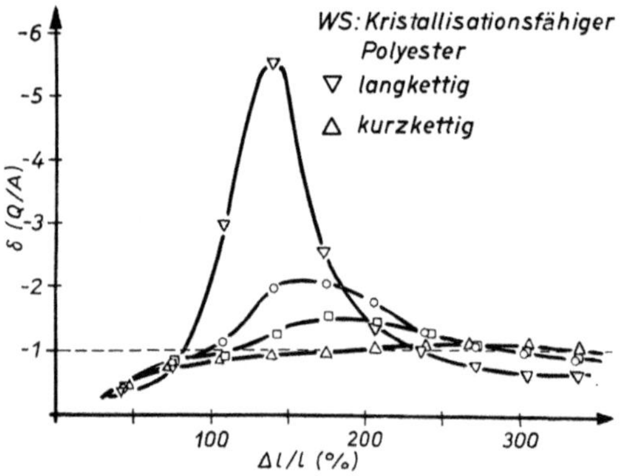

Abb. 9. Dehnungskalorischer Meßeffekt in Abhängigkeit von der Kristallisationsfähigkeit der weichen Segmente. Bei einem Elastomer, das sich im Sinne der Kautschuktheorie „ideal" verhält, sollte das Verhältnis von Dehnungsarbeit zu Dehnungswärme, also der Quotient $|(Q/A)|$ gleich 1 sein. Infolge der Dehnungskristallisation des langkettigen Weichsegmentes ist die Dehnungswärme dort größer als die aufgewendete Dehnungsarbeit

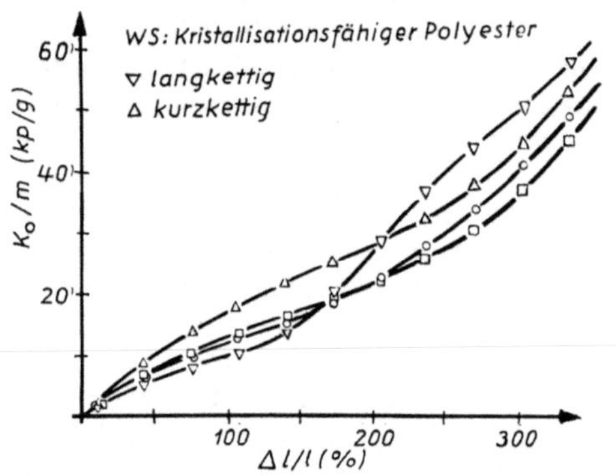

Abb. 10. Einfluß der Dehnungskristallisation auf die Spannungs-Dehnungs-Kurve. Die Spannungs-Dehnungs-Kurve des Materials mit langkettigem Weichsegment steigt zunächst flacher, dann aber steiler an als die bei kurzkettigen, nicht kristallisationsfähigen Weichsegmenten

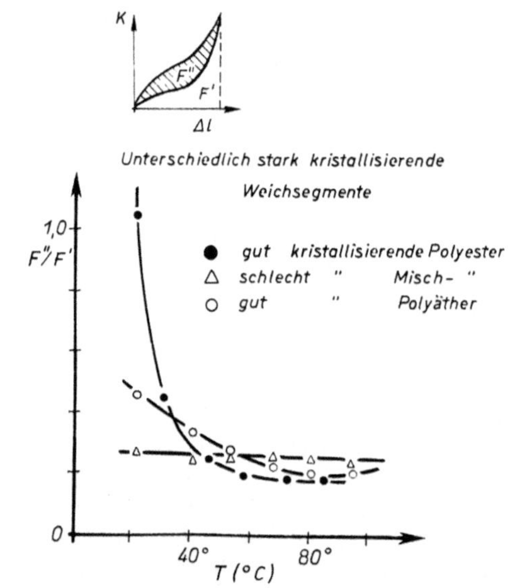

Abb. 11. Hystereseverlust bei der zyklischen Be- und Entlastung eines gut und eines schlecht kristallisierenden Elastomers. Beim gut kristallisierenden Material zeigt der Hystereseverlust eine starke Temperaturabhängigkeit, während er beim schlecht kristallisierenden Material temperaturunabhängig ist. Maßgeblich für die Hysterese ist zum großen Teil die Umstrukturierung der Weichsegmentkristallite

Material eine markante Abnahme des Hystereseverlustes mit steigender Temperatur, d.h. mit abnehmender Dehnungskristallisation bemerkbar. Die maximalen Spannungswerte des gut kristallisierenden Materials fallen mit zunehmender Belastungsgeschwindigkeit ab, weil die Weichsegmente bei zu kleiner Meßzeit nicht mehr zu kristallisieren vermögen (Abb. 12). Bei schlecht kristallisierenden Weichsegmenten steigt die Endspannung mit zunehmender Belastungsgeschwindigkeit dagegen an. Von erhöhtem Interesse ist, daß offensichtlich auch die bleibende Dehnung

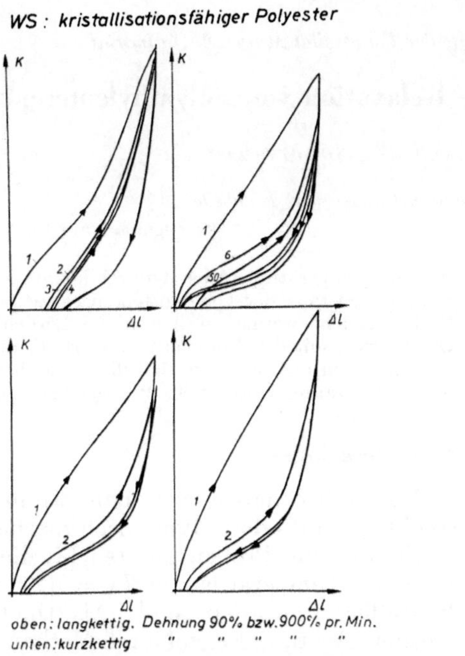

Abb. 12. Abhängigkeit der Spannungs-Dehnungs-Kurven von der Belastungsgeschwindigkeit. Beim nichtkristallisierenden Weichsegment findet man das gewohnte Verhalten, daß die „Steifheit" des Materials mit zunehmender Belastungsgeschwindigkeit steigt. Beim kristallisierenden Weichsegment tritt der umgekehrte Effekt ein, da die Selbstverfestigung durch Dehnungskristallisation bei zu hoher Belastungsgeschwindigkeit ausbleibt. Offensichtlich hat die Dehnungskristallisation u. a. einen negativen Einfluß auf die bleibende Längung des entlasteten Materials

eine Funktion der Dehnungskristallisation ist, wie aus der Darstellung links oben in Abb. 12 hervorgeht.

Zusammenfassung

Bezugnehmend auf vorausgehende Arbeiten wird ein kurzer Überblick über die physikalische Struktur und einige hieraus folgende anwendungstechnische Eigenschaften der Urethan-Elastomere gegeben.

Summary

General principles of the physical structure as well as the mechanical behaviour of Poly-Urethan-Elastomers are given referring to previous more detailed papers.

Literatur

1) *Rinke, H.*, Angew. Chemie **74**, 612 (1962); Chimia **16**, 93 (1962); Chimia **22**, 164 (1968).
2) *Oertel, H.*, Bayer Farbenrevue **11**, 51 (1965).
3) *Hendus, H., K. H. Illers, E. Ropte*, Kolloid-Z. u. Z. Polymere **216**, 110 (1967); *Beecher, J. F., L. Marker, R. D. Bradford, L. Aggerwal*, J. Polymer Sci. C No. **26**, 117 (1969).
4) *Bonart, R., L. Morbitzer, H. Rinke*, Kolloid-Z. u. Z. Polymere (im Druck).
5) *Clough, S. B., N. S. Schneider, A. O. King*, J. Macromol. Sci. **B 2**, 641 (1968).
6) *Mittelbach, P., G. Porod*, Koll.-Z. **202**, 40 (1965).
7) *Bonart, R.*, J. Macromol. Sci. **B 2**, 115 (1968).
8) *Bonart, R., L. Morbitzer, G. Hentze*, J. Macromol. Sci. **B 3**, 337 (1969).
9) *Hosemann, R., S. N. Bagchi*, Direct Analysis of Diffraction by Matter (Amsterdam 1962).
10) *Herwig, U.*, Kolloid-Z. u. Z. Polymere **211**, 34 (1966).
11) *Ender, D. H.*, J. Appl. Phys. **39**, 4877 (1968).
12) *Harwood, J. A. C., L. Mullins, A. R. Payne*, J. Appl. Pol. Sci. **9**, 3011 (1965); *Harwood, J. C. A., A. R. Payne*, J. Appl. Pol. Sci. **10**, 1203 (1966); *Cooper, S. L., D. S. Huh, W. J. Morris*, I. & EC Product Res. and Dev. **7** (1968).
13) *Lorenz, O., K. H. Platz, A. Heim, A. Schmitz*, Melliand Textilberichte **5**, 506 (1967).
14) *Morbitzer, L., R. Bonart*, Kolloid-Z. **232**, 764 (1969).

Anschrift der Verfasser:
Dr. R. *Bonart* und Dr. *L. Morbitzer*
Ing.-Abt. A. P. der Farbenfabriken Bayer
5090 Leverkusen

Kolloid-Z. u. Z. Polymere **241**, 916–920 (1970)

Aus dem Institut für Physikalische Chemie der Universität Mainz, 2. Ordinariat

Einfluß der Quellung auf die mechanische Relaxation von Polyäthylenterephthalat

Von H. G. Zachmann und W. Schermann

Mit 8 Abbildungen in 9 Einzeldarstellungen und 1 Tabelle

(Eingegangen am 16. Juli 1970)

A. Einleitung

In mehreren früheren Arbeiten (1-4) wurde über Untersuchungen der Quellung von Polyäthylenterephthalat in verschiedenen organischen Flüssigkeiten berichtet. Im besonderen ist dabei die Abhängigkeit des Quellverhaltens von der Kristallinität sowie ferner der zeitliche Verlauf der Kristallisation in Anwesenheit von Quellmitteln bestimmt worden.

Die vorliegende Arbeit befaßt sich nun als Weiterführung der bisherigen Untersuchungen mit dynamisch-mechanischen Messungen der Relaxation. Durch solche Messungen kann die bei einer Quellung auftretende Erniedrigung der Einfriertemperatur bestimmt werden, die sowohl für die Kinetik der Quellung als auch für die Kristallisationskinetik von wesentlicher Bedeutung ist. Außerdem kann man durch einen Vergleich der Werte des Elastizitätsmoduls der verschieden vorbehandelten Proben auf Unterschiede in der Verspannung der Ketten in den nichtkristallinen Bereichen schließen.

B. Experimentelles

Um die erforderlichen Quellungen in vernünftigen Zeiten durchführen zu können, mußten die Untersuchungen an Folien von etwa 200 μ Dicke durchgeführt werden. Solche Folien wurden uns im amorphen Zustand von der Firma Kalle A.G. zur Verfügung gestellt. Die Kristallisation der Proben erfolgte durch Tempern im Vakuum. Zur Quellung wurden die Proben in die entsprechenden organischen Flüssigkeiten eingebracht. Der Quellmittelgehalt wurde durch Wiegen ermittelt.

Die Untersuchung der mechanischen Dispersion erfolgte mit Hilfe einer in einer zweiten Arbeit (5) beschriebenen Biegeschwingungsapparatur, die speziell für Messungen an dünnen Folien entwickelt wurde. Während der Messung mußte die Probe auf verschiedene Temperaturen gebracht werden, bei denen dann jeweils der Speichermodul E' und die Dämpfung d ermittelt wurden. Um ein Erweichen des Quellmittels während des Meßvorgangs weitgehend zu verhindern, wurde der Meßraum, in dem sich die Probe befand, mit Quellmitteldampf gesättigt. Auch dadurch konnte nicht eine exakte Konstanz der Quellmittelkonzentration in der Probe erreicht werden, weil sich die Löslichkeit des Quellmittels mit der Temperatur ändert. Kontrollmessungen haben aber ergeben, daß die dadurch bedingte Änderung während der Meßzeit vernachlässigbar war.

C. Meßergebnisse

Als erstes haben wir den Einfluß der Quellung auf das dynamisch-mechanische Verhalten von Proben untersucht, die zuvor bei einer Temperatur von $T_k = 121$ °C auskristallisiert worden sind. Als Quellmittel wurden Aceton, Benzol und Methanol verwendet. Frühere Untersuchungen haben gezeigt, daß sich der Kristallisationsgrad der Proben bei einer Quellung mit diesen Flüssigkeiten nicht ändert. Abb. 1 gibt den

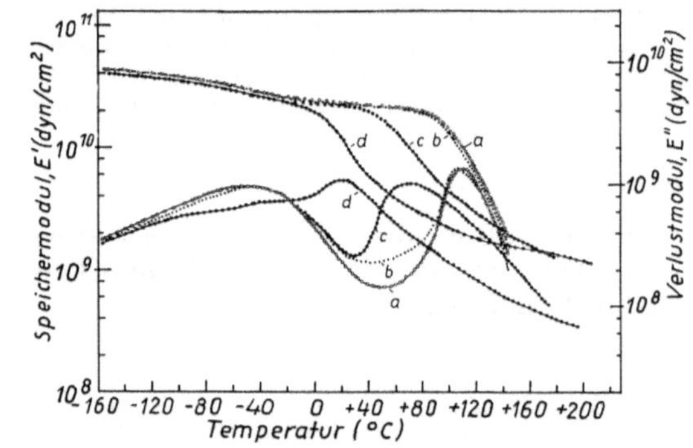

Abb. 1. Temperaturabhängigkeit des Speichermoduls E' und des Verlustmoduls E'' von Proben, die bei 121 °C auskristallisiert und anschließend gequollen worden sind. a) ungequollen, b) mit Benzol bei 30 °C gesättigt (0,3 Gew.%), c) mit Methanol bei 30 °C gesättigt (2,3 Gew.%), d) mit Aceton bei 30 °C gesättigt (8,1 Gew.%), Meßfrequenz 110 Hz

Speichermodul E' und den Verlustmodul E'' für die gequollenen Proben wieder. Man sieht, daß die Quellung in Benzol nur eine geringfügige Erniedrigung der Einfriertemperatur bewirkt, während die Quellung mit Methanol eine Erniedrigung auf etwa 70 °C und die mit Aceton eine Erniedrigung auf etwa 20 °C zur Folge hat. Außerdem wird durch die Quellung der Einfrierbereich erweitert. Beim anschließenden Entquellen

*) Vorgetragen auf der Arbeitssitzung des Fachausschusses Physik der Hochpolymeren in der Frühjahrstagung 1970 des Regionalverbandes Hessen-Niederrhein-Saar der Deutschen Physikalischen Gesellschaft in Darmstadt, 10.–13. März 1970.

der Proben steigt die Einfriertemperatur wieder an. Da jedoch eine vollständige Entquellung nicht möglich ist, erreicht man nicht den alten Wert.

Als nächstes wurde der Einfluß der Quellung bei Proben untersucht, die vor der Quellung amorph waren. Als Quellmittel

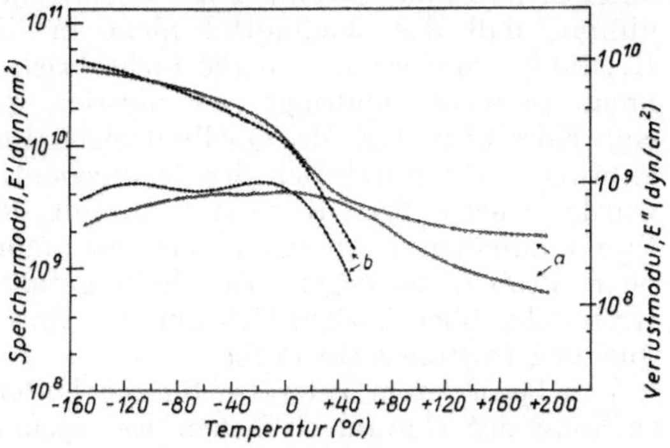

Abb. 2. Temperaturabhängigkeit des Speichermoduls E' und des Verlustmoduls E'' von Proben, die im amorphen Zustand gequollen worden sind. a) mit Aceton bei 30 °C gesättigt (11,3 Gew.%) und dabei kristallisiert, b) mit Dioxan bei 30 °C gesättigt (17 Gew.%) und dabei kristallisiert. Meßfrequenz 110 Hz

wurden außer den drei obengenannten Flüssigkeiten auch noch Dioxan und Nitrobenzol verwendet. Abb. 2 gibt die Ergebnisse für die Quellung in Aceton und Dioxan, Abb. 3 für Benzol und Nitrobenzol wieder. Alle Quellungen wurden bei 30 °C durchgeführt. Bei dieser Temperatur kristallisieren die amorphen Proben unmittelbar während des Quellprozesses, so daß die Messungen an kristallisierten Proben durchgeführt wurden. Abb. 4 gibt noch die Ergebnisse einer Quellung in Methanol wieder. Kurve (a) bezieht sich auf den Fall, daß die Quellung bei 30 °C durchgeführt wurde, bei der die Probe amorph bleibt, und Kurve (b) auf eine Quellung bei 45 °C bei der eine Kristallisation der amorphen Folie eintritt. In Tab. 1 sind die Resultate nochmals übersichtlich zusammengestellt.

Zum Vergleich zu den dynamisch-mechanischen Messungen wurde die Einfriertemperatur der in Methanol gequollenen Proben auch dilatometrisch bestimmt. Die Proben befanden sich dabei in einem Dilatometer,

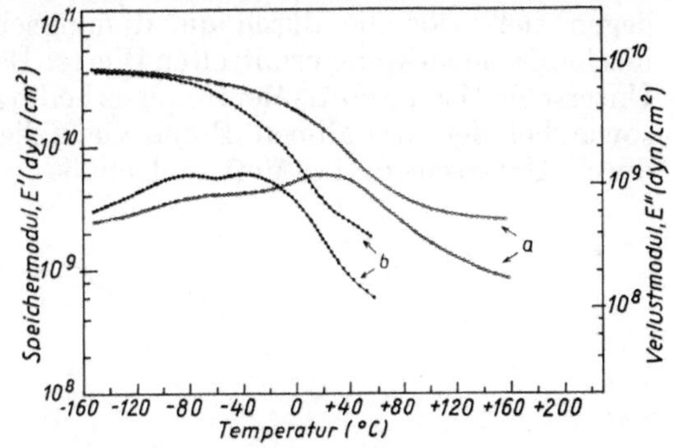

Abb. 3. Temperaturabhängigkeit des Speichermoduls E' und Verlustmoduls E'' von Proben, die im amorphen Zustand gequollen worden sind. a) mit Benzol bei 30 °C gesättigt (11,3 Gew.%) und dabei kristallisiert, b) mit Nitrobenzol bei 30 °C gesättigt (14,3 Gew.%) und dabei kristallisiert. Meßfrequenz 110 Hz

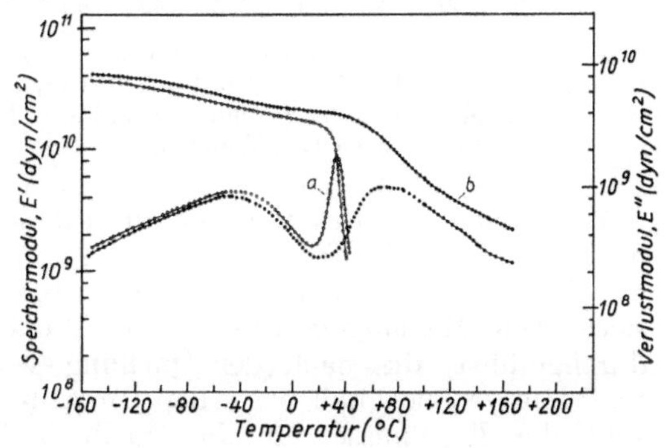

Abb. 4. Temperaturabhängigkeit des Speichermoduls E' und Verlustmoduls E'' von Proben, die im amorphen Zustand gequollen worden sind. a) mit Methanol bei 30 °C gesättigt (4,4 Gew.%), b) mit Methanol bei 45 °C gesättigt (2,1 Gew.%) und dabei kristallisiert. Meßfrequenz 110 Hz

Tab. 1. Quellmittelaufnahme und Einfriertemperatur der verschieden vorbehandelten Proben

Kristallisationsgrad vor der Quellung (%)	Quellmittel	bei °C	Quellmittelmenge (Gew.-%)	Kristallisationsgrad nach Quellung (%)	T_g (bei 110 Hz) (°C)
38	Aceton	30	8,1	38	+ 20
38	Methanol	30	2,3	38	+ 70
38	Benzol	30	0,3	38	+105
0	Aceton	30	11,3	28	0
0	Benzol	30	11,1	28	+ 22
0	Dioxan	30	17,0		− 18
0	Nitrobenzol	30	14,3		− 36
0	Methanol	30	4,4	0	+ 38
0	Methanol	45	2,1	20	+ 72

das als Meßflüssigkeit Methanol, also das Quellmittel selbst enthielt. Abb. 5 gibt das Ergebnis wieder. Aufgetragen ist das Volumen der Probe als Funktion der Temperatur. Kurve (a) bezieht sich auf eine amorphe Probe, Kurve (b) auf eine bei 45 °C durch Quellung kristallisierte Probe. Die dilatometrisch bestimmten Einfriertemperaturen liegen tiefer als die durch die dynamisch-mechanische Messung ermittelten Werte. Der Unterschied ist durch die Meßfrequenz bedingt sowie bei der kristallinen Probe zusätzlich durch Unterschiede im Methanolgehalt.

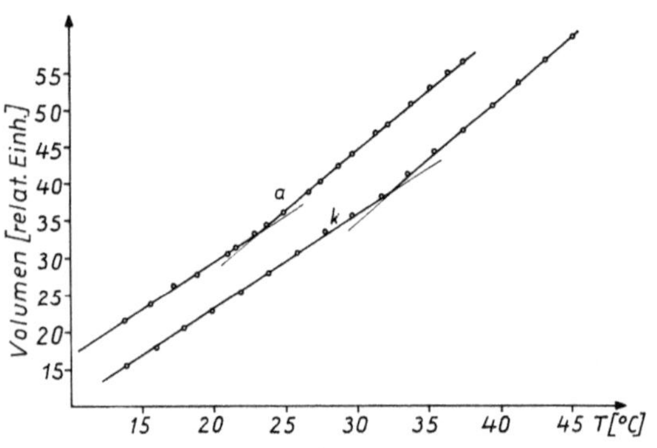

Abb. 5. Dilatometrisch bestimmte Volumen-Temperatur-Kurve für in Methanol gequollene Proben. a) amorph (4,8 Gew.% Methanol), b) quellungskristallisiert bei 45 °C (3,9 Gew.% Methanol)

Wir haben uns des weiteren für die Erniedrigung der Einfriertemperatur in Abhängigkeit vom Quellmittelgehalt interessiert. Die Messungen wurden an Proben durchgeführt, die nach der Quellung verschieden weit entquollen wurden. In Abb. 6 sind die Ergebnisse für die Quellung in

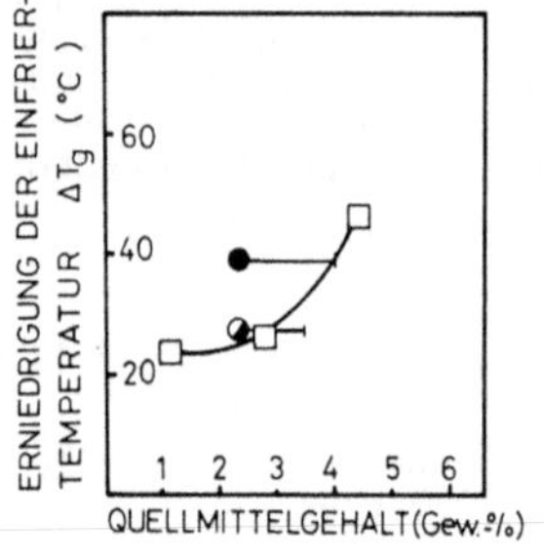

Abb. 6. Erniedrigung der Einfriertemperatur ΔT_g als Funktion des Methanolgehaltes (□ amorph, ◑ durch Quellung kristallisiert, ○ durch Tempern kristallisiert)

Methanol angegeben. Aufgetragen ist jeweils die Erniedrigung der Einfriertemperatur gegen den Quellmittelgehalt. Die Quadrate beziehen sich auf amorphe Proben.

Wir finden hier keinen linearen Zusammenhang zwischen Quellmittelgehalt und Temperaturerniedrigung. Der voll ausgefüllte Kreis bezieht sich auf eine Probe, die vor der Quellung bereits durch Tempern kristallisiert worden war. Man findet hier eine bedeutend stärkere Erniedrigung als bei der amorphen Probe. Wenn man jedoch annimmt, daß das Quellmittel nicht in die Kristallite sondern nur in die nicht kristallinen Bereiche eindringt, so müssen wir eine Korrektur bzgl. des Quellmittelgehaltes anbringen, die durch den Strich angedeutet wurde. Durch diese Korrektur kommt der Punkt annähernd auf der Kurve der amorphen Proben zu liegen. Der halb gefüllte Kreis schließlich bezieht sich auf eine durch Quellung kristallisierte Probe.

Von besonderem Interesse für die Untersuchung der charakteristischen Eigenschaften der Kristallisation durch Quellung ist ein Vergleich der mechanischen Relaxation der durch Tempern und der durch Quellung kristallisierten Proben im ungequollenen Zustand. Abb. 7 zeigt die entsprechenden Ergebnisse. Kurve (a) bezieht sich auf eine durch Tempern bei $T_k = 121$ °C kristallisierte Probe, Kurve (b) auf eine durch Quellung in Methanol bei 45 °C kristallisierte und anschließend vollständig entquollene Probe, Kurve (c) auf eine durch Quellung in Aceton bei 30 °C kristallisierte und anschließend bis auf 2% entquollene Probe (es ist leider nicht möglich, das Aceton bei Raumtemperatur aus der Probe vollständig zu entfernen). Man erkennt, daß der Einfrierbereich der durch Quellung kristallisierten Proben breiter ist als bei der durch Tempern kristallisierten Proben. Bei

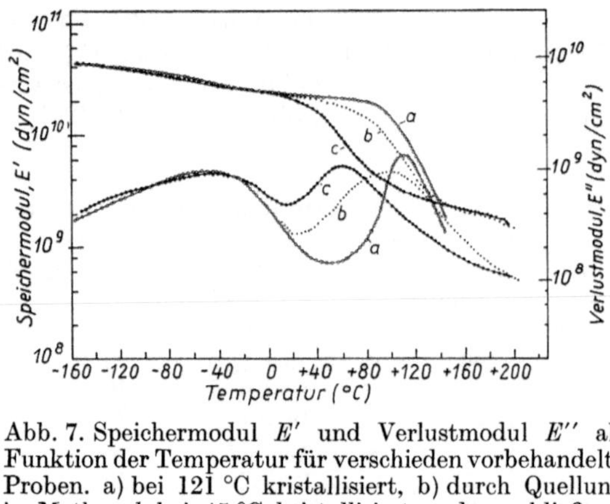

Abb. 7. Speichermodul E' und Verlustmodul E'' als Funktion der Temperatur für verschieden vorbehandelte Proben. a) bei 121 °C kristallisiert, b) durch Quellung in Methanol bei 45 °C kristallisiert und anschließend entquollen, c) durch Quellung in Aceton bei 30 °C kristallisiert und anschließend entquollen (Restgehalt 2 Gew.% Aceton)

den durch Methanol kristallisierten Proben kann diese Verbreiterung nicht auf noch anwesendes Methanol zurückgeführt werden.

Als letztes wurde noch ein Vergleich der Speichermodulwerte E' in der Umgebung der jeweiligen Einfriertemperatur für die gequollenen und die ungequollenen Proben vorgenommen. Hierzu wurden für die einzelnen Proben der Speichermodul E' als Funktion der Differenz zwischen Meßtemperatur und Einfriertemperatur $T - T_g$ aufgetragen. Abb. 8a zeigt die Ergebnisse für ungequollene Proben, die bei verschiedenen Temperaturen vollständig auskristallisiert

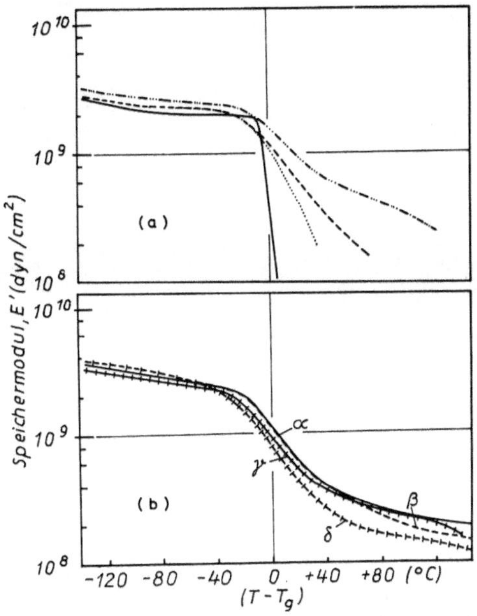

Abb. 8. Speichermodul E' als Funktion der Abweichung von der jeweiligen Einfriertemperatur $T - T_g$. a) ungequollene, durch Tempern auskristallisierte Proben, ——— amorph, ····· $T_k = 121$ °C, — — — $T_k = 124$ °C, — ·· — $T_k = 184$ °C, b) in Aceton gequollene Proben, ——— α in Aceton gequollen und dabei kristallisiert, — — — β Probe α nach Entquellung, ┼┼┼ γ durch Tempern bei 121 °C kristallisiert und danach gequollen, ⊣⊣⊣ δ Probe γ nach Entquellung

worden sind. Man sieht, daß bei der Einfriertemperatur, d. h. beim Abszissenwert Null, der Speichermodul E' desto größer wird, je höher die Kristallisationstemperatur und damit der Kristallisationsgrad ist. Abb. 8b zeigt die Ergebnisse von einer in Aceton kristallisierten Probe und einer in Aceton gequollenen Probe, die zuvor durch Tempern kristallisiert worden war. Man sieht bei beiden Proben, daß der Speichermodul E' bei $T = T_g$ beim Entquellen abnimmt.

D. Diskussion

Im besonderen ist der in Abb. 8 angegebene Vergleich der Speichermodulwerte an der Einfriertemperatur von Interesse. Wir wollen hierbei voraussetzen, daß eine Erhöhung des Speichermodul-Wertes bei gleichbleibendem Kristallisationsgrad einer Zunahme der Verspannungen der nichtkristallinen Kettenteile entspricht. Wir sehen, daß bei einer bei $T_k = 121$ °C kristallisierten Probe der Speichermodul bei T_g bei einer Quellung in Aceton unverändert bleibt, nach der Entquellung jedoch abnimmt. Dieses Ergebnis spricht für einen irreversiblen Abbau von Kettenverspannungen durch die Quellung und darauffolgende Entquellung.

Des weiteren wollen wir noch auf den großen Unterschied zwischen kristallinen und amorphen Proben beim Quellen in Benzol eingehen. Wie man aus Tab. 1 ersieht, nimmt eine vorher durch Tempern kristallisierte Probe nur 0,3% Benzol auf, während eine amorphe Probe, die erst während der Quellung kristallisiert, 11,1% Benzol aufnimmt. In einer früheren Arbeit (3) wurde vermutet, daß dieser Unterschied darauf beruht, daß die Einfriertemperatur der Probe mit dem hohen Benzolgehalt *unter* der Quelltemperatur, während die der Probe mit niedrigen Benzolgehalt *darüber* liegt. Die vorliegenden Ergebnisse bestätigen diese Vermutung.

Wir danken der Firma Kalle A.G. für die Überlassung der Polyäthylenterephthalat-Folien sowie der Deutschen Forschungsgemeinschaft für die finanzielle Unterstützung dieser Arbeit.

Zusammenfassung

Durch dynamisch-mechanische Messungen im α-Relaxationsgebiet vom Polyäthylenterephthalat wurde der Einfluß der Quellung auf die Einfriertemperatur und den Elastizitätsmodul untersucht. Es zeigt sich, daß die Einfriertemperatur nicht immer linear mit der Quellmittelkonzentration zunimmt. Quellung und anschließende Entquellung hat die Erniedrigung des bei der Einfriertemperatur auftretenden Speichermoduls zur Folge, was auf eine Verminderung der Spannungen der Ketten in den nichtkristallinen Bereichen hinweist.

Summary

The influence of swelling on the glass transition temperature and the modulus of elasticity of polyethylenterephthalate is investigated by means of dynamic mechanical measurements. It is shown that the glass temperature does not decrease linearly with increasing concentration of the swelling agent. Swelling followed by deswelling causes a decrease of the elastic modulus measured at the glass transition temperature. This indicates that the tension of the chains in the noncrystalline regions has become smaller.

Literatur

1) *Zachmann, H. G.*, Makromol. Chem. **74**, 29 (1964).
2) *Zachmann, H. G.*, Faserforschg. u. Textiltech. **18**/**2**, 95 (1967).
3) *Zachmann, H. G.*, Faserforschg. u. Textiltech. **18**/**9**, 427 (1967).
4) *Zachmann, H. G.* und *G. Konrad*, Makromolek. Chem. **118**, 189 (1968).
5) *Schermann, W.* und *H. G. Zachmann*, Kolloid-Z. u. Z. Polymere **241**, 921 (1970).
6) siehe z. B. *Illers, K. H.* und *H. Breuer*, J. Colloid Sci. **18**, 1 (1963).

Anschrift der Verfasser:
Prof. Dr. *H. G. Zachmann* und Dipl.-Phys. *W. Schermann*
Institut für Physikal. Chemie
6500 Mainz, Jakob-Welder-Weg 15

Kolloid-Z. u. Z. Polymere **241**, 921–927 (1970)

Aus dem Institut für Physikalische Chemie der Universität Mainz, 2. Ordinariat

Untersuchung der mechanischen Relaxation von Polyäthylenterephthalat in Abhängigkeit von den Kristallisationsbedingungen*)

Von W. Schermann und H. G. Zachmann

Mit 10 Abbildungen in 14 Einzeldarstellungen und 1 Tabelle

(Eingegangen am 16. Juli 1970)

A. Einleitung

Die mechanische Relaxation von Polyäthylenterephthalat in Abhängigkeit vom Kristallisationsgrad wurde bereits in einer Reihe von Arbeiten untersucht (1–4). Dabei wurde aber nicht zwischen sphärolithisch durchkristallisierten und nicht durchkristallisierten Proben unterschieden. Eine solche Unterscheidung ist jedoch äußerst wichtig. Um das zu erläutern, gehen wir kurz auf die Kinetik der Kristallisation ein.

Bei der Kristallisation wachsen um einzelne Keime Sphärolithe, die aus kristallinen und nicht-kristallinen Bereichen bestehen (5, 6). Zunächst besteht die Probe daher aus 3 Arten von Bereichen (Abb. 1a): den Kristalliten,

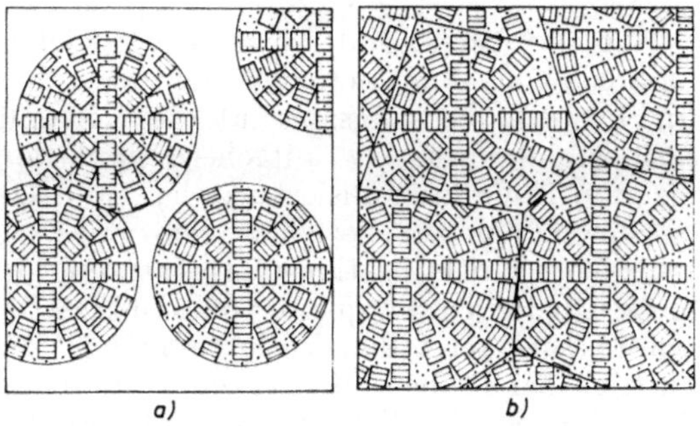

a) b)

□ Kristallite
▦ nicht krist. Bereiche in den Sphärolithen
□ völlig amorphe Bereiche

Abb. 1. Struktur in kristallinen Hochpolymeren, a) Zwischenstadium, b) Ende der Hauptkristallisation

den nicht-kristallinen Bereichen innerhalb der Sphärolithe, die aus kurzen Kettenstücken mit festliegenden Enden bestehen, sowie den völlig amorphen Bereichen zwischen den Sphärolithen, die aus freibeweglichen Molekülen aufgebaut sind. Am Ende der Hauptkristallisation ist die Probe von den Sphärolithen ganz ausgefüllt und es liegen nur noch Kristallite und nicht-kristalline Bereiche vor (Abb. 1b). Der kristalline Anteil innerhalb der Sphärolithe ist desto größer, je größer die Kristallisationstemperatur ist (5). Außerdem nimmt er infolge einer Nachkristallisation im Laufe der Zeit geringfügig zu.

Die Angabe eines Kristallisationsgrades charakterisiert das Material nur unvollständig, solange man nicht weiß, wie sich der nicht-kristallisierte Anteil auf die völlig amorphen Bereiche und auf die nicht-kristallinen Bereiche aufteilt. Ein Kristallisationsgrad von 35% kann z.B. entweder dadurch zustande kommen, daß die Probe bei 150 °C so lange kristallisiert worden ist, bis sie vollständig von Sphärolithen ausgefüllt ist oder dadurch, daß sie bei 240 °C, wo die Sphärolithe einen höheren kristallinen Anteil aufweisen, so lange getempert wurde, bis die Sphärolithe etwa drei Viertel der Probe einnehmen. Es ist anzunehmen, daß die beiden Proben trotz gleichen Kristallisationsgrades eine verschiedene mechanische Dispersion aufweisen.

Wir haben uns nun zur Aufgabe gestellt, den Einfluß derartiger Unterschiede in der Kristallisation auf die mechanische Dispersion zu untersuchen. Die Messungen wurden mit Hilfe einer Biegeschwingungsapparatur durchgeführt. Um die erforderlichen thermischen Behandlungen durchführen zu können, mußten wir die Messungen an Folien von nur 0,2 mm Dicke durchführen. Bei derartig dünnen Filmen konnten wir die Untersuchungen nicht mehr mit einer Biegeschwingungsapparatur üblicher Bauart vornehmen, wir mußten vielmehr einige kleine Änderungen am gewöhnlich verwendeten Aufbau anbringen.

---

*) Vorgetragen auf der Arbeitssitzung des Fachausschusses Physik der Hochpolymeren in der Frühjahrstagung 1970 des Regionalverbandes Hessen-Niederrhein-Saar der Deutschen Physikalischen Gesellschaft in Darmstadt, 10.–13. März 1970.

B. Beschreibung der Apparatur

Bei den üblicherweise verwendeten Biegeschwingungsapparaturen (7–9) (s. Abb. 2a) wird die Probe Pr unmittelbar am oberenEnde fest eingespannt. Die Anregung der Schwingungen erfolgt über ein Metallplättchen M_1, das kurz unterhalb der Einspannstelle auf die Probe aufgeklebt wurde und das mittels eines von der Spule A ausgehenden elektrischen Wechselfeldes erregt wird. Zur Registrierung der Schwingungen wird üblicherweise am unteren Ende der Probe ein Metallscheibchen M_2 aufgeklebt, dessen Schwingungen dann in der darunter liegenden Spule B mit Magnetkern eine Spannung induzieren.

Bei Verwendung dieses Aufbaus traten bei uns einige Schwierigkeiten auf. Es zeigte sich, daß infolge der Anziehung des am unteren Probenende aufgeklebten

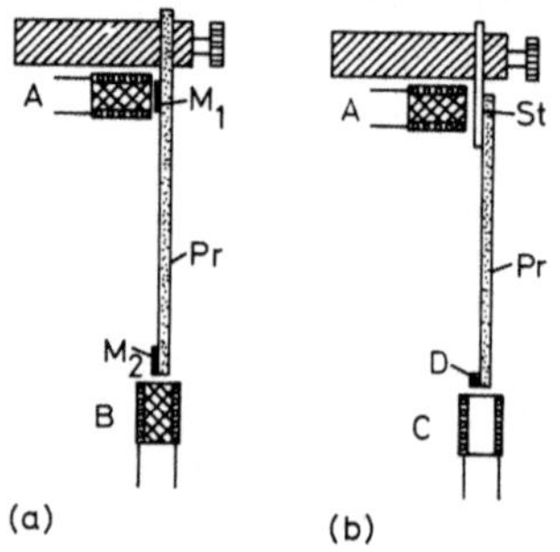

Abb. 2. Schematische Darstellung des Schwingungssystems, a) übliche Anordnung, b) Anordnung in unserer Apparatur

Metallscheibchens von dem Permanentmagneten der Spule in der von uns untersuchten dünnen Folie eine nicht mehr zu vernachlässigende Vorspannung erzeugt wird. Diese macht sich in einer Verschiebung der beiden ersten Eigenresonanzen der Probe bemerkbar. Daher verwendeten wir ein etwas anderes Registrierverfahren (s. Abb. 2b): der Spulenpermanentmagnet wurde aus dem Aufnehmer entfernt und das Metallscheibchen durch einen winzigen Dauermagneten D ersetzt. Dieser Magnet wird bei den Schwingungen der Folie mitgeführt und erzeugt in der verbleibenden Aufnehmerspule C kleine Induktionsspannungen, die einem empfindlichen Verstärker zugeführt werden.

Eine andere Schwierigkeit war die, daß unsere dünnen Folien zu Torsionsschwingungen angeregt wurden. Wir konnten diese Schwierigkeit vermeiden, indem wir die Folie nicht unmittelbar einspannten, sondern an einer Stahlfeder St befestigten, über die dann auch die Anregung erfolgte.

C. Meßergebnisse

1. Probenvorbehandlung

Die Untersuchungen wurden an 0,2 mm dicken Folien der Firma Kalle AG. durchgeführt. Die Kristallisation erfolgte durch Tempern der amorphen Proben im Vakuum. Die Temperung wurde auf zwei verschiedene Arten durchgeführt:

Ein Teil der Proben (im folgenden mit l,l bezeichnet) wurde langsam auf die Kristallisationstemperatur aufgeheizt, dort vollständig auskristallisiert und anschließend langsam abgekühlt.

Der andere Teil der Proben (im folgenden mit r,r bezeichnet) wurde unmittelbar in den sich bereits auf Kristallisationstemperatur befindlichen Ofen eingebracht, dort verschieden lange kristallisiert und anschließend abgeschreckt.

Der Kristallisationsgrad der Proben wurde über Dichtemessungen ermittelt. Tab. 1 gibt den Endwert des Kristallisationsgrades als Funktion der Kristallisationstemperatur an.

Tab. 1. Kristallisationsgrade der auskristallisierten Proben

Kristallisations-temperatur T_k (°C)	Kristallisationsgrad (%) (l,l)-Proben	(r,r)-Proben
70	0	0
89	25	
103	30	30
110		30
117		35
121	38	
124	42	37
150		40
156	42	
167		46
172	46	
184	53	46
230	58	55

2. Ergebnisse an ungequollenen Proben

Abb. 3 (oberes Bild) zeigt den Speichermodul E' als Funktion der Meßtemperatur für Proben, die langsam auf die Kristallisationstemperatur T_k aufgeheizt und dort bis zum Ende kristallisiert worden sind. Die einzelnen Kurven beziehen sich auf verschiedene Kristallisationstemperaturen, gemessen bei einer Frequenz von 110 Hz. Das untere Bild zeigt den Verlustmodul E'' für die gleichen Proben. Man erkennt an beiden Abbildungen deutlich die zwei bekannten Relaxationsgebiete von Polyäthylenterephthalat: nämlich den Einfrierbereich (α-Maximum) in der Gegend zwischen 80 °C und 160 °C, in dem die mikrobrownsche Segmentbeweglichkeit einfriert, sowie den β-Prozeß bei Temperaturen um etwa −50 °C.

Wir haben uns nun im besonderen für die Abhängigkeit der Einfriertemperatur vom Kristallisationsgrad interessiert. Abb. 4 gibt diese Abhängigkeit für Proben wieder, die bei verschiedenen Temperaturen T_k vollständig auskristallisiert worden sind. Die durchgezogene Kurve (Kreise) bezieht sich auf langsam hochgeheizte Proben, die strichpunktierte Kurve (schwarze Punkte) auf isotherm kristallisierte Proben. Die verschiedenen Kristallisationsgrade sind eine Folge der verschiedenen Kristallisationstemperaturen. Man sieht, daß beide Kurven durch ein Maximum gehen – in Übereinstimmung mit den dynamisch-mechanischen Messungen von *Illers* und *Breuer* (1) und den dilatometrischen Messungen von *Hellwege*, *Henning* und *Knappe* (10).

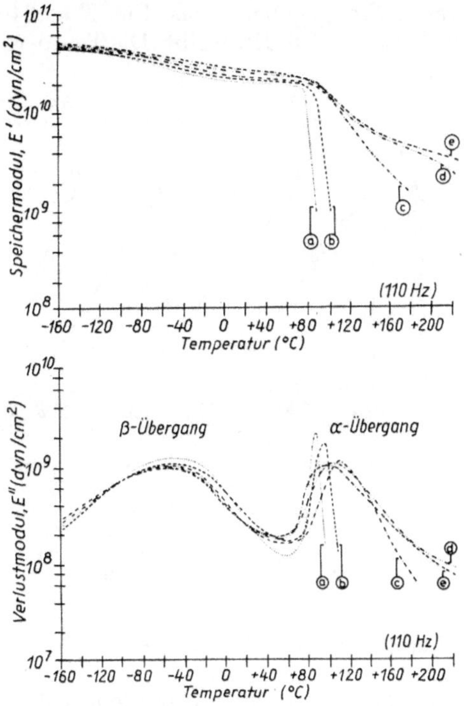

Abb. 3. Speichermoduln E' bzw. Verlustmoduln E'' als Funktion der Temperatur für Proben, die nach langsamem Aufheizen bei der Kristallisationstemperatur T_k voll auskristallisiert worden waren. Meßfrequenz 110 Hz, a) $T_k = 70$ °C (amorph), b) $T_k = 89$ °C, c) $T_k = 124$ °C, d) $T_k = 184$ °C, e) $T_k = 230$ °C

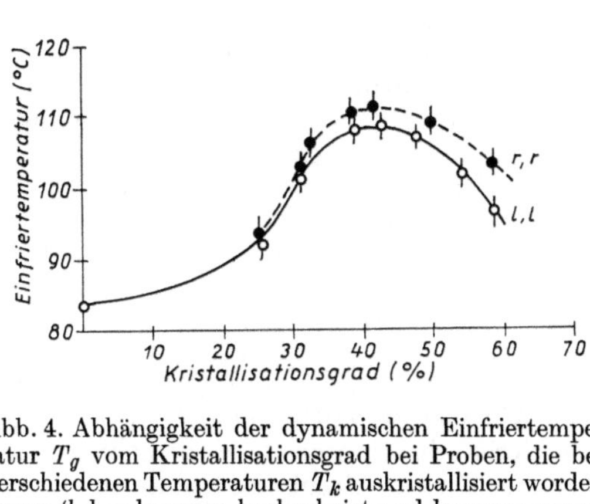

Abb. 4. Abhängigkeit der dynamischen Einfriertemperatur T_g vom Kristallisationsgrad bei Proben, die bei verschiedenen Temperaturen T_k auskristallisiert worden waren (l, l = langsam hochgeheizt und langsam ausgekühlt, r, r = rasch aufgeheizt und abgeschreckt). Meßfrequenz 110 Hz

Ganz andere Verhältnisse erhält man für die Änderung der Einfriertemperatur mit zunehmender Kristallisationszeit während einer isothermen Kristallisation. Abb. 5 gibt die Einfriertemperatur in Abhängigkeit vom Kristallisationsgrad für Proben an, die bei 110, 117, 124, 184 und 230 °C verschieden lange kristallisiert worden sind. Wir sehen, daß hier ausnahmslos die Einfriertemperatur

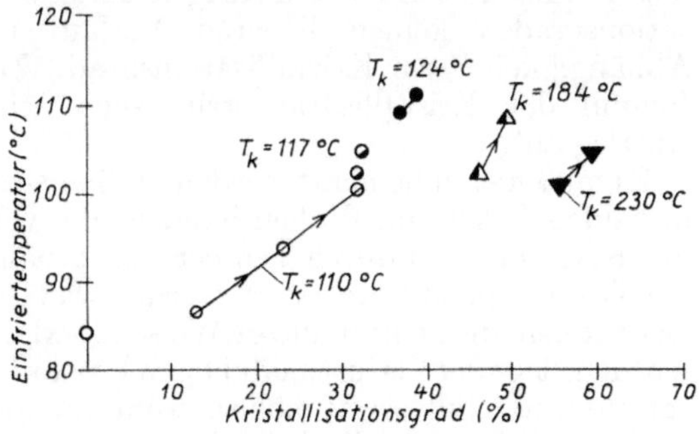

Abb. 5. Abhängigkeit der dynamischen Einfriertemperatur vom Kristallisationsgrad für Proben, die verschieden lange bei jeweils konstanter Temperatur T_k isotherm kristallisiert worden waren. Meßfrequenz 110 Hz

mit zunehmendem Kristallisationsgrad ansteigt. Es tritt kein Maximum auf. Das Maximum in Abb. 4 scheint also dadurch bedingt zu sein, daß die verschiedenen Kristallisationsgrade bei verschiedenen Kristallisationstemperaturen erreicht wurden.

Des weiteren haben wir uns auch für die Abhängigkeit der Höhe des Verlustmoduls im α-Maximum vom Kristallisationsgrad interessiert. Die Ergebnisse sind in Abb. 6 wiedergegeben. Die durchgezogene Kurve (schwarze Punkte) bezieht sich auf Proben, die langsam auf die Kristallisationstemperatur gebracht und vollständig auskristallisiert worden sind.

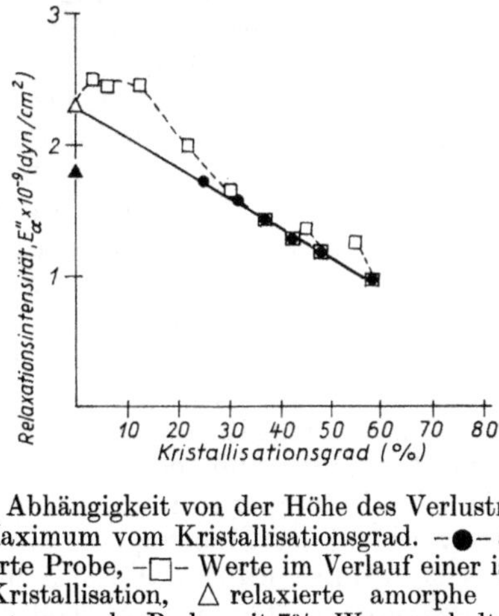

Abb. 6. Abhängigkeit von der Höhe des Verlustmoduls im α-Maximum vom Kristallisationsgrad. –●– auskristallisierte Probe, –□– Werte im Verlauf einer isothermen Kristallisation, △ relaxierte amorphe Probe, ▲ amorphe Probe mit 7‰ Wassergehalt

Die Intensität nimmt bei diesen Proben mit steigendem Kristallisationsgrad linear ab und läßt sich beim theoretischen Kristallisationsgrad von 100% zu Null extrapolieren. Die mit einem Quadrat gekennzeichneten Proben geben die Werte im Verlauf einer isothermen Kristallisation an. Die Kristallisationstemperaturen betrugen 110, 184 und 230 °C. Die Intensität der Verlustmoduln dieser Proben zeigt bei niedrigen Kristallisationsgraden keinen linearen Verlauf in Abhängigkeit vom Kristallisationsgrad. Zu Beginn der Kristallisation tritt sogar ein Anstieg auf.

Es muß hierzu bemerkt werden, daß es sich in beiden Fällen um Proben handelt, die vor der Kristallisation durch Tempern unterhalb der Glastemperatur relaxiert worden waren. Bei Proben, die nicht in dieser Weise relaxiert wurden, liegt der Verlustmodul beim Kristallisationsgrad Null etwas höher, während die Werte der Proben, die kristallisiert worden sind, unverändert blieben. Dadurch kommt das beobachtete Maximum nahezu zum Verschwinden. Unsere Untersuchungen zeigten ferner, daß ein geringfügiger Feuchtigkeitsgehalt den Modul beim Kristallisationsgrad Null merklich erniedrigt (s. ausgefülltes Dreieck).

Da bei unseren Messungen jeweils auch Schwingungen höherer Ordnung angeregt wurden, konnten wir auch die Frequenzabhängigkeit der Modulkurven untersuchen. Abb. 7 zeigt die Frequenzlage des α-Maximums für Proben, die langsam auf eine bestimmte Kristallisationstemperatur T_k erhitzt und dort so weit wie möglich auskristallisiert worden sind. Die einzelnen Kurven beziehen sich auf verschiedene Kristallisationstemperaturen T_k. Man sieht, daß man Geraden erhält, deren Steigung mit wachsendem T_k kleiner wird. Schneidet man die Geraden mit einer Parallelen zur Abszisse bei einem bestimmten Ordinatenwert (= Frequenz), so geben die Schnittpunkte die jeweiligen Einfriertemperaturen der einzelnen Proben an. Die Tatsache, daß die Einfriertemperatur in Abhängigkeit vom Kristallisationsgrad ein Maximum durchläuft, äußert sich darin, daß die Geraden mit wachsendem T_k zunächst nach links und später wieder nach rechts verschoben werden. Da die Geraden in Abb. 7 nicht parallel zueinander liegen, hängt die Kristallisationstemperatur T_k, bei der die Einfriertemperatur am größten ist, von der verwendeten Meßfrequenz ab.

Wir setzen nun voraus, daß die Abhängigkeit der Frequenz, bei der das α-Maximum liegt, von der Temperatur durch die *Eyring*sche Gl. [1]

$$\nu = \tilde{\nu} \exp(-\Delta G^*/RT) \quad [1]$$

mit

$$\Delta G^* = \Delta H^* - T \cdot \Delta S^* \quad [2]$$

beschrieben wird. ΔH^* und ΔS^* sind die scheinbare Aktivierungsenthalpie bzw. die scheinbare Aktivierungsentropie für den Platzwechselvorgang beim α-Prozeß, $\tilde{\nu}$ ist durch kT/h gegeben, was für $T = 340$ °K den Wert $\tilde{\nu} = 10^{13}$ Hz ergibt. Die Temperaturabhängigkeit von $\tilde{\nu}$ kann in erster Näherung gegenüber der des Exponenten in Gl. [1] vernachlässigt werden. Außerdem wollen wir voraussetzen, daß ΔH^* und ΔS^* temperaturunabhängig sind. Aus der Steigung bzw. dem Abszissenabschnitt der Geraden in Abb. 7 kann man dann ΔH^* bzw. ΔS^* für die einzelnen Proben bestimmen.

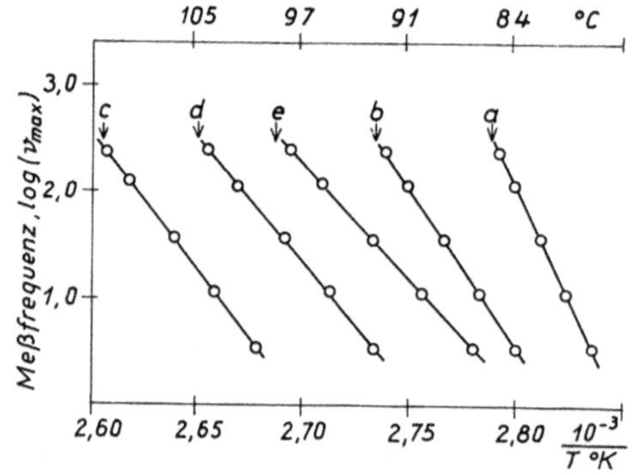

Abb. 7. Zusammenhang zwischen Meßfrequenz und Einfriertemperatur für Proben, die langsam auf die Kristallisationstemperatur T_k gebracht und so weit wie möglich auskristallisiert worden waren. a) $T_k = 70$ °C (amorph), b) $T_k = 89$ °C, c) $T_k = 124$ °C, d) $T_k = 184$ °C, e) $T_k = 230$ °C

Die entsprechenden Ergebnisse sind in den Abb. 8a und 8b als Funktion des Kristallisationsgrades der Proben sowie der Kristallisationstemperatur T_k aufgetragen. Man sieht, daß sowohl ΔH^* als auch ΔS^* mit zunehmendem Kristallisationsgrad und damit mit zunehmender Kristallisationstemperatur abnehmen. Die Abnahme ist aber nicht streng linear mit dem Kristallisationsgrad, da in diesem Fall – wie man sich leicht überlegen kann – kein Maximum in der Einfriertemperatur auftreten würde. Aus ΔH^* und ΔS^* kann man über Gl. [2] die scheinbare freie Aktivierungsenthalpie ΔG^* als Funktion des Kristallisationsgrades ausrechnen. Die entsprechenden Ergebnisse sind in Abb. 9 wiedergegeben. Man sieht, daß ΔG^* durch ein Maximum geht, dessen Lage allerdings von

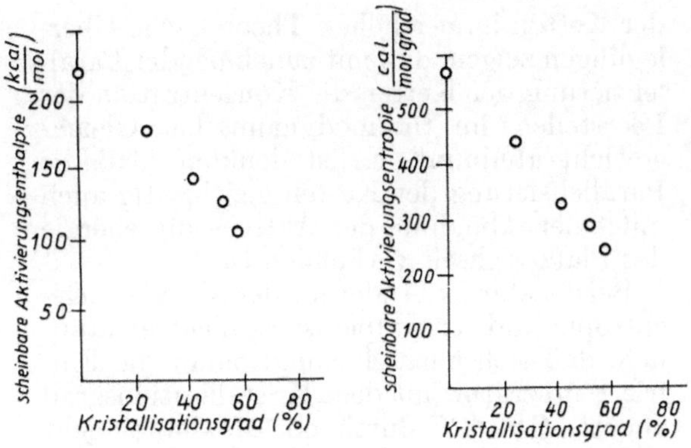

Abb. 8. Abhängigkeit der scheinbaren Aktivierungsenthalpie ΔH^* und der scheinbaren Aktivierungsentropie ΔS^* vom Kristallisationsgrad für die Proben aus Abb. 7

der Meßtemperatur T abhängt. Das entspricht der Tatsache, daß die Frequenz, bei der das α-Maximum auftritt, als Funktion der Temperatur durch ein Maximum geht.

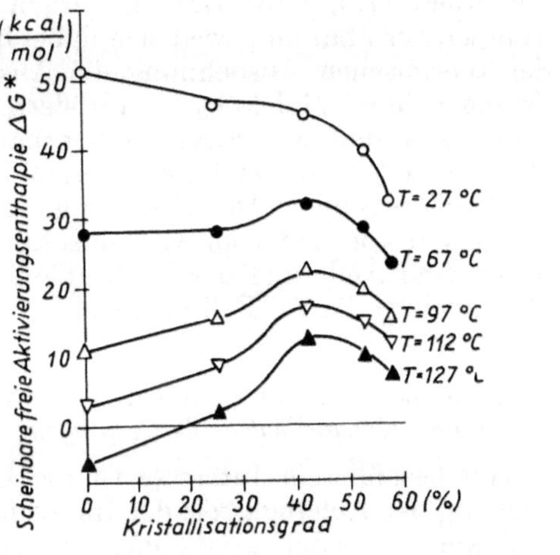

Abb. 9. Abhängigkeit der scheinbaren freien Aktivierungsenthalpie ΔG^* vom Kristallisationsgrad α für die Proben aus Abb. 7

Trägt man ΔH^* gegen ΔS^* auf, so erhält man einen annähernd linearen Zusammenhang (Abb. 10). Der lineare Zusammenhang gilt aber nicht streng, da eine exakte Linearität bedeuten würde, daß sich die Geraden in Abb. 7 alle in einem Punkt schneiden würden, was offensichtlich nicht der Fall ist. Der annähernd lineare Zusammenhang kommt dadurch zustande, daß sich infolge des weiten Extrapolationsweges bei der Entropiebestimmung aus den Geraden in Abb. 7 eine Parallelverschiebung dieser Geraden nur vernachlässigbar wenig im Vergleich zu einer Änderung der Steigung auf die erhaltene Entropie auswirkt. Die Steigung der Geraden im ΔH^*-ΔS^*-Diagramm besitzt die Bedeutung einer reziproken Temperatur und beträgt etwa 72 °C. Das entspricht der Lage der dilatometrisch ermittelten Einfriertemperatur. Eine einfache Überlegung zeigt, daß sich bei dieser Temperatur bei strenger Gültigkeit der Linearität alle Geraden aus Abb. 7 in einem Punkte schneiden müßten, daß dort also alle Proben die gleiche Einfriertemperatur hätten. In Wirklichkeit läßt sich jedoch, da die Linearität nicht streng erfüllt ist, ein solcher Punkt nicht finden und es ist fraglich, ob dieser Linearitätsbetrachtung überhaupt eine Bedeutung zukommt.

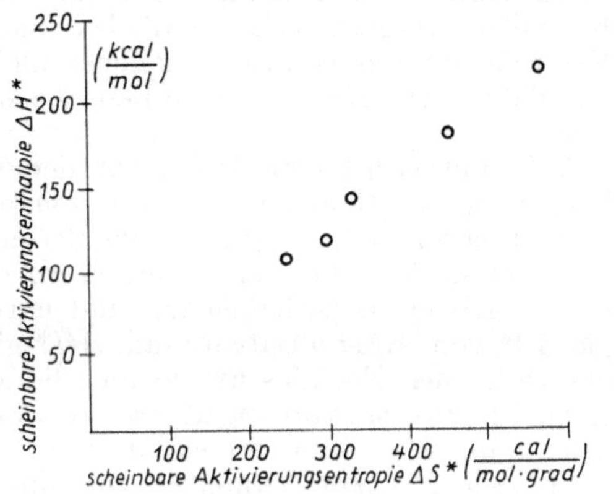

Abb. 10. Zusammenhang zwischen scheinbarer Aktivierungsenthalpie ΔH^* und -entropie ΔS^* für die Proben aus Abb. 7.

Für Proben, die verschieden lange isotherm kristallisiert wurden, erhält man ebenfalls einen Abfall von ΔH^* sowie ΔS^* mit zunehmendem Kristallisationsgrad, d. h. in diesem Fall zunehmender Kristallisationszeit.

Des weiteren haben wir noch geprüft, ob die experimentell erhaltene Beziehung zwischen Meßfrequenz und Einfriertemperatur mit der bekannten WLF-Gleichung (10)

$$\ln \frac{\nu}{\nu_0} = \frac{17{,}44\,(T - T_0)}{51{,}6 + (T - T_0)} \qquad [3]$$

in Übereinstimmung steht. Es konnte auch bei optimaler Wahl von ν_0 und T_0 nur eine angenäherte Übereinstimmung erzielt werden.

D. Diskussion

1. Abhängigkeit der Einfriertemperatur von den Kristallisationsbedingungen

Ein Maximum der Einfriertemperatur als Funktion des Kristallisationsgrades, wie es in Abb. 4 auftritt, wurde bereits von anderen

Autoren festgestellt (1, 3, 10). Unsere Ergebnisse zeigen darüber hinaus, daß eine Zunahme des Kristallisationsgrades infolge der Hauptkristallisation oder der Nachkristallisation bei konstanter Temperatur T_k immer nur zu einer Erhöhung der Einfriertemperatur führt (s. Abb. 5) und nicht zu einem Maximum. Man kann daraus schließen, daß das Maximum eindeutig eine Folge davon ist, daß die verschiedenen Kristallisationsgrade bei verschiedenen Temperaturen erreicht wurden. Das Maximum der Einfriertemperatur fällt mit dem der Kristallisationsgeschwindigkeit zusammen. Ein Vergleich der röntgenographischen Langperiode mit dem Kristallisationsgrad zeigt, daß bei dieser Kristallisationstemperatur besonders kleine und dafür viele nichtkristalline Bereiche entstehen.

Aufschlußreich für die Diskussion der Abhängigkeit der Einfriertemperatur von den Kristallisationsbedingungen ist die Betrachtung der in Abb. 8a, b angegebenen scheinbaren Aktivierungsenthalpie ΔH^* und -entropie ΔS^* vom Kristallisationsgrad. ΔH^* gibt die Höhe der Energieschwelle an, die bei einem Platzwechselvorgang überwunden werden muß. Die Aktivierungsentropie ΔS^* setzt sich aus zwei Anteilen zusammen: einem positiven, der daher rührt, daß der aktivierte Zustand, bei dem sich einzelne Moleküle auf „Zwischengitterplätzen" befinden, eine höhere Unordnung als der nichtaktivierte Zustand bewirkt, und einem negativen Anteil, dem Logarithmus der Wahrscheinlichkeit, eine für den Platzwechsel erforderliche Leerstelle anzutreffen.

Sowohl ΔH^* als auch ΔS^* nehmen bei den bei verschiedenen Temperaturen auskristallisierten Proben mit zunehmendem Kristallisationsgrad ab (höherer Kristallisationsgrad heißt dabei immer, daß die Proben bei höherer Temperatur kristallisiert worden sind).

Es gibt verschiedene Möglichkeiten, dieses Ergebnis zu deuten: Die eine Möglichkeit ist die, daß man annimmt, daß mit zunehmendem Kristallisationsgrad das Volumen der Leerstelle immer größer wird, so daß bei konstantem gesamten Leerstellenvolumen die Anzahl der Leerstellen pro Volumeneinheit abnimmt. Es ist leicht vorstellbar, daß bei größerem Leerstellenvolumen die Aktivierungsenergie geringer wird.

Die andere Erklärungsmöglichkeit ist die, daß mit zunehmendem Kristallisationsgrad die Fadenendenabstände der Ketten in den nicht-kristallinen Bereichen immer größer werden und damit der Parallelisierungsgrad der Ketten immer höher. Theoretische Überlegungen zeigen, daß mit zunehmender Parallelisierung der Ketten die Konzentration der Leerstellen im thermodynamischen Gleichgewicht abnimmt. Es ist denkbar, daß die Parallelisierung der Ketten gleichzeitig auch mit einer Abnahme der Aktivierungsenergie des Platzwechsels verbunden ist.

Bei der starken Änderung der Aktivierungsentropie und -enthalpie ist es nicht erstaunlich, daß sich auch ΔG^* und damit die Einfriertemperatur mit dem Kristallisationsgrad ändert. Ob ΔG^* durch ein Maximum geht oder eine monotone Veränderung zeigt, hängt dabei nur von geringfügigen Unterschieden in der relativen Änderung von ΔH^* und ΔS^* ab.

Abschließend wollen wir noch erwähnen, daß die unserer Auswertung zugrunde liegende Annahme einer temperaturunabhängigen Aktivierungsenthalpie ΔH^* nicht unbedingt zutreffen muß. Es wurde auch die Möglichkeit diskutiert (13), daß ΔH^* mit wachsender Temperatur abnimmt, weil sich dabei infolge der thermischen Ausdehnung die Abstände zwischen den Molekülen vergrößern. Das führt dazu, daß die Aktivierungsenthalpie in Wirklichkeit bedeutend kleiner sein müßte als hier berechnet. Die Erklärung der Abhängigkeit von ΔS^* vom Kristallisationsgrad durch eine Änderung der Lochzahlen bleibt aber auch in diesem Fall möglich.

2. Abhängigkeit der Intensität des α-Maximums von den Kristallisationsbedingungen

Von besonderem Interesse ist die Untersuchung der Abhängigkeit der Intensität des α-Maximums vom kristallinen Anteil. Es erhebt sich als erstes die Frage, ob man bei einem idealen Zweiphasen-Modell erwarten kann, daß die Intensität dieses Maximums oder eventuell die Fläche unter der gesamten E''-Kurve sich linear mit dem kristallinen Anteil ändert. Eine Auswertung der entsprechenden Gleichungen führt auf sehr komplizierte Formeln, die für den allgemeinen Fall keine Linearität ergeben (4). Der von uns gefundene lineare Zusammenhang für die auskristallisierten Proben zwischen der Intensität des Maximums und dem kristallinen Anteil scheint daher theoretisch nicht begründet zu sein. Er kann daher auch nicht weiter diskutiert werden. Die Messungen mit Hilfe eines Torsionspendels von *Illers* und *Breuer* (1) bei niedrigen Frequenzen zeigten einen nichtlinearen Zusammenhang zwischen Intensität und Kristallisationsgrad. *Takaya-*

nagi (2) berichtet von einer linearen Beziehung zwischen beiden Größen.

Würde man die Fläche unter der Verlustmodul-Kurve (Relaxationsstärke) anstelle der Höhe des Maximums als Funktion des Kristallisationsgrades auftragen, so würde man keine Abnahme, sondern eine Zunahme mit wachsendem Kristallisationsgrad erhalten. Verschiedentlich wurde daher vermutet (12), daß diese Kurve bei kristallinen Proben nicht nur vom α-Prozeß herrührt, sondern auch noch von einem zweiten Prozeß, der in den Kristalliten stattfindet. Dieser Anteil ist bei den amorphen Proben natürlich Null und nimmt mit steigendem Kristallisationsgrad immer weiter zu.

Wir danken der Firma Kalle A.G. für die Überlassung der Proben. Unser Dank gilt ferner der Deutschen Forschungsgemeinschaft für die finanzielle Unterstützung dieser Arbeit.

Zusammenfassung

Der Einfluß der Kristallisationsbedingungen auf die mechanische Relaxation von Polyäthylenterephthalat wurde mit Hilfe einer Biegeschwingungsapparatur untersucht. Es zeigte sich, daß im Laufe einer isothermen Kristallisation die Einfriertemperatur mit wachsendem Kristallisationsgrad monoton zunimmt. Andererseits geht die Einfriertemperatur von Proben, die bei verschiedenen Temperaturen auskristallisiert worden sind, als Funktion des Kristallisationsgrades durch ein Maximum, in Übereinstimmung mit anderen Autoren. Das Maximum der Einfriertemperaturen hängt also mit den Unterschieden in den Kristallisationstemperaturen und nicht in den Kristallisationsgraden zusammen. Aus der Frequenzabhängigkeit der Einfriertemperatur werden eine scheinbare Aktivierungsenthalpie und -entropie bestimmt, mit deren Hilfe die Ergebnisse diskutiert werden.

Summary

The influence of crystallization on the mechanical relaxation of polyethyleneterephthalate was investigated by means of a bending wave apparatus. It is shown that during isothermal crystallization the glass transition temperature increases with increasing degree of crystallinity. On the other hand, for samples crystallized at different temperatures the glas transition temperature obtained at the end of the crystallization process plotted against the degree of crystallinity goes through a maximum in agreement with results obtained by other investigators. Our results show that the maximum in glass temperature is caused by the different values of the crystallization temperature rather than by different degrees of crystallinity. From the frequency dependence of the glass transition temperature on enthalpy and entropy of activation is determined. These qualities are used for the discussion of the results.

Literatur

1) *Illers, K. H.* und *H. Breuer*, J. Colloid Sci. **18**, 1–31 (1963).

2) *Takayanagi, M.*, Mem. Fac. Eng. Kyushu Univ. **23**, 1–2, 41 (1963); *Takayanagi, M., S. Nemura* und *S. Minami*, J. Pol. Sci. c, No. **5**, 113 (1964); *Takayanagi, M., M. Yoshino* und *S. Minami*, J. Pol. Sci. **61**, S7 (1962).

3) *Dumbleton, J. H.* und *T. Murayama*, Kolloid-Z. u. Z. Polymere **220**/1, 41–8 (1967).

4) *Thompson, A. B.* und *D. W. Woods*, Trans. Farad. Soc. **52**, 1383 (1956).

5) *Zachmann, H. G.* und *H. A. Stuart*, Makromol. Chem. **41**, 131 (1960).

6) *Zachmann, H. G.*, Faserforschg. u. Textiltech. **18**, 95 (1967).

7) *Linhardt, F.* und *H. Oberst*, Acustica **11**, 253 (1961).

8) *Becker, G. W.*, Dissertation – TH Braunschweig (1954).

9) *Koppelmann, J.*, Kolloid-Z. **144**, 12 (1955).

10) *Hellwege, K.-H., H. Henning* und *W. Knappe*, Kolloid-Z. **186**/1, S. 29–36 (1962).

11) *Ferry, J. D.*, Viscoelastic Properties of Polymers, (New York 1961).

12) *Illers, K. H.*, private Mitteilungen

13) *Brot, C.*, Discuss. Farad. Soc. No. **48**, 213 (1969).

Anschrift der Verfasser:

Dipl.-Phys. *W. Schermann* und Prof. Dr. *H. G. Zachmann*
Institut für Physikal. Chemie
6500 Mainz, Jakob-Welder-Weg 15

Kolloid-Z. u. Z. Polymere **241**, 928–936 (1970)

Aus dem Institut für Physikalische Chemie der Universität Mainz, 2. Ordinariat

Berechnung der Linienform des Kernresonanzsignals von amorphem und partiell kristallinem Polyäthylenterephthalat bei verschiedenen Temperaturen*)

Von U. Eichhoff und H. G. Zachmann

Mit 10 Abbildungen in 15 Einzeldarstellungen und 2 Tabellen

(Eingegangen am 16. Juli 1970)

1. Einleitung

Im allgemeinen bestimmt man bei der Auswertung der Breitlinienspektren von Polymeren die Temperaturabhängigkeit des zweiten Moments und der Linienbreite und schließt daraus auf die molekularen Bewegungsmechanismen. Dabei geht der Teil an Information, der in der genauen Form der Kernresonanzlinie enthalten ist, verloren. Eine eingehende Linienformanalyse, die auch diesen Teil der Information verwertet, ist bisher nur für isolierte Seitengruppen (1) und bei chemisch besonders einfachen Polymeren wie dem Polyäthylen (2) gelungen.

Wir haben uns nun die Aufgabe gestellt, die Linienform des Kernresonanzsignals von Polyäthylenterephthalat zu berechnen. Wie Abb. 1 sowie die in Tab. 1 angegebenen Protonenabstände zeigen, zerfällt eine Monomereinheit in zwei räumlich gut getrennte 4-Spinsysteme, nämlich die C_2H_4-Gruppe und den Benzolring. Die Protonenabstände innerhalb dieser 4-Spinsysteme sind jeweils kleiner als zwischen ihnen. Da die Dipol–Dipol-Wechselwirkung mit der dritten Potenz des Abstandes abnimmt, konnten wir das Kernresonanzsignal auf folgende Weise berechnen: Als erstes bestimmten wir durch Lösen der *Schrödinger*gleichung für ein 4-Spinsystem im Magnetfeld das Spektrum einer isolierten C_2H_4-Gruppe bzw. eines isolierten Benzolrings. Dies wurde sowohl für den Fall starrer als auch rotierender Systeme durchgeführt[1]). Anschließend berücksichtigen wir die Wechselwirkungen zwischen den einzelnen 4-Spinsystemen durch eine Verbreiterung der einzelnen Absorptionslinien zu *Gauß*kurven. Für unorientierte Proben muß dann noch über alle Orientierungen relativ zur Richtung des statischen Magnetfelds gemittelt werden.

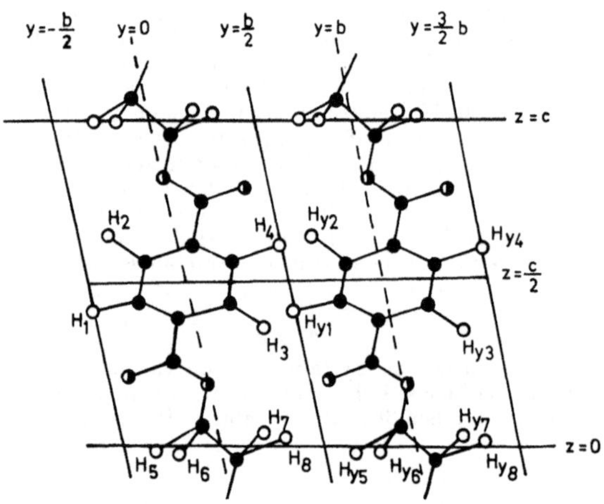

Abb. 1. Anordnung der Atome in zwei benachbarten Elementarzellen von Polyäthylenterephthalat; ● C-Atome, ◑ O-Atome, ○ H-Atome

2. Berechnung des Spektrums eines 4-Spinsystems

a) Starre C_2H_4*-Gruppe bzw. Benzolring*

Der *Hamilton*operator der magnetischen Dipol–Dipol-Wechselwirkung im Festkörper

*) Vorgetragen auf der Arbeitssitzung des Fachausschusses Physik der Hochpolymeren in der Frühjahrstagung 1970 des Regionalverbandes Hessen-Niederrhein-Saar der Deutschen Physikalischen Gesellschaft in Darmstadt, 10.–13. März 1970.

[1]) Es läßt sich zeigen, daß andere mögliche Bewegungsmechanismen wie Torsionsschwingungen und behinderte Rotation sich in erster Näherung wie eine freie Rotation auswirken.

Tab. 1. Protonenabstände in Polyäthylenterephthalat nach *Tomashpolskii* und *Markova* (3) (vergl. Abb. 1)

Innermolekulare Protonenabstände (Å)						Zwischenmolekulare Protonenabstände (Å)			
CH_2-Gruppen		Benzolring		zwischen CH_2-Gr. und Benzolring		CH_2-Gruppen		Benzolringe	
H_5-H_6	1.64	H_1-H_2	2.21	H_3-H_7	3.80	$H_{y5}-H_7$	2.96	$H_{y2}-H_4$	2.48
H_7-H_8	1.64	H_3-H_4	2.21	H_3-H_8	3.74	$H_{y6}-H_8$	2.96	$H_{y1}-H_3$	2.48
H_5-H_7	2.29	H_1-H_3	4.74			$H_{y6}-H_7$	3.28	$H_{y1}-H_4$	3.21
H_6-H_8	2.29	H_2-H_4	4.74			$H_{y5}-H_8$	2.89	$H_{y2}-H_3$	4.12
H_5-H_8	2.91	H_1-H_4	5.88						
H_6-H_7	2.91	H_2-H_3	5.88						

hat die Form:

$$H = A_{ij} (\boldsymbol{I}_i \cdot \boldsymbol{I}_j - 3\, \boldsymbol{I}_{iz} \cdot \boldsymbol{I}_{jz}) . \qquad [1]$$

Hierbei bedeuten $\boldsymbol{I}_i$ und $\boldsymbol{I}_{iz}$ die Operatoren des Kernspins des i-ten Protons bzw. dessen z-Komponente und A_{ij} den Wechselwirkungsparameter für die Protonen i und j, der durch

$$A_{ij} = g^2\, \mu_k^2 \cdot r_{ij}^{-3} \left(\frac{3}{2} \cos^2 \vartheta_{ij} - \frac{1}{2}\right) \qquad [2]$$

gegeben ist. μ_k ist das Kernmagneton, g der g-Faktor des Protons, r_{ij} der Abstand zwischen den Protonen i und j und ϑ_{ij} der Winkel zwischen dem Protonenverbindungsvektor und der Richtung des statischen Magnetfelds. In den von uns betrachteten 4-Spinsystemen bestehen zwischen den r_{ij} und ϑ_{ij}, wie man aus Abb. 1 entnehmen kann, die folgenden Beziehungen:

$$\begin{aligned} r_{12} &= r_{34};\ \vartheta_{12} = \vartheta_{34} \\ r_{13} &= r_{24};\ \vartheta_{13} = \vartheta_{24} \\ r_{23} &= r_{14};\ \vartheta_{23} \neq \vartheta_{14} . \end{aligned} \qquad [3]$$

Daraus folgt für die A_{ij}:

$$A_{12} = A_{34};\ A_{13} = A_{24};\ A_{23} \neq A_{14} . \qquad [4]$$

Es verbleiben somit nur vier voneinander verschiedene Wechselwirkungsparameter, nämlich A_{12}, A_{13}, A_{14} und A_{23}.

Bersohn und *Gutowsky* (4) haben für ein beliebiges 4-Spinsystem die Matrixelemente des Operators der Dipol–Dipol-Wechselwirkung in einer geeigneten Darstellung berechnet. Bei Berücksichtigung der in unserem Fall vorliegenden durch Gl. [4] gegebenen Bedingungen verbleiben die folgenden von Null verschiedenen Matrixelemente:

Diagonalelemente:

$$H_{11} = -A_{12} - A_{13} - \frac{1}{2}(A_{14} + A_{23})$$

$$H_{22} = \frac{A_{12}}{2} + \frac{A_{13}}{2} + \frac{1}{4}(A_{14} + A_{23})$$

$$H_{33} = \frac{A_{12}}{2} - \frac{A_{13}}{2} - \frac{1}{4}(A_{14} + A_{23})$$

$$H_{44} = H_{55} = -\frac{A_{12}}{2}$$

$$H_{66} = A_{12} + A_{13} + \frac{1}{2}(A_{14} + A_{23})$$

$$H_{77} = -A_{12} + A_{13} + \frac{1}{2}(A_{14} + A_{23})$$

$$H_{88} = H_{99} = A_{12}$$

$$H_{10\,10} = H_{11\,11} = 0 .$$

Nichtdiagonalelemente:

$$H_{25} = H_{24} = \frac{3}{4\sqrt{2}}(A_{23} - A_{14})$$

$$H_{34} = -H_{35} = \frac{1}{4\sqrt{2}}(A_{23} - A_{14})$$

$$H_{45} = \frac{A_{13}}{2} - \frac{1}{4}(A_{14} + A_{23})$$

$$H_{6\,10} = \frac{\sqrt{6}}{4}(A_{14} + A_{23} - 2\,A_{13})$$

$$H_{6\,11} = -\frac{1}{2\sqrt{2}}(4\,A_{12} - 2\,A_{13} - A_{14} - A_{23})$$

$$H_{78} = -\frac{1}{2\sqrt{2}}(A_{23} - A_{14})$$

$$H_{89} = \frac{1}{2}(A_{14} + A_{23}) - A_{13}$$

$$H_{10\,11} = \frac{\sqrt{3}}{4}(A_{13} - A_{14}) . \qquad [5]$$

Durch Lösung der Säkulargleichung $|\boldsymbol{H} - E| = 0$ erhalten wir daraus die Energieeigenwerte:

$$E_1 = -A_{12} - A_{13} - \frac{1}{2}(A_{23} + A_{14}) \qquad [6.1]$$

$$E_2 = \frac{A_{13}}{2} + \sqrt{\left(\frac{A_{12}}{2} + \frac{A_{23} + A_{14}}{4}\right)^2 + \frac{9}{16}(A_{23} - A_{14})^2} \qquad [6.2]$$

$$E_3 = -\frac{A_{13}}{2} + \sqrt{\left(\frac{A_{12}}{2} - \frac{A_{23} + A_{14}}{4}\right)^2 + \frac{1}{16}(A_{23} - A_{14})^2} \qquad [6.3]$$

$$E_4 = -\frac{A_{13}}{2} - \sqrt{\left(\frac{A_{12}}{2} - \frac{A_{23} + A_{14}}{4}\right)^2 + \frac{1}{16}(A_{23} - A_{14})^2} \qquad [6.4]$$

$$E_5 = \frac{A_{13}}{2} - \sqrt{\left(\frac{A_{12}}{2} + \frac{A_{23} + A_{14}}{4}\right)^2 + \frac{9}{16}(A_{23} - A_{14})^2} \qquad [6.5]$$

$$E_6 = \frac{A_{12}}{3} + \frac{A_{13}}{3} + \frac{1}{6}(A_{23} + A_{14}) - 2r\cos\left(\frac{\psi}{3}\right) \qquad [6.6]$$

$$E_7 = \frac{A_{23} + A_{14}}{2} + \sqrt{\left(\frac{A_{23} - A_{14}}{2}\right)^2 + (A_{12} - A_{13})^2} \qquad [6.7]$$

$$E_8 = \frac{A_{23} + A_{14}}{2} - \sqrt{\left(\frac{A_{23} - A_{14}}{2}\right)^2 + (A_{12} - A_{13})^2} \qquad [6.8]$$

$$E_9 = A_{12} + A_{13} - \frac{A_{23} + A_{14}}{2} \qquad [6.9]$$

$$E_{10} = \frac{A_{12}}{3} + \frac{A_{13}}{3} + \frac{1}{6}(A_{23} + A_{14}) + 2r\cos\left(\frac{\psi + \pi}{3}\right) \qquad [6.10]$$

$$E_{11} = \frac{A_{12}}{3} + \frac{A_{13}}{3} + \frac{1}{6}(A_{23} + A_{14}) + 2r\cos\left(\frac{\psi - \pi}{3}\right). \qquad [6.11]$$

Dabei sind:

$$r = -\frac{1}{3}\sqrt{3H_{6\,10}^2 + 3H_{6\,11}^2 + 3H_{10\,11}^2 + H_{66}^2} \qquad [7.1]$$

$$\cos\psi = \frac{1}{r^3}\left(-\frac{H_{66}^3}{27} + \frac{1}{3}H_{66}H_{10\,11}^2 - \frac{1}{6}H_{66}H_{6\,10}^2 - \frac{1}{6}H_{66}H_{6\,11}^2 + H_{6\,10}H_{6\,11}H_{10\,11}\right). \qquad [7.2]$$

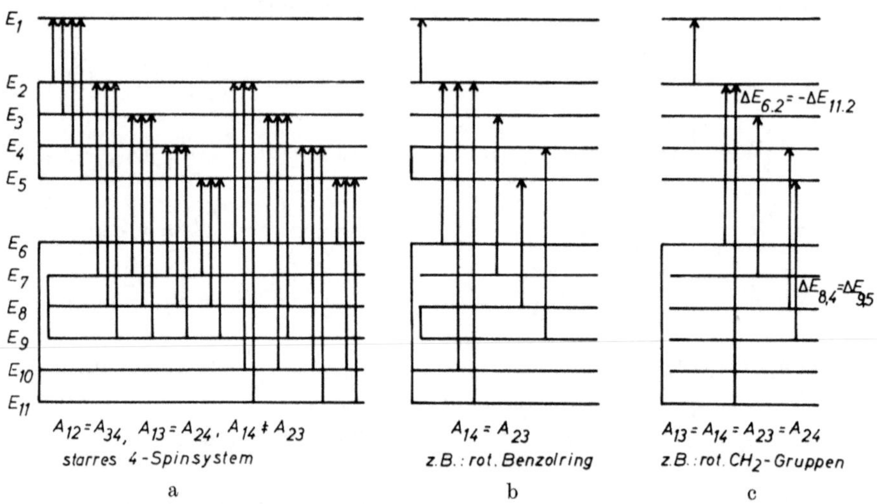

Abb. 2. Energieniveaus und erlaubte Übergänge für a) starres Vier-Spinsystem mit $A_{14} \neq A_{23}$; b) starres Vier-Spinsystem mit $A_{14} = A_{23}$ und für die Protonen des rotierenden Benzolringes; c) wechselwirkende rotierende CH_2-Gruppen ($A_{13} = A_{14} = A_{23}$)

Zwischen den durch die Gln. [6] beschriebenen stationären Zuständen werden durch das senkrecht zur Richtung des statischen Magnetfelds stehende Hochfrequenzfeld $H_x = H_1 \cos \omega t$ Energieübergänge induziert. Die Übergangswahrscheinlichkeiten sind gegeben durch:

$$W_{mn} = \frac{\hbar \gamma^2 H_1^2}{2} \left| \langle \varphi_m | \boldsymbol{I}_x | \varphi_n \rangle \right|^2 . \qquad [8]$$

Hierbei bedeuten γ das gyromagnetische Verhältnis, $\boldsymbol{I}_x$ die x-Komponente des Kernspinoperators und φ_m und φ_n die Eigenfunktionen zu den stationären Zuständen E_m und E_n. Die im allgemeinen Fall erlaubten Übergänge können aus Abb. 2a entnommen werden. Wie man sieht, sind insgesamt 28 Linien zu erwarten, deren Lage und Intensität von der Orientierung des 4-Spinsystems relativ zur Richtung des statischen Magnetfelds abhängen. Wenn die Richtung des Magnetfeldes in der Ebene der Protonen liegt, ist $A_{14} = A_{23}$ und es verbleiben nur sieben Übergänge (Abb. 2b). Abb. 3 zeigt als Beispiel die Übergänge des Benzolrings bei zwei verschiedenen Orientierungen. Bei Bild a wurde vorausgesetzt, daß die Normale auf der Ringebene parallel zum statischen Magnetfeld H_0 steht; bei Bild b schließt sie mit H_0 die Winkel $\vartheta = 45°$ und $\varphi = 45°$ ein, wobei ϑ und φ die im Zusammenhang mit Polarkoordinaten eingeführten Winkel sind, wenn H_0 in z-Richtung weist. Ähnliche Bilder ergeben sich auch für andere Orientierungen sowie für die C_2H_4-Gruppe.

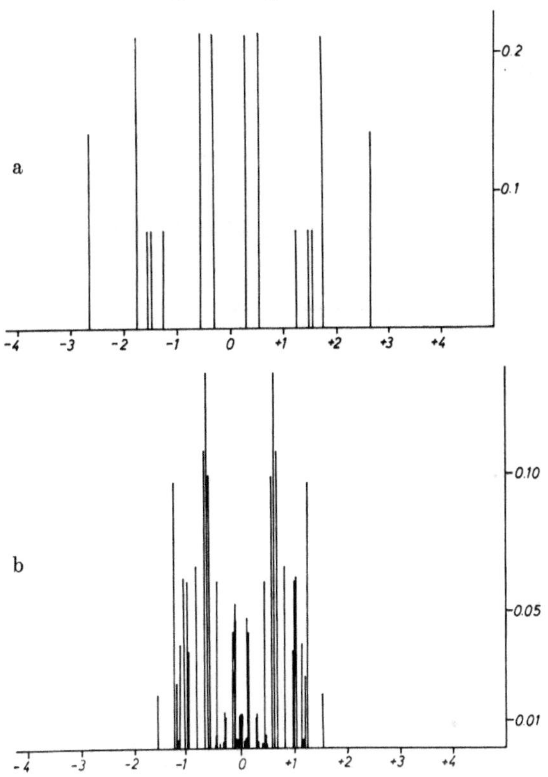

Abb. 3. Spektrum der Protonen des starren Benzolrings für zwei verschiedene Orientierungen; a) $\vartheta = 0$, $\varphi = 0$; b) $\vartheta = 45°$, $\varphi = 45°$

b) Rotierender Benzolring

Wenn die Rotation schnell verläuft im Vergleich zur Zeit eines Energieübergangs, müssen wir die A_{ij} über die Rotation mitteln und mit den gemittelten Werten das Spektrum berechnen. Im Falle der Rotation des Benzolrings um seine Längsachse liegen Rotationsachse und Protonenverbindungsvektoren in einer Ebene und die Mittelung wird besonders einfach. Wenn wir mit ϑ_{ij} die Winkel zwischen der Rotationsachse und den Protonenverbindungsvektoren und mit φ den Rotationswinkel bezeichnen, dann erhalten wir für die in Gl. [2] auftretenden Winkel ϑ_{ij}:

$$\cos \vartheta_{ij} = \cos \vartheta' \cos \gamma_{ij} + \sin \vartheta' \sin \gamma_{ij} \cos \varphi . \qquad [9]$$

Um die A_{ij} zu erhalten, müssen wir den Ausdruck für die $\cos \vartheta_{ij}$ aus Gl. [9] in Gl. [2] einsetzen und dann die A_{ij} über den Winkel φ mitteln. Unter Beachtung der durch die Geometrie des Systems gegebenen Bedingungen $\vartheta_{12} = 0°$, $\vartheta_{13} = 90°$, $\vartheta_{14} = 60°$, $\vartheta_{23} = 120°$, $r_{13} = \sqrt{3} \cdot r_{13}$ und $r_{14} = r_{23} = 2 \cdot r_{12}$ erhalten wir für die über die Rotation gemittelten A_{ij}:

$$A_{12} = \frac{g^2 \mu_k^2}{r_{12}^2} \left(\frac{3}{2} \cos^2 \vartheta' - \frac{1}{2} \right)$$

$$A_{13} = \frac{\sqrt{3}}{18} A_{12}$$

$$A_{14} = \frac{1}{64} A_{12} . \qquad [10]$$

Als Folge der Tatsache, daß jetzt $A_{14} = A_{23}$ geworden ist, verschwinden einige Matrixelemente der Dipol–Dipol-Wechselwirkung und es verbleiben nur die sieben in Abb. 2b eingezeichneten Übergänge.

c) Rotierende C_2H_4*-Gruppe*

Bei der Rotation einer isolierten CH_2-Gruppe um die C—C-Achse reduziert sich die Wechselwirkung zwischen den Protonen dieser Gruppe auf die Hälfte (5). Daraus folgt, daß der Wechselwirkungsparameter A_{12} auf die Hälfte des Wertes bei starren Gruppen abnimmt. Um die Wechselwirkung zwischen zwei benachbarten CH_2-Gruppen zu berechnen, müssen wir zunächst den Abstand der Protonen und die Winkel zwischen den Protonenverbindungsvektoren und der Richtung des statischen Magnetfelds bestimmen und über die Rotation mitteln. Als Folge der Mittelung werden diese Vektoren alle untereinander gleich und wir erhalten:

$$A_{13} = A_{14} = A_{23} = \frac{g^2 \mu_k^2}{2 \pi z^3} \frac{3 \cos^2 \vartheta' - 1}{(1 + p^2)^{3/2}} \times [(p^2 + 3) E(y) - K(y)] \quad [11]$$

mit $y = \frac{p}{\sqrt{1 + p^2}}$, $z = r_{CC} + 2\, r_{CH} \cos \gamma$ und $p = \frac{2\, r_{CH} \sin \gamma}{z}$. Die Größen r_{CC} und r_{CH} sind die C—C- bzw. C—H-Bindungslängen, γ ist der Tetraederwinkel und ϑ' der Winkel zwischen der Rotationsachse und der Richtung des statischen Magnetfelds. Die Funktionen $K(y)$ und $E(y)$ sind die vollständigen elliptischen Integrale 1. und 2. Ordnung. Als Folge der Tatsache, daß jetzt $A_{13} = A_{14}$ ist, vereinfacht sich das Spektrum sehr stark und es verbleiben nur vier Übergänge (6), die in Abb. 2c angegeben sind.

d) *Aufstellung der Linienformfunktion*

Wir berücksichtigen nun nachträglich die in der bisherigen Rechnung nicht erfaßten Wechselwirkungen zwischen den 4-Spinsystemen. Wir verbreitern dazu jede Einzellinie eines Spektrums zu einer *Gauß*kurve der Halbwertsbreite β. Durch Überlagerung dieser Kurven erhalten wir die Absorptionskurve des betrachteten 4-Spinsystems. Bei experimentellen Untersuchungen wird im allgemeinen die Ableitung der Absorptionskurve bestimmt. Für diese erhalten wir:

$$L(h, \beta, \vartheta_{ij}) = \frac{1}{\beta^3 \sqrt{2\pi}} \times \sum_{i=1}^{N} W_i \left[\left(-\frac{\Delta E_i}{\gamma \hbar} + h\right) e^{-\frac{\left(\frac{\Delta E_i}{\gamma \hbar} - h\right)^2}{2 \beta^2}} + \left(\frac{\Delta E_i}{\gamma \hbar} + h\right) e^{-\frac{\left(-\frac{\Delta E_i}{\gamma \hbar} - h\right)^2}{2 \beta^2}} \right]. \quad [12]$$

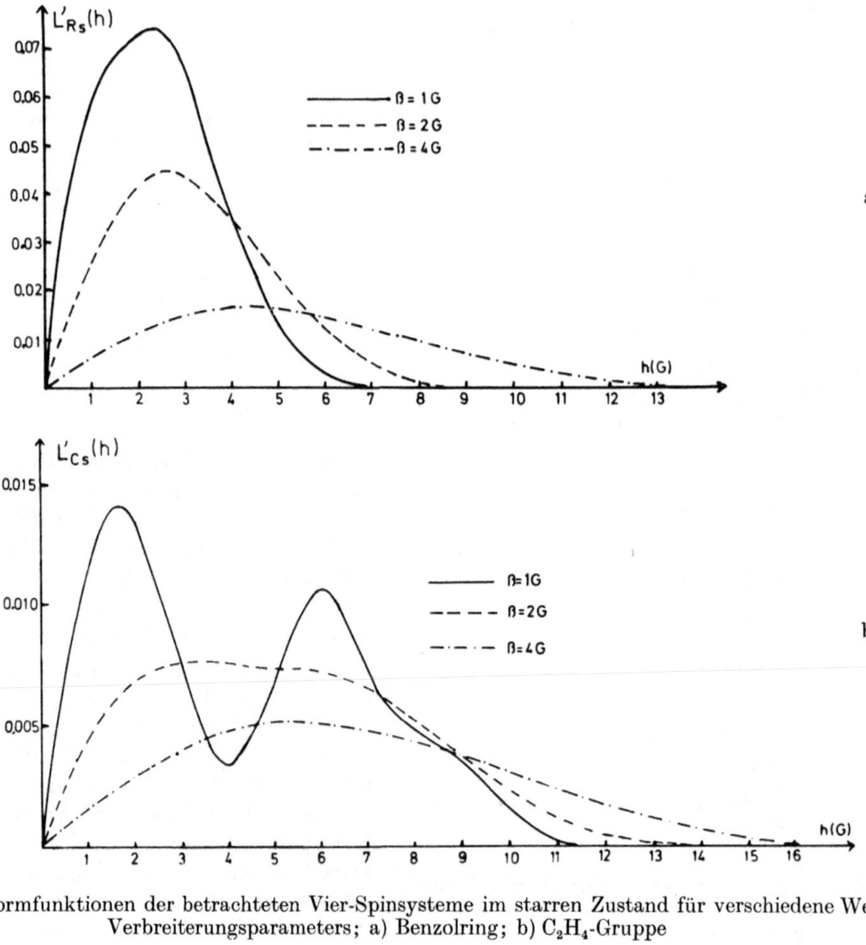

a

b

Abb. 4. Linienformfunktionen der betrachteten Vier-Spinsysteme im starren Zustand für verschiedene Werte des Verbreiterungsparameters; a) Benzolring; b) C_2H_4-Gruppe

Hierbei bedeuten N die Anzahl der Übergänge, ΔE_i die Übergangsenergien und W_i die zugehörigen Übergangswahrscheinlichkeiten sowie h die Abweichung des statischen Magnetfeldes von der Resonanzstelle des isolierten Protons. In Gl. [10] ist auch berücksichtigt, daß wir bei der Berechnung der Energieübergänge nur die Hälfte des Spektrums mit den magnetischen Gesamtquantenzahlen $M = 0, 1, 2$ erfaßt haben, und daß die zweite Hälfte mit $M = 0, -1, -2$ noch einmal die gleichen Übergänge mit entgegengesetztem Vorzeichen liefert.

Für eine unorientierte Probe muß die durch [12] gegebene Linienformfunktion noch über alle Orientierungen relativ zur Richtung des statischen Magnetfeldes gemittelt werden. In Abb. 4 sind die so berechneten gemittelten Linienformfunktionen für starre C_2H_4-Gruppen und starre Benzolringe angegeben, in Abb. 5 für die entsprechenden rotierenden Atomgruppen.

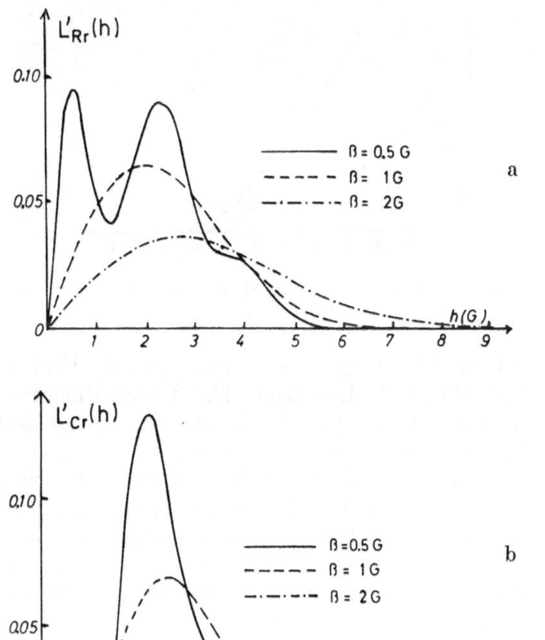

Abb. 5. Linienformfunktionen der betrachteten Vier-Spinsysteme im rotierenden Zustand für verschiedene Werte des Verbreiterungsparameters β; a) Benzolring; b) C_2H_4-Gruppe

3. Vergleich der berechneten Linienformfunktion mit dem Experiment

a) Grundprinzip der Anpassung

Wir wollen nun durch eine Synthese der berechneten Elementarspektren und Anpassung an unsere Meßkurven untersuchen, welcher Anteil von Gruppen bei einer bestimmten Temperatur rotiert und welcher starr bleibt.

Wir bezeichnen mit L_{Cs} und L_{Cr} die Linienformfunktionen der starren bzw. rotierenden C_2H_4-Gruppen, mit L_{Rs} und L_{Rr} die der starren bzw. rotierenden Benzolringe und mit $\beta_{Cs}, \beta_{Cr}, \beta_{Rs}$ und β_{Rr} die entsprechenden Verbreiterungen der Einzellinien in den Elementarspektren. Ferner soll a den Bruchteil der starren C_2H_4-Gruppen und b den Bruchteil der starren Benzolringe angeben. Die Linienformfunktion der Gesamtkurve ergibt sich dann zu:

$$g(h) = a \cdot L_{Cs}(h, \beta_{Cs}) + (1 - a) \cdot L_{Cr}(h, \beta_{Cr}) + b \cdot L_{Rs}(h, \beta_{Rs}) + (1 - b) \cdot L_{Rr}(h, \beta_{Rr}). \quad [13]$$

Durch geeignete Wahl der Parameter $a, b, \beta_{Cs}, \beta_{Cr}, \beta_{Rs}, \beta_{Rr}$ wird das berechnete Spektrum an das gemessene angepaßt.

b) Anpassung bei tiefen Temperaturen

Man kann annehmen, daß bei tiefen Temperaturen alle Benzolringe starr sind, so daß wir zur Anpassung nur die 4 Parameter a, β_{Cs}, β_{Cr} und β_{Rs} frei variieren können. Wie man aus Abb. 4 ersieht, ist der Parameter β_{Cs} im wesentlichen durch die Ausläufer des Spektrums bestimmt, während die übrigen 3 Parameter a, β_{Cr} und β_{Rs} hauptsächlich von der Lage des Maximums und der Form des übrigen Spektrums abhängen.

Abb. 6 zeigt die Ergebnisse der Anpassung für eine amorphe Probe bei $-100\,°C$. Die ausgezogene Kurve gibt das gemessene Spektrum wieder. Die damit nahezu übereinstimmende strichpunktierte Linie gibt die von uns berechnete Kurve an, unter der Annahme, daß die Hälfte der CH_2-Gruppen rotiert und die Verbreiterungen der Übergangsenergien für die starren CH_2-Gruppen 3.0 Gauß, die rotierenden CH_2-Gruppen 2.5 Gauß und für die Protonen des starren Benzolrings 3.5 Gauß betragen. Des weiteren sind noch die einzelnen Beiträge zur berechneten Kurve angeführt. Man sieht, daß unter den getroffenen Annahmen über die 4 Parameter eine gute Übereinstimmung zwischen gemessener und berechneter Kurve erzielt wurde. Durch die Bedingung der Übereinstimmung sind diese

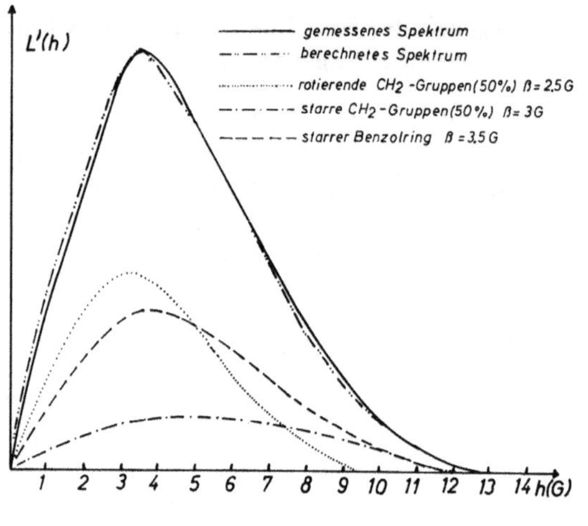

Abb. 6. Anpassung an das Spektrum einer amorphen Probe bei −100 °C

Parameter in ziemlich engen Grenzen festgelegt. Man erhält bereits deutliche Abweichungen von der Meßkurve, wenn man den Anteil a um 10% verändert. Auch eine Veränderung eines einzigen Verbreiterungsparameters β_{Cs}, β_{Cr} und β_{Rs} um einige Prozent macht eine Anpassung mit physikalisch sinnvollen Werten für die übrigen Parameter unmöglich.

In Abb. 7 sind die Ergebnisse der Anpassung für eine partiell kristalline Probe bei −88 °C dargestellt. Die Anpassung gelingt hier nur sehr schlecht. Dies führen wir darauf

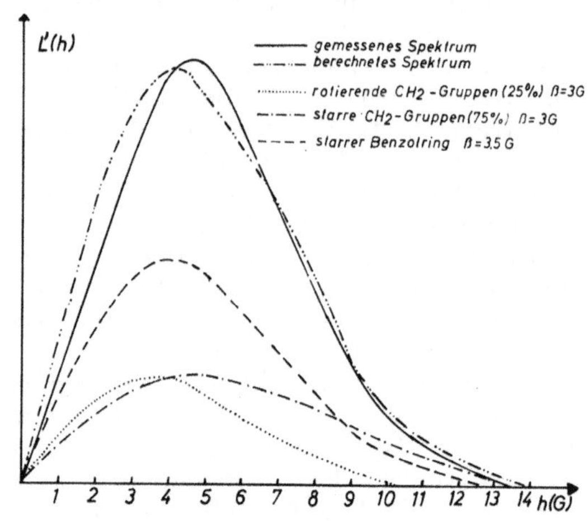

Abb. 7. Anpassung an das Spektrum einer part. krist. Probe bei − 88 °C

zurück, daß bei den Protonen des Benzolrings im Kristall die zwischenmolekularen Protonenabstände und Wechselwirkungen in der gleichen Größenordnung liegen wie die innermolekularen (Tab. 1) und daß damit die unserer Berechnung zugrunde liegende Beschreibung der Benzolringprotonen als isoliertes 4-Spinsystem nicht mehr gerechtfertigt ist. Dies gilt allerdings nur für tiefe Temperaturen. Bei höheren Temperaturen lassen sich unsere Rechnungen auch auf den Kristall anwenden, wie die folgenden Ergebnisse zeigen.

c) *Anpassung oberhalb der Einfriertemperatur*

Abb. 8 zeigt die Anpassung an das Spektrum einer partiell kristallinen Probe bei 84 °C. Man erhält hier eine befriedigende Übereinstimmung, wenn man annimmt, daß alle Benzolringe starr sind und alle CH_2-Gruppen rotieren. Diese Annahme wird auch

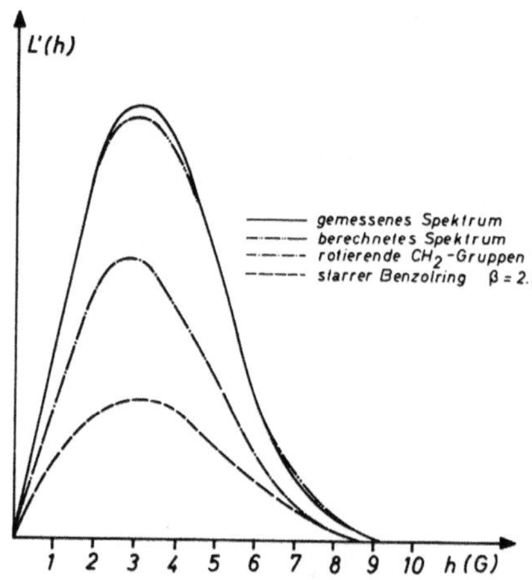

Abb. 8. Anpassung an das Spektrum einer part. krist. Probe bei 84 °C

durch Messungen an deuterierten Proben von *Ward* (7) bestätigt. Die Verbreiterungsparameter β_{Rs} und β_{Cr} haben gegenüber den Werten bei −88 °C von 3.5 G auf 2.5 G bzw. von 2.5 G auf 2 G abgenommen, was auf die Zunahme der zwischenmolekularen Abstände infolge der thermischen Ausdehnung und die mit der Temperatur zunehmende Wärmebewegung der Gitterbausteine zurückzuführen ist.

Abb. 9 zeigt die entsprechenden Ergebnisse für eine partiell kristalline Probe bei 112 °C. Wir erhalten hier eine gute Übereinstimmung, wenn wir annehmen, daß nicht nur alle CH_2-Gruppen sondern auch 25% der Benzolringe (das sind etwa 50% der Benzolringe in den nichtkristallinen Bereichen) rotieren.

Als letztes zeigt schließlich Abb. 10 die Anpassung an das Spektrum einer teilkristallinen Probe bei 128 °C. In dem gemessenen Spektrum tritt eine schmale Komponente auf, die von der mikro*brown*schen Bewegung der Segmente in den nichtkristallinen Berei-

Tab. 2. Werte der Parameter für die angepaßten Spektren

Probe	T (°C)	a	b	$\beta_{Cs}(G)$	$\beta_{Cr}(G)$	$\beta_{Rs}(G)$	$\beta_{Rr}(G)$
amorph	−100	0.5	1	3	2.5	3.5	—
part. krist.	− 88	1	1	3	—	3.5	—
part. krist.	84	0	1	—	2	2.5	—
part. krist.	112	0	0.75	—	2	2.5	0.5
part. Krist. breite Komp.	128	0	1	—	2	2.5	—

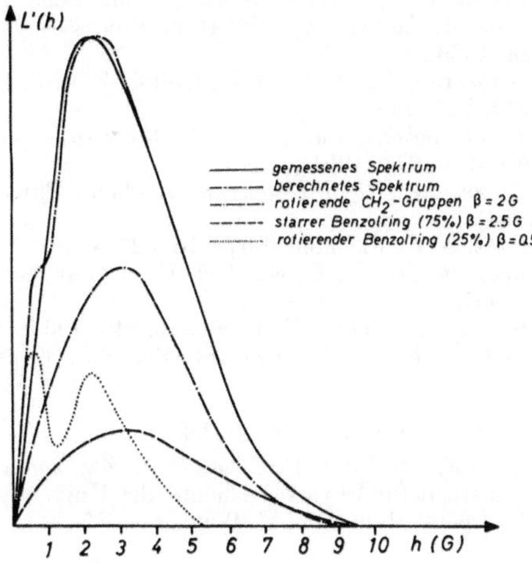

Abb. 9. Anpassung an das Spektrum einer part. krist. Probe bei 112 °C

chen herrührt. Sie läßt sich durch eine übermodulierte *Lorentz*kurve beschreiben und von der Gesamtkurve abtrennen (8). Die verbleibende breite Komponente läßt sich durch rotierende CH_2-Gruppen und starre Benzolringe beschreiben. Die bei 112 °C rotierenden

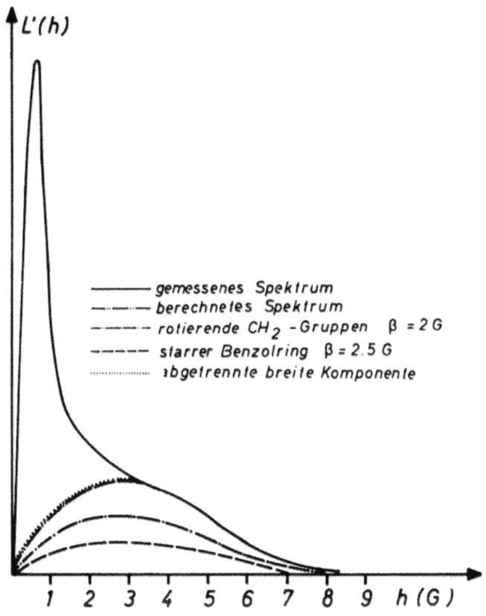

Abb. 10. Anpassung an das Spektrum einer part. krist. Probe bei 128 °C

Benzolringe tragen nun zur schmalen Komponente bei. Die Verbreiterungsparameter β_{Rs} und β_{Cr} haben die gleichen Werte wie bei 84 °C und 112 °C. In Tab. 2 sind noch einmal die Parameter für alle angepaßten Spektren zusammengestellt.

d) Schlußfolgerungen

Unsere Ergebnisse zeigen, daß man das Kernresonanzsignal von Polyäthylenterephthalat in der von uns angegebenen Weise mit Hilfe eines Modells von zwei 4-Spinsystemen gut beschreiben kann. Einige Schwierigkeiten treten nur bei tiefen Temperaturen für kristallisiertes Material auf, wo die zwischenmolekularen Wechselwirkungen zwischen den Benzolringen in den Kristallen zu groß sind. Diese Schwierigkeiten verschwinden aber mit zunehmender Temperatur, da durch die Gitteraufweitung und die verstärkte Wärmebewegung die bei der Rechnung nicht berücksichtigten zwischenmolekularen Wechselwirkungen immer weiter abnehmen, während die innermolekularen Wechselwirkungen gleichbleiben.

Der Vergleich zwischen den berechneten und gemessenen Spektren liefert wertvolle Informationen über die Änderung der Beweglichkeit der einzelnen Atomgruppen mit der Temperatur. Es zeigt sich, daß die Rotation der CH_2-Gruppen schon weit unterhalb des Glasübergangs einsetzt.

Bei Beginn des Glasübergangs rotieren bereits alle CH_2-Gruppen, während die Benzolringe starr bleiben, was auch schon von *Ward* (7) mit Hilfe von Messungen an deuterierten Proben gefunden wurde. Bei höheren Temperaturen beginnt dann zunächst eine Rotation der Benzolringe in den nichtkristallinen Bereichen, ohne daß im Spektrum eine schmale Komponente erscheint. Bei weiterer Erhöhung der Temperatur geht die Rotation der Benzolringe in den nichtkristallinen Bereichen in eine mikro*brown*sche Bewegung von Kettensegmenten über, die zu der schmalen Komponente Anlaß gibt. Die breite Komponente läßt sich danach wie die Spektren bei tieferen Temperaturen durch die Protonen der rotierenden CH_2-Gruppen und der starren Benzolringe beschreiben.

Die beschriebene Methode der Auswertung läßt sich selbstverständlich auch auf anders vorbehandelte Proben sowie auf verstrecktes und gequollenes Material anwenden.

Zusammenfassung

Eine Monomereinheit von Polyäthylenterephthalat besteht aus zwei Vier-Spinsystemen, nämlich aus den vier Protonen des Benzolringes und den vier Protonen der C_2H_4-Gruppe. Die *Schrödinger*-Gleichung für die beiden Vier-Spinsysteme wurde gelöst, sowohl für den Fall, daß diese starr angeordnet sind, als auch für den Fall, daß sie rotieren. Die Wechselwirkung eines jeden Vier-Spinsystems mit der Umgebung wurde durch eine Verbreiterung der Einzellinien zu *Gauß*kurven berücksichtigt. Die berechneten Kurven konnten an die gemessenen angepaßt werden. Dabei wurden die Verbreiterungsparameter und die Anteile der Gruppen, die jeweils rotieren, in Abhängigkeit von der Temperatur bestimmt.

Summary

A monomer unit of polyethyleneterephthalate consists of two four-spin systems, namely the four-protons of the benzene ring and the four protons of the C_2H_4-group. The *Schroedinger* equation for these four-spin systems is solved for rigid arrangement as well as for rotation of the systems. The interaction of each of the four spin systems with the protons of the environment is taken into account by broadening the single lines to *Gauss*ian curves. It was possible to fit the calculated curves to the measured curves. By this fitting, the broadening parameters and the amounts of rotating groups could be determined as a function of temperature.

Literatur

1) *Bergmann, K., K. Nawotki*, Chem. Soc. Spec. Publ. No. 20: Molecular Relaxation Processes, S. 135 (London 1966).

2) *Bergmann, K., K. Nawotki*, Kolloid-Z. u. Z. Polymere **219**, 132 (1967).

3) *Tomashpolskii, Yu. Ya., G. S. Markova*, Vysokomol. Soyed. **6**, 274 (1964).

4) *Bersohn, R., H. S. Gutowsky*, J. Chem. Phys. **22**, 651 (1954).

5) *Pake, G. E.*, J. Chem. Phys. **16**, 327 (1948).

6) *Revokatov, C. P., U. Eichhoff*, Phys. Stat. Sol. **22**, K. 91 (1967).

7) *Ward, I. M.*, Trans. Far. Soc. **56**, 648 (1960).

8) *Eichhoff, U., H. G. Zachmann*, Ber. Bunsenges. im Druck.

Anschrift der Verfasser:

Dr. *U. Eichhoff* und Prof. Dr. *H. G. Zachmann*
Institut für Physikal. Chemie der Univ.
6500 Mainz, Jakob-Welderweg 15

Kolloid-Z. u. Z. Polymere **241**, 937–942 (1970)

Aus dem Physikalischen Institut der Universität Stuttgart

Kernmagnetische Relaxation in Polyisopren*)

Von M. Stohrer, F. Noack und J. v. Schütz

Mit 4 Abbildungen

(Eingegangen am 5. August 1970)

1. Einleitung

In Fortführung vorausgegangener Kernresonanz-Untersuchungen der Molekülgruppenbewegung in festen Polymeren (1, 2) mit der Methode der magnetischen Relaxationsspektroskopie haben wir uns dem Naturkautschuk cis-Polyisopren zugewandt. Die helix-ähnliche Kettenstruktur mit den abstehenden Methylgruppen sowie die Dimensionen der monoklinen Elementarzelle dieses überwiegend amorphen Polymers sind aus röntgenographischen Messungen (3, 4) bekannt und in Abb. 1 skizziert; die möglichen Bewegungsformen der Kettensegmente und Methylgruppen blieben dagegen bisher wie auch in andern Polymeren umstritten (5).

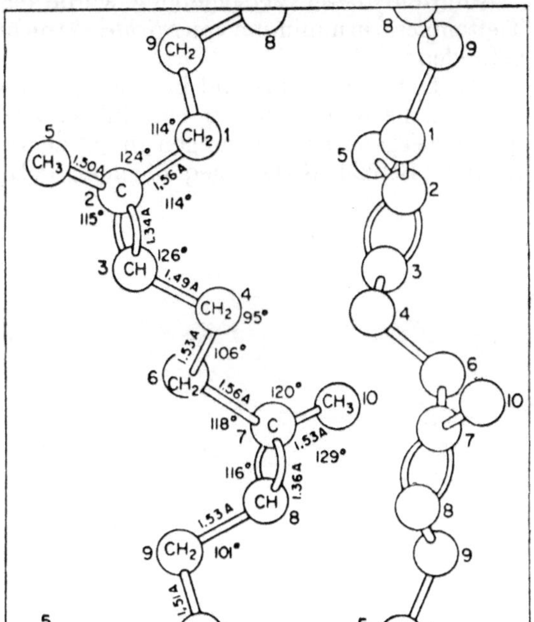

Abb. 1. Aufbau der linksdrehenden Polyisoprenkette (ohne Protonen) in zwei Seitenansichten nach *Bunn*. Eine monomere Einheit enthält 5, die Identitätsperiode 10 Kohlenstoffatome. Eingetragen sind die C-C-Abstände und Winkel

Wir stellten uns die Aufgabe, die Dynamik der Polymerkette, d.h. ihre Freiheitsgrade, Sprungzeiten und Aktivierungsenergien, relaxationsspektroskopisch zu analysieren. Besonders reizvoll schien uns von vornherein die Gegenüberstellung mit früheren Messungen an Polypropylen wegen der unterschiedlichen Anordnung und Behinderung der für die magnetische Relaxation so essentiellen Methylgruppen. Die bekannten Relaxationsuntersuchungen (6–8) an Polyisopren erstreckten sich nur über einen relativ engen Temperatur- und Frequenzbereich und wurden zudem nicht quantitativ gedeutet. *Davies* und *Slichter* fanden zwischen -50 °C und $+50$ °C ein von der Protonen-Larmorfrequenz abhängiges Minimum der longitudinalen Relaxationszeit T_1, das sie dem Glasprozeß zuschrieben; sie vermuten jedoch bei tieferen Temperaturen wie in anderen Polymeren mit Methylgruppen ein weiteres Minimum infolge der CH_3-Rotation, ohne es jedoch experimentell zu erfassen. Dieser Mutmaßung gingen wir in der vorliegenden Arbeit nach.

2. Apparatur und Meßergebnisse

Untersucht wurde nur die longitudinale Protonenrelaxationszeit T_1, da T_1 molekulare Fluktuationen sehr viel differenzierter widerspiegelt als die transversale Relaxation bzw. das zweite Moment (2). Die Messungen erfolgten an einem früher beschriebenen Festkörper-Impulsspektrometer (1) bei den Larmorfrequenzen $\nu_{\text{Proton}} = \omega/2\pi = 4$, 22, 44 und 86 MHz, was einem Magnetfeldbereich von etwa 1–20 kOe entspricht. Zur Gewährleistung reproduzierbarer Ergebnisse mußte der gereinigte Naturkautschuk cis-Polyisopren in evakuierte Probengefäße abgefüllt werden. Für Vergleichsmessungen an gequollenem Polyisopren wurde deuterisiertes Benzol (C_6D_6) zugesetzt.

Das bisher angewandte Prinzip der Temperierung (2) mit gekühlter oder erhitzter Luft war für die vorgesehenen Messungen wegen des großen erforderlichen, über die *Slichter*schen Möglichkeiten hinausgehenden Variationsbereiches nicht ausreichend genau und reproduzierbar, es mußte daher ein neuartiges Temperierverfahren entwickelt werden (9). Dabei wird die Probenspule in ein Gehäuse eingebracht, das durch Ankopplung

*) Vorgetragen auf der Arbeitssitzung des Fachausschusses Physik der Hochpolymeren in der Frühjahrstagung 1970 des Regionalverbandes Hessen-Niederrhein-Saar der Deutschen Physikalischen Gesellschaft in Darmstadt, 10.–13. März 1970.

an ein Wärmebad auf konstanter Temperatur gehalten wird und seinerseits durch Wärmeleitung über Luft oder eingefüllte protonenfreie Substanzen (z. B. CCl_4) die Probe temperiert. Das Gehäuse ist aus Kupfer, um mögliche Temperaturgradienten klein zu halten. Die ganze Anordnung hängt in einem Dewar, der bis zur Unterseite des Gehäuses je nach gewünschter Probentemperatur mit flüssiger Luft oder Eiswasser gefüllt ist. Messingstäbe verschiedenen Durchmessers für unterschiedliche Temperaturbereiche koppeln Gehäuse und Wärmebad. Ein in die Kupferwand eingelassener Platin-Meßwiderstand steuert den Strom einer ebenfalls vollständig in das Gehäusematerial eingebauten Heizung, mit der durch Gegenheizen im Bereich von − 195 °C bis + 200°C eine geregelte Temperatur auf etwa ± 0,2 °C eingestellt werden kann. Zur Temperaturbestimmung auch während der Kernresonanzmessung ist der Innenraum des Probenkopfes so gestaltet, daß die Meßspule mit der Probe und eine Vergleichsprobe mit einem eingelassenen Thermoelement an geometrisch äquivalenten Plätzen sind, so daß ihre Temperaturen innerhalb des genannten Fehlerbereichs übereinstimmen. Da die Thermospannung digital auf ± 1 μV ablesbar ist, wird der Fehler ausschließlich von der Eichgenauigkeit der Thermoelemente (0,2 °C) bestimmt.

Abb. 2 zeigt den T_1-Verlauf der Protonenrelaxation in festem Polyisopren bei den oben genannten Frequenzen in Funktion der reziproken Temperatur $1/\vartheta$ zwischen +150 °C und −195 °C. Bei allen Frequenzen durchläuft T_1 W-förmige Kurven, also zwei deutlich getrennte Minima, die sich mit steigender Larmorfrequenz zu höheren Temperaturen hin verschieben. Die Hochtemperaturminima (links im Bild) stimmen, soweit vergleichbar, gut mit älteren Messungen von *Slichter* (7) überein, neu dagegen ist der Tieftemperaturverlauf (rechts im Bild). Bemerkenswert vom Standpunkt der Relaxationsspektroskopie sind folgende Details:

1. die unterschiedliche Breite der Hoch- bzw. Tieftemperaturminima;
2. die Asymmetrie der Minima über der $1/\vartheta$-Achse, die besonders im Tieftemperaturbereich auffällt;
3. die nicht verschwindende Frequenzabhängigkeit der Relaxationszeit T_1 auf der „heißen" Flanke der Tieftemperaturminima ($T_1 \sim \nu^{0,44}$) und
4. der im Rahmen der Meßgenauigkeit lineare Zusammenhang zwischen den in den Minima gemessenen Extremwerten $T_{1\,min}$ und der Larmorfrequenz ν ($T_{1\,min,\,H} \sim \nu^{0,9\,\pm\,0,02}$ bzw. $T_{1\,min,\,T} \sim \nu^{0,92\,\pm\,0,01}$).

Ein Vergleich mit den vorausgegangenen Untersuchungen an Polypropylen (2) zeigt zudem, daß in Polyisopren die maximale Relaxationsrate erst bei tieferen Temperaturen auftritt, wobei die Absolutwerte jedoch in der gleichen Größenordnung liegen.

Aufgrund dieser Verschiebung wurde das Tieftemperaturminimum von *Slichter* (7) nicht gefunden.

Zur Trennung intra- und intermolekularer Relaxationsanteile wurden bei einigen Frequenzen ergänzende Messungen an mit deuteriertem Benzol (C_6D_6) gequollenem Poly-

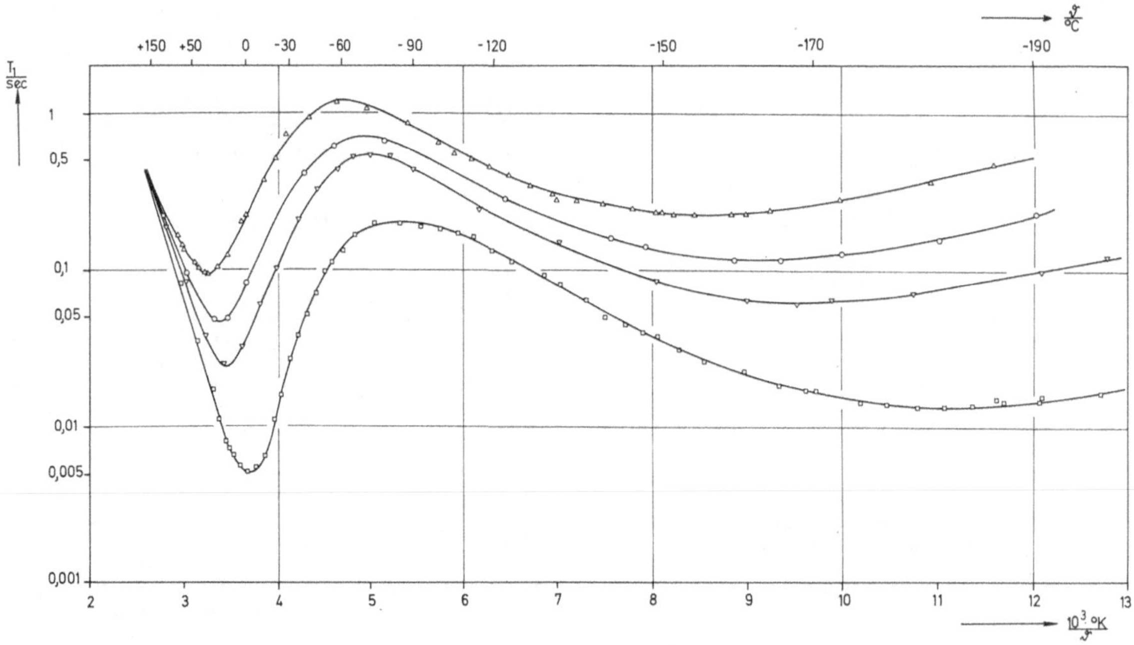

Abb. 2. Temperaturabhängigkeit der longitudinalen Protonenrelaxationszeit T_1 in festem, gereinigtem cis-Polyisopren im Temperaturbereich +150 °C > ϑ > − 195 °C bei mehreren Larmorfrequenzen:
□ 4 MHz; ▽ 22 MHz; ○ 44 MHz; △ 86 MHz

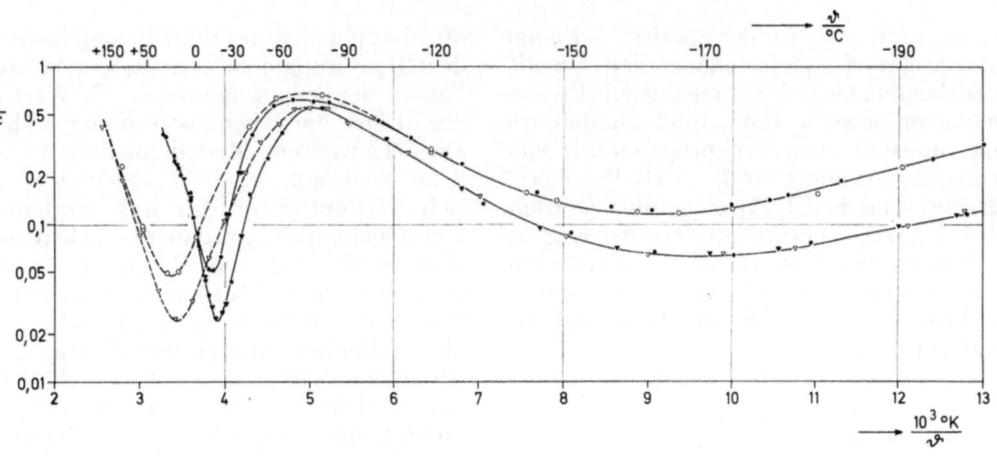

Abb. 3. Temperaturabhängigkeit der longitudinalen Protonenrelaxationszeit T_1 in mit C_6D_6 gequollenem cis-Polyisopren (Gewichtsverhältnis $PIP/C_6D_6 = 1{,}066$) im Temperaturbereich $+150\,°C > \vartheta > -195\,°C$ bei zwei Larmorfrequenzen: ▼ 22 MHz; ● 44 MHz

Zum Vergleich sind die entsprechenden Werte des ungequollenen Polymers aus Abb. 2 (▽, ○) eingetragen

isopren durchgeführt. Das Quellen ändert durch die Volumenvergrößerung die Abstände zwischen den Polymerketten und dadurch die intermolekulare Wechselwirkung. Wie Abb. 3 zeigt, hat dieser Eingriff beim Tieftemperaturverlauf im Rahmen der Meßgenauigkeit praktisch keine Auswirkung auf die Relaxationsraten, verschiebt dagegen den Hochtemperaturverlauf erheblich: Die Kurven werden symmetrischer und rücken zu tieferen Temperaturen. Das in Abb. 3 für ein Polymer/Quellmittel-Verhältnis von etwa eins dargestellte Verhalten ist bei diesen großen Benzol-Zusätzen weitgehend unabhängig von der Konzentration des Quellmittels.

3. Diskussion der Meßergebnisse

Das Auftreten zweier Minima im $T_1\,(1/\vartheta)$-Verlauf (Abb. 2 und 3) bedeutet relaxationsspektroskopisch (2, 10), daß zwei unabhängige Bewegungen der Kette vorliegen müssen (Hoch- bzw. Tieftemperaturprozeß). Aus mechanischen Dämpfungsmessungen ist ein dem Hochtemperaturprozeß paralleles Dämpfungsmaximum bekannt, das der Glasumwandlung zugeschrieben wird, wohingegen eine Parallele zum Tieftemperaturprozeß ausbleibt. Daraus läßt sich schon zwingend folgern, daß bei tiefen Temperaturen eine mehr oder minder behinderte Methylgruppenrotation die magnetische Relaxation bestimmt. In Anlehnung an den üblichen Sprachgebrauch bezeichnen wir die beiden Bewegungen auch als β- bzw. δ-Prozeß (11).

3.1. Tieftemperaturbereich

Ein naheliegendes Bewegungsmodell für die Relaxation der Protonenspinmagnetisierung in Methylgruppen enthaltenden Festkörpern bei tiefen Temperaturen, das eine einheitliche Relaxationsrate garantiert, ist die behinderte statistische Rotation der CH_3-Gruppen der Substanz um ihre Symmetrieachsen in Verbindung mit einem Transport der Spinorientierung aller übrigen, als starr angenommenen Protonen zu diesen beweglichen Relaxationszentren durch schnelle Spindiffusion. Die unter der Annahme eines einfachen rotatorischen *Poisson*prozesses mit der mittleren Sprungzeit τ resultierende Relaxationsrate (10, 12, 13)

$$\frac{1}{T_{1\,CH_3}} = \frac{9}{40}\,\frac{n_{CH_3}}{n_H}\,\gamma^4\,\hbar^2\,r_{CH_3}^{-6} \times \left\{\frac{\tau}{1+(2\pi\nu\tau)^2} + \frac{4\tau}{1+4\,(2\pi\nu\tau)^2}\right\} \qquad [1]$$

beschreibt jedoch weder die gemessene Frequenzabhängigkeit $T_{1\,CH_3}(\nu)$ noch die über einen *Arrhenius*ansatz

$$\tau = \tau_\infty \exp\,(\Delta E/R\,\vartheta) \qquad [2]$$

implizierte Temperaturabhängigkeit $T_{1\,CH_3}(\vartheta)$ befriedigend. (n_{CH_3}/n_H ist das Verhältnis der Methyl- zur Gesamtprotonenzahl pro Kettenmolekül, r_{CH_3} der Abstand der Methylprotonen; γ das magnetogyrische Verhältnis der Protonen, ν deren Larmorfrequenz, $\hbar$ die durch $2\,\pi$ geteilte *Planck*sche Konstante, τ_∞ die Frequenzkonstante, R die Gaskonstante und ΔE die Aktivierungsenergie pro Mol).

Da aufgrund der an der „kalten" Flanke beobachteten Frequenzabhängigkeit ein diffusionsbegrenztes Relaxationsmodell (13) ausgeschlossen werden kann, muß ähnlich wie schon im Falle von Polypropylen (2) eine Sprungzeitverteilung für die „CH_3-Propeller" angesetzt und in Gl. [1] eingeführt werden, wobei sich wegen der Asymmetrie der Kurven die zuerst von *Cole-Davidson* verwendete Verteilungsfunktion (14) am besten eignet. Hierdurch erweitern sich die obigen Relaxationsformeln zu

$$\frac{1}{T_{1(\text{mittel})}} = \int_0^\infty \frac{g(\tau)}{T_{1\,CH_3}(\tau)}\, d\tau \qquad [3a]$$

mit

$$g(\tau) = \begin{cases} \dfrac{\sin \alpha\pi}{\pi} \left[\dfrac{\tau}{\tau - \tau_0}\right]^{\alpha} \\ 0 \end{cases} \text{für} \quad \begin{matrix} \tau < \tau_0 \\ \tau > \tau_0 \end{matrix} \qquad [3b]$$

und

$$\tau_0 = \tau_{0\infty} \exp \Delta E/R\vartheta \,. \qquad [3c]$$

Das Ergebnis der Anpassung dieses Gleichungssystems an die Meßpunkte von Abb. 2 mit Hilfe der Minimumprozedur „MIFUNV" der Stuttgarter Universitäts-Rechenanlage TR 4 (unter Beachtung der *Bunn*schen Strukturdaten $r_{CH_3} = 1{,}78$ Å, $n_{CH_3}/n_H = 0{,}375$) ist im rechten Kurventeil von Abb. 4 dargestellt [$g(\tau)$, τ_0 und α bezeichnen die *Cole-Davidson*-Verteilung bzw. deren Mitten- und Breitenparameter). Der Einfachheit halber wurde α temperaturunabhängig angesetzt. Abgesehen von der „heißen" Flanke der Minima, wo offenbar ein nicht erfaßter Prozeß das anhand des CH_3-Sprungmodells erwartete Zusammenlaufen der experimentellen T_1-Werte verzögert, ist die Übereinstimmung recht gut. Die ermittelten Modellkonstanten ($\Delta E = 2{,}34$ kcal/Mol, $\tau_{0\infty} = 5{,}55 \cdot 10^{-13}$ s) fügen sich vernünftig in das aus mechanischen Untersuchungen gewonnene „Aktivierungsdiagramm" (11) von Polyisopren ein. Bei genauerer Betrachtung überrascht allerdings das für eine behinderte CH_3-Rotation relativ kleine Behinderungspotential. Als Ursache der Sprungzeitverteilung ($\alpha = 0{,}177$) dürfte die mögliche Verhakung von Methylgruppen durch Kinken anzusehen sein, wodurch unterschiedliche Behinderungspotentiale (bzw. Sprungraten) gegenüber der ungestörten Normallage auftreten. Der außerordentlich kleine, einer sehr ausgedehnten Verteilung entsprechende Breitenparameter läßt vermuten, daß mehrere Fehlerarten in nicht zu geringer Konzentration vorhanden sind. Zudem muß aus der Unabhängigkeit der Meßergebnisse vom Quellzustand des Polymers gefolgert werden, daß die CH_3-Bewegung ausschließlich durch intramolekulare Wechselwirkungen bestimmt wird, da nur diese von den eingebrachten Fremdmolekülen unberührt bleiben.

Die kleinere Aktivierungsenergie der Methylgruppenrotation in Polyisopren gegenüber Polypropylen (2) ($\Delta E = 2{,}9$ kcal/Mol) entspricht der freieren Anordnung der CH_3-Propeller, was auch in der schon bei tiefen

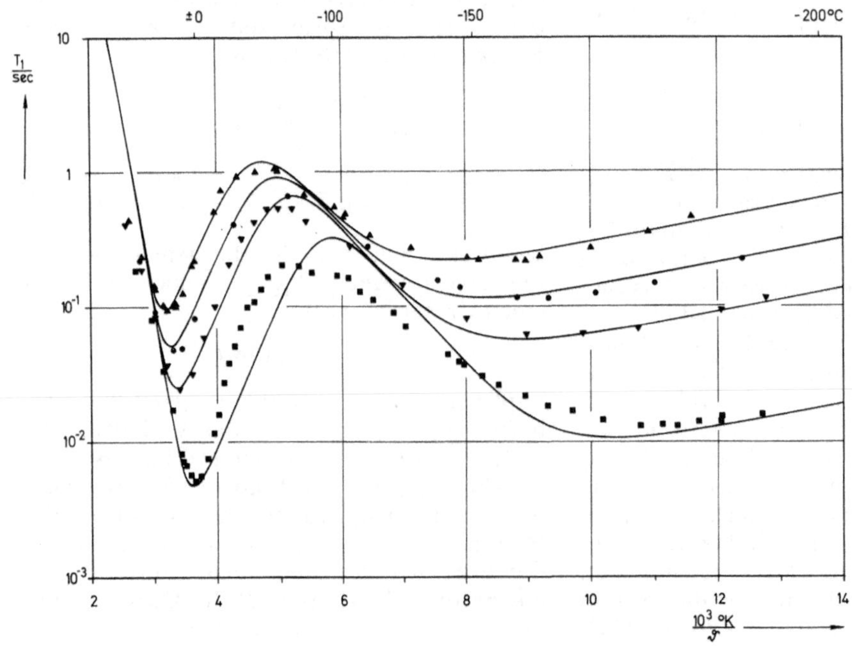

Abb. 4. Nach Gln. [3] und [4] berechneter Hoch- bzw. Tieftemperaturverlauf der Protonenrelaxation in Polyisopren. Die Modellkonstanten (β-Prozeß: $\Delta E = 13{,}5$ kcal/Mol, $\tau_{0\infty} = 1{,}1 \cdot 10^{-18}$ s, $\alpha = 0{,}38$, $p = 0{,}25$; CH_3-Rotation: $\Delta E = 2{,}34$ kcal/Mol, $\tau_{0\infty} = 5.55 \cdot 10^{-13}$ s, $\alpha = 0{,}177$) wurden mit der Minimumprozedur der Stuttgarter Universitätsrechenanlage TR 4 (MIFUNV) durch Minimalisierung des Fehlerquadrats zu den Meßpunkten (■ 4 MHz; ▼ 22 MHz; ● 44 MHz; ▲ 86 MHz) ermittelt

Temperaturen einsetzenden hohen Beweglichkeit zum Ausdruck kommt. Ferner fällt beim Vergleich mit Polypropylen der Zusammenhang zwischen Breitenparameter und Kristallinitätsgrad auf: je geringer der amorphe Anteil, desto einheitlicher die Bewegung. In dieses Schema lassen sich anhand vorläufiger Messungen (9) auch andere Polymere einordnen, insbesondere die in Paraffinen bzw. Polyisobutylen realisierten Grenzfälle mit Kristallinitätsgraden von 100% bzw. 0%.

Bedeutsam scheint der Hinweis, daß unser Relaxationsmodell die T_1-Werte in den Minima im Rahmen der Meßgenauigkeit ohne einen zusätzlichen Parameter mit den *Bunn*schen Strukturdaten richtig beschreibt, obwohl die Trennung der Polyisoprenprotonen in Relaxationszentren (CH_3-Gruppen) und Spindiffusionsbereiche (alle übrigen Protonen) unter Vernachlässigung des direkten Relaxationseinflusses von CH_3- auf CH_2- und CH-Spins reichlich grob anmutet. Anhand einer zu (2) analogen Rechnung konnte jedoch für die 9 einer CH_3-Gruppe nächstgelegenen starren CH_2- und CH-Protonen explizit gezeigt werden, daß dieser Relaxationsbeitrag die Wirksamkeit eines Zentrums um weniger als 2% erhöht und dadurch im Meßfehler untergeht. Die Protonenkoordinaten wurden hierbei mit dem C—H-Abstand von 1,09 Å möglichst symmetrisch in die Polymerkette gelegt.

Der Versuch, die zwischen Theorie und Experiment auf der Hochtemperaturflanke verbleibende Diskrepanz mit einer geeigneteren Sprungzeitverteilung (14) (die auch für $\omega\tau < 1$ eine T_1-Frequenzabhängigkeit zuläßt) zu beheben, mißlang; denn bei der dafür in Betracht zu ziehenden *Cole-Cole*-Verteilung überschneiden sich im Widerspruch zu den Meßergebnissen die $T_1(\vartheta)$-Kurven für verschiedene Larmorfrequenzen. Wahrscheinlich ist die Abweichung auf zusätzlich zur CH_3-Rotation einsetzende Kettenumlagerungen zurückzuführen, die aus mechanischen Dämpfungsmessungen als γ-Prozeß bekannt sind und durch $2gl$-Kinksprünge gedeutet werden (11). Eine genauere Analyse anhand der Kernrelaxation ist jedoch kaum möglich, solange das zugehörige T_1-Minimum nicht beobachtet wird.

3.2. *Hochtemperaturbereich*

Als Bewegungsmodell für die Relaxation bei hohen Temperaturen betrachten wir den Glas- oder β-Prozeß, der nach *Pechhold* (5, 11) durch kooperative Umlagerungen von Einzelkinken (Kinkbögen) innerhalb des „eingefrorenen Schmelzzustandes" zustande kommt. Diese Bewegungen entsprechen im wesentlichen Drehungen der C—C-Bindungen um $\pm 120°$ aus der Normallage, deren Relaxationswirksamkeit auf die CH_2-Protonen unter Vernachlässigung intramolekularer Wechselwirkungen von *Haeberlen* (15) für Polyäthylen berechnet wurde. Wir übernehmen dieses Modell für Polyisopren mit der zusätzlichen Annahme, daß im betrachteten Temperaturbereich weder die CH_3- noch die CH-Protonen direkt durch die genannte Drehbewegung relaxieren, sondern nur durch schnelle Spindiffusion zu den CH_2-Gruppen ins thermodynamische Gleichgewicht kommen können: die Methylpropeller rotieren oberhalb etwa −60 °C für eine direkte Relaxation bereits viel zu schnell und den CH-Protonen fehlt ein geeigneter magnetischer Nachbar. Damit sollte im Fall kleiner Kink- (oder Baufehler-) Konzentration p die Relaxationsrate folgender Gleichung genügen:

$$\frac{1}{T_{1\beta}} = \frac{27}{40}\gamma^4 \hbar^2 r_{CH_2}^{-6}\, p\, \frac{n_{CH_2}}{n_H} \times \left\{\frac{\tau}{1+(2\pi\nu\tau)^2} + \frac{4\tau}{1+4(2\pi\nu\tau)^2}\right\} \qquad [4]$$

($r_{CH_2} = 1{,}78$ Å Proton-Proton-Abstand in den CH_2-Gruppen, $\frac{n_{CH_2}}{n_H} = 1/2$ Verhältnis der CH_2- zur Gesamtprotonenzahl).

Gl. [4] beschreibt jedoch den Hochtemperaturbereich von Abb. 2 zusammen mit einem Aktivierungsgesetz für die Kinksprungrate τ_0 nur unbefriedigend ($\Delta E = 9{,}9$ kcal/Mol, $\tau_{0\infty} = 1{,}7 \cdot 10^{-16}$ s, $p = 0{,}152$). Eine weitaus bessere, allerdings keineswegs vollkommene Anpassung läßt sich wiederum durch Einführung einer Sprungzeitverteilung analog zu Gl. [3] erzielen (Abb. 4, linker Kurventeil), was der Tatsache Rechnung tragen dürfte, daß verschiedenartige C—C-Bindungen auftreten und uneinheitliche Umlagerungen bedingen. Die zugehörigen Modellkonstanten ($\Delta E = 13{,}5$ kcal/Mol, $\tau_{0\infty} = 1{,}1 \cdot 10^{-18}$ s, $\alpha = 0{,}38$, $p = 0{,}25$) passen in mancherlei Hinsicht gut zu dem mechanisch ermittelten Aktivierungsdiagramm des β-Prozesses (11). So weist die außerordentlich kleine Frequenzkonstante darauf hin, daß die Aktivierungsenergie als Mittelwert verstanden werden muß und zu höheren Temperaturen abnimmt; das zeigen auch die nach der Anpassung verbleibenden Abweichungen zwischen Meßpunkten und Modellkurven, sowie der Vergleich mit dem β-Minimum von Polypropylen (2), das bei erheblich höheren ϑ-Werten liegt und sich dementsprechend durch ein kleineres Behinderungspotential ($\Delta E = 7{,}9$ kcal/Mol) auszeichnet. Die Kinkkonzentration liegt in der von *Pechhold* erwarteten Größenordnung. Schließlich bestätigen sowohl die beim Quellen der Proben beobachtete Minimaverschiebung zu tieferen Temperaturen wie auch die damit verbundene Symmetrierung den starken Einfluß intramolekularer Wechselwirkungen auf Kinksprünge, die (im Gegensatz zur Methylgruppenrotation) ersichtlich durch Schaffung größerer Molekülabstände erleichtert werden. Das unbefriedigende Ergebnis bei der 4 MHz-Anpassung scheint nochmals, wie schon die Hochtemperaturflanke des CH_3-Minimums, auf einen Relaxationsbeitrag des γ-Prozesses hinzudeuten.

Wie schon *Haeberlen* (13) bemerkte, ist Gl. [4] an sich wenig spezifisch zur Prüfung der Kinkentheorie und nur schwer von anderen Relaxationsmodellen mit *Debye*-förmiger Statistik (14), wie beispielsweise der in (2) für den β-Prozeß herangezogenen *Bloembergen*schen Flüssigkeitstheorie, abzusetzen. Dennoch sind die hier skizzierten weitgehenden Parallelen zwischen der magnetischen und mechanischen Relaxationsspektroskopie für weitere Arbeiten ermutigend.

Wir danken unseren Kollegen *G. Held*, *R. Kimmich*, *H. Kolb* und *G. Preißing* sowie Herrn Prof. *W. Pechhold* für nützliche Diskussionen und der Deutschen Forschungsgemeinschaft für die zur Verfügung gestellten Personal- und Sachmittel.

Zusammenfassung

Die Temperaturabhängigkeit der longitudinalen Protonenrelaxationszeit T_1 in festem und gequollenem cis-Polyisopren (Naturkautschuk) zeigt zwischen -195 °C und $+150$ °C bei den Larmorfrequenzen 4, 22, 44 und 86 MHz zwei deutlich getrennte Minima, die zweierlei Kettenbewegungen mit unterschiedlichen Aktivierungsenergien zuzuordnen sind. Das Hochtemperaturminimum läßt sich durch Kinkumlagerungen, das Tieftemperaturminimum durch Methylgruppenrotation beschreiben. In beiden Fällen muß eine Sprungzeitverteilung nach *Cole-Davidson* eingeführt werden.

Summary

The temperature dependence of the longitudinal proton relaxation time T_1 in solid and swelled cis-polyisoprene (natural rubber) shows in the range between -195 °C and $+150$ °C at the Larmor frequencies 4, 22, 44 and 86 MHz two well separated minima, which can be ascribed to two kinds of chain segment motion with different activation energies. The high-temperature minimum is interpreted by kink jumps and the low-temperature minimum by methyl-group rotation. In both cases one has to assume a *Cole-Davidson* distribution of jumping times.

Literatur

1) *Haeberlen, U.*, Kolloid-Z. u. Z. Polymere **225**, 15 (1965).
2) *Kienzle, U., F. Noack, J. v. Schütz*, Kolloid-Z. u. Z. Polymere **236**, 129 (1970).
3) *Bunn, C. W.*, Proc. Roy. Soc. **A 180**, 40 (1942).
4) *Volkenstein, M.*, Configurational Statistics of Polymer Chains (New York 1963).
5) *Pechhold, W.*, Kolloid-Z. u. Z. Polymere **228**, 1 (1968).
6) *Gutowsky, H., A. Saika, M. Takeda, D. Woessner*, J. Chem. Phys. **27**, 534 (1957).
7) *Slichter, W. P., D. D. Davies*, J. Appl. Phys. **34**, 98 (1963).
8) *Slonim, I., A. Lyubimov*, The NMR of Polymers (New York 1970).
9) *Stohrer, M.*, Diplomarbeit, Universität Stuttgart (1969).
10) *Abragam, A.*, The Principles of Nuclear Magnetism, (Oxford 1962).
11) *Eisele, U.*, Dissertation TH Stuttgart (1968).
12) *Stejskal, E., S. Gutowsky*, J. Chem. Phys. **28**, 388 (1958).
13) *Haeberlen, U.*, Polymer **9**, 51 (1968).
14) *Noack, F., G. Preißing*, Z. Naturforschg. **24a**, 143 (1969).
15) *Haeberlen, U.*, Dissertation TH Stuttgart (1966).

Anschrift der Verfasser:
Dipl.-Phys. *M. Stohrer*, Dr. *Noack*
und Dipl.-Phys. *J. v. Schütz*
Physikalisches Institut
7000 Stuttgart
Wiederholdstraße 13

Kolloid-Z. u. Z. Polymere **241**, 943–954 (1970)

Aus dem Ammoniaklaboratorium der Badischen Anilin- & Soda-Fabrik AG, Ludwigshafen/Rhein

Zur wellenmechanischen Theorie der Niederdruck-Polymerisations-Katalyse*)

Von K. Wisseroth

Mit 10 Abbildungen in 14 Einzeldarstellungen und 6 Tabellen

(Eingegangen am 30. April 1970)

Einleitung

Unter Niederdruck-Katalysatoren für die Olefinpolymerisation versteht man heute in der Regel vier Gruppen von Katalysatorsystemen, die in der historischen Reihenfolge ihrer Entdeckung in Tab. 1 aufgeführt sind. Allen gemeinsam ist die hohe Empfindlichkeit gegenüber „Verunreinigungen" im Reaktionssystem. Die erzielbaren Produkte sind von vergleichbaren Eigenschaften; so werden insbesondere – im Gegensatz etwa zum verzweigten Hochdruckpolyäthylen – in der Regel nur Linear-Polyäthylene erhalten. Unterschiede treten hervor bezüglich des mittleren Molekulargewichtes, wie vor allem auch in den Molekulargewichtsverteilungen.

Tab. 1

Verfahren nach	Katalysator-System
Bad. Anilin- & Soda-Fabrik AG (*Max Fischer*, 1943)	z.B.: $TiCl_4$ + Al + $AlCl_3$
Standard Oil Co. (*Alex Zletz* 1951)	MoO_3 auf Träger + freie Metalle, Metallhydride bzw. Metallalkyle
Karl Ziegler (1953)	Schwermetallverbindungen in Kombination mit Metallhydriden bzw. Metallalkylen
Phillips Petr. Co. (*Banks, Hogan* u. *Lanning* 1953)	CrO_3 auf Träger

In mannigfachen Deutungsversuchen (1) wurde seither versucht, das einheitliche Wirkungsprinzip dieser Katalyse sichtbar zu machen. Wenngleich auch einige experimentellen Erkenntnisse – so z. B. der Valenzwechsel (Reduktion der Schwermetallkomponente) bzw. die Beobachtung des singulären Elektronenzustandes am Schwermetall mittels ESR-Messungen durch *E. H. Adema* (2) – heute als gesichert erscheinen, so haftet doch fast allen bisherigen Versuchen (3) zur Gewinnung einer umfassenden Theorie der Mangel des allzu starken Betonens strukturchemischer Vorstellungen an.

Vorliegende Studie versucht, die Gemeinsamkeiten in der Wirkung von Niederdruck-Katalysatoren sowohl durch Auszüge aus einer umfangreichen experimentellen Erfahrung als auch durch eine angemessene Theorie herauszustellen, wobei sich letztere weitgehend im Bereich quantenchemischer Betrachtungen bewegt.

Abb. 1 gibt die Darstellungen einiger typischer Polymerisationsverläufe bei absatzweiser Reaktionsführung in zeitlicher Abhängigkeit. Und zwar ist auf der Ordinate dargestellt die sog. Katalysator-Aktivität, welche angibt, wieviele Teile Polymeres je Teil Katalysator und je Zeiteinheit unter den vorgegebenen Reaktionsbedingungen erhalten werden, bzw. der dieser Größe proportionale Wert des Differenzenquotienten $\Delta p/\Delta t$ (atm/min). In dieser Zusammenstellung ist sowohl die Äthylen- als auch die Propylen-Polymerisation gezeigt und insbesondere auch der Einfluß des Reaktionsmilieus (Lösung und Gasphase) erfaßt. Speziell bei der Äthylen-Polymerisation handelt es sich z. T. um durch *Ziegler*-Katalysatoren, teils durch den *Phillips*-Katalysator, ausgelöste Reaktionen. Außer bei der Gasphasen-Polymerisation des Äthylens mit *Phillips*-Katalysator zeigen die Polymerisationsverläufe den gleichen typischen zeitlichen Gang. Zunächst ein rascher Anstieg, dann Durchschreiten eines Maximums, und schließlich das exponentielle Abklingen gegen Null. Der stetige Anstieg der Aktivität bei der Gasphasenpolymerisation des Äthylens mit *Phillips*-Katalysator – der unter technischen Bedingungen zu außerordentlich hohen Katalysator-Ausbeuten von mehr als 100000 Teilen Polymeres/Teil Katalysator führen kann –

*) Vorgetragen auf der Arbeitssitzung des Fachausschusses Physik der Hochpolymeren in der Frühjahrstagung 1970 des Regionalverbandes Hessen-Niederrhein-Saar der Deutschen Physikalischen Gesellschaft in Darmstadt, 10.–13. März 1970.

In memoriam Dr. *Ernst Günther Kastning.*

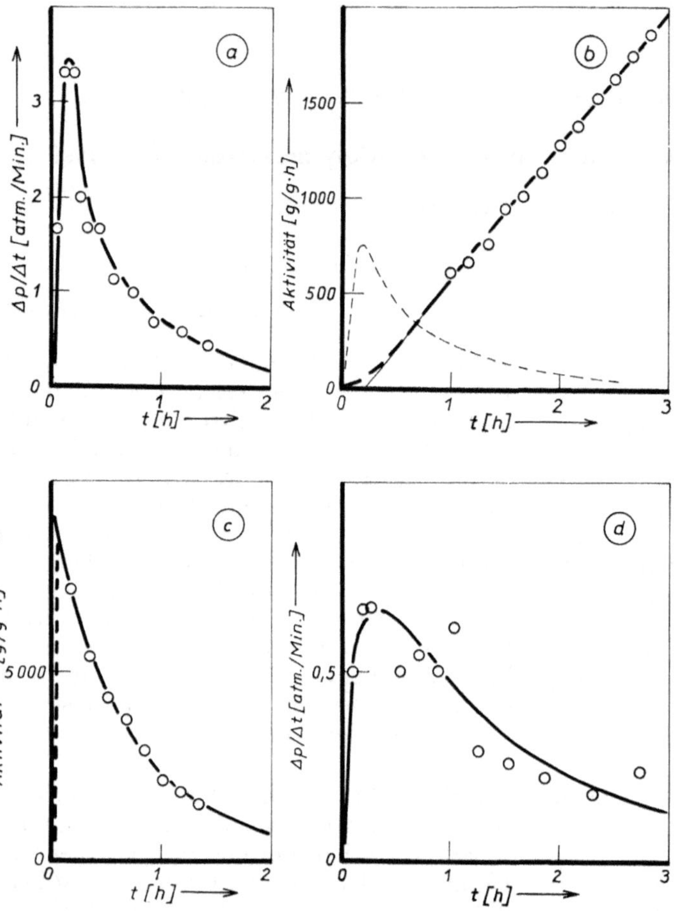

Abb. 1. Zeitlicher Verlauf der Olefin-Niederdruck-Polymerisation, (a) Äthylen-Polymerisation mit *Phillips*-Katalysator in Gegenwart von Lösungsmittel bei 35 (atm) und 140 (°C), (b) Äthylen-Gasphasenpolymerisation mit *Phillips*-Katalysator bei 35 (atm) und 100 (°C). Zum Vergleich ist der Verlauf gemäß (a) dargestellt, (c) Propylen-Gasphasenpolymerisation mit *Ziegler*-Katalysator bei 30 (atm) und 80 (°C), (d) Äthylen-Gasphasenpolymerisation mit *Ziegler*-Katalysator bei 37 (atm) und 82 (°C)

ist zwar über lange Zeiten sichergestellt, es ist jedoch bisher wenig bekannt über den weiteren Verlauf dieser Funktion bei sehr langen Polymerisationsdauern. Es darf wohl unterstellt werden, daß auch hier nach Durchlaufen eines Maximums ein Abklingen gegen Null erfolgt.

Es muß noch bemerkt werden, daß der zwar generelle Funktionsverlauf – Anstieg, Durchlaufen eines Maximums und schließliches Abklingen gegen Null – bei Verwendung von sog. *Ziegler*-Katalysatoren in der Regel beobachtet wird, daß aber die zeitliche Breite der drei Bereiche (Anstieg, Maximum und Abklingen) sehr stark abhängig ist von den speziellen Reaktionsbedingungen. Mit dieser Einschränkung erscheint dann auch die kritische Literatur-Zusammenstellung der scheinbar widersprüchlichen experimentellen Befunde über die zeitliche Veränderung der Aktivität durch *G. Bier* (4) in durchaus verständlichem Licht.

Abb. 2 zeigt für die Propylen-Polymerisation mit *Ziegler*-Katalysator in Gasphase den relativ straff ausgeprägten Zusammenhang zwischen löslichem Anteil in siedendem n-Heptan und mittlerem Molekulargewicht. Es ist insbesondere dargestellt, wie dieser korrelative Zusammenhang mit dem Komponentenverhältnis des aus Titantrichlorid

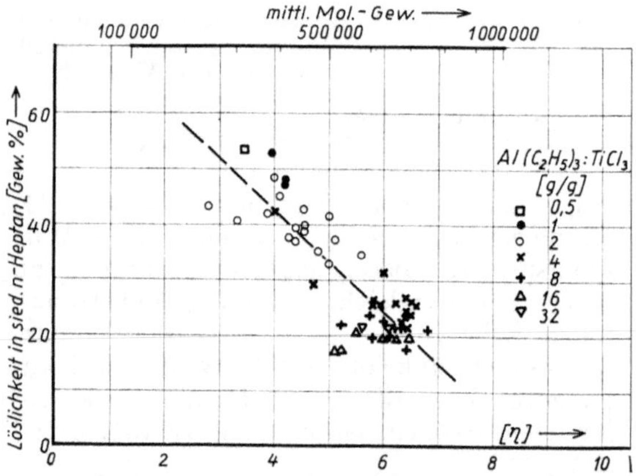

Abb. 2. Propylen-Gasphasenpolymerisation mit *Ziegler*-Katalysator bei 30 (atm) und 80 (°C). Korrelation zwischen der Löslichkeit des Polymerisates und dem mittleren Molekulargewicht bei verschiedenen Komponenten-Verhältnissen des Katalysatorsystems

und Aluminiumtriäthyl bestehenden Katalysator-Systems variiert. Deutlich erkennbar gilt offensichtlich die Regel, daß ein um so höherer [η]-Wert bzw. niedrigerer löslicher Anteil in siedendem *n*-Heptan erhalten wird, je größer das Alkyl-Titan-Verhältnis gewählt wird.

Bei absatzweiser Reaktionsführung wird für die Propylen-Gasphasenpolymerisation mit *Ziegler*-Katalysator auch ein stetiger Anstieg des mittleren Molekulargewichtes bzw. eine entsprechende Abnahme der Löslichkeit mit der Reaktionsdauer beobachtet (Tab. 2).

In Abb. 3 ist in anderer Darstellung der Einfluß des Katalysator-Komponentenverhältnisses auf das entstehende mittlere Molekulargewicht für die Äthylen-Polymerisation gezeigt, wie er in analoger Weise auch für die Propylen-Polymerisation bereits in Abb. 2 in Erscheinung getreten ist. Die Regelwirkung auf das mittlere Molekulargewicht ist bei Verwendung von $TiCl_4$ als Schwermetallkomponente des Katalysator-Systems deutlich erkennbar. Dieser Sachverhalt wird sogar technologisch genutzt (5). Andererseits fällt auf, daß diese Regelwirkung bei Einsatz von $TiCl_3$ nicht gegeben ist.

Es zeigte sich nun, daß das Erfahrungswissen des Niederdruckpolymerisationsgebietes im wesentlichen in zwei sehr allgemeine Regeln zusammengefaßt werden kann.

Die *1. Regel der ND-Polymerisation* besteht in der Aussage, daß um so höhere Katalysator-Ausbeuten erhalten werden, je höhere mittlere Molekulargewichte der anfallenden Polymerisate zugelassen werden.

Die *2. Regel der ND-Polymerisation* besagt, daß die erhaltenen mittleren Molekulargewichte um so größer sind, je tiefer die Anfangsvalenzstufe der Schwermetallkomponente gewählt wird.

Als Beispiel für die 1. Regel mag etwa der Vergleich der Spalten 2 und 5 in Tab. 2 dienen. Die 2. Regel zeigt sich andererseits unmittelbar in der Abb. 3, wenn etwa die beobachteten mittleren Molekulargewichte für die System-Komponenten $TiCl_3$ und $TiCl_4$ bei niedrigen Alkyl/Titan-Verhältnissen verglichen werden. Die unvoreingenommene Sichtung des empirischen Materials läßt ohne Mühe den Reduktionszustand bzw. das Reduktionsverhalten der Schwermetallkomponente als wesentlich für den katalytischen Vorgang erkennen.

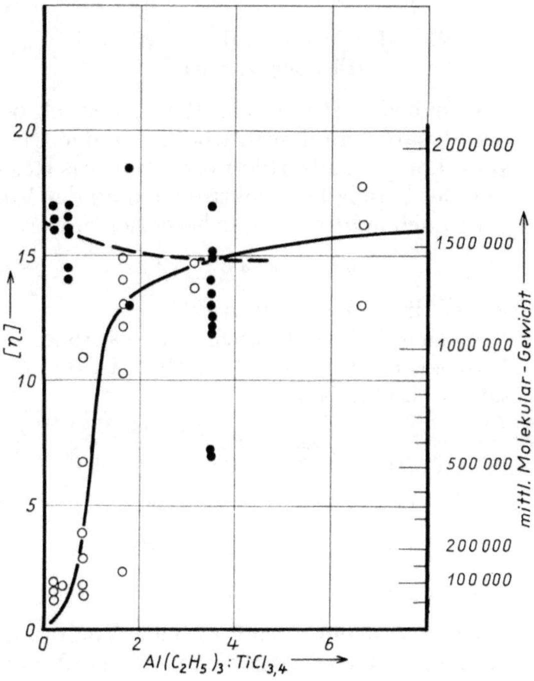

Abb. 3. Äthylen-Gasphasenpolymerisation mit *Ziegler*-Katalysator. Einfluß verschiedener Komponenten-Verhältnisse des Katalysatorsystems auf das mittlere Molekulargewicht. ○——— $TiCl_4$ ●— — — $TiCl_3$

Zur Theorie der chemischen Katalyse

Um nun zu einem tieferen Verständnis der Polymerisationskatalyse zu gelangen, wurde eine Beobachtung von *A. Eucken* (6) als Ausgangspunkt der Betrachtung gewählt. Bei der Hydrierung von Äthylen an *Raney*-

Tab. 2. Propylen-Gasphasenpolymerisation*). Katalysator: Titantrichlorid/Aluminium-alkyle. Druck: 36 atm; Temperatur: 95 °C

Polymerisationsdauer (h)	Teile Polymeres je Teil $TiCl_3$	lösl. Anteil (Gew.-%) in Benzin bei 60 °C	lösl. Anteil (Gew.-%) in siedendem n-Heptan	$\overline{M}_W$
0,5	3000	17	23	630000
2	8000	14	18	780000
6	18000	11,5	15	870000

*) Nach Versuchen von *R. Herbeck*, Olefinabteilung der Badischen Anilin- & Sodafabrik AG, Ludwigshafen/Rhein.

Nickel wurde die oberflächliche Bildung von wachsartigem Polyäthylen beobachtet, wodurch jeweils der Hydriervorgang gestört wurde.

Formal kann die Äthylen-Hydrierung in folgender Weise dargestellt werden.

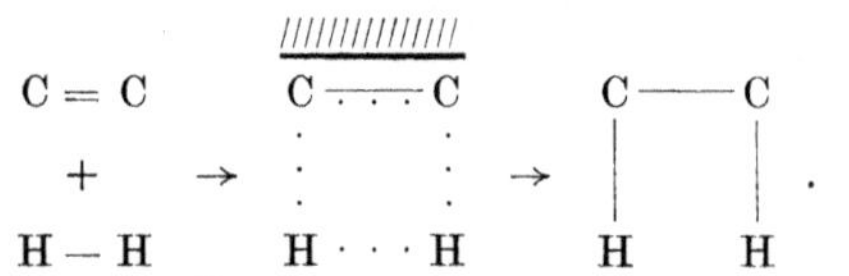 [1]

(Übergangszustand)

Hier bedeutet der schraffierte Bereich den Katalysator, an dessen Oberfläche der Übergangskomplex adsorbiert erscheint. Als Reaktion der beteiligten Elektronen kann der Vorgang auch in dieser Weise beschrieben werden

$$4\pi + 2\sigma \rightarrow 6\sigma + W, \qquad [2]$$

wo W die Wärmetönung ist.

Analog läßt sich auch die während der Hydrierung beobachtete Äthylen-Polymerisation beschreiben.

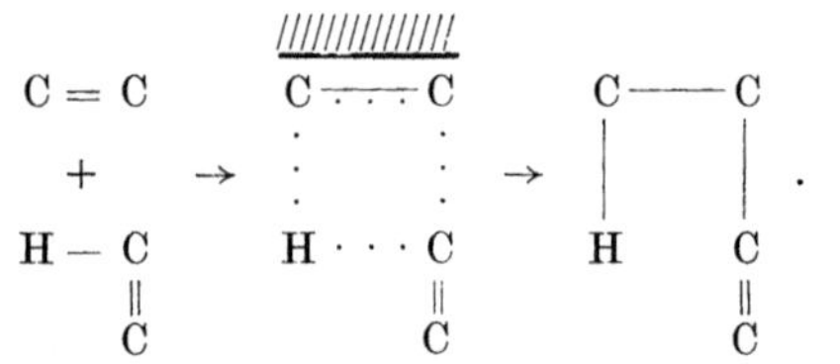 [3]

Diese zunächst mehr formale Vorstellung fand ihre Rechtfertigung in der Auffassung der Polymerisation als Umkehrung des Crackvorganges

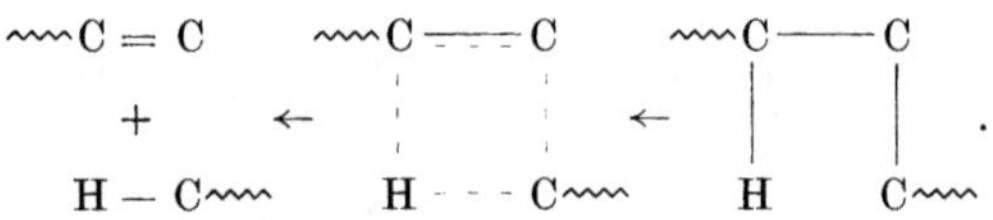 [4]

So ließ insbesondere die quantenchemische Betrachtung des Übergangszustandes die experimentell beobachtete (7) Erniedrigung der Aktivierungsenergie auf 16 gegenüber etwa 60 ÷ 100 kcal/Mol bei einfacher Spaltung zweier σ-Bindungen gut verstehen. Ebenso konnte die nach diesem Bild zu erwartende weitere Erniedrigung der Aktivierungsschwelle und damit Beschleunigung der Crackreaktion durch Polymerisationskatalysatoren ($AlCl_3$, BF_3) experimentell bestätigt werden.

Die quantenmechanische Behandlung geht von der Kopplung der π-Elektronen des Übergangszustandes der reagierenden Moleküle mit den Elektronenzuständen des Katalysators aus, was hier übrigens lediglich als Sonderfall einer prinzipiellen Deutungsmöglichkeit jeglicher chemischen Katalyseerscheinung aufzufassen ist. Aus dem Reaktionsverhalten eines typischen *Ziegler*-Systems (8) wurde auf die intermediäre Existenz eines radikalartigen Metallzustandes geschlossen:

$$\text{ti} - \text{Cl} + \text{al R} \rightarrow \text{al Cl} + \underset{?}{(\text{ti} - \text{R})}$$

$$(\text{ti} - \text{R}) \rightarrow (\text{ti})\cdot + \cdot\text{R})$$

$$(\text{ti}^{+1})\cdot \rightarrow (\text{ti}^{\pm 0}\cdot)\,. \qquad [5]$$

Insgesamt stellt dieses Schema eine monovalente Reduktion dar. Der intermediäre (ti) · -Zustand konnte inzwischen von *E. H. Adema* (2) durch ESR-Messung unmittelbar nachgewiesen werden. Dieser Zustand wird als das eigentliche katalytische Agenz bzw. das „aktive Zentrum" betrachtet. Der singuläre Elektronenzustand am Titan stabilisiert sich nach dieser Hypothese schließlich durch spontanen Elektronenübergang zu einem tieferen Niveau[1]) und verliert damit seine katalytische Fähigkeit.

Zur Vereinfachung der quantenmechanischen Betrachtungen sei anstelle der Reaktionen [1] und [3] die analoge Ersatzreaktion untersucht.

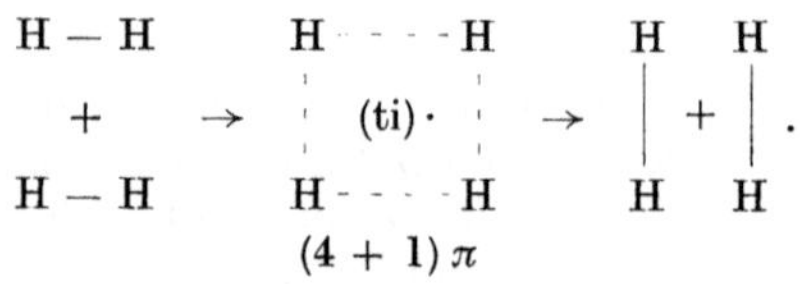 [6]

Der Übergangszustand, der hier wie in [1], [3] und [4] als „4-Zentren-Problem" erscheint, kann etwa in Analogie zum Vorgehen von *H. Kuhn* (9) bzw. *N. S. Bayliss* (10) als Ein-Elektronen-Problem behandelt werden. Und dies sowohl für den nicht-katalysierten wie auch für den katalysierten Fall. Danach verlaufe die Elektronenbewegung auf einem Kreis, der etwa durch die Lage der vier Atomkerne bestimmt ist. Abb. 4 zeigt diese Anordnung sowohl für den nicht-katalysierten wie auch für den katalysierten Fall. Beide Fälle unterscheiden sich nur in der Anzahl sich im Kreis bewegender Elektronen, die hier als π-Elektronen betrachtet werden, bzw. in der Ladungsverteilung; und zwar wird jeweils mit einem effektiven Abschirmungspotential gerechnet. Wegen der Symmetrie des Problems kann die Untersuchung zur Vereinfachung der Rechenoperationen auf eine „Diagonalbehandlung" beschränkt werden. Danach wird die Ermittlung des Energie-

[1]) Da bei der Reaktion zwischen den Katalysatorkomponenten beträchtliche Energiemengen frei werden, ist die intermediäre Existenz eines elektronischen angeregten Ti-Zustandes durchaus wahrscheinlich.

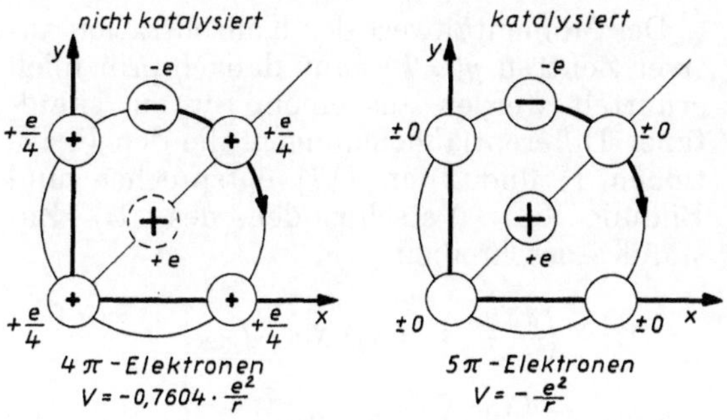

Abb. 4. Elektronenbewegung und Potentialverhältnisse im Übergangszustand

Eigenwertes der jeweiligen *Schrödinger*-Gl. [7] auf solche Zustände bzw. Abstände zwischen den H-Atomen beschränkt, die Punkten auf der Diagonalen entsprechen, wie es Abb. 4 erkennen läßt.

$$\varphi'' + \frac{2\mu}{\hbar^2} \cdot (E_n - V) \cdot \varphi = 0 . \quad [7]$$

Mit Einführung der Umfangskoordinate s läßt sich das Problem generell mit dem Ansatz

$$\varphi = A \cdot \sin\left(\frac{s}{2\,r\,\pi} \cdot n \cdot 2\,\pi\right) \quad [8]$$

lösen, welche Funktion sich nach ganzzahligen Vielfachen von $2\,\pi$ bzw. der Elektronenumläufe immer gerade wieder reproduziert.

Als Lösung von [7] folgt mit [8]

$$E_n = \frac{\hbar^2}{2\,\mu} \cdot \frac{n^2}{r^2} + V . \quad [9]$$

Der Ausdruck V für das Gesamtpotential setzt sich aus dem Abstoßungspotential des „Kerngerüstes" und dem Elektronen-Anziehungspotential unter Wirkung einer zentralen positiven Ladung zusammen. Dieser Ladungsschwerpunkt kann virtuell (nicht-katalysierter Fall) oder auch reell (katalysierter Fall) sein. In den vorliegenden Fällen betragen die Potentiale

$$V = -\,0{,}7604 \cdot \frac{e^2}{r} \qquad V = -\frac{e^2}{r} . \quad [10]$$

(nicht-katalysiert) (katalysiert)

Bei der Berechnung der hier vorwiegend interessierenden Grundzustände E_0 und E_{0K} ist das *Pauli*-Prinzip zu beachten, wonach jeweils nur zwei Elektronen in einem Energie-Niveau plaziert werden können. Für die beiden Fälle also

$$E_0 = 2 \cdot E_1 + 2 \cdot E_2 \qquad E_{0K} = 2 \cdot E_1 + 2 \cdot E_2 + E_3 . \quad [11]$$

(4 π-Elektronen) (5 π-Elektronen)

Nach dem bekannten Extremalprinzip, wonach sich natürliche Systeme von selbst in der Regel in den Zustand minimaler Gesamtenergie einzustellen versuchen, gilt somit

$$E_0 \to \text{Min.} \qquad E_{0K} \to \text{Min.} \quad [12]$$

bzw.

$$\frac{dE_0}{dr} = 0 \qquad \frac{dE_{0K}}{dr} = 0 . \quad [13]$$

Aus diesen Beziehungen berechnen sich die Elektronenbahn-Radien des Übergangszustandes, die dem jeweiligen Energieminimum entsprechen, zu

$$r_m = 3{,}30 \cdot \frac{\hbar^2}{\mu \cdot e^2} \qquad r_{mK} = 3{,}80 \cdot \frac{\hbar^2}{\mu \cdot e^2} \quad [14]$$

bzw. die minimale Kantenlänge des quadratischen Kerngerüstes zu

$$a_m = \sqrt{2} \cdot r_m \qquad a_{mK} = \sqrt{2} \cdot r_{mK} .$$

Für die Energieminima folgt damit

$$E_0 = -\,0{,}463 \cdot \frac{\mu \cdot e^4}{\hbar^2} \qquad E_{0K} = -\,0{,}655 \cdot \frac{\mu \cdot e^4}{\hbar^2} . \quad [15]$$

Die Differenz dieser beiden Energiezustände entspricht der Erniedrigung der Aktivierungsenergie

$$\Delta E_A = E_0 - E_{0K} . \quad [16]$$

Tab. 3 gibt eine Zusammenstellung der gewonnenen Daten. Für den H_2-Zustand, für den eine völlig analoge vereinfachte Rechnung gemäß dem Schema der Abb. 5 durchgeführt wurde, sind zum Vergleich die experimentellen bzw. die durch andere Grundvorstellungen und wesentlich aufwendigere Rechnung erhaltenen theoretischen Werte nach *W. Heitler* und *F. London* (11) angegeben. Während die räumlichen Abstands-

Tab. 3

Zustand	$a_{\min}$ (cm)	$E_{0,\,0K}$ (eV)	E_A (eV)	Methode
H_2	$1{,}50 \cdot 10^{-8}$	− 3,2	—	experimentell
H_2	1,58	− 4,4	—	nach *Heitler* u. *London*
$H_2 + H_2$	1,21	−41,7	—	vereinfachte
H_4	2,47	−12,6	29,1	wellenmechanische
$H_{4\,(ti)}$	2,84	−17,8	23,9	Rechnung

$\Delta E_A = -\;\;5{,}2$ (eV);
$\;\;\;\;\;\;\;\;= -\;120$ (kcal/Mol).

werte relativ gut gewonnen werden, zeigen die Energiewerte des Grundzustandes doch merkliche Abweichungen; so etwa für den H_2-Grundzustand —20,85 (eV) gegenüber

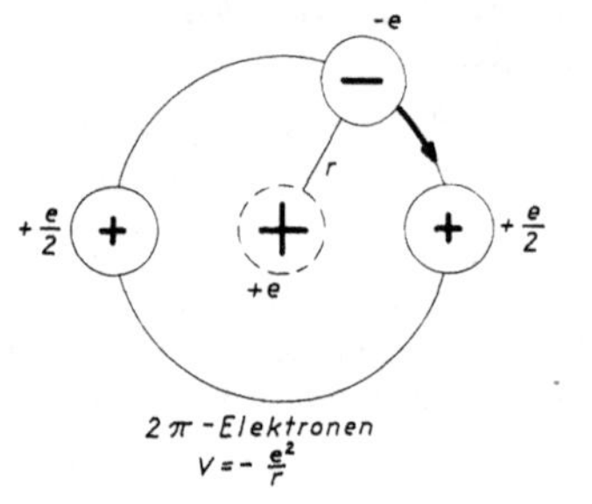

Abb. 5. Elektronenbewegung und Potentialverhältnisse im Wasserstoffmolekül für einfache wellenmechanische Behandlung

—4,4 nach *Heitler* und *London*. Auf alle Fälle folgt jedoch eine plausible Begründung des Katalyse-Effektes durch die wesentliche Erniedrigung der Aktivierungsenergie ($-\Delta E_A = 5{,}2$ [eV]).

Die bisherige Betrachtung vermochte gewissermaßen den Elementarakt der Katalyse zu deuten bzw. aufzuklären.

Wie kommt man nun zur Gesamtbeschreibung der chemischen Kinetik?

Zunächst darf wohl einmal unterstellt werden, daß die momentane Reaktionsgeschwindigkeit der Monomerenkonzentration wie auch der Konzentration „aktiver Zentren" [eben der (ti)·-Zustände] proportional sein wird

$$\frac{dn}{dt} = Z^{(1)} \cdot \sigma \cdot e^{-E_A/RT} \cdot [(\text{ti})\cdot] \cdot C_M. \qquad [16]$$

Hierin bedeuten: $Z^{(1)}$ die Stoßzahl in der Zeiteinheit und σ den sterischen Faktor. Zu Beginn eines – absatzweise betriebenen – Polymerisationsversuches ist die Konzentration aktiver Zentren Null und wächst zunächst entsprechend dem Schema [5] mit der Zeit an. Wie bereits erwähnt, stabilisiert sich der singuläre Zustand (ti)· schließlich durch spontanen Elektronenübergang zu einem tieferen Niveau und verliert damit seine katalytische Fähigkeit.

Zusammenfassend kann also der Gesamtvorgang der katalytischen Polymerisation durch folgendes Schema beschrieben werden.

1) $\text{ti} - \text{Cl} + \text{al} - R \rightarrow \text{al Cl} + \text{R}\cdot + (\text{ti})\cdot$

2) $(\text{ti})\cdot \rightarrow (\text{ti}\cdot)$

3) $$\frac{dn_M}{dt} = \underbrace{k_W}_{g(T)} \cdot \underbrace{[(\text{ti})\cdot]}_{y(t,T)} \cdot \underbrace{C_M}_{f(P,T)}. \qquad [17]$$

Der Momentanwert der Konzentration aktiver Zentren $y(t, T)$ kann danach prinzipiell ermittelt werden aus einem System simultaner Differentialgleichungen, die den Reaktionen 1) und 2) in [17] entsprechen und Bildung bzw. Verschwinden des (ti)·-Zustandes beschreiben,

$$\left.\begin{array}{ll} 1) & \left(\frac{dN_{(\text{ti})\cdot}}{dt}\right)_b = k_b \cdot N_{\text{tiCl}} \cdot C_{\text{alR}} \\ 2) & -\left(\frac{dN_{(\text{ti})\cdot}}{dt}\right)_a = k_a \cdot N_{(\text{ti})\cdot} \\ & \left(\frac{dN_{(\text{ti})\cdot}}{dt}\right)_b + \left(\frac{dN_{(\text{ti})\cdot}}{dt}\right)_a = \frac{dN_{(\text{ti})\cdot}}{dt} \end{array}\right| . \qquad [18]$$

Hierin bedeuten: $N_{(\text{ti})\cdot}$ Anzahl Teilchen im (ti)·-Zustand; N_{tiCl} Anzahl der „Moleküle" ti-Cl (die Betrachtung erstreckt sich hier wie auch bisher nur jeweils auf eine Ti-Valenz!); k_b und k_a die jeweiligen Geschwindigkeits-Konstanten.

Zur Auswertung von [18] ist zu setzen

$$y = \frac{N_{(\text{ti})\cdot}}{\sum N} = [(\text{ti})\cdot]; \quad k_a = \frac{\ln 2}{\tau_{1/2}}. \qquad [19]$$

Hierin bedeuten: $\sum N$ Anzahl aller Teilchen im System; $\tau_{1/2}$ die temperaturunabhängige Halbwertzeit des singulären Elektronenzustandes für (ti)·.

Die gesamte Kinetik ist also – wenn einmal von Unterschieden in den sterischen Faktoren abgesehen wird – nach [17] im wesentlichen durch die Parameter Aktivierungsenergie E_{Ab} der Bildungsreaktion, Halbwertzeit $\tau_{1/2}$ der (ti)·-Zustände sowie Aktivierungsenergie der Wachstumsreaktion E_{AW} absolut zu erfassen („3-Parameter-Theorie").

Ohne weiteres Eingehen auf die nicht einfache Lösung des Systems [18] ist leicht einzusehen, daß – wie bereits erwähnt – die Konzentration der aktiven Zentren zunächst gemäß [18] 1) mit der Zeit anwachsen wird,

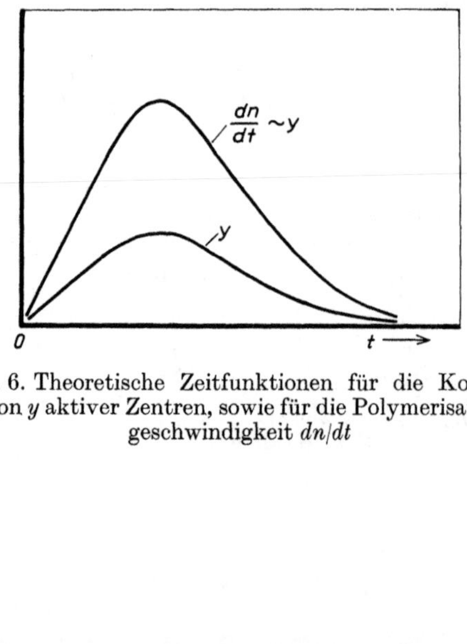

Abb. 6. Theoretische Zeitfunktionen für die Konzentration y aktiver Zentren, sowie für die Polymerisationsgeschwindigkeit dn/dt

um schließlich gemäß [18] 2) bei großen Zeiten wieder gegen Null zu verschwinden. Insgesamt ist also ein Verlauf zu erwarten, wie er in Abb. 6 als $y(t)$ dargestellt ist.

Nach der Voraussetzung, daß die momentane Reaktionsgeschwindigkeit der Konzentration aktiver Zentren – also $y(t)$ – proportional zu erwarten ist, folgt ein völlig analoger zeitlicher Verlauf auch für die Polymerisationsgeschwindigkeit, wie er ebenfalls in Abb. 6 dargestellt ist.

Dieses Ergebnis ist im Einklang mit den Untersuchungen von *E. H. Adema* (2), der durch unmittelbare ESR-Messung den zeitlichen Konzentrationsverlauf der singulären (ti)··Zustände nachweisen konnte, sowie ebenfalls den direkten Zusammenhang dieser Konzentration mit der momentanen Polymerisationsgeschwindigkeit aufzeigte.

Damit ist auch ein vollständiges theoretisches Verständnis der in Abb. 1 gezeigten Aktivitäts/Zeit-Funktionen erreicht, und schließlich auch eine wohl endgültige Antwort zu der von *G. Bier* (4) kritisch dargestellten Situation gegeben.

Die bis hier entwickelte Theorie führt also zu einem Verständnis der Polymerisations-Katalyse, sofern ein monovalenter Reduktions-Prozeß am Schwermetall vorliegt. Die eingangs aufgezeigte experimentelle Erfahrung zur Niederdruck-Polymerisation der Olefine läßt nun jedoch grundsätzlich eine multivalente Beteiligung am Reduktionsvorgang erwarten. Wie läßt sich im Rahmen der bisherigen Theorie dieser Erscheinung Rechnung tragen, und wie sind gegebenenfalls die aus den experimentellen Befunden abgeleiteten Regelmäßigkeiten („1. und 2. Regel der ND-Polymerisation“) zu verstehen bzw. zu deuten?

Die Polymerisations-Katalyse von Niederdruck-Katalysatoren mit multivalenten Übergängen

Eine Polymerenkette wird solange weiterwachsen wie sie noch in Verbindung mit einem aktiven Zentrum ist. Dabei werde vorausgesetzt, daß die Monomerennachlieferung unbegrenzt rasch erfolge, so daß für die weitere Betrachtung von Transporteinflüssen abgesehen werden kann. Ein Kettenabbruch erfolgt dann entweder mit dem Verschwinden des aktiven Zentrums oder durch thermische Dissoziation der adsorptiven Bindung zwischen der endständigen Doppelbindung und dem Katalysator bzw. seinem Träger.

Der mittlere Polymerisationsgrad $\bar{X}$ bestimmt sich dann als das Verhältnis der für Wachstum günstigen zu den für Abbruch günstigen Ereignisse, also

$$\bar{X} = \frac{Z_W^{(1)}}{\frac{1}{\bar{\tau}} + \frac{1}{\bar{\tau}_a}}. \qquad [20]$$

Die mittlere Kettenwachstumsdauer $\bar{\tau}_X$ berechnet sich danach aus der mittleren Lebensdauer $\bar{\tau}$ eines aktiven Zentrums und der mittleren Adsorptionszeit $\bar{\tau}_a$ einer Doppelbindung gemäß

$$\frac{1}{\bar{\tau}_x} = \frac{1}{\bar{\tau}} + \frac{1}{\bar{\tau}_a}. \qquad [21]$$

Da ein aktives Zentrum – wie die Erfahrung zeigte – durchaus auch mehrere Polymerenketten auslösen kann, läßt sich eine „Makroteilchen-Ausbeute pro aktives Zentrum“ angeben als

$$A = \frac{\bar{\tau}}{\bar{\tau}_x}. \qquad [22]$$

Die erfolgreiche Wachstumsstoßzahl je Sekunde ist definiert zu

$$Z_W^{(1)} = Z_0^{(1)} \cdot \sigma \cdot e^{-E_{AW}/RT} \cdot C_M. \qquad [23]$$

Hierin bedeutet C_M den Molenbruch des Monomeren (in reinem Äthylen $C_M = 1$); E_{AW} die Aktivierungsenergie der Wachstumsreaktion; σ den sterischen Faktor und insbesondere $Z_0^{(1)}$ die Stoßzahl je Sekunde der auf der Katalysatoroberfläche adsorbierten Teilchen.

$Z_0^{(1)}$ berechnet sich analog den Vorstellungen der kinetischen Gastheorie für den zweidimensionalen Bewegungsraum zu

$$Z_0^{(1)} = 2\, d \cdot \sqrt{\frac{RT}{M_0}} \cdot C_0(p, T). \qquad [24]$$

Hier ist M_0 das Molekulargewicht des adsorbierten Monomeren, $C_0(p, T)$ die Oberflächenkonzentration im druck- und temperaturabhängigen Adsorptionsgleichgewicht und d der Moleküldurchmesser des Monomeren.

Da es sich bei den folgenden Betrachtungen eigentlich nur um mehr oder weniger grobe Abschätzungen zum Zwecke des Vergleichs handelt, werde im weiteren für $C_0(p, T)$ die maximale Oberflächenkonzentration verwendet, wie sie sich bei regulärer Besetzung mit kugelförmigen Monomerenmolekülen gemäß dem Schema der Abb. 7 berechnet. Mit einem

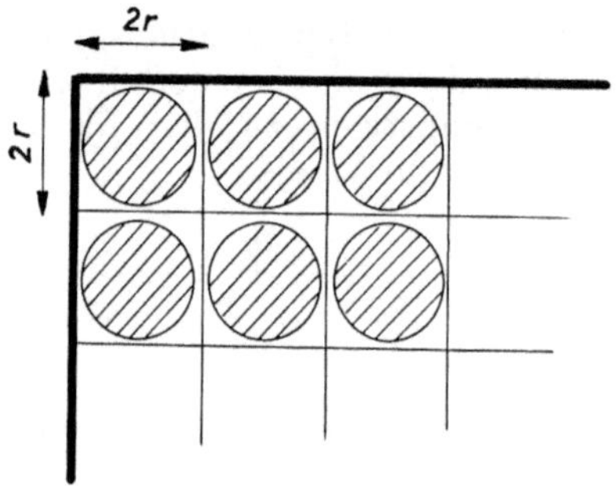

Abb. 7. Schema der Maximalbesetzung einer Katalysator-Oberfläche durch kugelförmige Monomeren-Moleküle

Äthylenvolumen von $46 \cdot 10^{-24}$ (cm^3) (12) folgt

$$C_0 = 5{,}05 \cdot 10^{14} \text{ [Teilchen/cm}^2\text{]}$$ [2]).

Mit diesem Wert und mit $d = 4{,}44 \cdot 10^{-8}$ (cm) folgt aus [24]

$$Z_0^{(1)} = 1{,}53 \cdot 10^{12} \text{ (sec}^{-1}\text{)}.$$

Nach [23] folgt dann mit σ und C_M je gleich der Einheit gesetzt, sowie mit

$$E_{AW} = 5{,}68 \text{ (kcal/Mol)},$$

welcher Wert z. B. bei der Gasphasenpolymerisation des Äthylens experimentell bestimmt wurde (13),

$$Z_W^{(1)} = 1{,}055 \cdot 10^9 \text{ (sec}^{-1}\text{)}.$$

Bei der Äthylen-Gasphasenpolymerisation unter Verwendung von $TiCl_4$ als Katalysatorkomponente wurde z. B. eine Katalysatorausbeute von etwa 60000 Teilen Polymeres je Teil $TiCl_4$ erhalten. Mit einem mittleren Molekulargewicht von 100000 und bei Unterstellung, daß alle vier Valenzübergänge als aktive Zentren wirksam werden, bestimmt sich die Makroteilchen-Ausbeute pro aktives Zentrum zu

$$A = 28{,}6.$$

Nach [21] und [22] ist

$$A = 1 + \frac{\bar{\tau}}{\bar{\tau}_a}; \qquad [25]$$

und damit

$$\bar{\tau} = \frac{\bar{X} \cdot A}{Z_W^{(1)}}. \qquad [26]$$

[2]) Nach Einstellung des Adsorptionsgleichgewichtes wurde z. B. am Träger (etwa 85 Gew.-% SiO_2 und etwa 15 Gew.-% Al_2O_3) des *Phillips*schen Chromsäurekatalysators bei Normaldruck und für 118 (°C) eine adsorbierte Menge von $0{,}0341 \cdot 10^{-3}$ (Mole Äthylen/g Träger) bestimmt.

Bei einer gemessenen Gesamtoberfläche des Trägers von etwa 450 (m^2/g) berechnet sich die Oberflächenkonzentration für die gleiche Temperatur und bei einem Druck von 35 (atm) zu etwa $C_0 = 1{,}59 \cdot 10^{14}$ (Teilchen/cm^2).

Mit

$$\bar{X} = \frac{100000}{28} = 3570$$

und den vorstehenden Werten für A und $Z_W^{(1)}$ folgt endlich

$$\bar{\tau} = 0{,}968 \cdot 10^{-4} \text{ (sec)}.$$

Aus [25] ergibt sich

$$\bar{\tau}_a = 0{,}350 \cdot 10^{-5} \text{ (sec)}$$

und aus [22]

$$\bar{\tau}_x = 0{,}339 \cdot 10^{-5} \text{ (sec)}.$$

Die Polymerenkette sollte sich somit in dieser relativ kurzen Zeitspanne vollständig ausbilden!

Wenn nun für jedes verschwindende aktive Zentrum A Ketten der Länge $\bar{X}$, bzw. $\bar{M} = \bar{X} \cdot M_0$ gebildet werden, sollte die insgesamt umgesetzte Monomerenmenge P durch

$$P = A \cdot \bar{X} \cdot M_0 \cdot K \cdot N_K^{(1)} \qquad [27]$$

bestimmt sein, worin K die eingesetzte Menge des Katalysators in [g] und $N_K^{(1)}$ die je Gramm Katalysator bildbare Anzahl von aktiven Zentren darstellen.

Die Katalysator-Ausbeute P/K erscheint damit proportional dem mittleren Molekulargewicht des gebildeten Polymeren. Dies ist nun gerade der Aussageinhalt der 1. Regel der ND-Polymerisation.

[27] gilt zunächst nur für einen monovalenten Reduktionsprozeß. Für den Fall multivalenter Übergänge, bei dem das Schwermetall nacheinander durch Reduktion verschiedene Valenzzustände durchläuft, würde sinngemäß sein

$$P = K \cdot M_0 \cdot \sum_i A_i \cdot \bar{X}_i \cdot N_{Ki}^{(1)}, \qquad [28]$$

wobei die verschiedenen Übergänge verschiedenen $\bar{\tau}_i$-Werten und somit auch verschiedenen mittleren Polymerisationsgraden $\bar{X}_i$ entsprechen sollten. Insbesondere ist in [28] bereits der spezielle Fall betrachtet, daß nicht alle N_{Ki}-Anzahlen der verschiedenen Übergänge untereinander gleich sind. Dies kann z. B. eintreten durch unterschiedliche Inkrustierungen während des Verlaufes der heterogenen Polymerisationsreaktion.

Der bisherigen Betrachtung war unterstellt worden, daß sich der singuläre Elektronenzustand am Schwermetallatom – das postulierte aktive Zentrum – durch spontanen Elektronenübergang zu einem tieferen Niveau stabilisiere und dadurch seine katalytische Fähigkeit einbüße. Die mittlere

Lebensdauer eines solchen Zustandes ist durch die quantenmechanische Übergangswahrscheinlichkeit A_{mn} bestimmt (14)

$$\tau_{mn}\,(\text{sec}) = 1/A_{mn}\,. \qquad [29]$$

Hierin entsprechen die Indizes m und n den am Übergang beteiligten Elektronenzuständen.

Nach *W. Wessel* (15) kann für einen sog. Ersatzoszillator gesetzt werden

$$A_{mn} = 16\,\pi^4 \cdot \nu_{mn}^3 \cdot e^2 \cdot |X_{mn}|^2/3 \cdot h \cdot C^3\,. \qquad [30]$$

Hierin bedeuten: ν_{mn} die durch $\Delta E = h \cdot \nu$ definierte Schwebungsfrequenz, $|X_{mn}|$ das Matrixelement des Überganges, e das elektrische Elementarquantum, h die *Planck*sche Konstante und C die Lichtgeschwindigkeit.

Zur Vereinfachung der Rechnungen wird – praktisch ebenfalls im Bilde des Ersatzoszillators – gesetzt

$$X_{mn} = r_m - r_n\,, \qquad [31]$$

worin r_m und r_n die „Bahn-Radien" der am Übergang beteiligten Elektronenzustände bedeuten. Die Auswertung von [30] läuft also hinaus auf die bequeme Bestimmung der Matrixelemente gemäß [31], bzw. auf die Ermittlung der Schwebungsfrequenz nach der *Planck-Einstein*-Beziehung $\Delta E = h \cdot \nu$.

Als Beispiel werde das Ti-Atom behandelt. Tab. 4 zeigt die elektronische Besetzung nach dem bekannten Schalenmodell im Grundzustand.

Tab. 4. Atomarer Grundzustand des Titans

Hauptquantenzahl	1	2	3	4	5
Schale	K	L	M	N	O
Elektronen-Besetzung	2	8	8 + 2	2	—
Elektronen-Zustand			$3d^2$	$4s^2$	

Für die Verbindungsbildung werde unterstellt, daß sich die sog. Valenzelektronen, welche sich im atomaren Grundzustand in den Niveaus $3d$ bzw. $4s$ befinden, in dem nächsthöheren Niveau aufhalten. Zur Vereinfachung der hier nur grundsätzlichen Rechnungen werden die Feinheiten der Untergruppen-Struktur – also der Nebenquantenzahl-Einfluß – vernachlässigt, so daß sich der dem Valenzwechsel entsprechende Elektronenübergang zwischen der O- und N-Schale (Hauptquantenzahlen 5 bzw. 4) abspiele. Zur weiteren Vereinfachung wird von dem *Hellmann*schen Prinzip (16) der Einteilung in Valenz- und Rumpf-Elektronen Gebrauch gemacht, so daß sich für die verschiedenen Valenzzustände des Titans etwa das Ersatzbild der Abb. 8 ergibt. Danach stehen die i äußeren Valenzelektronen unter einem Kernpotential, welches durch die Abschirmungswirkung der Rumpfelektronen verbleibt. Bei der Entkoppelung einer Elektronenpaarbindung zwischen dem zentralen Ti-Atom und einem Liganden gemäß dem Schema [5] bildet sich schließlich der zu untersuchende singuläre Zustand (ti)· aus. Die zu lösende Aufgabe resultiert wieder in einem sog. Einelektronen-Problem, wobei jetzt das einzelne Elektron unter der Wirkung des gesamten nicht durch die Rumpfelektronen abgeschirmten Kernpotentials steht,

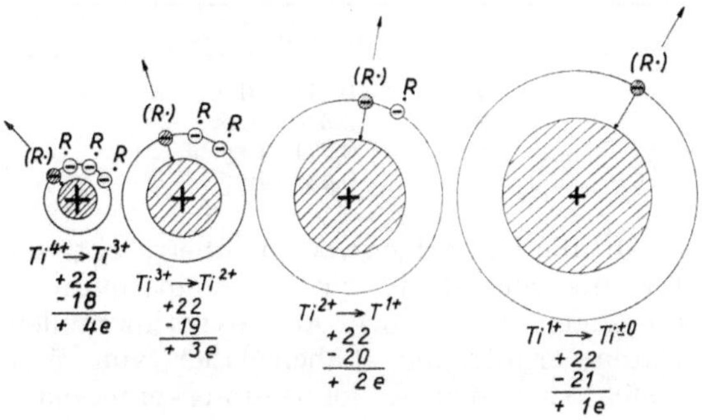

Abb. 8. Elektronenübergänge infolge Valenzänderung für verschiedene Valenzzustände des Titans

während andererseits die Störwirkung der übrigen Valenzelektronen – die noch in Bindung mit den Liganden vorliegen – vernachlässigt wird.

Bei i äußeren Valenzelektronen ist die *Schrödinger*-Gleichung [7] für das Potential

$$V = -\,i \cdot \frac{e^2}{r} \qquad [32]$$

zu lösen. Mit dem Ansatz [8] folgt für den n-ten Eigenwert nun

$$E_n = \frac{\hbar^2}{2\mu} \cdot \frac{n^2}{r^2} - i \cdot \frac{e^2}{r}\,. \qquad [33]$$

Aus der [12] bzw. [13] analogen Extremalforderung folgt für den Elektronenbahn-Radius

$$r_{0n} = \frac{n^2}{i} \cdot \frac{\hbar^2}{\mu \cdot e^2}\,; \qquad [34]$$

bzw. für den zugehörigen Eigenwert

$$E_{0n}^{(i)} = -\,\frac{i^2}{2\,n^2} \cdot \frac{\mu \cdot e^4}{\hbar^2}\,. \qquad [35]$$

Dann berechnet sich nach der *Planck-Einstein*-Beziehung für die Schwebungs- (oder Strahlungs-)frequenz

$$\nu_{mn} = \frac{i^2}{2} \cdot \left(\frac{1}{n^2} - \frac{1}{m^2}\right) \cdot \frac{\mu \cdot e^4}{\hbar^3} \cdot \frac{1}{2\,\pi}\,. \qquad [36]$$

Für das Matrixelement folgt nach [34]

$$X_{mn} = \frac{m^2 - n^2}{i} \cdot \frac{\hbar^2}{\mu \cdot e^2} \,. \qquad [37]$$

In diesen Ausdrücken bedeutet $\hbar = h/2\,\pi$ die *Dirac*sche Schreibweise der *Planck*schen Konstanten.

Mit [36] und [37] lassen sich nun die Übergangswahrscheinlichkeiten angeben, die den Übergängen zwischen O- und N-Schale entsprechen, bzw. nach [29] die mittleren Lebensdauern dieser durch die Hauptquantenzahlen 5 und 4 bestimmten Übergänge (Tab. 5).

Tab. 5

i	$\bar{\tau}_{54}$ (sec)
4	$0{,}171 \cdot 10^{-6}$
3	$0{,}540 \cdot 10^{-6}$
2	$0{,}274 \cdot 10^{-5}$
1	$0{,}438 \cdot 10^{-4}$

An diesen Zahlenwerten überrascht sofort die verblüffend gute Übereinstimmung mit der weiter vorn aus experimentellen Daten ermittelten Lebensdauer von $\bar{\tau} = 0{,}968 \cdot 10^{-4}$ (sec). Andererseits erkennt man, daß mit abnehmender Valenzzahl diese Lebensdauern erheblich zunehmen, bzw. daß nach [20] die mittleren Molekulargewichte ebenfalls zunehmen sollten. Mit den weiter vorn erhaltenen Werten für $Z_W^{(1)}$ und $\bar{\tau}_a$ berechnen sich nach

$$\bar{M} = \frac{Z_W^{(1)}}{\frac{1}{\bar{\tau}_{54}} + \frac{1}{\bar{\tau}_a}} \cdot 28 \qquad [38]$$

für die Äthylen-Polymerisation die Daten der Tab. 6.

Tab. 6

i	Valenz-Übergang	$\bar{M}$ *)
4	$4 \to 3$	4810
3	$3 \to 2$	13820
2	$2 \to 1$	45300
1	$1 \to 0$	95500

*) $\bar{M}$ entspricht dem sog. Zahlenmittel $\bar{M}_n$. Die Gewichtsmittel $\bar{M}_W$ liegen in der Regel um eine Größenordnung höher und wären damit in guter Übereinstimmung mit den experimentellen Werten.

Dieser Gang gibt nun gerade die aus experimentellen Erfahrungen abgeleitete Aussage der 2. Regel der ND-Polymerisation wieder, wonach um so höhere mittlere Molekulargewichte erhalten werden, je niedriger die Valenzstufe des eingesetzten Schwermetalls ist.

Daß die hergeleitete Theorie im guten Einklang mit der Erfahrung ist, mögen außerdem die Abb. 9 und 10 veranschaulichen. Ein mit *Phillips*-Katalysator erhaltenes Äthylen-Gasphasenpolymerisat (13) zeigt ganz offensichtlich in der Molekulargewichtsverteilung die Überlagerung dreier

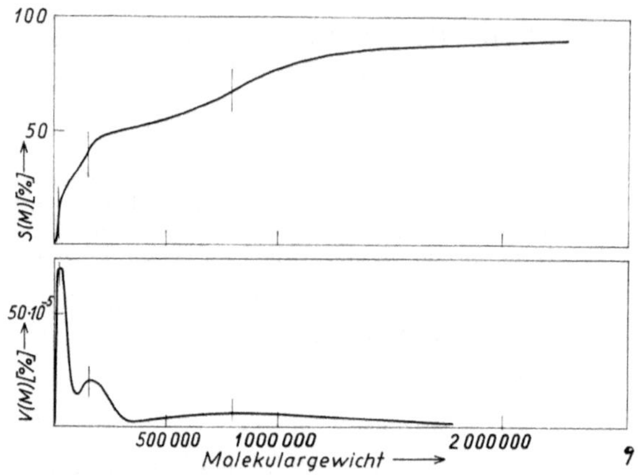

Abb. 9. Molekulargewichts-Verteilung bei der Äthylen-Gasphasenpolymerisation mit *Phillips*-Katalysator

$$U = \frac{\bar{M}_w}{\bar{M}_n} - 1 = \frac{585\,000}{40\,200} - 1 = 13{,}6$$

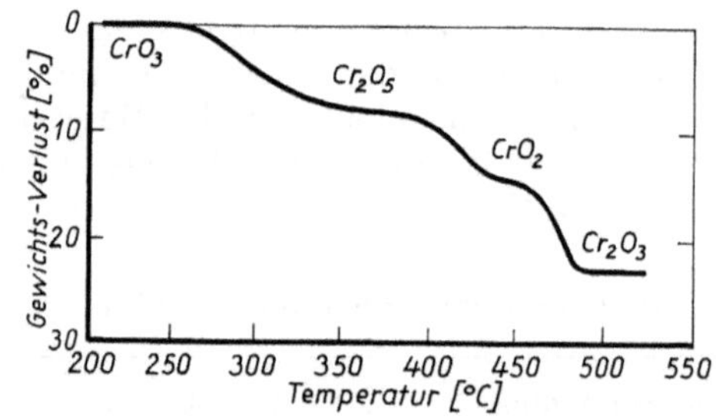

Abb. 10. Thermogravimetrische Analyse von CrO_3, welche die Möglichkeit dreier definierter Valenzänderungen ($Cr^{6+} \to Cr^{5+} \to Cr^{4+} \to Cr^{3+}$) aufzeigt. (Mit freundlicher Genehmigung durch *Phillips Petrol. Co* Bartlesville, Oklahoma/USA für die Publikation freigegeben, wofür recht herzlich gedankt sei.)

Einzelverteilungen, die jede für sich einem besonderen katalytischen Mechanismus entsprechen könnte, so wie es nach den bekannten Valenzänderungen der Chromoxyde (Abb. 10) auch zu erwarten wäre.

Die im vorstehenden entwickelte Theorie der ND-Katalyse unterscheidet sich in mehrfacher Hinsicht von dem ersten Versuch einer quantitativen Behandlung durch *P. Cossee* (17), die sich ebenfalls auf quantenchemische Vorstellungen stützt. Diese letztere Theorie basiert auf der bekannten ursprünglichen *Ziegler*schen (18) Insertions („Einschiebungs")-Vorstellung der sog. „Aufbaureaktion"

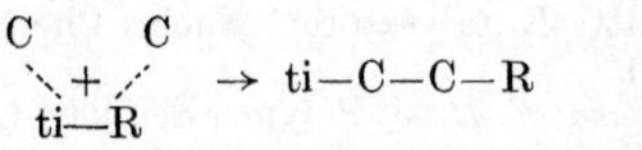 [39]

Die Untersuchung erstreckt sich hierbei auf die Diskussion der Bindungsstärke der Bindung ti—R (bzw. ti—C), insbesondere unter der Wirkung eines koordinativ angelagerten Olefins.

Quantitative Rechnungen von *J. W. Begley* und *F. Pennella* (19) nach einem MO-Konzept schienen diese Ansicht zu stützen. Als Prüfkriterium wurde hierbei vor allem die Übereinstimmung der berechneten Aktivierungsenergie mit den bekannten experimentellen Werten im Bereich von etwa 10–14 kcal/Mol angesehen.

Nun werden diese Werte allerdings nur bei der Polymerisation in Gegenwart von Lösungsmitteln gefunden und entsprechen ziemlich genau dem Temperaturkoeffizienten der stofflichen Diffusion der Monomeren im Lösungsmittel. Die für Gasphasenpolymerisation bestimmten Aktivierungsenergien sind jedoch erheblich niedriger. So fanden *Lipman* und *Norrish* (20) für die Äthylenpolymerisation etwa 3,0 kcal/Mol. Der in der vorliegenden Untersuchung bereits verwendete Wert von 5,68 kcal/Mol war bei der Gasphasenpolymerisation des Äthylens mit dem *Phillips*schen Chromsäure-Katalysator erhalten worden (13). Bestimmungen im eigenen Laboratorium an der Gasphasenpolymerisation des Propylens mit der Katalysator-Kombination Titantrichlorid/Aluminiumtriäthyl lieferten einen Wert von etwa 3 bis 5 kcal/Mol.

Außerdem spricht eine unmittelbare Beobachtung gegen die Annahme, daß dem von *Cossee* und auch vielen anderen Forschern (21) postulierten Anlagerungs- bzw. Übergangskomplex die Rolle des entscheidenden katalytischen Agenzes zukomme. So zeigte eine umfangreiche experimentelle Erfahrung[3]), daß nur solche Systeme vom Typ des *Ziegler*-Katalysators die Polymerisation auslösen, die bereits spontan in Abwesenheit des Monomeren unter Gasbildung zum Zerfall des Übergangskomplexes neigen, und zwar in analoger Weise zu den von *G. Semerano* und *L. Riccoboni* (22) untersuchten Silberalkylen. Diese Gasbildung unterbleibt z. B. bei der Kombination Zinntetrachlorid/Aluminium-triäthyl, obwohl hier ein äußerlich ähnlicher dunkelbrauner „Komplex" wie bei Verwendung von Titan-tetrachlorid erhalten wird. Dieses System zeigte auch keine Polymerisationsfähigkeit! Die Beobachtungen sind im Einklang damit, daß das Katalysatorsystem seine Polymerisationsaktivität in gleicher Weise in Gegenwart oder Abwesenheit des Monomeren mit der Zeit verliert (13).

Nicht der Komplex also, als vielmehr die nach Ablauf der Reaktion zwischen den beiden Katalysatorkomponenten zu erwartende besondere elektronische Konfiguration am Schwermetall scheint mit der katalytischen Fähigkeit gekoppelt zu sein. Im übrigen genügt die bisherige *Cossee*sche Konzeption noch nicht, um die hervortretenden Züge der ND-Polymerisationskinetik befriedigend zu deuten, wie z. B.:

a) den zeitlichen Verlauf eines absatzweisen Polymerisationsversuches;

b) das Wachsen des mittleren Molekulargewichtes mit der Zeit;

c) die Tatsache und den besonderen Einfluß der Reduktion des Schwermetalls;

d) und insbesondere die oben definierten beiden Erfahrungsregeln der ND-Polymerisation.

Es wird jedoch nicht verkannt, daß sich die *Cossee*sche Betrachtung gewissermaßen nur in einer Verschiebung des Gesichtswinkels von der vorliegenden Theorie unterscheidet. Einmal wird der Einfluß der gerade eben noch nicht dissoziierten metallorganischen Bindung (ti-*R*), andererseits die bereits entkoppelte Bindung (ti)· in ihrer Wirkung auf das Monomere untersucht. Beide Behandlungsweisen streben nach einer quantitativen Beschreibung durch quantenmechanische Analyse der energetischen Beziehungen und unterscheiden sich damit grundsätzlich von den zahlreichen strukturchemischen Deutungsversuchen, die bestenfalls qualitativen Charakter tragen können.

Für die Freigabe dieser Untersuchung zur Publikation danke ich Herrn Direktor Prof. Dr. *Steinhofer*, Forschungsleitung der Badischen Anilin- & Sodafabrik, Ludwigshafen/Rhein.

Zusammenfassung

Für den Mechanismus der Olefinpolymerisation an Niederdruck-Katalysatoren wird eine theoretische Vorstellung entwickelt, die sich weniger auf strukturchemische als vielmehr auf die energetischen Effekte des Reaktionsablaufes bezieht. Als eigentliches katalytisches Agenz wird der singuläre Elektronenzustand betrachtet, der sich kurzzeitig während des durch Reduktion bedingten Valenzwechsels am Schwermetallatom ausbildet.

[3]) Gemeinsame Untersuchungen mit meinem früh verstorbenen Kollegen Dr. *E. G. Kastning*.

Die Überlagerung dieses Zustandes mit den Elektronenzuständen der Reaktionspartner im Übergangszustand führt zu einer ganz allgemeinen wellenmechanischen Deutung der chemischen Katalyse.

Der hieraus gefolgerte kinetische Verlauf der Katalysator-Aktivität als Funktion der Zeit ist in völliger Übereinstimmung mit den experimentellen Beobachtungen.

Ebenso lassen sich die zunächst nur aus empirischen Befunden abgeleiteten beiden Regeln der ND-Polymerisation mittels quantenchemischer Rechnungen begründen, nach denen

1. um so höhere Katalysator-Ausbeuten erhalten werden, je höher die mittleren Molekulargewichte der anfallenden Polymerisate sind, und

2. um so höhere mittlere Molekulargewichte entstehen, je tiefer die Anfangsvalenzstufe der Schwermetallkomponente gewählt wird.

Summary

A theoretical concept is given for the mechanism of low pressure olefin polymerization which corresponds mainly to energetical effects and not so much to structural effects. The unpaired electronic state which exists for only a short time during the valence change by reduction of the heavy metal atom is looked at as the real catalytical species.

The superposition of this state with the electronic states of reaction components in the transition state leads generally to a wavemechanical interpretation of chemical catalysis. On this basis expected kinetics show total agreement in catalytical activity as function of time with experimental observations.

The wavemechanical calculations lead also to an understanding of two empirical rules of low pressure polymerization which show

1. that normally the catalyst yield is growing with increasing average molecular weights of the polymers, and

2. the average molecular weights are the higher the lower the initial valence state of the heavy metal compound is.

Literatur

1) Zum Mechanismus der Olefinpolymerisation an Ziegler-Natta-Katalysatoren. Nachr. Chem. Techn. **17**, 192 (1969).

2) *Adema, E. H.*, J. Polymer Sci. Part **C** 3643 (1968).

3) z. B. *Sinn, H.* und *F. Patat*, Angew. Chem. **75**, 805 (1963).

4) *Bier, G.*, Makromol. Chem. **70**, 44 (1964).

5) *Ziegler, K.*, DBP 1 178 603.

6) Nach mündlicher Mitteilung durch Herrn Direktor Dr. *Friz*, Ammoniak-Laboratorium der Badischen Anilin- & Soda-Fabrik, Ludwigshafen/Rhein.

7) *Wisseroth, K.*, Angew. Chem. **72**, 866 (1960).

8) *Nenitzescu, C. D.*, *C. Huch* und *A. Huch*, Angew. Chem. **68**, 438 (1956).

9) *Kuhn, H.*, Helv. Chim. Acta **31**, 1441 (1948).

10) *Bayliss, N. S.*, J. Chem. Phys. **16**, 287 (1948).

11) *Heitler, W.* und *F. London*, Z. Phys. **44**, 455 (1927).

12) *Wisseroth, K.*, Z. Naturforschg. **9 b**, 204 (1954).

13) *Wisseroth, K.*, Angew. Makromol. Chem. **8**, 41 (1969).

14) *Finkelnburg, W.*, Einführung in die Atomphysik. 11. und 12. Auflage (Berlin, Heidelberg, New York 1967).

15) *Wessel, W.*, Kleine Quantenmechanik (Freiburg 1949).

16) *Hellmann, H.*, Einführung in die Quantenchemie (Wien 1937).

17) *Cossee, P.*, J. Catalysis **3**, 80 (1964); Recueil Trav. chim. Pays-Bas **85**, 1151 (1966).

18) *Ziegler, K.*, *E. Holzkamp*, *H. Breil* und *H. Martin*, Angew. Chem. **67**, 541 (1955).

19) *Begley, J. W.* und *F. Pennella*, J. Catalysis **8**, 203 (1967).

20) *Lipman, R. D. A.* und *R. G. W. Norrish*, Proc. Roy. Soc. (London), Series A, **275**, 310 (1963).

21) z. B. *Henrici-Olivé G.* und *S. Olivé*, J. organometallic Chem. **16**, 339 (1969).

22) *Semerano, G.* und *L. Riccoboni*, Ber. **74**, 1089 (1941); *Semerano, G.*, *L. Riccoboni* und *F. Callegari*, Ber. **74**, 1297 (1941).

Anschrift des Verfassers:
Dr. *K. Wisseroth*
Ammoniaklaboratorium der BASF
6700 Ludwigshafen/Rhein

Kolloid-Z. u. Z. Polymere **241**, 955–976 (1970)

Aus dem Physikalischen Institut, Abteilung Polymere, der Universität Stuttgart

Molekülbewegung in Polymeren*)

III. Teil: Mikrostruktur und mechanische Eigenschaften

Von W. Pechhold und S. Blasenbrey

Mit 18 Abbildungen in 22 Einzeldarstellungen und 2 Tabellen

(Eingegangen am 27. August 1970)

I. Einleitung

Im I. und II. Teil dieser Reihe (1, 2) wurde ein Konzept der Festkörperphysik polymerer Stoffe entwickelt, an dessen Konkretisierung und quantitativer Prüfung gearbeitet wird.

Im Mittelpunkt der vorliegenden Arbeit stehen einerseits Überlegungen und quantitative Aussagen über die Mikrostruktur der Polymerschmelze und des teilkristallinen Zustandes, andererseits die auf dieser Basis streng molekular entwickelte Theorie der Relaxationserscheinungen. Im letzten Teil werden zwei Grenzfälle des Deformationsverhaltens molekular behandelt und ihr Zusammenhang mit Relaxation und Mikrostruktur aufgezeigt.

II. Mikrostruktur im Bündelmodell

A. Beschreibung der Nahordnung im Kettenbündel

Um die Mikrostruktur eines Systems aus sehr langen Ketten quantitativ in einem Bild zu erfassen, gehen wir – unserem Konzept entsprechend – vom Idealkristall (defektfreies Kettenbündel) aus, in dem die Ketten energetisch am günstigsten angeordnet sind. Die hohe Symmetrie dieser Anordnung erlaubt bei Kenntnis der inter- und intramolekularen Energie als Funktion der Koordinaten der Kettenbausteine die Berechnung der physikalischen Eigenschaften (Ketten- und Kristallstruktur, Bindungsenergie). Es kann für PÄ ein Potentialsatz angegeben werden (3, 4, 5), der sowohl Kettenstruktur als auch Kristallstruktur richtig wiedergibt. Das so geprüfte Potential gestattet nun im Prinzip die Energie jeder Kettenanordnung zu berechnen. Die Lösung dieses hochdimensionalen Problems ist im allgemeinen Fall nur numerisch möglich und erfordert großen Aufwand.

Beschränkt man sich zunächst auf Kettenanordnungen, die nur eine geringe Störung des Idealkristalls darstellen, so lassen sich die Abweichungen im so erhaltenen Realkristall durch lokale Störungen (Defekte) beschreiben. Bei Vernachlässigung der Kettenenden (Ketten sehr lang) sind die wahrscheinlichsten stabilen Defekttypen durch Energieminimalisierung (Vernachlässigung der Schwingungen) zu bestimmen. Ist das intramolekulare Potential (Rotationspotential) bestimmend, so kommen als Defekte in erster Linie spezielle Rotationsisomere (Kinkisomere (1) in Frage, die die Molekülketten noch nahezu gestreckt lassen.

Durch stabilisierende Wirkung des zwischenmolekularen Potentials sind jedoch auch Torsionsfehler oder *Renecker*-Fehler (6) denkbar. Da die Ergebnisse einer atomistischen Stabilitätsbetrachtung möglicher Defekte noch nicht vorliegen, vernachlässigen wir z. Z. einzelne Torsionsfehler im Kristall[1]) und postulieren als wahrscheinlichste Defekte Kinkisomere und Kettenfalten. Kinkisomere kleiner Auslenkung ($\delta <$ Kettenabstand d), die ihren Bündelplatz nicht ganz verlassen, sollen im folgenden allgemein als Kinken[2]) bezeichnet werden. Für Kinkisomere mit größerer Auslenkung ($\delta \approx d, 2d, \ldots$), die es der Kette ermöglichen, stückweise benachbarte Bündelplätze zu besetzen, wird die Kurzbezeichnung jogs[3]) vorgeschlagen (Tab. 1). Neben der seitlichen Auslagerung besitzen die Kinkisomere als zweites wesentliches Merkmal die Eigenschaft, eine Polymerkette gegenüber der gestreckten Konformation entweder zu verkürzen (planare

*) Vorgetragen auf der Arbeitssitzung des Fachausschusses Physik der Hochpolymeren in der Frühjahrstagung 1970 des Regionalverbandes Hessen-Niederrhein-Saar der Deutschen Physikalischen Gesellschaft in Darmstadt, 10.–13. März 1970.

[1]) Im Zustand hoher Defektdichte werden allerdings Torsionen zwischen zwei aufeinanderfolgenden Kinken zugelassen.

[2]) in (1) $2g1$-Kinken genannt.

[3]) in (1) $2g2$-, $3g2$-, $2g3$-Kinken.

Tab. 1. Kinken und jogs in planaren und Helixmolekülen

Konformation			Kettengerüst	Relative Drehung und Verschiebung der Kettenhälften			
				δ_x	δ_y	δ_z	Φ
planar		t t t t t t t t t t t	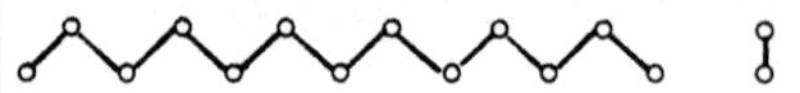				
2/1 Helix		g g g g g g g g g g g					
3/1 Helix		g t g t g t g t g t g t	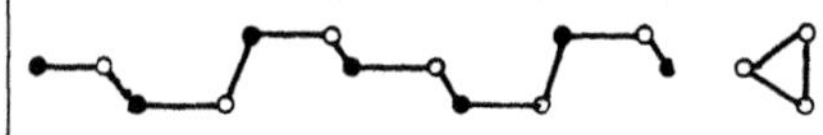				
Kinken	$2g1$	t t t t g t $\bar{g}$ t t t t t	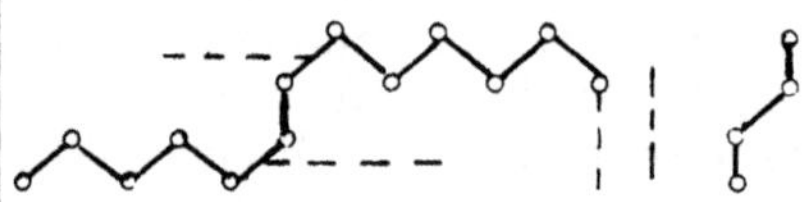	$a\sqrt{\frac{2}{3}}$	$a\frac{2}{\sqrt{3}}$	$a\sqrt{\frac{2}{3}}$	0
Kinken	$2t\pi$	g g g g t t g g g g g g	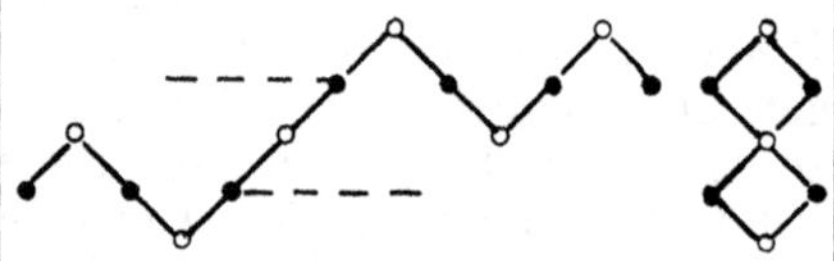	0	$a\frac{2}{\sqrt{3}}$	0	π
Kinken	$t\frac{2}{3}\pi$ / $\bar{g}\frac{4}{3}\pi$	g t g t t t g t g t g t / g t g t $\bar{g}$ t g t g t g t	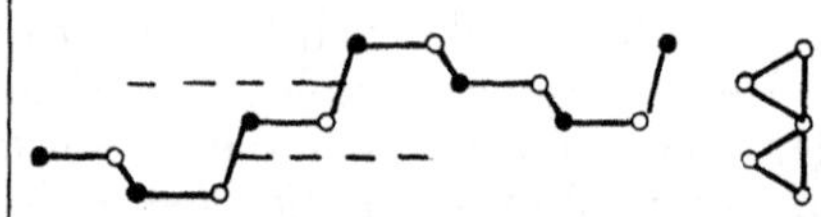	0	$a\frac{2\sqrt{2}}{3}$	0	$\frac{2}{3}\pi$
jogs	$2g2$	t t t t g t t t $\bar{g}$ t t t	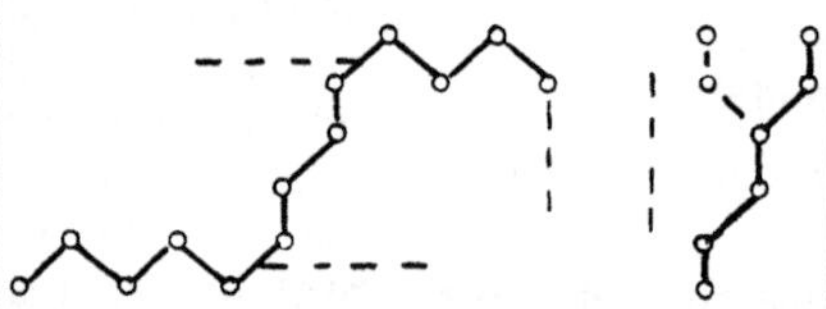	$a\frac{2\sqrt{2}}{\sqrt{3}}$	$a\frac{4}{\sqrt{3}}$	$a\frac{2\sqrt{2}}{\sqrt{3}}$	0
jogs	$3g2$	t t t t g t $\bar{g}$ t g t t t		$a\frac{2\sqrt{2}}{\sqrt{3}}$	$a\frac{4}{\sqrt{3}}$	0	0
jogs	$4t$	g g g g t t t t g g g g	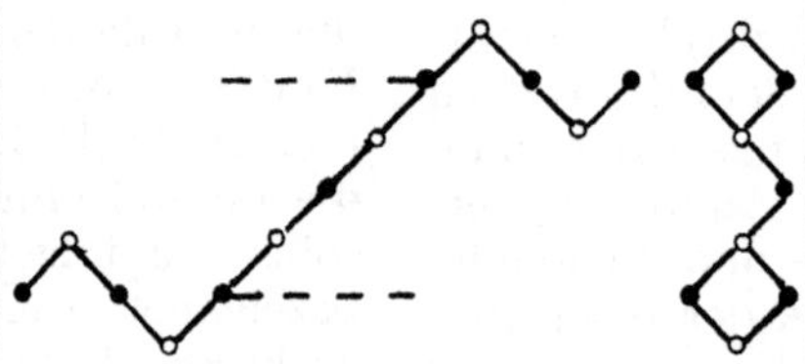	0	$a\frac{4}{\sqrt{3}}$	0	0
jogs	$3t$	g t g t t t t t t t g t u. mit größerer Auslenkung	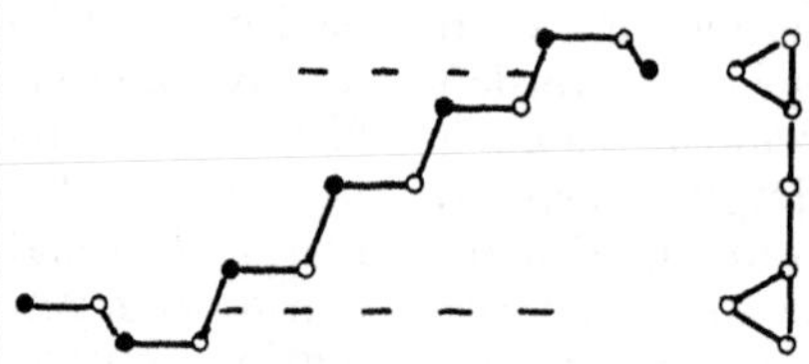	0	$a\,2\sqrt{2}$	0	0

Kette) oder zu drehen (vor allem bei Helices). Eine Veränderung der Gesamtlänge oder Gesamtdrehung des Moleküls macht im allgemeinen weiträumige Bewegungen der Kette notwendig, was auf geometrisch-kinetische Behinderung stößt.

Die geometrischen Daten der einfachsten Kinken und jogs sind in Tab. 1 zusammengefaßt. In der Rubrik „Konformation" ist die Reihenfolge der trans- und gauche-Lagen im Rotationspotential durch t bzw. g vermerkt. a bedeutet den Abstand zweier Atome in der Hauptkette.

Eine Abschätzung der Freien Enthalpie von Kinken, jogs und Falten als Einzeldefekte aus den geometrischen Daten wurde in (7) gegeben.

Bei kleiner Defektkonzentration ist die Mikrostruktur im Realkristall durch die Konzentration der Defekte hinreichend bestimmt, da jeder Defekt von gleichem Typ im Mittel dieselbe Umgebung (Nahordnung) besitzt, und die Wechselwirkung der Defekte untereinander vernachlässigt werden kann. Mit wachsender Defektkonzentration kommt die Wechselwirkung der Defekte immer stärker ins Spiel und muß in Rechnung gestellt werden. Erfaßt man die Wechselwirkungsenergie nur zwischen nächsten Nachbarn und vernachlässigt weiterreichende Wechselwirkung (elastische Energie), so läßt sich der Mikrozustand durch Segmentpaare (gebildet aus Kettensegmenten ohne Defekte und Kettensegmenten mit Defekten) näherungsweise beschreiben. In (8) wurde auf diese Weise gezeigt, daß die Zustandssumme eines defekthaltigen Kettenbündels bei einer bestimmten Temperatur entartet und zu einer Phasenumwandlung 1. Ordnung von einem Zustand kleiner Defektkonzentration (Realkristall) in einen Zustand hoher Defektdichte mit Nahordnung (Schmelze) führt. Dabei werden nur Zustände erfaßt, die von solchen Defekten erzeugt werden, die auch im Realkristall stabil sind. Diese Voraussetzung, die den Bündelcharakter auch in der Schmelze beibehält, stellt ohne Zweifel eine Näherung dar, garantiert aber die Erfassung energetisch günstiger Kettenanordnungen und erlaubt eine quantitative Beschreibung der Nahordnung mit molekularen Parametern im ganzen Zustandsbereich.

Im folgenden soll in einer gegenüber (8) vereinfachten Darstellung, bei der nur Kinken kooperativ behandelt werden (weitere Defekte zunächst vernachlässigt), die kooperative Beschreibung durch Paartypen kurz skizziert werden. Eine ausführliche Darstellung ist in (7) gegeben.

Da eine Kinke drei CH_2-Gruppen umfaßt ($\bar{g}tg$), bieten sich als Elemente zur kooperativen Formulierung Segmente aus jeweils $m = 4$ CH_2-Gruppen[4]) an. In 0. Näherung läßt sich der Zustand des Kettenbündels (Abb. 1) durch den Zustand einer Segmentschicht beschreiben.

Betrachtet man zunächst eine Segmentschicht aus $y\,n$[5]) Kinksegmenten (mit 1 bezeichnet) und $(1-y)\,n$ kinkfreien Segmenten (mit 0 bezeichnet), so kann die Anordnung der Segmente durch Paartypen 00, 01, 10, 11 in jeder Koordinationsrichtung näherungsweise erfaßt werden (Tab. 2). Da ein Kinksegment mehrere Möglichkeiten besitzt, müssen die Paartypen 11 noch weiter unterteilt werden (Tab. 2): 110: Paar mit 2 „idealpassenden" Kinken, 111: Kinkpaar mit kleiner Leerstelle, 112: übrige Kinkpaare. Kennt man Volumen $v_{rst}^{(i)}$, Wechselwirkungsenergie $w_{rst}^{(i)}$ und Schwingungsentropie $s_{rst}^{(i)}$ der Paartypen rst in Koordinationsrichtung i, – jeweils bezogen auf Paartyp 00 (Idealkristall) –, so läßt sich mit den Konzentrationen $z_{rst}^{(i)}$ (diskrete Paarverteilungsfunktionen) die Abweichung des Volumens, der Energie und der Entropie einer Segmentschicht vom Idealkristall ausdrücken, falls man entsprechend der Paarapproximation die Beiträge der verschiedenen Paartypen unabhängig voneinander addiert.

Bezeichnet $g_{rst}^{(i)} = w_{rst}^{(i)} + p\,v_{rst}^{(i)} - T s_{rst}^{(i)}$ die Freie Enthalpie des Paartypes rst in der Koordinationsrichtung i (bezogen auf 00-Paar) bei fester Anordnung (ohne Konfigurationsentropie), so schreibt sich die freie Enthalpie G einer Segmentschicht als Funktion der inneren Variablen y, $z_{rst}^{(i)}$ zu:

$$\frac{G}{n} = g_{id} + \Delta u \cdot y + \sum_i \sum_{rst} z_{rst}^{(i)} g_{rst}^{(i)} - T s(z_{rst}^{(i)}, y)\,. \quad [1]$$

Die intramolekulare Energie $\Delta u \cdot y \cdot N$ hängt von der Zahl der Kinken, nicht aber von ihrer Anordnung ab. Die Konfigurationsentropie $s(z_{rst}^{(i)}, y)$ gibt die Vertauschungsmöglichkeit der Kinken unter vorgegebenen Paartypen $z_{rst}^{(i)}$ an und bildet den Kern des kooperativen Problems.

Näherungsweise läßt sich $s(z_{rst}^{(i)}, y)$ mit der quasichemischen Methode bestimmen (7) und damit die Freie Enthalpie [1] als Funktion der inneren Variablen (y, $z_{rst}^{(i)}$) und der molekularen Parameter $g_{rst}^{(i)}$ schreiben.

Entsprechend Tab. 2 wird bei PE die laterale Wechselwirkung der Segmentelemente einer Schicht aufgeteilt in die repräsentativen Paare der zwei gleichberechtigten Koordina-

[4]) Durch $m = 4$ wird die Kopplung der Kinken in Kettenrichtung pauschal berücksichtigt.

[5]) $y = m\,x_1$, wobei x_1 die Konzentration der Kinken pro Kettenglied (CH_2-Gruppe) angibt.

Tab. 2. Molekulare Parameter der repräsentativen Paartypen für PE

Paartypen $i = 1, 2$ ⊥ Kettenrichtung						
Paarvolumen	$v_{00} = 0$	$v_{01} = {}^3/_4\, v_0$	$v_{10} = {}^3/_4\, v_0$	$v_{110} = 0$	$v_{111} = {}^1/_4\, v_0$	$v_{112} = {}^3/_2\, v_0$
Paarenergie der Wechselwirkung [kcal/Mol]	$w_{00} = 0$	$w_{01} = 1{,}1$	$w_{10} = 1{,}1$	$w_{110} = 0{,}3$	$w_{111} = 0{,}3 + 0{,}25$	$w_{112} = 0{,}3 + 1{,}5$
Paarentropie	$s_{00} = 0$	$s_{01} \sim 0$	$s_{10} \sim 0$	$s_{110} \sim 0$	$s_{111} \sim 0$	$s_{112} \sim 0$
Paarvariable	$z_{00} = 1 - y - z_{01}$	$z_{01} = \frac{2\,y\,(1-y)}{1+\alpha_1}$	$z_{10} = z_{01}$	$z_{110} = \frac{y - z_{01}}{1 + c_1 + c_2}$	$z_{111} = c_1\, z_{110}$	$z_{112} = c_2\, z_{110}$
Abkürzungen	$\alpha_1 = \sqrt{1 + 4\left(\frac{1}{D_1} - 1\right) y\,(1-y)}$		$D_1 = \frac{4}{1 + c_1 + c_2}\, e^{-\frac{2\,g_{01} - g_{110}}{RT}}$		$c_1 = e^{-\frac{g_{111} - g_{110}}{RT}}$	$c_2 = 2\,e^{-\frac{g_{112} - g_{110}}{RT}}$

Paartypen $i = 3$ ‖ Kettenrichtung	0 / 0	$\pm\frac{\pi}{2}$ / 0	π / 0	0 / 0	$\pm\frac{\pi}{2}$ / 0	π / 0	0 / 0	$\pm\frac{\pi}{2}$ / 0	π / 0
Paarvolumen	0			0			0	0	
Paarenergie [kcal/Mol]	0		$\to\infty$	0		$\to\infty$	0	$w_t = 1{,}5$	$\to\infty$
Paarentropie	0			0			0	$s_t = R \ln 3$	
Paarvariable	$z^{(3)}_{000} = 1 - y - z^{(3)}_{010}$		$z^{(3)}_{001} \to 0$ (2)	$z^{(3)}_{010}$		$z^{(3)}_{011} \to 0$ (2)	$z^{(3)}_{110} = \frac{y - z^{(3)}_{010}}{1 + d_1}$	$z^{(3)}_{111} = d_1\, z^{(3)}_{110}$; $d_1 = 2\,e^{-\frac{g_t}{RT}}$	$z^{(3)}_{112} \to 0$

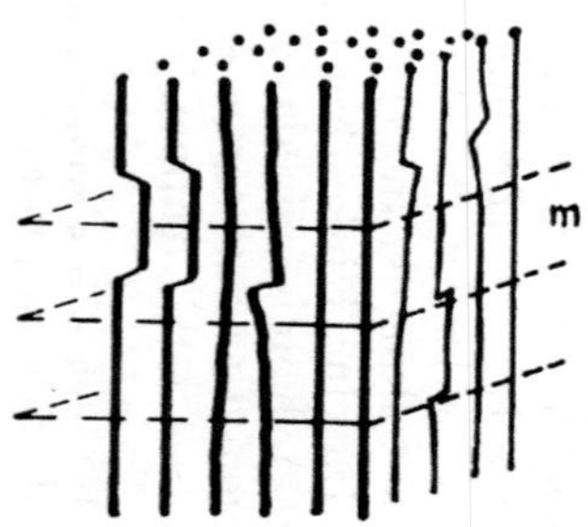

Abb. 1. Kettenbündel mit geringer Defektkonzentration

Abb. 2. Wabenmodell der Schmelze

tionsrichtungen[6]) 110 und $\bar{1}10$ ($i=1, 2$). Die Wechselwirkung in den anderen Koordinationsrichtungen wird vernachlässigt. Die Kopplung zwischen zwei aufeinanderfolgenden Segmentschichten muß einmal die Kettenbiegung, zum anderen die Kettentorsion in Rechnung stellen. Die Berücksichtigung der Kettenbiegung ist in Bearbeitung. Die Torsion läßt sich im beschriebenen Formalismus leicht berücksichtigen, wenn man den Segmenten vier Drehlagen (der Koordinationszahl 4 entsprechend)[7]) erlaubt und die Torsion als Paar von Elementen ungleicher Drehlage erfaßt (Tab. 2, $i = 3$). Durch die Wahl der als Wechselwirkungsenergie in der Koordinationsrichtung 3 auftretenden Torsionsenergie kann berücksichtigt werden, daß Kettentorsionen zwischen zwei kinkfreien Segmenten unwahrscheinlich sind (Wechselwirkungsenergie $\rightarrow\infty$), dagegen zwischen zwei Kinken infolge ihrer stabilisierenden Wirkung (laterale „Verhakung") auftreten.

Die Gleichgewichtswerte der inneren Variablen (Kinkkonzentration y, Nahordnungsvariable $z_{rst}^{(i)}$) ergeben sich durch Minimalisierung von [1] unter Einhaltung der zwischen y und $z_{rst}^{(i)}$ bestehenden Nebenbedingungen.

Mit den in Tab. 2 zusammengestellten molekularen Parametern für PÄ, die in (7) begründet und in (5) teilweise atomistisch berechnet wurden, konnten Schmelzpunkt, Volumensprung und Schmelzenthalpie sowie Ausdehnungskoeffizient und Kompressibilität der Schmelze jeweils in Abhängigkeit vom Druck in befriedigender Übereinstimmung mit dem Experiment erklärt werden (7).

Die Mikrostruktur läßt sich mit den Werten der Tab. 2 wie folgt beschreiben: Der Realkristall besitzt eine Kinkdichte (bezogen auf CH_2) von etwa 0,004 kurz vor dem Schmelzpunkt (vorwiegend Einzeldefekte). Am Schmelzpunkt koexistiert mit der Phase des Realkristalls eine Phase hoher Kinkdichte von etwa 0,2 (bezogen auf CH_2). Die Anordnung der Kinken ist durch die $z_{rst}^{(i)}$-Konzentrationen gegeben.

Im Grenzfall $y \rightarrow 1$ (entspricht bei $m = 4$ einer Kinkkonzentration von 0,25) ergibt sich nach Tab. 2 für die Schmelzphase des Kettenbündels (am Schmelzpunkt) $z_{110} \sim z_{111} \sim 0{,}4$ und $z_{112} \sim 0{,}2$ in den beiden Koordinationsrichtungen ($i = 1, 2$) senkrecht zur Kettenachse. Für die die Torsion erfassenden Paare in Kettenrichtung ($i=3$) erhält man $z_{110}^{(3)} \sim z_{111}^{(3)} \sim 0{,}5$.

Für die Konzentration der jogs und Falten, die näherungsweise im *Boltzmann*verhältnis zu den Kinken vorliegen, erhält man in der Schmelze eine Konzentration von zusammen ca. 1% (7). Die so erhaltene Mikrostruktur die in (1) Abb. 9a schematisch dargestellt wurde, beschreibt die Nahordnung der Schmelze und besitzt infolge der verschiedenen Kettenabstände der repräsentativen Segmentpaare keine Fernordnung.

B. Mikrostruktur im amorphen Zustand

Die in A diskutierte Mikrostruktur des parallelen Bündels erfüllt nicht die Raumisotropie. Um diese sicherzustellen, muß das Modell erweitert werden. Die im Hinblick auf das parallele Bündel definierten speziellen Rotationsisomere – die Kinken – erlauben mit ihrer Eigenschaft der Erhaltung der Kettenrichtung kein Abbiegen im Raum. Dagegen können gauche-Flächen, d. h. streng kooperativ gekoppelte gauche-Lagen, die Orientierung des Kettenbündels – mit nur geringer Erhöhung der freien Energie – um 120° ändern. Abb. 2, 3 zeigen für den zweidimensionalen Fall, daß mittels gauche-

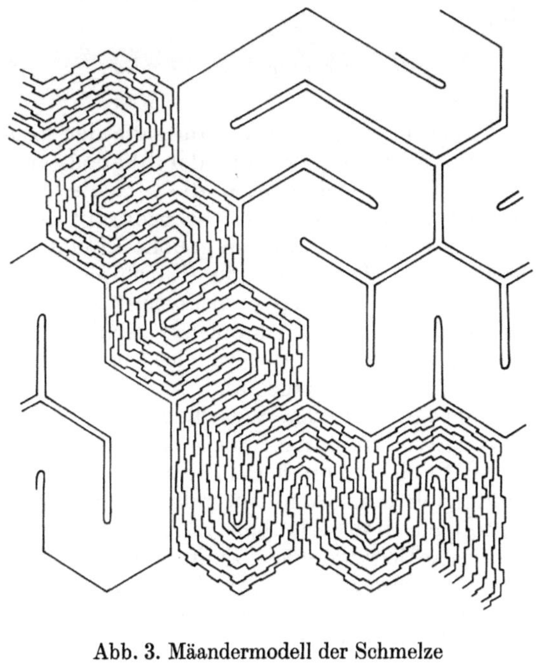

Abb. 3. Mäandermodell der Schmelze

[6]) Zwei Koordinationsrichtungen entspricht Koordinationszahl 4.

[7]) Diese Lagen unterscheiden sich durch Drehung eines Segments um jeweils $\pi/2$ um die Kettenachse.

Linien die Raumerfüllung möglich und die Raumisotropie gewährleistet ist. Dieses Modell führt im Dreidimensionalen zu einer Art Überstruktur aus näherungsweise hexagonalen Waben, die jeweils bis zu 6 gauche-Flächen enthalten, die sich in einer Kernlinie schneiden. Zweidimensional ist der Kern Zentrum der strahlenförmig ausgehenden gauche-Linien und stellt einen besonderen Defektzustand dar. Die geometrisch und energetisch kleinsten Kerne, die eine solche Struktur ermöglichen, sind unseres Erachtens Einzelfalten und Doppelfalten. Abb. 2 zeigt als typischen Kern eine Doppelfalte, von der im Mittel 6 gauche-Linien ausgehen und sich wabenartig anordnen. Besteht der Kern aus einer Einzelfalte, so bietet sich das Strukturbild der Abb. 3 an, das aus einer mäanderartigen Anordnung von Kettenbündeln aufgebaut werden kann. Näherungsweise läßt sich diese Struktur ebenfalls durch Waben charakterisieren, wobei im Unterschied zu Abb. 2 in einem Kern im Mittel 3 gauche-Linien münden.

Um diese Struktur thermodynamisch zu rechtfertigen und den Durchmesser dieser Waben abzuschätzen, wird in der folgenden zweidimensionalen Rechnung angenommen, daß die Freie Enthalpie der zueinander parallel liegenden Kettensegmente identisch ist mit der im unendlich langen parallelen Bündel (A). Der Unterschied in der Freien Enthalpie, ΔG, der die Wabenstruktur aufbauenden Kettenbündel gegenüber der streng parallelen Anordnung ist gegeben durch:

$$\Delta G = \sum_j c_j\, n(g_K + \alpha_j g_g) - T s_K\,. \qquad [2]$$

Dabei bedeuten: n Gesamtzahl der Segmente, c_j Konzentration der Waben vom Typ j (j kennzeichnet z. B. die verschiedenen Wabendurchmesser s. u.) bezogen auf n, α_j Zahl der Segmente in den gauche-Linien pro Wabe vom Typ j, g_K die Enthalpie eines einzelnen Wabenkerns in bezug auf das Schmelzbündel, g_g Enthalpieunterschied eines Kettensegments in der gauche-Linie gegenüber der Bündellage und s_K die Vertauschungsentropie der verschiedenen Waben. Die Wabenkonzentrationen c_j und die zu einer Wabe gehörende gauche-Segmentzahl α_j sind nach dem Strukturmodell miteinander gekoppelt und erlauben damit, ΔG unter gewissen Bedingungen zu minimalisieren. Um den Zusammenhang einfach ausdrücken zu können, behandeln wir die Struktur in folgender Näherung:

Die Wabe vom Typ j sei durch den Wabenradius r [8]) gekennzeichnet. Eine solche Wabe enthält dann γr^2 Segmente. Der Faktor γ hängt von der Geometrie ab und ist für eine regelmäßige Wabe $^3/_2\sqrt{3}$. α_j ist dann $\beta(r - r_0)$, wobei β die Zahl der vom Kern ausgehenden gauche-Linien und r_0 den Kernradius angibt. Nach den beiden Modellen kann β die Werte 3 (Einzelfalte als Kern, Abb. 3) und 6 (Doppelfalte, Abb. 2) annehmen. Zählt man als Mischungsentropie s_K die Vertauschungsmöglichkeiten der verschiedenen Kerne, so schreibt sich [2] für $n \to \infty$

$$\frac{\Delta G}{n} = \sum_{r=r_0}^{\infty} \Big\{ c_r (g_K + \beta(r - r_0)\, g_g) + RT \Big[c_r \ln c_r - \Big(\sum_{r=r_0}^{\infty} c_r\Big) \ln \sum_{r=r_0}^{\infty} c_r \Big] \Big\}, \qquad [3]$$

wobei zwischen c_r und r noch die Nebenbedingung konstanter Segmentzahl

$$\gamma \sum_{r=r_0}^{\infty} c_r r^2 = 1 \qquad [4]$$

gilt. Mit dem Lagrangefaktor λ für diese Bedingungsgleichung ergibt sich für die Verteilungsfunktion der Waben mittels Differentiation von [3] nach c_r

$$\frac{c_r}{\sum c_r} = e^{-\frac{g_K}{RT} - \frac{\beta(r - r_0)}{RT} g_g - \lambda \gamma r^2}. \qquad [5]$$

[5] in [3] liefert $\frac{\Delta G}{n} = -\lambda RT$. Daraus folgt $\lambda > 0$, falls dieser Zustand thermodynamisch stabil sein soll.

Für den Fall $g_g > 0$ erkennt man aus [5] sofort, daß mit positivem λ die Wabenkonzentrationen mit dem Wabenradius r_0 beginnend monoton mit wachsender Größe abfallen. Ist dagegen $g_g < 0$, dann existiert nach [5] eine wahrscheinlichste Wabengröße [8])

$$\bar{r} = -\frac{\beta g_g}{2\gamma RT} \cdot \frac{1}{\lambda}, \qquad [6]$$

die sich von r_0 [8]) unterscheidet. Vernachlässigt man die Verteilung und rechnet nur mit dem wahrscheinlichsten c_r, so wird $\sum c_r = c_{\bar{r}}$ und λ läßt sich aus [5] mit [6] leicht bestimmen zu

$$\lambda = \frac{-\frac{\beta}{2\gamma}\frac{g_g}{RT}}{-\frac{2}{\beta}\frac{g_K}{g_g} + 2 r_0}. \qquad [7]$$

---

[8]) gemessen in Segmenteinheiten ~ 5 Å.

Mit [7] ergibt sich schließlich für den wahrscheinlichsten Wabendurchmesser[9])

$$\bar{r} = -\frac{2}{\beta}\frac{g_K}{g_g} + 2\,r_0 . \qquad [8]$$

Abschätzung von g_g:

Die Differenz der Freien Enthalpie eines gauche-Segments g_g in einer gauche-Linie gegenüber einem Kinksegment ($m = 4$ s. o.) läßt sich aufspalten in einen intramolekularen Anteil Δu_g, einen intermolekularen Enthalpiebeitrag $\Delta w_g + p\,\Delta v_g$ sowie einen Beitrag $-T\,\Delta s_g$, der durch Entropieänderung hervorgerufen wird. Überwiegt der intramolekulare Anteil Δu_g, so folgt aus dem Modell unmittelbar $g_g = -0{,}7$ kcal/Mol, da ein Kinksegment 2 gauche-Lagen, ein gauche-Segment nur 1 gauche-Lage enthält.

Dieser Grenzfall scheint sinnvoll, da die Entropie eines gauche-Segments in der gauch-Linie vergleichbar ist mit der Entropie eines Kinksegments, das vorwiegend in der z_{110}- und z_{111}-Anordnung (Tab. 2) vorliegt. Das Volumen Δv_g und die Wechselwirkungsenergie Δw_g eines Paares aus gauche-Segmenten dürfte den Werten eines z_{111}-Paares (Tab. 2) entsprechen, d. h. $\Delta w_g \approx 0{,}2$ kcal/Mol und $\Delta v_g \approx 0{,}2 \cdot v_0$. In dieser Näherung ergibt sich dann $g_g \approx -0{,}5$ kcal/Mol. Wenn auch die Abschätzung der Entropie und des intermolekularen Beitrags ungenau ist, so ist $g_g < 0$ jedenfalls sinnvoll und stellt obige Stabilitätsbetrachtung sicher.

Abschätzung von g_k:

Nimmt man für die beiden Kerne g_{k1} (Einzelfalte Abb. 3) und g_{k2} (Doppelfalte Abb. 2) dieselbe Enthalpiedifferenz pro Segment im Kern an, so gilt $g_{k2}/g_{k1} = r_{02}^2/r_{01}^2$, da die Zahl der Segmente im Kern proportional zu r_0^2 ist. Aus Abb. 2 und Abb. 3 kann für die Einzelfalte $r_{01} = 1$ und für die Doppelfalte $r_{02} = 2$ entnommen werden[8]). Damit reduziert sich mit $g_{k2} = 4\,g_{k1}$ die Abschätzung auf die Kernenergie einer Einzelfalte.

Die intramolekulare Energie einer Falte ist um mindestens 2 gauche-Lagen (1,4 kcal/Mol) höher wie die intramolekulare Energie eines Kinksegments. Bei enger Faltenpackung kann der intermolekulare Enthalpiebeitrag vernachlässigt werden, es muß jedoch die Entropieverminderung in Rechnung gestellt werden. Die Entropiereduktion beträgt im Faltensegment aus 4 CH_2-Gruppen ($m = 4$ s. o.) maximal 4 R[10]), falls die CH_2-Gruppen in der Falte keine Konfigurationsentropie besitzen. In diesem Grenzfall wird $g_{k1} = 1{,}4 + 4RT \approx 5$ kcal/Mol ($T \approx 400\,°$K). Ist die Falte im Kern lockerer gepackt, so besitzt sie mehr Entropie, dafür aber auch höhere Wechselwirkungsenergie. Es wird hier angenommen, daß sich diese Beiträge etwa aufheben und g_{k1} dieselbe Größenordnung besitzt wie im enggepackten Fall.

Mit dieser Abschätzung ergibt sich nach [8] für das Mäandermodell (Abb. 3) mit $\beta = 3$, $g_g = -0{,}5$ kcal/Mol, $g_{k1} = 5$ kcal/Mol und $r_0 = 1$ (s. o.) ein Mäanderradius von $\bar{r}_1 \approx 9$ [in Segmenteinheiten[8])], d. h. $\bar{r}_1 \approx 45$ Å. Entsprechend erhält man für das Wabenmodell (Abb. 2) bei $\beta = 6$, $g_g = -0{,}5$ kcal/Mol, $g_{k2} = 20$ kcal/Mol und $r_0 = 2$ einen Wabenradius von etwa 90 Å.

Da sich für beide Typen nach [7] derselbe λ-Wert und damit dieselbe Enthalpiedifferenz $\Delta G/n = -\lambda RT = -0{,}03$ kcal/Mol ergibt, kann mit dieser groben Abschätzung nicht zwischen den beiden Modellen entschieden werden. Beide zeigen eine geringfügige Erniedrigung der Freien Enthalpie ($-0{,}01$ kcal/Mol pro CH_2-Gruppe, da $m = 4$) gegenüber dem gestreckten Bündel (A), die aber gemessen an der Enthalpiedifferenz von 1 kcal/Mol der Schmelze zum Kristall in erster Näherung vernachlässigt werden kann. Damit können die thermodynamischen Funktionen durch die des unendlich langen Kettenbündels ersetzt werden.

Falls die 3-dimensionalen Waben aus Wabenschichten der Abb. 2, 3 aufgebaut sind, und dies scheint infolge der ebenen Struktur der Kerne wahrscheinlich, so bleibt dieses Ergebnis auch für die 3-dimensionale Struktur erhalten.

---

[9]) Zum selben Ergebnis kommt man bei Vernachlässigung von r_0, wenn man von vornherein mit einer mittleren Wabenkonzentration c rechnet und die Vertauschungsentropie der Waben nicht berücksichtigt. In dieser Näherung schreibt sich [2] zu

$$\Delta G = n \cdot (c\,g_K + \beta\,g_g\,c\,r) .$$

Mit der Nebenbedingung [4] $c = 1/\gamma\,r^2$ ist ΔG als Funktion von r gegeben. Aus

$$\partial G \Big/ \partial \frac{1}{r} = 0 \quad \text{folgt} \quad r = -\frac{2\,g_K}{\beta\,g_g} .$$

Die Form der Freien Enthalpie ΔG entspricht der eines Kristallkeims. Allerdings ist das Vorzeichen beider Enthalpien vertauscht: Beim Kristallisationskeim entspricht g_g der positiven Oberflächenenergie und g_K der negativen Freien Enthalpie der kristallisierten Bausteine. Da $\partial^2 G \Big/ \partial \left(\frac{1}{r}\right)^2 = \frac{2}{\gamma}\,g_K$ ist, bedeutet dies in vorliegendem Fall ein Minimum der Freien Enthalpie ΔG, beim Kristallisationskeim dagegen ein Maximum.

[10]) Schmelzentropie beträgt bei PE etwa R pro CH_2-Gruppe.

Interessant ist die Abhängigkeit des Gleichgewichtswertes $\bar{r}$ vom äußeren Druck. Enthält – wie in obiger Abschätzung angenommen – g_g einen positiven Term $p\,\Delta v_g$, so geht mit wachsendem Druck g_g gegen 0, d. h. $\bar{r}$ wird nach [8] größer. Mit den angenommenen Daten $g_g = -0{,}5$ kcal/Mol (bei Normaldruck) und $\Delta v_g = 0{,}2\,v_0$ würde die Mäanderstruktur bei 7000 atm in das gestreckte Bündel übergehen. Dies kann eine mögliche Ursache der Entstehung der „extended chain" Kristalle sein, die damit bereits in der Schmelze unter Druck „präformiert" wären.

Dieses Strukturmodell, das neben der durch die Kinken und ihre Anordnung beschriebenen Nahordnung auch eine durch die gauche-Linien gebildete Überstruktur zeigt, kann die elektronenmikroskopischen Befunde (Korndurchmesser $\approx$ 100 Å) verschiedener Autoren [*Schoon* (9), *Stuart* u. Mitarb. (10), *Yee* und *Geil* (11), *Hendus* und Mitarb. (12)] an abgeschreckten amorphen Polymeren erklären.

C. Mikrostruktur im teilkristallinen Zustand

In den Abschnitten A und B wurde zur Beschreibung der Struktur und zur Berechnung der Umwandlungsgrößen angenommen, daß sich die Polymeren im thermodynamischen Gleichgewicht befinden. Bei Temperaturen unterhalb T_m müßte dann das Polymer in Form eines einphasigen Defektkristalls geringer Defektdichte vorliegen. Die Erfahrung zeigt jedoch, daß dies nicht der Fall ist. Dagegen können viele Experimente durch das einfache Zweiphasenmodell, bestehend aus einer kristallinen Phase und einer amorphen Phase mit näherungsweise den Eigenschaften der Schmelze, recht gut erklärt werden. Als entscheidender Parameter dieses Modells beschreibt die Kristallinität die beiden Phasenanteile.

Mögliche Entstehung der Zweiphasen-Struktur aus der Schmelze

Wir gehen von der Schmelzstruktur Abb. 3 aus und setzen voraus, daß die Zeit zur Vergrößerung eines Bündeldurchmessers groß ist gegenüber der zur seitlichen Verschiebung der gauche-Linien. Liegt bei der Kristallisationstemperatur T_c ein stabiler Primärkeim der Länge $L^*(T_c)$ [11]) vor, so kann ohne große Veränderung der Bündelstruktur durch seitliches Verschieben der gauche-Linien die angrenzende Schmelze in der in Abb. 4 gezeigten Weise ankristallisieren. Durch geringfügige Winkeländerung der gauche-Linien zur Kettenachse können ohne Kettenverspannung leicht die verschiedenen Kettenabstände im Kristall und

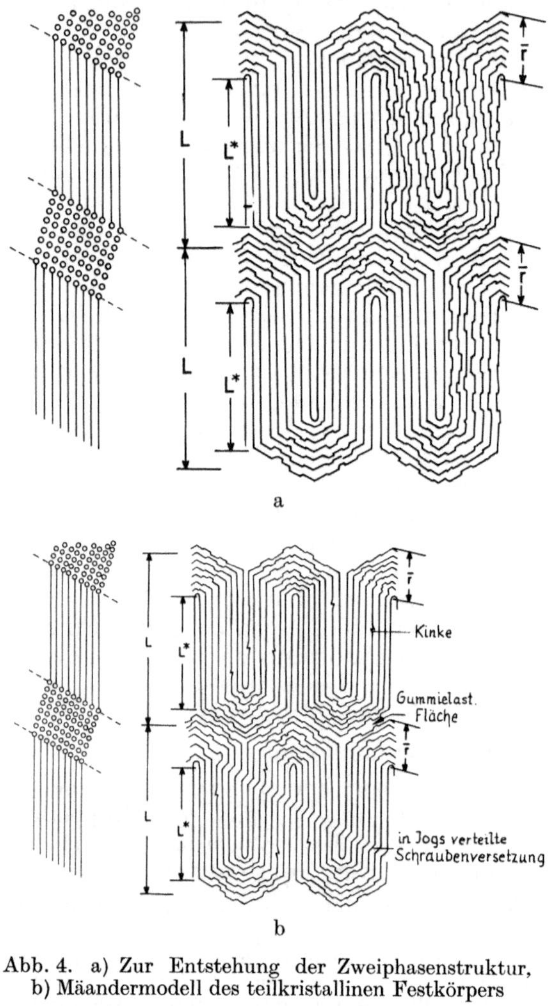

Abb. 4. a) Zur Entstehung der Zweiphasenstruktur, b) Mäandermodell des teilkristallinen Festkörpers

im Schmelzzustand ausgeglichen werden. Die gauche-Linien teilen organisch ein Bündel in die kristallisierten Zonen der Länge L^* und in die bei der Kristallisationstemperatur T_c im allgemeinen noch nicht kristallisierfähigen Gebiete der mittleren Länge $\bar{r} < L^*$ ($\bar{r}$ mittlerer Mäanderradius der Bündelstruktur) ein. Bei Temperaturen unterhalb T_c können die letzteren Bereiche nur noch geringfügig kristallisieren, da infolge der angrenzenden Kristallite die hohe Kinkdichte nicht mehr weggeschafft werden kann. Die so entstandene Zweiphasenstruktur entspricht dem üblichen Zweiphasenmodell, wobei die Dicke

[11]) Die Berechnung dieses Primärkeimes ist Aufgabe einer Kristallisationstheorie.

der amorphen Zone näherungsweise durch den mittleren Mäanderradius im Schmelzzustand gegeben ist.

Aus der Abhängigkeit der Dichte von der Langperiode läßt sich der mittlere Mäanderradius bestimmen:

Nach *Fischer* und *Schmidt* (13) oder *Hendus* und *Illers* (14) findet man experimentell für die Dichte ϱ bei konstanter Temperatur in Abhängigkeit der Langperiode L für PÄ den erstaunlich einfachen Zusammenhang

$$\varrho = \varrho_c - \frac{A}{L}. \qquad [9]$$

Bei 20 °C sind nach (14) die Konstanten $\varrho_c = 0{,}995$ g/cm³ (Dichte des Kristalls) und $A = 8{,}2$ g/cm³ · Å.

Nach Abb. 4 ist die Volumenkristallinität gegeben durch

$$\alpha = \frac{L - \bar{r}}{L} = 1 - \frac{\bar{r}}{L}. \qquad [10]$$

Damit ergibt sich für die Dichte

$$\varrho = \varrho_c - (\varrho_c - \varrho_a)\,\bar{r} \cdot \frac{1}{L}, \qquad [11]$$

wobei ϱ_c die kristalline Dichte und ϱ_a die Dichte der „amorphen Phase" ist.

Durch Vergleich von [11] mit dem Experiment [9] folgt unmittelbar

$$\bar{r} = \frac{A}{\varrho_c - \varrho_a}. \qquad [12]$$

Mit den experimentell durch Extrapolation bestimmten Werten $\varrho_c = 0{,}995$ g/cm³ und $\varrho_a = 0{,}85$ g/cm³ ergibt sich $\bar{r}$ zu 60 Å in befriedigender Übereinstimmung mit dem in B abgeschätzten Mäanderradius von 45 Å.

Das vorgelegte Bündelmodell erklärt darüber hinaus die extrapolierten Dichten ϱ_c und ϱ_a:

Nach A liegt im Realkristall kurz vor dem Schmelzpunkt ($T \approx 400$ °K) eine Kinkdichte von 0,004 vor. Da dieser Wert auch aus der Relaxationsstärke des kristallinen γ-Prozesses (vgl. III A) und der parakristallinen Gitterstörung (15) abgeschätzt werden kann, muß man annehmen, daß die Kinken nur in einem schmalen Temperaturbereich vor dem Schmelzpunkt im thermodynamischen Gleichgewicht sind und bei tieferen Temperaturen nicht mehr vernichtet werden können. Dies ist verständlich, da eine Kinke eine Kettenverkürzung hervorruft und das Einstellen des Kinkgleichgewichts laufend Kettenlängenänderungen mit sich bringen würde, die im Kristall sehr unwahrscheinlich sind. Es scheint also gerechtfertigt, auch bei Zimmertemperatur eine Kinkdichte von 0,004 anzunehmen. Vernachlässigt man die Paarbildung, so ergibt sich mit dem geometrisch abgeschätzten Volumenbeitrag einer Kinke von 2,5 v_0 bis 3 v_0[12]) (2,7) ein Dichtedefekt von 0,01. Nimmt man für die Dichte des Idealkristalls bei 20 °C die röntgenographische Dichte von 1,002 an, so ergibt sich ϱ_c zu 0,992 g/cm³.

Die „amorphe" Dichte bei 20 °C läßt sich aus der Temperaturabhängigkeit des spezifischen Volumens der Schmelze berechnen, da in dem vorgeschlagenen Zweiphasenmodell (Abb. 4) die Struktur in den amorphen Bereichen der Schmelzstruktur völlig entspricht. Mit den in Tab. 2 angegebenen Werten können das spezifische Volumen der Schmelze und der Ausdehnungskoeffizient in Übereinstimmung mit dem Experiment erklärt werden (7). Mit diesen Werten ergibt sich $\varrho_a = 0{,}85$ g/cm³.

Da die kalorimetrische Bestimmung der Kristallinität näherungsweise übereinstimmt mit der dilatometrischen, erfaßt dieses Modell mit $\bar{r} = 60$ Å auch die Abhängigkeit der Umwandlungswärme ΔH als Funktion des spezifischen Volumens, wobei $\Delta H_c = 70$ cal/g durch die Gleichgewichtstheorie erklärt wird.

Bemerkungen zum 3-dimensionalen Fall

Im zweidimensionalen Fall (Abb. 4) gibt es durch die gauche-Linien keine Packungsschwierigkeit beim Übergang der Ketten vom Kristall in den amorphen Bereich, da durch entsprechende Lage der gauche-Linien (s. o.) die verschiedenen Kettenabstände bei gleichbleibender Kettenzahl geometrisch verträglich gemacht werden. Wird die 3-dimensionale Struktur aus Schichten der Abb. 4 aufgebaut, so muß berücksichtigt werden, daß die Schichtdicke in der amorphen Zone etwas größer ist. Eine Packung der Schichten derart, daß die amorphen Bereiche streng aufeinanderliegen, führt zu starken inneren Spannungen und muß ausgeschlossen werden. Durch Verschiebung der amorphen Bereiche von Schicht zu Schicht (wobei eine Schicht aus mehreren Kettenlagen aufgebaut sein kann) läßt sich diese Spannung verringern. Vollkommen spannungsfreie Schichtung der einzelnen Waben läßt sich dann erreichen, wenn die Waben nicht planar sind, sondern die Ketten in den amorphen Bereichen in einer anderen Ebene wie die Ketten im Kristall liegen. Abb. 4b zeigt schematisch eine mögliche räumliche Anordnung solcher Waben, in der durch

[12]) v_0 bezeichnet das Volumen einer CH_2-Gruppe.

entsprechende Winkel der gauche-Flächen die verschiedenen Kettenabstände auch in der 3. Dimension realisierbar sind. Auf diese Anordnung lassen sich die zweidimensionalen Abschätzungen ohne weiteres übertragen.

III. Mechanisches Relaxationsverhalten

Zur Prüfung der im vorigen Abschnitt entwickelten Modellvorstellung der Mikrostruktur und zur Ergänzung bzw. Korrektur der in (1) gegebenen Theorie der Relaxationserscheinungen sollen in diesem Abschnitt der γ-, β- und α-Prozeß am Beispiel des linearen Polyäthylens quantitativ behandelt werden. Während die Theorie des γ- und α-Prozesses anhand der Modellvorstellung streng entwickelt wird, soll der β-Prozeß hier lediglich auf den Glasprozeß des voll amorphen Polymers zurückgeführt werden. Die molekulare Theorie der Gummielastizität und des Glasübergangs in amorphen Stoffen bleibt einem späteren Teil dieser Reihe vorbehalten.

Abb. 10 zeigt eine Auftragung der komplexen Nachgiebigkeit (Komplianz) von linearem PÄ in einem großen Frequenzbereich und bei verschiedenen Temperaturen. Solche Frequenzdarstellungen sind zur quantitativen Auswertung temperaturabhängiger Relaxationsstärken und zur genauen Analyse der molekularen Sprunghäufigkeiten notwendig und deshalb für die Prüfung einer Modellvorstellung unentbehrlich. Den drei in der 0 °C-Kurve gerade noch sichtbaren Relaxationsgebieten (bei 10^{-4}, 10^3 und 10^8 Hz) können drei charakteristische Molekülbewegungen (α, β, γ) quantitativ zugeordnet werden. Die Frequenz-Temperaturlagen der Verlustmaxima aus mechanischen und dielektrischen Messungen sind in Abb. 11 wiedergegeben und bilden die Grundlage für ein Verständnis der molekularen Sprunghäufigkeiten $\Gamma_i = 2\pi f_{i\max}$. So läßt sich die Temperaturabhängigkeit z. B. von Γ_γ für nicht zu tiefe Temperaturen durch einen *Arrhenius*-Ansatz $\Gamma_\gamma = \nu_0 \exp(-Q_\gamma/RT)$ mit der Aktivierungsenergie $Q_\gamma \approx 6$ kcal/Mol darstellen, einem Wert, der für die Kinkumlagerung unmittelbar aus dem Rotationspotential folgt. Auch die bei tiefen Temperaturen immer stärkere Abweichung von $\lg \Gamma_\gamma$ von der Grenzgeraden gibt das Modell der Mikrostruktur der amorphen Schichten quantitativ wieder (16).

A. Der γ-Prozeß

In (1) wurde der γ-Prozeß der Umlagerung von $2g1$-Kinken in Polymeren quantitativ zugeordnet. Die zur Berechnung verwendete Abgleitvorstellung konnte in (2) für einzelne $2g1$-Kinken im PÄ-Kristall elastizitätstheoretisch bestätigt werden. Es ergab sich in Übereinstimmung mit dielektrischen Untersuchungen (16) eine $2g1$-Kinkdichte im Kristall von $x_{1k} \approx 0{,}004$ (auf CH_2-Gruppen bezogen), die für die beiden kristallinen γ-Teilprozesse (Kinkschritt γ'_{II} und Kinksprung γ_{II}) verantwortlich ist. Diese Kinkdichte erklärt auch die Größe der parakristallinen Störungen im PÄ-Kristall befriedigend (15). Im folgenden werden wir den amorphen γ-Teilprozeß möglichst streng im Rahmen des Mäandermodells und quantitativ für Polyäthylen diskutieren. Anstelle der auf die Gesamtzahl der Kettenglieder bezogenen Kinkdichte x_1 in (1) sollen hier die Dichte der in der Meßzeit beweglichen Kinken x_{1a} bzw. der strukturell vorgegebenen Kinken $x_{1a\max}$ im Amorphen – bezogen auf Kettenglieder in den amorphen Bereichen – benützt werden.

Wegen der schmelzähnlichen Struktur der amorphen Bereiche (hohe Kinkdichte) sind die Kinken zu Blöcken assoziiert, deren lineare Ausdehnung h_1 (eingerastete Kettensegmente) aus thermodynamischen Gründen[13]) unterhalb Raumtemperatur recht groß werden sollte. Dies wird auch für die Kinkblöcke senkrecht zu den Mäanderebenen angenommen. Für die Kinkblöcke innerhalb der Mäanderbögen treten zusätzlich zu den 112-Segmentpaaren als Blockbegrenzungen noch geometrisch bedingte Grenzen auf, woraus die Blockgröße unabhängig von der Temperatur zu $h_1 \approx 4$ abgeschätzt werden kann.

Abb. 5 zeigt einen linearen Block aus 4 Kinksegmenten. Da nach (5) in den beiden stabilsten Lagen eingerasteter $2g1$-Kinken die Zick-Zack-Ebenen näherungsweise senkrecht oder parallel zueinander stehen, wurden diese beiden Paartypen in Abb. 5 als gleich-

Abb. 5. Repräsentativer Kinkblock im Amorphen

[13]) Für die Konzentration der Segmentpaare mit großer Leerstelle gilt näherungsweise (Tab. 2):

$$z_{112} \approx \exp\left[-1{,}5\,\frac{\text{kcal}}{\text{Mol}}\Big/RT\right].$$

berechtigt angenommen. Bei Umlagerung eines solchen repräsentativen Blockes ist demnach die paraelastische Verschiebung Δ [vgl. (1), Abb. 15] als Mittelwert von δy und δz anzusetzen: $\Delta = 1{,}5$ Å (für PÄ). Ersichtlich sind für die Umlagerung sowohl Kinkschritte als auch Kinksprünge erforderlich, wobei die langsamere Bewegung die Relaxationszeit bestimmt. Es wird also nur ein γ-Relaxationsprozeß im Amorphen erwartet, dessen Relaxationszeitverteilung in (16) modellmäßig berechnet wurde. In der nachfolgenden Rechnung wird angenommen, daß nur die Kinkblöcke in Mäanderebenen ($h_1 \approx 4$), nicht aber diejenigen senkrecht dazu, beweglich werden können, wie weiter unten begründet werden kann. Die Deformation des Mäanderbogens durch Kinkumlagerung ist in Abb. 6 vereinfacht skizziert.

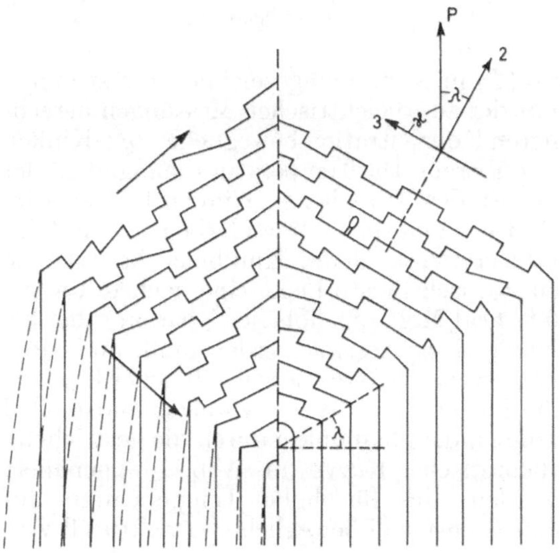

Abb. 6. Deformationstyp des γ_I-Prozesses

Analog zu (1) kann die verkürzte Zustandssumme für das System aus $n = 2\,x_{1a}/A\,h_1\,c$ Kinkblöcken pro Volumeneinheit angesetzt werden:

$$\text{Zust.} = \frac{n!}{(nW_+)!\,(nW_-)!} \exp\left[-\frac{\sigma_4\,\varepsilon_4{}^E}{2\,kT}\right]. \qquad [13]$$

Darin sind W_+ und W_- die Wahrscheinlichkeiten, einen Block in (+2) oder (−2)-Richtung ausgelagert zu finden. $\varepsilon_4 = \varepsilon_4{}^E + \varepsilon_4{}^P$ ist die meßbare Scherdeformation, deren elastischer Anteil $\varepsilon_4{}^E$ die Energie bestimmt. Für den paraelastischen Anteil $\varepsilon_4{}^P$ liefert das Modell

$$\varepsilon_4{}^E = g\,n\,h_1\,A\,\Delta \qquad [14]$$

$A = ab/2$ Kettenquerschnitt, $g = W_+ - W_-$.

Für die Freie Enthalpie

$$G = -\,kT \ln \text{Zust.} - \sigma_4\,\varepsilon_4$$

folgt hieraus:

$$G = -\,n\,k\,T\left[\ln 2 - \frac{1}{2}(1+g)\ln(1+g) - \frac{1}{2}(1-g)\ln(1-g)\right] - \frac{1}{2}\sigma_4\,\varepsilon_4{}^E - \sigma_4\,g\,n\,h_1\,A\,\Delta\,. \qquad [15]$$

Den Gleichgewichtswert der inneren Variablen g in Abhängigkeit von einer statischen Spannung $\sigma_4{}^0$ erhält man aus:

$$\frac{\partial G}{\partial g} = \frac{n\,k\,T}{2}\ln\frac{1+g}{1-g} - \sigma_4{}^0\,n\,h_1\,A\,\Delta = 0$$

$$g_0 = \tanh\frac{\sigma_4{}^0\,h_1\,A\,\Delta}{k\,T}\,. \qquad [16]$$

Bei Überlagerung einer Wechselspannung $\sigma_4 = \sigma_4{}^0 + \tilde{\sigma}_4$ wird $g = g^0 + \xi$ moduliert, und die Freie Enthalpie lautet

$$G = -\,n\,k\,T\ln 2 + \frac{n\,k\,T}{2}\ln(1-g_0{}^2) + \frac{n\,k\,T}{2}\,\frac{\xi^2}{1-g_0{}^2} - \frac{1}{2}\sigma_4\,\varepsilon_4{}^E - \tilde{\sigma}_4(g_0+\xi)\,n\,h_1\,A\,\Delta\,. \qquad [17]$$

Der Relaxationsbetrag der Nachgiebigkeit (Komplianz) wird nach (1), Gl. 11 B

$$\Delta S_{44} = \left[\frac{\partial^2 G}{\partial\tilde{\sigma}_4\,\partial\xi}\right]^2 \Big/ \frac{\partial^2 G}{\partial\xi^2} = \frac{n\,h_1{}^2\,A^2\,\Delta^2}{k\,T}(1-g_0{}^2)$$

$$\Delta S_{44}{}^a = \frac{2\,x_{1a}\,h_1\,A\,\Delta^2}{c\,k\,T}(1-g_0{}^2)\,. \qquad [18]$$

Aus diesem Relaxationsbetrag für den elastischen Koeffizienten für γ-Kinkbewegung in den amorphen Gebieten[14]) lassen sich der Relaxationsbetrag der isotropen Scherkomplianz

$$\Delta\frac{1}{G} = \Delta I = (1-\chi)\,\frac{1}{5}\,\Delta S_{44}{}^a\,, \qquad [19]$$

wie auch z.B. die Relaxationsbeträge von anisotropen Dehnungskomplianzen verstreckter Proben berechnen (vgl. Abb. 7)

$$\Delta\frac{1}{E} = \Delta D\begin{pmatrix}0°\\90°\end{pmatrix} = \begin{pmatrix}1\\3/8\end{pmatrix}(1-\chi)\cos^2\varkappa\,\cos^2\lambda\,\Delta S_{44}{}^a. \qquad [20]$$

$D_{90°}$ bezeichnet die Dehnungskomplianz senkrecht zur Verstreckungsrichtung, um die Rotationssymmetrie angenommen wurde. In beiden Fällen [19, 20] wurde die Orientierungsmittelung nach *Reuss* („Reihenschaltung" oder Stetigkeit der Spannungskompo-

[14]) $\Delta S_{55}{}^a = 0$, wegen Annahme von unbeweglichen Blöcken senkrecht zu den Mäanderebenen; die anderen S_{ij} zeigen in der Abgleitvorstellung keine Relaxation.

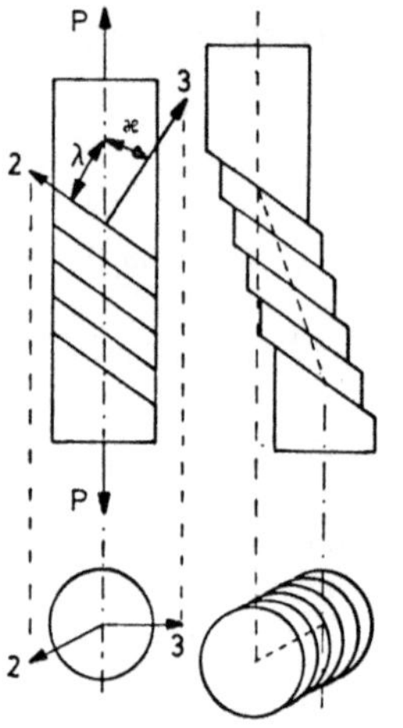

Abb. 7. Tensorkomponenten für Scherdeformation im Zugversuch

$$\frac{\Delta l}{l} = 2\,\varepsilon_4 \cos \varkappa \cos \lambda$$

$$\sigma_4 = P \cos \varkappa \cos \lambda$$

$$\Delta D = \Delta S_{44} \cos^2 \varkappa \cos^2 \lambda$$

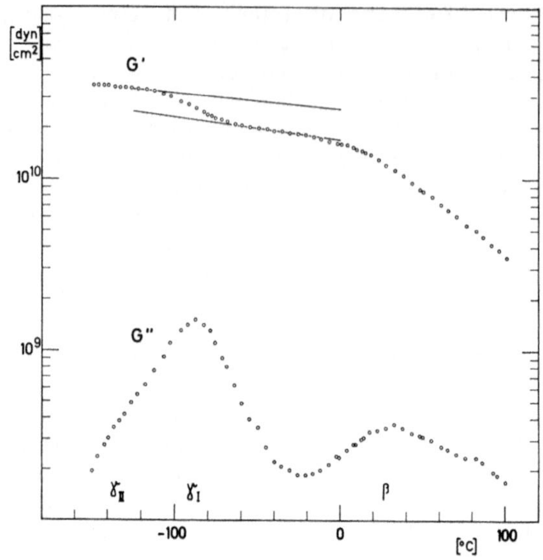

Abb. 8. $G'(T)$, $G''(T)$ bei 12 kHz für lineares PÄ ($\chi = 0{,}83$)

nenten) verwendet. Diese Mittelung hat sich auch bei der Berechnung der isotropen Komplianzen (für $T = 0$) aus den anisotropen elastischen Koeffizienten für PÄ als optimal erwiesen (5).

Aus [19] wurde $h_1 x_{1a}$ berechnet unter Verwendung der in Abb. 8 dargestellten G-Modulmessung bei 12 kHz[15]). Die Werte für $G_0(T)$ und $G_\infty(T)$ wurden dabei für jede Temperatur auf den eingezeichneten extrapolierten Geraden angenommen. Mit $h_1 = 4$ (und temperaturunabhängig) sind die Ergebnisse

[15]) Lineares PÄ (Lupolen 6041 D), getempert bei 132 °C, $\chi = 0{,}83$.

$x_{1a}(T)$ in Abb. 9 eingezeichnet. Sie stimmen mit der aus dielektrischen Messungen berechneten Konzentration beweglicher $2g\,1$-Kinken gut überein. Die Temperaturabhängigkeit der Dichte der beweglichen Kinken läßt sich im Bild des amorphen Mäanderbogens wie folgt interpretieren: Jeder Kinkblock besitzt eine energetisch tiefste Lage, eine nächste um ca. 0,8 kcal/Mol angehobene Position, die bei Umlagerung besetzt werden muß, und möglicherweise weitere energetisch höher liegende Stellungen. In diesem Zweizustandsmodell können die Meßpunkte durch die gestrichelte theoretische Kurve in Abb. 9 angenähert werden, die für hohe Temperaturen auf eine – dort voll bewegliche – strukturell vor-

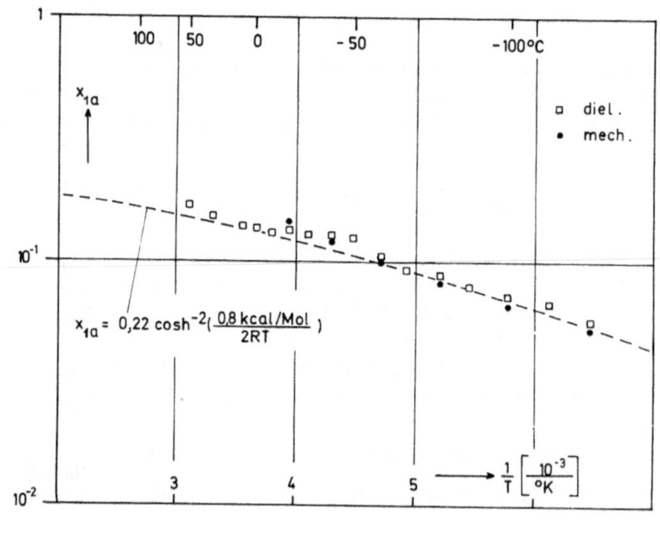

Abb. 9. Temperaturabhängigkeit der „beweglichen" Kinkdichte im Amorphen

handende Kinkdichte $x_{1a\,\max} = 0{,}22$ führt. Die Energiedifferenz von 0,8 kcal/Mol zwischen den beiden Blocklagen kann wahrscheinlich als Bildungsenergie $4\,(w_{111} - w_{110})$ von $h_1 = 4$ kleinen Leerstellen interpretiert werden, die bei der Blockbewegung in Kettenrichtung erzeugt werden müssen. Dies erklärt auch die „Unbeweglichkeit" großer Kinkblöcke (senkrecht zu den Mäanderbögen), ihren erheblich stärker temperaturabhängigen und daher unterhalb Raumtemperatur vernachlässigbaren Beitrag zu x_{1a}.

Abschließend sei noch ein Vergleich von [20] mit Messungen an verstrecktem PE (17)[16]) gezogen: aus (17) kann näherungsweise entnommen werden $\Delta D_0 = 0{,}7 \cdot 10^{-11}$, $\Delta D_{90} = 0{,}4 \cdot 10^{-11}$ cm²/dyn bei -120 °C. Setzt man für diese Proben die Kinkdichte $x_{1a}\,(-120\,°\mathrm{C})$ aus Abb. 9 voraus, so können aus [18, 20] ΔD_0 und ΔD_{90} berechnet werden. Für $\varkappa = \pi/3$, $\lambda = \pi/6$ (Abb. 6, 7) ergeben sich: $\Delta D_0 = 0{,}85 \cdot 10^{-11}$, $\Delta D_{90} = 0{,}35 \cdot 10^{-11}$ cm²/dyn in brauchbarer Übereinstimmung mit dem Experiment.

[16]) 6fach verstrecktes lineares PÄ, getempert, $\chi = 0{,}85$.

B. *Der β- (Glas-) Prozeß in teilkristallinen Polymeren*

In Abb. 10 findet man, grob unterteilt, unterhalb 100 Hz das Gebiet der α-Prozesse, oberhalb das Gebiet des β-Prozesses. Die Relaxationsstärken beider Prozesse sind deutlich temperaturabhängig, so daß der β-Prozeß unterhalb 0 °C nicht mehr sichtbar ist. Die Relaxationsstärken des β-Prozesses lassen sich aus dem Realteil der Komplianz im Gebiet um 1 kHz bequem entnehmen, wenn man nur die schwach temperaturabhängige relaxierte Komplianz des γ-Prozesses abtrennt; sie sind in Abb. 12 zusammen mit den Relaxationsstärken der α-Prozesse eingetragen. Die Relaxationsstärke ΔI_β extrapoliert auf die Schmelztemperatur beträgt ungefähr $5 \cdot 10^{-10}$ dyn⁻¹ cm². Dieser Grenzwert, der einem Modul von $2 \cdot 10^9$ dyn cm⁻² entspricht, läßt sich anschaulich interpretieren als Gummielastizität der einzigen hierfür geeigneten Fläche (Abb. 4), die ganz im Amorphen verläuft und auf der eine gegenseitige Verschiebung der Mäanderpakete möglich erscheint. Die Gummielastizität im Bündelmodell wurde in (1) als paraelastische Scher-

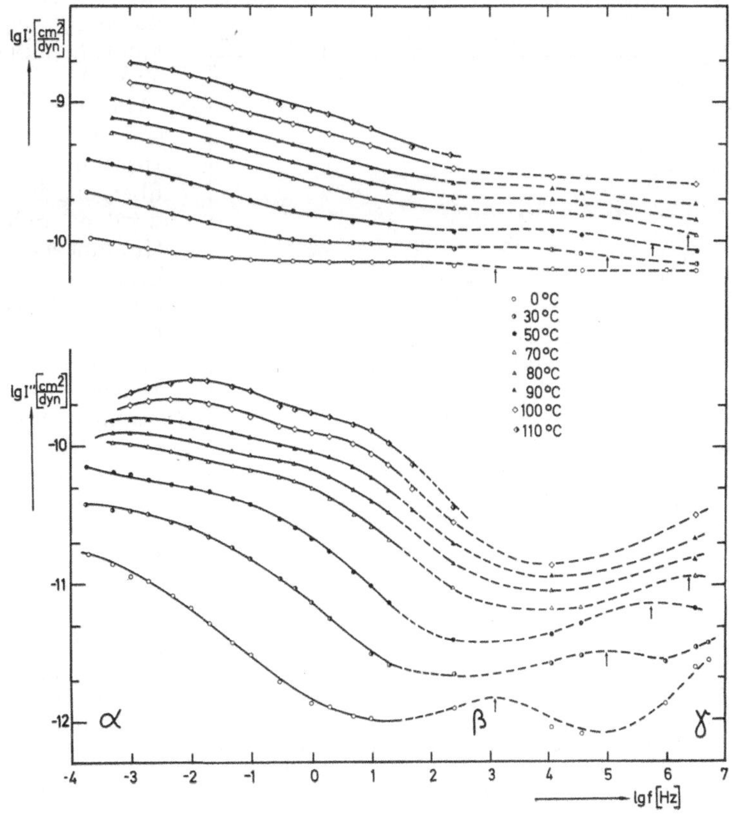

Abb. 10. Komplexe Komplianz in Abhängigkeit der Frequenz für lineares PÄ ($\chi = 0{,}83$)

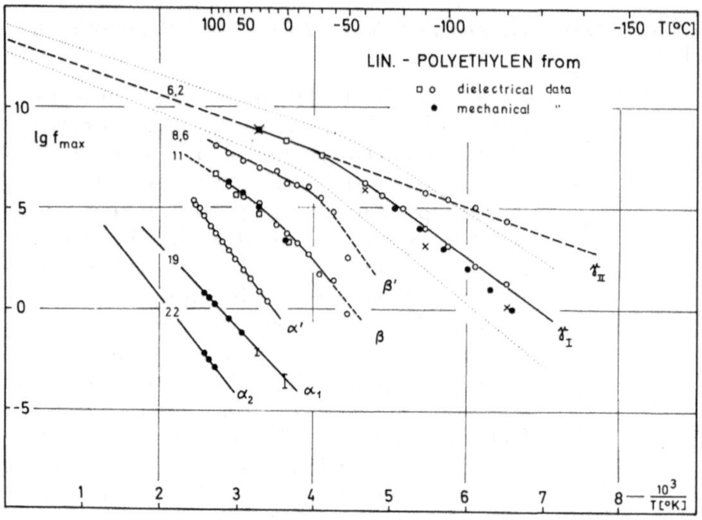

Abb. 11. Aktivierungsdiagramm für lineares PÄ aus dielektrischen und mechanischen Messungen

deformation von Molekülschichten quantitativ behandelt und liefert je nach Vernetzungsdichte Modulwerte um 10^7 dyn cm^{-2}. Dabei ist angenommen, daß jede Molekülschicht (jetzt Mäanderebene) über ihrer Unterlage reversibel abgleiten kann. Die Abgleitung von Mäanderebenen ist in teilkristallinen Polymeren ($\chi > 0{,}3$) offensichtlich vollständig blockiert, so daß für gummielastische Deformation nur die oben erwähnte Deckfläche zwischen Mäanderpaketen in Frage kommt. Da es sich dabei aber nur um eine von L/b sonst aktiven Gleitschichten handelt, sollte der Modul um den Faktor L/b höher sein (L = Langperiode, b = Kettenabstand). Dies trifft grob für den oben extrapolierten Wert zu und wird auch für viele teilkristalline Polymere gefunden (18, 19, 20). Dieser gummielastische Modul teilkristalliner Polymere ($T < T_M$) ist um so weniger temperaturabhängig, je mehr Verzweigungsstellen in die amorphen Bereiche eingebaut sind. Bei linearem PÄ ist diese Temperaturabhängigkeit (Abb. 12) besonders stark ausgeprägt. Sie soll in einer späteren Arbeit dieser Reihe zusammen mit Gummielastizität und Glasübergang in amorphen Polymeren behandelt werden. Schließlich interessiert noch die Gummielastizität in hochverstreckten teilkristallinen Polymerfäden (vgl. auch Abschnitt IV B). Abb. 13a zeigt zwei Fibrillen (Mäanderpakete), die durch Betätigung der gummielastischen Scherung in den amorphen Bereichen ohne irgendwelche Leerstellen zusammengefügt sind. In Abb. 13b schließen diese Fibrillen Leerstellen (voids) von 10 bis 30 Å ein und sind dadurch in der Lage, Scherungen auf den Mäanderdeckflächen bei Beanspruchung auf Zug oder Druck auszuführen (Abb. 13c und d). Für die anisotrope Dehnungskomplianz kann man ganz analog zum γ-Prozeß argumentieren und [20] zugrundelegen, worin jedoch $\Delta S_{44}{}^a$ durch $\Delta S_{66}{}^a$ [Scherkomplianz der einen gummielastischen Deckfläche (Abb. 4)] und $(1 - \chi)$ durch b/L zu ersetzen sind. Die so vorausgesagte Anisotropie stimmt befriedigend mit den Messungen von *Takayanagi* (21) überein.

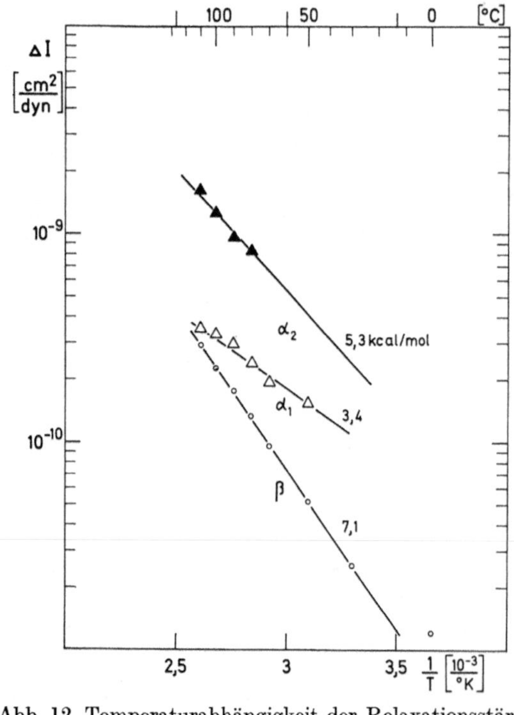

Abb. 12. Temperaturabhängigkeit der Relaxationsstärken für den β-Prozeß und die beiden mechanischen α-Prozesse

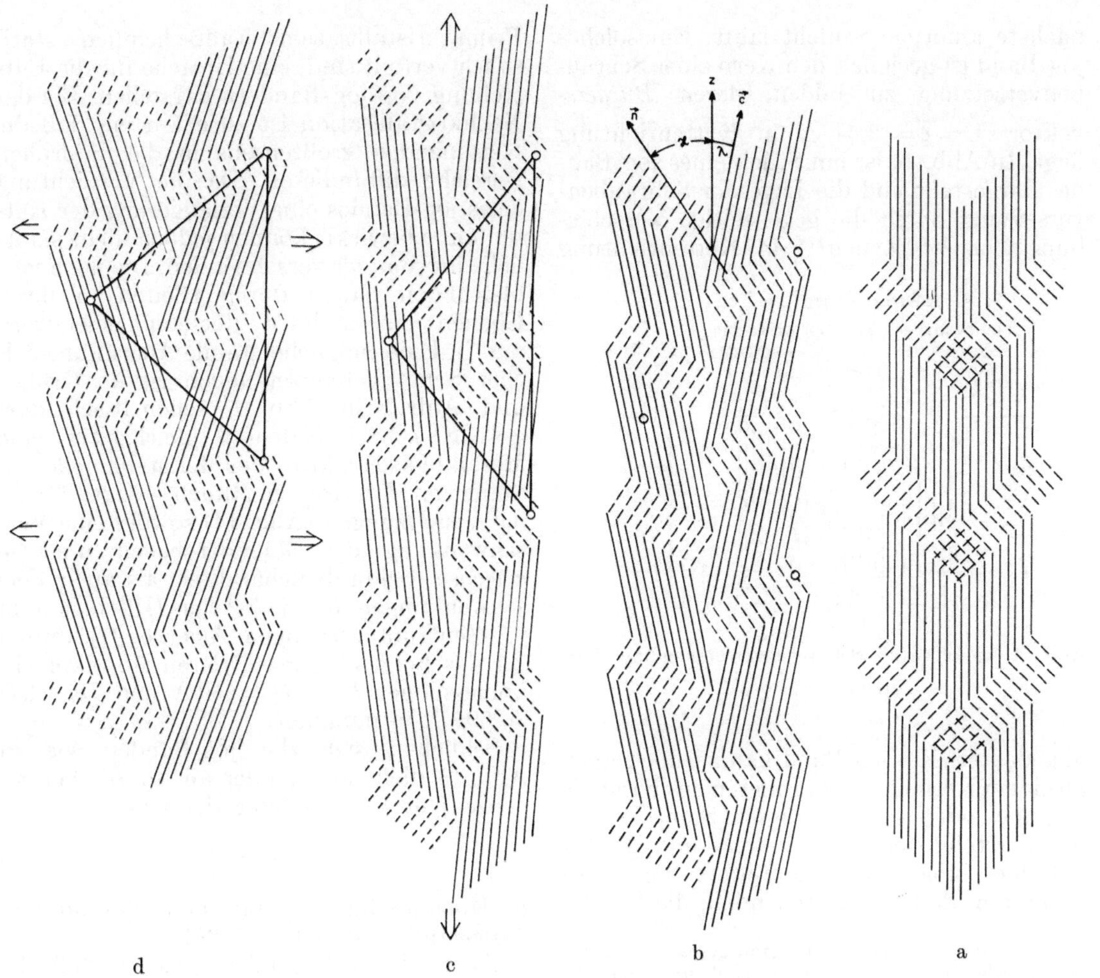

Abb. 13. Fibrillenmodell eines verstreckten Fadens, a) dicht gepackte Fibrillen, b) Fibrillen in Fehlpassung, c) Faden unter Zugspannung, d) Faden unter Querspannung

C. Der mechanische α-Prozeß (α_1, α_2)

Wie Abb. 10 zeigt, ist der mechanische α-Prozeß in der Nachgiebigkeit deutlich in 2 Teilprozesse (α_1, α_2) aufgespalten. Die $I''(\omega)$-Kurven können näherungsweise in 2 verbreiterte *Debye*-Maxima zerlegt werden. Die daraus bestimmten Frequenz-Temperaturlagen sind in Abb. 11, die zugehörigen Relaxationsstärken in Abb. 12 als Funktion der Temperatur eingetragen. Aus dem Aktivierungsdiagramm (Abb. 11) folgt eindeutig, daß die ausgeprägten mechanischen α-Prozesse α_1 und α_2 mit dem dielektrisch und kernmagnetisch aktiven α'-Prozeß [Diffusion von Torsionsfehlern durch den Kristall (16)] nicht unmittelbar in Zusammenhang stehen. Die in (1, 22) vorgeschlagene Deutung des mechanischen α-Prozesses als Umlagerung von kleineren ganz in den Kristall eingebetteten jog-Blöcken setzte die Bildung solcher Blöcke bei der Kristallisation voraus. Da solche jog-Blöcke niemals im thermodynamischen Gleichgewicht existieren können, vermuteten wir, daß bei der Kristallisation des Kettenbündels die Fluktuation der Kinkzahl in L^* (Abb. 4a) nicht schnell genug abgebaut werden kann und zu einer Zusammenlagerung von Kinken in jog-Blöcke führt. Da die Relaxationsstärke für jog-Block-Umlagerungen proportional zur Blockgröße ist, läßt sich der experimentell gefundene starke Anstieg von ΔI mit der Temperatur (Abb. 12) in diesem Bild nicht erklären: Die Blockgröße kann im günstigsten Fall konstant bleiben, sonst muß sie mit höherer Temperatur durch Abdissoziation von Kinken abnehmen.

Denkt man sich einen jog-Block verlängert, so erhält man ein jog-Band, das von einer amorphen Schicht durch den Kristall in die nächste amorphe Schicht läuft. Ein solches jog-Band ist geeignet, den Kern einer Schraubenversetzung zu bilden, deren *Burgers*-vektor $\vec{\Delta} = \vec{c} = 2{,}54$ Å in Kettenrichtung liegt. In Abb. 14 ist ein Stück eines jog-Bandes dargestellt und die Lage der Schraubenversetzung durch die gegenseitige Verschiebung der bc-Ebenen[17]) in Kettenrichtung

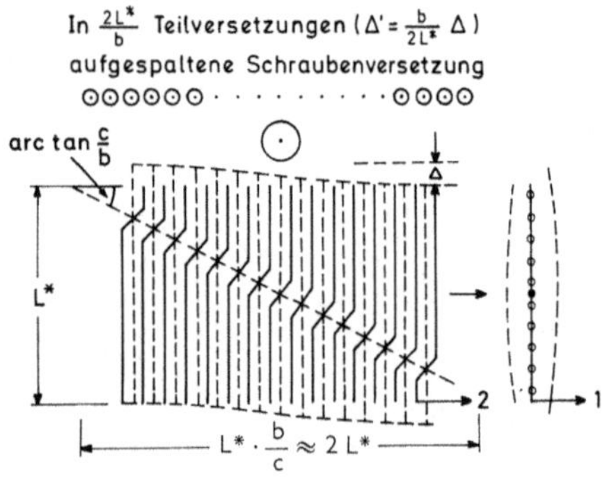

Abb. 14. jog-Block als Schraubenversetzung mit *Burgers*vektor $\vec{\Delta} = \vec{c}$

angedeutet. Ein jog-Band kann jedoch auch an einem Kettenende im Inneren des Kristalls beginnen oder enden. In diesem Sinne werden die Vorstellungen von *Predecki* und *Statton* (24) hier molekular interpretiert. Es ist zu vermuten, daß die Kettenenden, die bei der Primärkristallisation wahrscheinlich statistisch verteilt sind, eine Ursache für die Entstehung von jog-Bändern darstellen. Bei der Nachkristallisation ist zu erwarten, daß die Kettenenden größtenteils in die amorphen Bereiche diffundieren. Da die Vernichtung eines jog-Bandes eine Verlängerung der Ketten um c bewirkt, können jedoch nicht sämtliche jog-Bänder verschwinden. Die noch verbleibenden bauen durch Gleiten in ihren Ebenen ein stabiles Versetzungsnetzwerk auf[18]). Eine mögliche stabile Anordnung solcher Schraubenversetzungen ist im Grund- und Aufriß in Abb. 15 schematisch dargestellt[17]). Sie bedeutet gleichzeitig eine Mosaikblockstruktur der Kristallamelle im Sinne von *Hosemann* u. Mitarb. (15, 26, 27), da die Versetzungen (Abb. 14) sowohl eine Verschwenkung der Mäanderebenen um die a-Achse (Schraubencharakter) als auch Verschwenkungen um die b-Achse (Dilatation im jog-Zentrum) erzwingen. Aus (26, 27) werden für das Folgende die mittleren Mosaikblockabmessungen $D_a = D = 250$ Å und $D_b = 2D = 500$ Å entnommen.

Schließen sich die jog-Bänder wie in Abb. 15 dicht aneinander an, so gilt bei gegenseitiger Verschiebung der jogs um c

$$\frac{D_b}{L^*} = \frac{b}{c} = 2 \qquad [21]$$

in Übereinstimmung mit dem Befund von *Hosemann* u. Mitarb. (26, 27).

Es wird im folgenden gezeigt, daß die Bewegung dieser Versetzungen den mechanischen α_1- und α_2-Prozeß erklärt.

[17]) In dieser Arbeit wird vorausgesetzt, daß die Mäanderebenen stets bc-Ebenen sind und daß die Schraubenversetzungen deshalb nur in diesen Ebenen gleiten können [vgl. (23)]. Über die Existenz von jog-Bändern in anderen als den Mäanderebenen kann aus der folgenden Analyse nichts ausgesagt werden. Außer dem jog in 010-Richtung ist auch ein 110-jog denkbar (2g2-Kinken, Tab. 1).

[18]) Dieser Sachverhalt wird gestützt durch Messungen des α-Prozesses während der Primär- und Nachkristallisation (25).

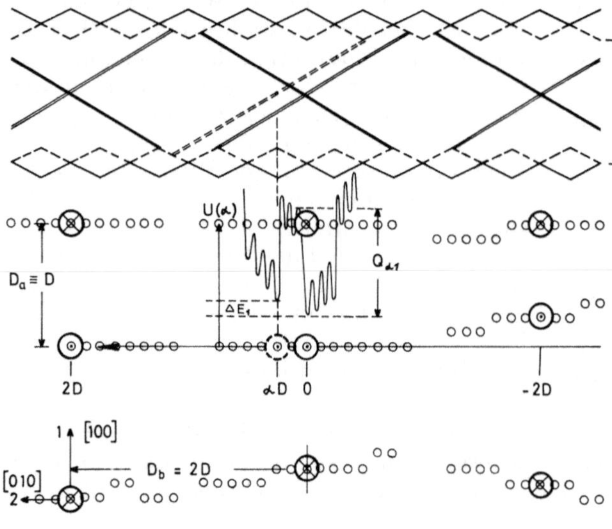

Abb. 15. Grund- und Aufriß von stabilisierenden Versetzungswänden (Mosaikblöcke in einer PÄ-Lamelle)

Eine Versetzung kann durch sukzessive jog-Schritte in Kettenrichtung – wobei sich temporär eine Leerstelle im jog-Band befindet – Gleitschritte von $\pm c$ ausführen. Für die weitere Versetzungsbewegung werden im folgenden nur solche Gleitschritte betrachtet. Diese finden in dem in Abb. 15 angedeuteten Potential statt, das folgendermaßen begründet wird:

Die kleinen Maxima rühren von der Überwindung des Rotationspotentials und Bildung der Leerstelle beim ersten jog-Schritt her[19]). Die Aktivierungsenergie $Q_{\alpha 1}$ wird notwendig, um die Versetzungen aus Gebieten höherer Stabilität (kürzeres jog-Band) in Gebiete geringerer Stabilität (längeres jog-Band) überzuführen. Sie ist also eine charakteristische Eigenschaft des Mäandermodells. Bei diesem Übergang muß sich das jog-Band um $\bar{r} \approx 10$ $2g2$-jogs (Tab. 1) verlängern, wozu eine intramolekulare Energie von ca. 12 kcal/Mol notwendig ist. Dieser Energiebetrag bestimmt die Konzentration der verlängerten jog-Bänder. Um Q_{α_1} zu erhalten, müssen jetzt noch die Aktivierungsenergie der jog-Umlagerung (ca. 6 kcal/Mol aus dem Rotationspotential) und die Energie der Leerstelle (ca. 2 kcal/Mol) hinzugefügt werden. Die hieraus abgeschätzte Aktivierungsenergie des α_1-Prozesses von ca. 20 kcal/Mol stimmt gut mit dem Wert von 19 kcal/Mol aus Abb. 11 überein.

Nach $\bar{r}$ Schritten in 2-Richtung (010) verkürzt sich das jog-Band wieder und würde ohne Berücksichtigung der Wechselwirkung zwischen Versetzungen dieselbe Energie besitzen wie in der Ausgangslage 0 (Abb. 15).

Zur Berechnung der elastischen Wechselwirkungsenergie W der jog-Bänder teilen wir die einem jog-Band entsprechende Schraubenversetzung auf in $D_b/b = 2L^*/b$ (vgl. [21]) Teilversetzungen im Abstand b. Der *Burgers*-vektor einer solchen Teilversetzung ist $b/2L^*\vec{c}$ (Abb. 14). Liegen diese Schraubenversetzungen gleichen Vorzeichens teilweise in derselben Ebene (oder eng benachbart), so sieht man aus Abb. 15 unmittelbar, daß Versetzungsbewegungen um $2\bar{r}$ (mittlerer Abstand der Lagen verkürzter jog-Bänder) nicht unabhängig voneinander angenommen werden können, da sich die gleichsinnigen Versetzungen stark abstoßen. Die elastische Wechselwirkung erzwingt somit eine kooperative Versetzungsbewegung derart, daß h jog-Bänder kurz hintereinander in dieselbe Richtung bis zur neuen Gleichgewichtslage um $2\bar{r}$ abgleiten. $h \cdot D_b$ erfaßt die Ausdehnung einer Lamelle in b-Richtung (Abb. 15). Die Energie in dieser Lage läßt sich näherungsweise berechnen, indem man $h \cdot D_b/b$ Teilversetzungen (Abb. 15 mittlere Reihe) im Spannungsfeld der festgehaltenen Teilversetzungen anderen Vorzeichens (Abstand D senkrecht zur Gleitebene, Abb. 15 obere und untere Reihe) um $2\bar{r}$ verschiebt.

Die Wechselwirkungsenergie zwischen Schraubenversetzungen der Länge L^* verschiedenen Vorzeichens im Abstand r ist:

$$W = L^* \frac{\Delta^2 \mu}{2\pi} \ln \frac{r}{r_0} + \text{const}. \qquad [22]$$

$r_0 \approx b$ Kerndurchmesser der Versetzung, μ Schubmodul im Kristall, $\vec{\Delta}$ *Burgers*vektor ($\vec{\Delta} = c$ für Schraubenversetzung, $\vec{\Delta} = c\frac{b}{2L^*}$ für Teilversetzung.)

Mit [22] erhält man durch Summation über alle Abstände $R < \sqrt{D^2 + (D_b h')^2}$ bei einer Verschiebung von hD_b/b Teilversetzungen um $2\bar{r}$ für die Erhöhung der Wechselwirkungsenergie[20])

$$\Delta W(2\bar{r}) = L^* \left(\frac{bc}{2L^*}\right)^2 \frac{\mu}{2\pi} \left(\frac{2\bar{r}}{b}\right)^2 \ln\left(1 + h'^2 \left(\frac{D_b}{D}\right)^2\right). \qquad [23]$$

Berücksichtigt man die Wechselwirkung über zwei jog-Bänder hinweg ($h' = 2$), so ergibt sich mit $D \approx L^* = 250$ Å, $b = 5$ Å, $c = 2{,}54$ Å, $\mu = 1{,}0 \cdot 10^{10}$ dyn/cm² (bei 100 °C) (30), $r = 50$ Å (Mäanderradius) und $D_b/D = 2$ [21] für $\Delta W(2\bar{r}) = 3{,}7$ kcal/Mol. Dieser kooperativen Versetzungsbewegung aus der energetisch günstigsten Lage des Versetzungsnetzwerkes in ein um ΔW erhöhtes Energieminimum im mittleren Abstand $2\bar{r}$ ordnen wir den α_1-Prozeß zu.

Für weitere Abstandsänderungen ($4\bar{r}$, $6\bar{r}$, ...) nimmt die Wechselwirkungsenergie zu, dann wieder ab[21]). Obwohl die Wahrscheinlichkeiten solcher Lagen klein sind, können bei geringfügig höherer Aktivierungsenergie Versetzungen kooperativ bis zur

[19]) Die Platzwechsel zwischen den kleinen Minima sind mechanisch aktiv, allerdings mit geringer Relaxationsstärke. Der zugehörige α_3-Prozeß deutet sich z. B. in den Messungen von *Illers* (28) an.

[20]) Für $h' = 1$ ergibt sich bis auf den Faktor ln 5 dasselbe Ergebnis, wenn man die mittlere, nicht aufgeteilte Schraubenversetzung im Feld ihrer 2 Nachbarn in derselben Wand um $2\bar{r}$ verschiebt (Abb. 15).

[21]) Einen brauchbaren Ansatz für das elastische Potential, dem die lokalen Modulationen (Abb. 15) zu überlagern sind, stellt dar (vgl. [23]):

$$\Delta W(\alpha D) = L^* \frac{c^2 \mu}{2\pi^3} \ln\left(1 + h'^2 \left(\frac{D_b}{D}\right)^2\right) \times \sin^2 \frac{\pi \alpha D}{D_b} + \Delta W_2(\alpha D). \qquad [23']$$

nächsten stabilisierenden Wand (Wandabstand D_b, Abb. 15) gelangen. Dieser Bewegung, die mechanisch sehr aktiv ist, schreiben wir den α_2-Prozeß zu.

Verschieben sich h jog-Bänder kooperativ um D_b, so entspricht dies der Durchwanderung eines jog-Bandes durch die Lamelle der Länge $h\,D_b$, d. h. die Lamelle ist um c in Kettenrichtung abgeglitten. Würde keine starke Behinderung durch Energieerhöhung für den zweiten Schritt vorhanden sein, so wäre dies kein Relaxationsprozeß sondern plastisches Fließen. Bei einer solchen Bewegung – Verschiebung benachbarter Lamellenpakete (Abb. 4b, links) gegeneinander in c-Richtung – werden jedoch die angrenzenden amorphen Gebiete zunächst dilatiert und/oder scherdeformiert und reißen vermutlich nach wenigen Gleitschritten (um c) unter Lochbildung auf. Dadurch entsteht nach dem ersten Schritt ein Zustand, dessen Energiedifferenz gegenüber der Ausgangslage aus dem Kompressionsmodul und den durch das Mäandermodell gegebenen Abmessungen der amorphen Phase in der Größenordnung des experimentellen Wertes $\Delta E_2 \equiv \Delta W_2(D_b)$ [23'] (Abb. 12) abgeschätzt werden kann. Die Kompressionsenergie beträgt in diesem Bilde nach dem zweiten Schritt bereits $4\,\Delta E_2$ und schließt somit plastisches Fließen aus.

Das vorgeschlagene Modell für die beiden α-Prozesse erklärt zwanglos neben den Aktivierungsenergien (s. o.) auch die verschiedenen Ordinatenabschnitte der Aktivierungsgeraden, die für den α_1-Prozeß aus Abb. 11 zu etwa 10^{11} Hz, für den α_2-Prozeß zu etwa $2 \cdot 10^{10}$ Hz entnommen werden können. Das Potential einer kooperativen Versetzungsbewegung um $2\bar{r}$ im α_1-Prozeß besitzt zwischen Anfangs- und Endlage h-fache Periodizität mit höher liegenden Minima. Damit ergibt sich

$$\Gamma_{\alpha_1} = \frac{1}{h}\,\nu_{\text{eff}}\, e^{-\frac{Q_{\alpha_1}}{RT}}. \qquad [24]$$

ν_{eff} läßt sich aus dem Ordinatenabschnitt des γ-Relaxationsprozesses zu 10^{13} Hz entnehmen. Mit $h \approx 100$ kann der niedrige Frequenzfaktor des α_1-Prozesses erklärt werden. Bei der kooperativen Versetzungsbewegung von Versetzungswand zu Versetzungswand (α_2) muß eine $h\,D_b/2\,\bar{r}$-fache Periodizität überwunden werden. Damit folgt

$$\Gamma_{\alpha_2} = \frac{2\,\bar{r}}{h\,D_b}\,\nu_{\text{eff}}\, e^{-\frac{Q_{\alpha_2}}{RT}}. \qquad [25]$$

Der Frequenzfaktor für den α_2-Prozeß ist also um den Faktor 5 kleiner als für den α_1-Prozeß.

Schließlich läßt sich zeigen, daß auch die Relaxationsstärken in dem vorliegenden Bild quantitativ erklärt werden können. Für ein unsymmetrisches Platzwechselmodell mit einem Energieunterschied ΔE zwischen den beiden Mulden (Abb. 15) ist die Relaxationsstärke bei einer Versetzungsbewegung in der bc-Ebene (vgl. auch [18])

$$\Delta S_{55} = \frac{N\,A^2\,\Delta^2}{4\,k\,T} \cdot \cosh^{-2}\left(\frac{\Delta E}{2\,k\,T}\right). \qquad [26]$$

$N = \frac{1}{2\,h\,L^*\,D^2}$ bedeutet darin die Zahl der unabhängig voneinander abgleitenden Versetzungsreihen pro Volumeinheit, A die pro Platzwechsel von den Versetzungen überstrichene Fläche und $\vec{\Delta}$ den *Burgers*vektor einer Versetzung ($|\vec{\Delta}| = c$). Mit $A_{\alpha_1} = 2\,\bar{r}\,h\,L^*$ und $A_{\alpha_2} = h\,D_b\,L^* = 2\,h\,D\,L^*$ ergeben sich die Relaxationsstärken für die beiden α-Prozesse[22]) ($\Delta E/RT \gg 1$)

$$\Delta S_{55}^{\alpha_1} = \frac{2\,h\,L^*\,\bar{r}^2\,c^2}{k\,T\,D^2}\,\exp\left[-\frac{\Delta E_1}{kT}\right] \qquad [27]$$

$$\Delta S_{55}^{\alpha_2} = \frac{4\,h\,L^*\,c^2}{k\,T}\,\exp\left[-\frac{\Delta E_2}{k\,T}\right]. \qquad [28]$$

Der Relaxationsbetrag ΔI in der Scherkomplianz ergibt sich bei isotroper Mittelung nach *Reuss* bei Berücksichtigung der Kristallinität χ zu

$$\Delta I = \chi \cdot \frac{1}{5}\,\Delta S_{55}. \qquad [29]$$

Nach [27], [28] sind die Relaxationsstärken exponentiell von der Temperatur abhängig. Die aus Abb. 12 bestimmten Werte $\Delta E_1 = 3{,}4$ kcal/Mol und $\Delta E_2 = 5{,}3$ kcal/Mol stimmen mit der Erhöhung der Wechselwirkungsenergie der Versetzungen, die sich nach [23] zu 3,7 kcal/Mol ergibt, und der abgeschätzten Kompressionsenergie der amorphen Bereiche gut überein.

Mit $h = 100$ ergeben sich bei $T = 100$ °C die Relaxationsstärken $\Delta I^{\alpha_1} = 4 \cdot 10^{-10}$ dyn · cm^{-2} und $\Delta I^{\alpha_2} = 1{,}5 \cdot 10^{-9}$ dyn · cm^{-2} in sehr guter Übereinstimmung mit dem Experiment. Der Wert $h = 100$, der sowohl aus dem Frequenzfaktor des α_1-Prozesses als auch aus den Relaxationsstärken ΔI^{α_1} und ΔI^{α_2} folgt, ergibt eine mittlere Länge der Lamelle von 5 μ senkrecht zur Kettenachse. In den elektronenmikroskopischen Bildern von PÄ- Sphäro-

[22]) Für die Versetzungsbewegung von Wand zu Wand muß ein asymmetrisches Drei-Mulden-Platzwechselmodell angenommen werden. Für diesen Fall muß die rechte Seite von [26] mit einem Faktor 2 multipliziert werden.

lithen [vgl. z. B. (31)] sind deutlich Lamellenfibrillen erkennbar, die in dieser Größenordnung liegen[23]).

In Abb. 16 ist zusammengestellt, welche Relaxationsstärken zu erwarten sind, wenn die Kristallamellen Vorzugsorientierung besitzen. Der Vergleich dieser Formeln mit den

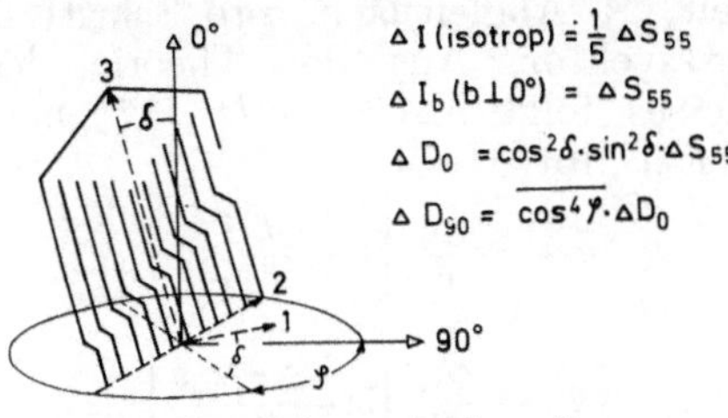

Abb. 16. Zur Anisotropie des α-Prozesses

Aussagen der z. Z. bekannten Experimente (21, 32, 33, 34) führt auf qualitative Übereinstimmung. Zur quantitativen Prüfung wären Messungen der Nachgiebigkeit bis zu sehr tiefen Frequenzen[24]) in Abhängigkeit von der Orientierung notwendig.

IV. Deformationsverhalten

Da nun Mikrostruktur (Abschnitt II) und Molekülbewegung (Abschnitt III) quantitativ erfaßt sind, sollte es möglich sein, hieraus das technisch besonders interessante Deformationsverhalten von Polymeren abzuleiten. In dieser Arbeit soll der erste Schritt einer Beweisführung angetreten werden, und zwar für die beiden Grenzfälle, die reine Plastizität (am Beispiel des linearen PÄ) und die reine Paraelastizität (am Beispiel des verstreckten Polyamidfadens).

A. Plastizität (lineares PÄ)

Im Abschnitt III. C wurden die beiden mechanischen α-Prozesse diskutiert mit einer Modellvorstellung, die konsequent und quantitativ weiterverfolgt werden soll. Als erstes soll nach der kritischen Schubspannung $\sigma_{5\mu}$[25]) des Versetzungsnetzwerkes ($D_a \equiv D$, $D_b = 2D$) gefragt werden, die von der Temperatur nur über den Schubmodul μ abhängt. Sie wird berechnet aus der maximalen Kraft auf eine Schraubenversetzung (z. B. die zentrale Versetzung in Abb. 15), die aufgebracht werden muß, um sie aus einer stabilisierenden Versetzungswand in die nächste zu befördern. Es muß also gelten

$$L^* \Lambda \sigma_{5\mu} = -\frac{b}{c} \frac{\partial W}{\partial \alpha D}\bigg|_{\max}, \qquad [30]$$

worin $\Lambda = c$ den *Burgers*vektor, αD die Auslenkung aus der Wand und $W(\alpha D)$ die Energie der Wechselwirkung mit den Nachbarversetzungen bedeuten. Berechnet man vereinfachend $W(\alpha D)$ nach [22] für die zentrale Versetzung und die beiden im Abstand D befindlichen Schraubenversetzungen entgegengesetzten Vorzeichens

$$W(\alpha D) = L^* \frac{\Lambda^2 \mu}{2\pi} \ln \frac{D^2}{b^2} (1 + \alpha^2), \qquad [31]$$

so ergibt sich die maximale Kraft zu

$$-\frac{\partial W}{\partial \alpha D}\bigg|_{\max} = L^* \frac{\Lambda^2 \mu}{2\pi D}. \qquad [32]$$

Mit [32] und [30] erhält man

$$\sigma_{5\mu} = \frac{\Lambda \mu}{2\pi D} \cdot \frac{b}{c}. \qquad [33]$$

Für die $T = 100$ °C ($\mu = 1{,}0 \cdot 10^{10}$ dyn $\cdot$ cm^{-2}) ergibt sich $\sigma_{5\mu} = 32$ kp/cm^2. In Abb. 17 sind

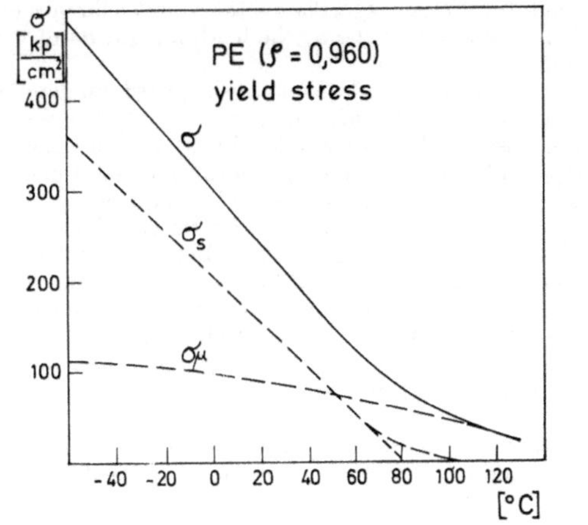

Abb. 17. Streckspannung $\sigma(T)$ für lineares PÄ nach (36). Zerlegung in σ_μ und σ_s

[23]) Bei dieser rein geometrischen Interpretation der Größe h wurde die Temperaturabhängigkeit der Moduln (die in ΔE_1 und ΔE_2 als Faktoren eingehen) vernachlässigt. Berücksichtigt man diese Temperaturabhängigkeit, so muß h in zwei Faktoren aufgespalten werden: Der eine behält die ursprüngliche Bedeutung als Zahl von gekoppelten Versetzungen, der andere wird notwendig, falls man die Steigungen in Abb. 12 weiterhin mit den Größen ΔE_1, ΔE_2 (Freie Enthalpien) in [27, 28] identifiziert. Setzt man z. B. für den Schubmodul bei nicht zu hohen Temperaturen $\mu = \mu_0 (1 - T/2T_\mu)$, so ergibt sich dieser Faktor zu $\exp[\Delta E/2RT_\mu] \sim 10$. Die Zahl der gekoppelten Versetzungen, mit der die beiden α-Prozesse quantitativ zu verstehen sind, wäre in diesem Beispiel auf 10 reduziert.

[24]) Wegen der Temperaturabhängigkeit der Relaxationsstärken (Abb. 12) sind $I(T)$- oder $G(T)$-Kurven quantitativ nicht auswertbar.

[25]) Die Aufteilung der kritischen Schubspannung $\tau = \tau_\mu + \tau_s$ erfolgt hier analog zu der in der Metallplastizität üblichen Nomenklatur (35). Anstelle von τ wird – das Gleitsystem genau bezeichnend – σ_5 geschrieben.

Messungen der yield-Spannung aus dem Zugversuch von *Andrews* und *Ward* (36) wiedergegeben (ausgezogene Kurve). Der gemessene Wert $\sigma_{100\,°C} \approx 60$ kp/cm² stimmt mit dem theoretischen[26]) $\sigma_{100\,°C} \approx 60$ kp/cm² überein[27]). In Abb. 17 ist nun eine Zerlegung der experimentellen Kurve $\sigma(T)$ versucht in einen Anteil σ_μ, der bei hohen Temperaturen an $\sigma(T)$ angepaßt den Temperaturverlauf des Schubmoduls hat (30), und in $\sigma_s = \sigma - \sigma_\mu$. Mit Hilfe der Spannung $\sigma_{5\mu}$[26]) überwinden die Versetzungen die weitreichenden inneren Spannungsfelder ihrer gegenseitigen Wechselwirkung[27]).

Die Spannung σ_{5s} ist bei nicht zu kleiner Verformungsgeschwindigkeit $\dot{\varepsilon}_5$ notwendig, um die geforderte Zahl von Versetzungsschritten pro Zeiteinheit zu erzwingen. Sie erniedrigt dazu die Aktivierungsenergie des α_1-Prozesses Q_{α_1} um $v\,\sigma_{5s}$ und erhöht damit die Sprunghäufigkeit $\Gamma^0_{\alpha_1} = 1/2\pi f_{\max}$ [24]

$$\Gamma_{\alpha_1} = \frac{1}{h}\,\nu_{\text{eff}} \exp\left[-\frac{Q_{\alpha_1}}{kT}\right] \exp\left[\frac{v\,\sigma_{5s}}{kT}\right]. \qquad [37]$$

Die Spannungsaktivierung

$$v\,\sigma_{5s} = \sigma_{5s}\,L^*\,b\,c \qquad [36]$$

ist das Produkt aus Kraft auf Versetzung mal Weg, auf dem Arbeitsleistung dieser Kraft stattfindet.

[26]) Zum Vergleich mit den hier betrachteten Schubspannungen σ_5 müssen die Dehnungsspannungen σ umgerechnet werden. Aus $\sigma_5 = \cos\varkappa \cos\lambda \cdot \sigma$ (Abb. 7) und der Überlegung, daß stets die Gleitsysteme mit der maximalen Schubspannung zuerst betätigt werden, folgt für Fragen zur Plastizität von Vielkristallen die Umrechnung $\sigma_5 = 1/2\,\sigma$. Nach Abb. 7 gilt dann weiterhin $\varepsilon_5 = 2\,\varepsilon$.

[27]) Der theoretische Wert um $\sigma_{5\mu}$ wird um den Faktor zwei kleiner, wenn man anstelle von [31] den sinnvolleren Ansatz [23′][21]) verwendet. Beide Abschätzungen von $\sigma_{5\mu}$ sind analog dem Vorgehen in der Metallplastizität ausgeführt, für den vorliegenden Fall jedoch höchst problematisch. Skizziert man den Potentialverlauf [23′], einschließlich der ausgeprägten Modulationen (Abb. 15), so wird klar, daß die bisher berechneten inneren Spannungsfelder thermisch überwunden werden können, wovon ja bereits im α_2-Prozeß Gebrauch gemacht wurde. $\sigma_{5\mu}$, der thermisch nicht aktivierbare Anteil der yield-Spannung muß also eine andere Ursache haben: betrachtet man das fortgesetzte Abgleiten von Lamellenpaketen in c-Richtung, so muß während der temporären Lochbildung freie Kristalloberfläche geschaffen werden. Hierfür ist die Kraft

$$\frac{\partial W_2(X_3)}{\partial X_3} = \frac{D_b}{b}\,\frac{W}{L^*} \text{ erforderlich, in der } W \approx 1\,\frac{\text{kcal}}{\text{mol}}$$

die Energie bedeutet, die bei Freilegen der (100)-Ebene einer C_2H_4-Gruppe aufgewendet werden muß. Hieraus folgt mit [30]

$$\sigma_{5\mu} = \frac{D_b}{b}\,\frac{W}{c\,L^{*2}} \approx 42 \text{ kp/cm}^2\,{}^{26}).$$

Die geometrische Bilanz zwischen Verformungsgeschwindigkeit und Versetzungssprüngen (in Vorzugsrichtung) fordert

$$\dot{\varepsilon}_5 = N\,A\,\Delta\,\Gamma^0_{\alpha_1} \exp\left[\frac{v\,\sigma_{5s}}{kT}\right] \qquad [37]$$

mit N Zahl der Versetzungen pro Volumeneinheit, A Abgleitfläche pro Schritt, $\Delta = c$ *Burgers*vektor. Aus der Theorie des α_1-Prozesses folgt $N A \Delta = c/D$. [37] nach σ_{5s} aufgelöst gibt

$$\sigma_{5s} = \frac{Q_{\alpha_1}}{v}\left[1 - \frac{T}{T_0}\right] \qquad [38]$$

mit

$$T_0 = \frac{Q_{\alpha_1}}{k}\left[\ln \frac{c\,2\pi f_{\max}}{D\,\dot{\varepsilon}_5}\right]^{-1}. \qquad [39]$$

Gl. [38] ist nach Abb. 17 gut erfüllt mit Ausnahme eines Hochtemperaturausläufers, der von der unzulässigen Näherung exp. $(v\,\sigma_{5s}/kT)$ anstelle von $\sinh(v\,\sigma_{5s}/kT)$ herrührt. Der extrapolierte Fußpunkt $T_0 = 80$ °C stimmt mit der Rechnung[28]) nach [39] sehr gut überein.

Abschließend sei noch ein Vergleich der nach den drei möglichen Methoden bestimmten Aktivierungsvolumina gegeben:

1. theoretisches Aktivierungsvolumen:

$$v = L^*\,b\,c \approx 3100 \text{ Å}^3.$$

2. v aus [38]:

$$v = \frac{Q_{\alpha_1}}{T_0} \Big/ \frac{\partial \sigma_{5s}}{\partial T} \approx 3000 \text{ Å}^3$$

3. v aus σ_{5s} ($\dot{\varepsilon}_5$) [37]:

$$v = kT\,\frac{\partial \ln \dot{\varepsilon}_5}{\partial \sigma_{5s}} = 5300 \text{ Å}^3$$

Erster und zweiter Wert stimmen gut überein, der dritte fällt deutlich heraus. Dies kann – zwar noch nicht quantitativ – erklärt werden durch Temperaturerhöhung beim Verstrecken, insbesondere bei hohen $\dot{\varepsilon}$. Der Anstieg $\sigma(\dot{\varepsilon})$ ist flacher als bei Versuchsführung unter konstanter Temperatur, da $\sigma(T)$ gegenläufig wirkt. (Noch stärker scheint der T-Einfluß bei der Drawing-Spannung zu sein.)

B. Paraelastizität

Am Beispiel des verstreckten Polyamidfadens (37, 38) soll die Spannungs-Dehnungskurve verstreckter teilkristalliner Fäden molekular quantitativ analysiert werden. Dabei werden das Fibrillenmodell (Abb. 13b, c) zugrunde gelegt und die Deformationsbeiträge

[28]) $Q_{\alpha_1} = 19$ kcal/Mol, $D/c = 100$, $f_{\max} = 10^{11}$ Hz, $\dot{\varepsilon}_5 \sim 0{,}01$ Hz.

der drei verschiedenen Deformationsmechanismen überlagert (Abb. 18): Instantane Abstands- und Valenzwinkeländerungen (E_∞), schnelle Kinkumlagerung (γ) und gummielastische Abgleitung der Mäanderdeckflächen (β).

Aus der – für Temperaturen unterhalb der Glastemperatur – endlichen Einsatzspannungen der β-Kurve und aus deren Geschwindigkeitsabhängigkeit (38) kann mit einem ähnlichen Ansatz für die Deformationsgeschwindigkeit wie in [37] ein Aktivierungsvolumen v_β berechnet werden. Die Auswertung solcher

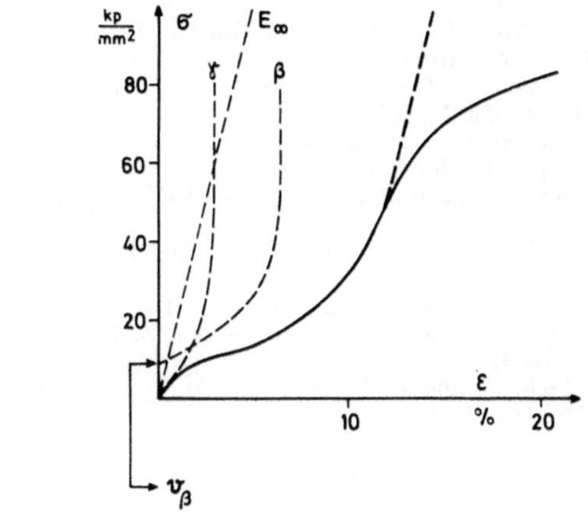

Abb. 18. Spannungs-Dehnungskurve und ihre Analyse für verstreckte Polyamidfasern

v_β-Werte für verschiedene Polymere und ihre molekulare Deutung wird in einer späteren Arbeit zusammen mit Gummielastizität und Glasübergang bei amorphen Polymeren behandelt.

Der $\sigma(\varepsilon)$-Verlauf verursacht durch die jeweilige Molekülbewegung (γ, β) kann leicht für den γ-Prozeß hergeleitet werden. Aus [17] folgt durch Ableiten nach der Spannung

$$-\frac{\partial G}{\partial \sigma_4^0} = \varepsilon_4^0 = \sigma_4^0 S_{44}^\infty + \frac{2\, x_{1a} \Delta}{c} \tanh \frac{\sigma_4^0 h_1 A \Delta}{k T} . \quad [40]$$

Mit $\varkappa = \pi/3$, $\lambda = \pi/6$ (Abb. 6, 7) ergibt die Umrechnung auf Meßgrößen (Zugspannung, Dehnung)

$$\varepsilon = \frac{\sigma}{E_\infty} + (1-\chi)\,\frac{\sqrt{3}}{2}\,\frac{\Delta}{c}\, x_{1a} \tanh \frac{\sigma \sqrt{3}\, h_1 A}{4 k T} . \quad [41]$$

Für $\chi \approx 0{,}65$, $\Delta = 1{,}5$ Å, $c = 2{,}5$ Å, $h_1 = 4$, $A = 20$ Å^2, $x_{1a} = 0{,}16$ (Wert für PE bei Raumtemperatur) wird die Grenzdeformation für den γ-Mechanismus $\varepsilon_\gamma^{max} = 0{,}03$ und der Spannungswert, für den tanh gleich 1 wird, 16 kp/mm². Der letztere Wert ist verglichen mit Abb. 18, um Faktor 2 zu klein, kann aber sehr wohl durch ein kleineres h_1 bei Polyamid bedingt sein. Ein ähnlicher Verlauf $\sigma(\varepsilon)$ ist auch für die β-Kurve zu erwarten und wird z. Z. berechnet. Die Grenzdeformation der β-Kurve von 6–7% ist anschaulich, da

$$\varepsilon_\beta^{max} = \frac{1}{2}\,\frac{b}{L}\,\varepsilon_{66}^{max} \sim \frac{\varepsilon_{66}^{max}}{100}$$

und für $\varepsilon_{66}^{max} \sim 5$–$10$ zu erwarten ist (Gummielastizität).

Die experimentelle Spannungs-Dehnungskurve, Abb. 18, ist nun bis zu einer Deformation von 12% gedeutet und kann in diesem Bereich prinzipiell reversibel durchfahren werden. Dafür sind die in kleiner Konzentration vorhandenen tie-Moleküle verantwortlich, die einzeln Mäanderlamellen miteinander verknüpfen und nach Ausschöpfen aller paraelastischen Deformationsmöglichkeiten oberhalb 12% Deformationen zu reißen beginnen. Dies steht im Einklang mit der Aussage von ESR-Untersuchungen (39).

Wir danken den Herren *W. Mütschele* und *W. v. Soden* für ihre experimentellen Beiträge und Herrn Dipl.-Phys. *B. Stoll* für fruchtbare Diskussion. Die Deutsche Forschungsgemeinschaft hat dieses Forschungsvorhaben großzügig unterstützt.

Zusammenfassung

Auf der Grundlage des Bündelmodells und mit streng molekularen Parametern wird im ersten Teil die Mikrostruktur von Polymerschmelzen und teilkristallinen Festkörpern behandelt. Die mäanderartige Anordnung der Bündel im amorphen Zustand läßt sich thermodynamisch begründen und führt zu einem Mäanderradius von 50 Å. Auf dieser Grundlage wird eine molekulare Theorie der Relaxationserscheinungen (α, β, γ) am Beispiel des linearen Polyäthylens vorgelegt und experimentell geprüft. Im letzten Teil werden die beiden Grenzfälle des Deformationsverhaltens molekular quantitativ beschrieben: die reine Plastizität am Beispiel der Streckgrenze (yield-stress) des linearen Polyäthylens und die reine Paraelastizität am Beispiel der Spannungs-Dehnungskurve des verstreckten Polyamidfadens.

Summary

In the first part the microstructure of polymer melts and semicrystalline bulk material is treated on the basis of the bundle model and with molecular parameters. The meander-shaped arrangement of the bundles in the amorphous phase can be founded thermodynamically and leads to a radius of the meander of 50 Å. Based on this model a molecular theory of the relaxation processes (α, β, γ) is given and experimentally proved for linear polyethylene. In the last part both limiting cases of the deformation behavior are quantitatively derived in a molecular picture: the ideal plasticity illustrated by the yield stress of linear polyethylene and the ideal para-elasticity illustrated by the stress-strain curve of the drawn polyamide fiber.

Literatur

1) *Pechhold, W.*, Kolloid-Z. u. Z. Polymere **228**, 1 (1968).
2) *Scherr, H., W. Pechhold* und *S. Blasenbrey*, Kolloid-Z. u. Z. Polymere **238**, 396 (1970).
3) *Wobser, G.* und *P. C. Hägele*, Ber. Bunsenges. phys. chem. **74**, 896 (1970).
4) *Hägele, P. C.* und *W. Pechhold*, Kolloid-Z. u. Z. Polymere **241**, 977 (1970).
5) *Wobser, G.* und *S. Blasenbrey*, Kolloid-Z. u. Z. Polymere **241**, 985 (1970).
6) *Renecker, D. H.*, J. Pol. Sci. **59**, 39 (1962).
7) *Blasenbrey, S.* und *W. Pechhold*, Ber. Bunsenges. phys. chem. **74**, 784 (1970).
8) *Pechhold, W.* und *S. Blasenbrey*, Kolloid-Z. u. Z. Polymere **216/217**, 235 (1967).
9) *Schoon, T. G. F.*, Proc. of Int. Rubber Conf. **1967** S. 277.
10) *Frank, W., H. Goddar* und *H. A. Stuart*, Polymer Letters **5**, 711 (1967).
11) *Yeh*, und *P. H. Geil*, J. Macromol. Sci. (Physics) **235**, 251 (1967).
12) *Hendus, H., K. H. Illers* und *E. Ropte*, Kolloid-Z. u. Z. Polymere **216/217**, 110 (1967).
13) *Fischer, E. W.* und *G. F. Schmidt*, Ang. Chem. **74**, 551 (1962).
14) *Hendus, H.* und *K. H. Illers*, Kunststoffe **57**, 193 (1967).
15) *Čačković, H., R. Hosemann* und *W. Wilke*, Kolloid-Z. u. Z. Polymere **234**, 1000 (1969).
16) *Pechhold, W.* und *B. Stoll*, Ber. Bunsenges. phys. chem. **74**, 887 (1970).
17) *Buckley, C. P., R. W. Gray* und *N. G. McCrum*, Polymer Letters **7**, 835 (1969).
18) *McCrum, N. G., B. E. Read* und *G. Williams*, Anelastic and Dielectric Effects in Polymeric Solids (London 1967).
19) *Illers, K. H.* und *H. Breuer*, J. Colloid Sci. **18**, 1 (1963).
20) *Eisele, U.*, Dissertation (Stuttgart 1968).
21) *Takayanagi, M., K. Jmada* und *T. Kajiyama*, J. Pol. Sci. **C 15**, 263 (1966).
22) *König, W., W. Mütschele* und *W. Pechhold*, Acustica **22**, 253 (1970).
23) *Peterson, J. M.*, J. Appl. Phys. **39**, 4920 (1968).
24) *Predecki, P.* und *W. O. Statton*, J. Appl. Phys. **37**, 4053 (1966).
25) *Stolz, O.*, Diplomarbeit (Stuttgart 1969).
26) *Hosemann, R., H. Čačković* und *W. Wilke*, Naturwissenschaften **54**, 278 (1967).
27) *Wilke, W., W. Vogel* und *R. Hosemann*, Kolloid-Z. u. Z. Polymere **237**, 317 (1970).
28) *Illers, K. H.*, Kolloid-Z. u. Z. Polymere **231**, 622 (1969).
30) *Schilling, H.* und *W. Pechhold*, Acustica **22**, 244 (1970).
31) *Geil, P. H.*, Polymer Single Crystals (New York 1963)
32) *McCrum, N. G.* und *E. L. Morris*, Proc. Roy. Soc. **A 292**, 506 (1966).
33) *Stachurski, Z. H.* und *I. M. Ward*, J. Macromol. Sci. – Phys., **B 3 (3)**, 427 (1969).
34) *Stachurski, Z. H.* und *I. M. Ward*, J. Macromol. Sci. – Phys., **B 3 (3)**, 445 (1969)
35) *Seeger, A.*, Handbuch der Physik VII, 2 (Springer 1958).
36) *Andrews, I. M.* und *I. M. Ward*, J. Mat. Sci. **5**, 411 (1970).
37) *Berg, H.*, Dissertation (Hannover 1961).
38) *Schultze-Gebhardt, F.*, Kolloid-Z. u. Z. Polymere **236**, 19 (1969).
39) *Becht, J.* und *H. Fischer*, Kolloid-Z. u. Z. Polymere **229**, 167 (1969).

Anschrift der Verfasser:
Dr. *W. Pechhold* und Dr. *S. Blasenbrey*
Physikal. Institut, Abt. Polymere
7000 Stuttgart-Vaihingen
Pfaffenwaldring 35

Kolloid-Z. u. Z. Polymere **241**, 977–984 (1970)

Aus dem Physikalischen Institut, Abteilung Polymere, der Universität Stuttgart

Struktur- und Konformationsberechnung in Polymeren*)

I. Intra- und intermolekulare Potentiale zur Berechnung von Ideal- und Defektstrukturen in Kohlenwasserstoffen

Von P. C. Hägele und W. Pechhold

Mit 4 Abbildungen in 5 Einzeldarstellungen und 10 Tabellen

(Eingegangen am 27. August 1970)

1. Einleitung

Zum Aufbau der Festkörperphysik makromolekularer Stoffe wird angestrebt, alle makroskopischen Größen im Rahmen eines streng molekularen Modells zu berechnen.

Pechhold u. Mitarb. nehmen als Ausgangspunkt das Strukturmodell des Kettenbündels mit Defekten (1, 2, 3). Als wesentliche Baufehler erweisen sich dabei Kinkisomere, eine strukturverträgliche spezielle Klasse von Rotationsisomeren, ferner Torsionsfehler, Falten, gauche-Flächen, Jogblöcke. In einer hierauf basierenden Schmelztheorie von *Blasenbrey* und *Pechhold* (4, 5) erscheint in der Paarnäherung der kristalline Zustand eines Polymers, wie z.B. Polyäthylen, als Zustand geringer Defektdichte, die amorphen Bereiche und die Schmelze als Zustände hoher Defektdichte. In einer kinetischen Theorie lassen sich Relaxationsprozesse in Polymeren als Umlagerungen von Rotationsisomeren quantitativ deuten (3).

Die diesen Theorien zugrundeliegenden Parameter, wie Geometrie und Energie der Ideal- und Defektstrukturen, Leerstellenvolumina und Aktivierungsenergien, wurden bisher teilweise nur grob abgeschätzt. Es ist nun wünschenswert, diese Größen auf streng atomistischer Grundlage zu berechnen. Dazu ist die Kenntnis der inter- und intramolekularen Potentiale erforderlich. Bezieht man sich auf $T = 0$ °K, so ergeben sich Strukturen und Konformationsenergien der Defekte bzw. die Kohäsionsenergie des Idealkristalls als Minima, Aktivierungsenergien als Sattelpunkte im Konfigurationsraum.

In der vorliegenden Arbeit (Teil I) wird das an anderer Stelle (6) angegebene Potential für aliphatische Kohlenwasserstoffe näher begründet. Mit ihm lassen sich die Struktur sowohl der Einzelkette als auch des Kristalls beschreiben.

In Teil I werden der Potentialansatz und die Forderungen zur Anpassung einiger Parameter diskutiert. Die Leistungsfähigkeit des Potentials wird mit Strukturrechnungen an den Einzelketten von Polyäthylen, Polypropylen und Polyisobutylen getestet. An der Polyäthylen-Kette werden als erste Näherung für Defektstrukturen im Kristall einige Rotationsisomere untersucht.

Teil II (7) behandelt mit dem beschriebenen Potential den Polyäthylen-Idealkristall und führt die Berechnung der Defektstrukturen fort.

2. Potentialansatz und Parameteranpassung

Prinzipiell sollten sich alle die gesuchten Strukturen und Energien im Rahmen der Quantenmechanik berechnen lassen. Trotz Fortschritten bei komplizierten Molekülen wie Äthan und Butan (8, 9) sind aber quantenmechanische Rechnungen an Polymeren wohl bis auf weiteres zu aufwendig und mit der Problematik der verwendeten Näherungen behaftet. Man wählt deshalb einen leichter überschaubaren halbempirischen Weg, verwendet also theoretisch begründete Ansätze und paßt einige Parameter an. Im Hinblick auf Polymere sollte der Ansatz wegen der vielen Freiheitsgrade der Moleküle möglichst einfach sein.

Folgender Potentialansatz für den struktur- und konformationsbestimmenden Anteil der Energie aliphatischer Kohlenwasserstoffe wird hier verwendet:

---

*) Vorgetragen auf der Arbeitssitzung des Fachausschusses Physik der Hochpolymeren in der Frühjahrstagung 1970 des Regionalverbandes Hessen-Mittelrhein-Saar der Deutschen Physikalischen Gesellschaft in Darmstadt, 10.–13. März 1970.

$$U_{\text{intra+inter}} = U_{\text{ster}} + U_{\text{rot}} + U_{\text{val}},$$

wobei

$$U_{\text{ster}} = \sum_{\substack{\text{H..H} \\ \text{C..H} \\ \text{C..C}} \text{ Paare}} -A \cdot r^{-6} + B \cdot e^{-Cr},$$

$$U_{\text{rot}} = \sum_{\text{C–C-Bindungen}} \frac{U_0}{2}(1 - \cos 3\varphi),$$

$$U_{\text{val}} = \sum_{\substack{\sphericalangle \text{CCC} \\ \sphericalangle \text{CCH} \\ \sphericalangle \text{HCH}}} \frac{K}{2}(\vartheta - \vartheta_0)^2.$$

r Abstände der Zentren nichtgebundener Atome
φ Drehwinkel um eine C–C-Bindung ($\varphi = 0$ in trans-Lage)
ϑ Valenzwinkel am C-Atom
ϑ_0 Tetraederwinkel
A, B, C, U_0, K Potentialkonstanten

Der erste Term U_{ster} ist eine Summe von *Buckingham*- oder (6-exp)-Potentialen. Er beschreibt die sterische Wechselwirkung von Paaren nicht direkt gebundener Atome sowohl im Kettenmolekül als auch zwischen den Ketten. Der Ausdruck $-A \cdot r^{-6}$ beschreibt die *van der Waals*sche Anziehung (vorwiegend Dispersionseffekt), $B \cdot e^{-Cr}$ beschreibt die Abstoßung der Atome bei kleineren Abständen.

Abb. 1 zeigt den Verlauf der Potentialkurven für die H ... H, C ... H und C ... C-Wechselwirkung mit den hier verwendeten Potentialparametern (s. Tab. 1).

Der zweite Term U_{rot} erfaßt pauschal den „inneren Anteil" des Rotationspotentials (Potential der behinderten Drehbarkeit) um die C–C-Einfachbindung. Ein Überblick über die experimentellen Methoden und theoretischen Ansätze zur Bestimmung des Rotationspotentials sowie Daten finden sich bei *Wilson* (10) und *Lowe* (11).

Es besteht noch keine volle Einigkeit, ob dieser Term U_{rot} zusätzlich zu U_{ster} notwendig ist (12, 13, 14), verschiedene theoretische und experimentelle Hinweise sprechen aber stark dafür, daß das Rotationspotential nicht allein durch den ersten Term, die sterische Wechselwirkung, beschrieben werden kann (10, 15). *Cignitti* und *Allen* (16) haben beispielsweise gezeigt, daß in Äthan wahrscheinlich nur etwa 15%, höchstens aber 50% des Rotationspotentials durch die sterische Wechselwirkung der Wasserstoffatome erklärt werden können. Neuere quantenmechanische Rechnungen an Äthan von *Sovers* et al. (8) bestätigen die frühere Vermutung (17), daß der Hauptanteil des Rotationspotentials durch die abstoßende Wechselwirkung der überlappenden C-H-Bindungsorbitale zustande kommt. Bei voluminösen Substituenten wie CH_3-Gruppen oder Cl-Atomen kann allerdings auch der sterische Beitrag überwiegen.

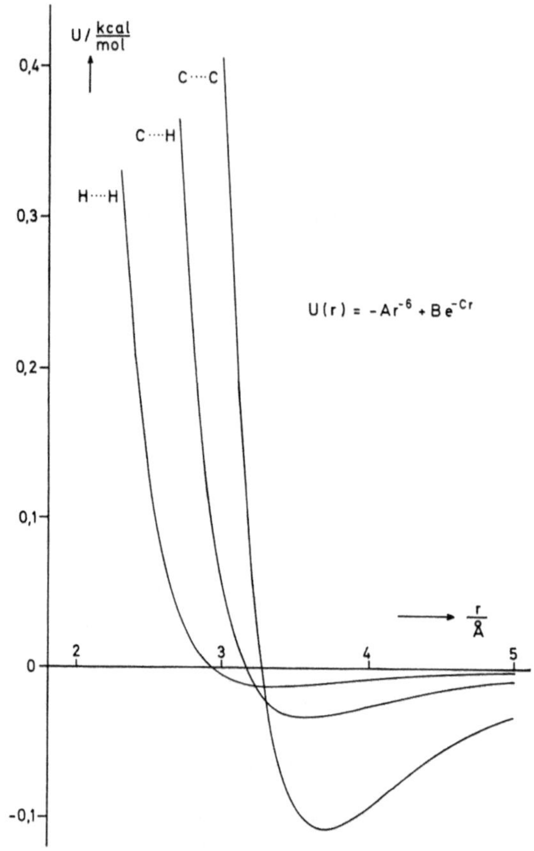

Abb. 1. *Buckingham*-Potential der sterischen Wechselwirkung

Über die Valenzwinkelabhängigkeit von U_{rot} ist wenig bekannt; wahrscheinlich ist sie gering (10). Deshalb wurde im Ansatz U_0 konstant angenommen.

Der dritte Term U_{val} beschreibt die Energie der Valenzwinkeldeformation in quadratischer Näherung. Der Nullpunkt wird beim Tetraederwinkel angenommen. Dieser Term ist mit U_{ster} gekoppelt, da eine Winkeländerung mit einer Abstandsänderung (r) verbunden ist.

Ein Term für die Energie der Valenzlängendeformation wurde nicht eingeführt [vgl. aber (7)], da Valenzlängenänderungen bei Konformationsänderungen eine untergeordnete Rolle spielen. Für die C-C-Bindungen $l_{\text{C–C}}$ wurden die experimentellen Werte eingesetzt, für die C-H-Bindungen nach *Williams* (18) $l_{\text{C–H}} = l_{\text{C–H exp}} - 0{,}07$ Å.

Ähnliche Potentialansätze finden sich zahlreich in der Literatur. Berechnet wurden u. a. Rotationspotentiale in äthanähnlichen Molekülen (15) und Kohlenwasserstoffen (15, 19, 20, 21), Molekülstrukturen und Konformationen niederer Kohlenwasserstoffe (20, 22) und verschiedener Polymere (12, 23). Mit dem alleinigen Ansatz von *Buckingham*-Potentialen wurden auch die Strukturen von Kohlenwasserstoffkristallen berechnet (24, 18). Je nach Herkunft oder Anpassung variieren die verwendeten Potentiale aber stark. Öfters wurde mit der recht groben Näherung starrer Valenzwinkel gerechnet, teilweise wurden nur Daten von Einzelmolekülen, teilweise nur Kristalldaten herangezogen.

Während bei reinen Konformationsanalysen die verwendeten Potentiale nicht allzu empfindlich eingehen, benötigt man aber zur Bestimmung von Strukturen, Aktivierungs- und Defektenergien einen möglichst zuverlässigen Potentialparametersatz. Einige Parameter des hier verwendeten Potentials wurden deshalb unter möglichst umfassenden Forderungen angepaßt:

1. Sowohl berechnete Strukturen als auch Konformations- und Aktivierungsenergien von niedermolekularen Kohlenwasserstoffen sollen mit den experimentellen Werten übereinstimmen.
2. Es sollen außerdem auch Struktur und Kohäsionsenergie des PÄ-Idealkristalls richtig wiedergegeben werden.
3. Es sollen keine größeren Diskrepanzen auftreten zu Ergebnissen über sterische Wechselwirkungen, die aus *Urey-Bradley*-Schwingungsanalysen gewonnen wurden (25, 26, 27).

Vergleiche zwischen Experiment und Rechnung bei einigen niedermolekularen Kohlenwasserstoffen (Forderung 1) finden sich in Abschnitt 4. Die Rechnungen am PÄ-Idealkristall (Forderung 2) wurden von *Wobser* (7) durchgeführt. Als zusätzlicher Test wurden von ihm auch die anisotropen elastischen Konstanten (unter Verwendung von zwei zusätzlichen Valenzlängenkraftkonstanten) berechnet. Zur Prüfung von Forderung 3 wurden in Abb. 2 Kraftkonstanten der intra- und intermolekularen sterischen H ... H-Wechselwirkung einiger Moleküle aufgetragen, die aus *Urey-Bradley*-Schwingungsanalysen von *Tasumi* und *Shimanouchi* (28), *Shimanouchi* et al. (29), *Harada* und *Shimanouchi* (30), *Tasumi* und *Krimm* (31) und *Bartell* und *Kuchitsu* (32) gewonnen wurden.

Der Vergleich mit der zweiten Ableitung des hier verwendeten entsprechenden *Buckingham*-Potentials zeigt eine gute Übereinstimmung über mehr als zwei Zehnerpotenzen. Eine weniger gute Übereinstimmung zeigt das von *De Santis* et al. (12) zur Konformationsanalyse in einigen Polymeren verwendete Potential. Ein von *Huggins* (13) vorgeschlagenes Potential würde viel zu hohe intramolekulare Kraftkonstanten ergeben. Dies rührt daher, daß in den Potentialen von *Huggins* und *De Santis* ein Term U_{rot} nicht berücksichtigt wird.

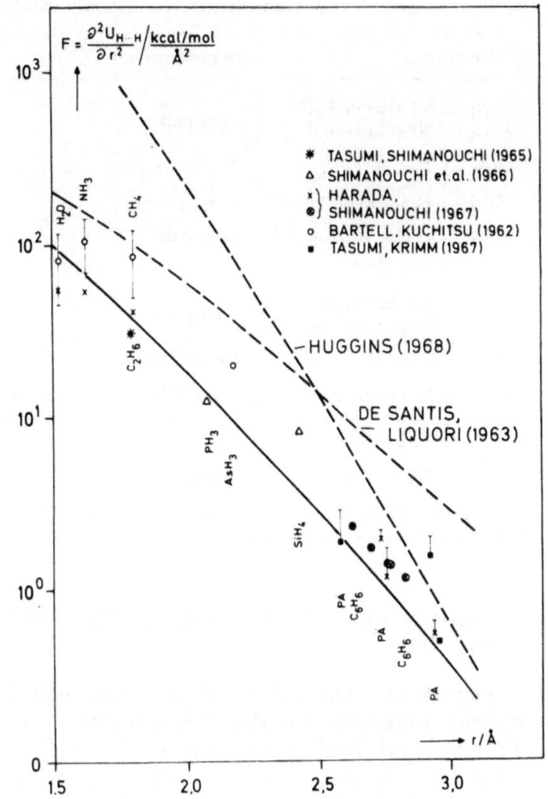

Abb. 2. Vergleich von Kraftkonstanten der H ... H-Wechselwirkung mit der zweiten Ableitung einiger *Buckingham*-Potentiale

Für die sterische C ... H- und C ... C-Wechselwirkung liegen nur wenige zuverlässige experimentelle Daten vor, so daß ein ähnlicher Vergleich wie bei der H ... H-Wechselwirkung bisher schlecht durchgeführt werden kann. Die wesentlich schärfere und detailliertere Forderung, daß der hier verwendete relativ einfache Potentialansatz (einschließlich Valenzlängenkraftkonstanten) auch alle beobachteten IR- und Ramanfrequenzen richtig wiedergibt, wird vorerst nicht gestellt.

Unter Berücksichtigung der drei gestellten Forderungen wurde folgender Potentialparametersatz ermittelt:

Tab. 1. Potentialparametersatz für Kohlenwasserstoffe

Konstante	Bemerkungen
A_{HH} = 33 kcal/mol Å^6 B_{HH} = 3000 kcal/mol	angepaßt
C_{HH} = 3,74 Å^{-1}	*Williams* (18)
A_{CH} = 128,5 kcal/mol Å^6	$\sqrt{A_{HH} \cdot A_{CC}}$
B_{CH} = 14000 kcal/mol Å^6	angepaßt
C_{CH} = 3,67 Å^{-1}	0,5 (C_{HH} + C_{CC})
A_{CC} = 500 kcal/mol Å^6 B_{CC} = 53000 kcal/mol	angepaßt
C_{CC} = 3,60 Å^{-1}	*Crowell* (34)
K_{CCC} = 100 kcal/mol K_{CCH} = 52 kcal/mol K_{HCH} = 75 kcal/mol	gemittelt nach *Schachtschneider* (26), *Takahashi* (27) u.a.
U_0 = 2,6 kcal/mol	angepaßt

Für die Konstanten A_{CH} und C_{CH} wurden Mittelungsregeln angewendet (33).

3. Aufstellung der Energiefunktion für Einzelmoleküle

Die Gesamtenergie eines Kettenmoleküls drückt man zweckmäßig als Funktion der Valenz- und Drehwinkel aus und minimalisiert nach diesen Variablen. Zur Berechnung der Abstände (für die sterische Wechselwirkung) ermittelt man zunächst die „lokalen" Vektoren zu den einzelnen Atomen jedes Kettengliedes, transformiert dann mit einem Matrixverfahren (35, 36) auf ein gemeinsames Koordinatensystem und bildet sodann die erforderlichen Differenzvektoren. In entsprechender Weise lassen sich auch Gradienten analytisch angeben (36).

Bei kurzen Kettenmolekülen summiert man über sämtliche vorkommenden Wechselwirkungen und erfaßt damit auch den Endgruppeneinfluß.

Bei langen Polymerketten geht man besser von der „unendlichen Kette" aus und rechnet unter Ausnützung der Kettensymmetrie mit einem repräsentativen Kettensegment (eine oder mehrere Monomereinheiten). Wechselwirkende Atompaare werden bis zu hinreichend großen Abständen berücksichtigt.

Die Energie pro Segment enthält neben den Beiträgen *innerhalb* des Segments ($U_{ster,i}$, U_{rot}, U_{val}) auch Beiträge der sterischen Wechselwirkung mit den angrenzenden Segmenten ($U_{ster,a}$). Dieser Term muß mit dem Faktor $\frac{1}{2}$ gewichtet werden, da diese Beiträge beim (gedachten) Zusammenbau der unendlichen Kette doppelt auftreten.

Zur Berechnung von Defektenergien bildet man zweckmäßig die Differenz der Energien des gestörten (rotationsisomeren) und des entsprechenden idealen Kettensegments aus der gleichen Anzahl Monomeren. Während bei Idealstrukturen *eine* Monomereinheit als repräsentatives Segment genügt, muß man hier bei verletzter Kettensymmetrie die Zahl der Monomeren so groß wählen, daß eine weitere Vergrößerung nur noch eine vernachlässigbare Änderung der Defektenergie ergibt.

Die Rechnungen wurden in ALGOL programmiert und auf den Rechenanlagen TR 4 (Universitätsrechenzentrum Stuttgart) und CDC 6600 (Regionales Rechenzentrum Stuttgart) durchgeführt. Als Minimalisierungsalgorithmus bewährte sich ein rasch konvergierendes Gradientenverfahren von *Fletcher* und *Powell* (37).

4. Ergebnisse für niedermolekulare Kohlenwasserstoffe

In den folgenden Tabellen sind Ergebnisse für die Moleküle Äthan, Propan und Butan zusammengestellt. Daten, die zur Potentialparameteranpassung verwendet wurden, sind mit * gekennzeichnet.

4.1. *Äthan*

Bei Äthan wurde unter der Annahme streng dreizähliger Symmetrie der CH_3-Gruppen nach dem Valenzwinkel CCH minimalisiert und das Rotationspotential als Differenzenergie der staggered- und eclipsed-Lage berechnet.

Tab. 2. Äthan-Molekül

Struktur, Energie	experimentell	theoretisch
C-C-Valenzlänge	1,534 Å (38)	–
C-H-Valenzlänge	1,11 Å (38)	–
∢ $CCH_{staggered}$	110,1° (39); 111° ± 0,2°* (38)	110,72°
∢ $CCH_{eclipsed}$	–	110,85°
Rotationspotential	2,928 ± 0,025 kcal/mol* (40)	2,928 kcal/mol

4.2. *Propan*

Berechnet wurde die Molekülstruktur und das Rotationspotential einer CH_3-Gruppe. Dazu wurde minimalisiert nach dem CCC-, dem HCH- und den CCH-Winkeln. Es wurden folgende vereinfachende Symmetrieannahmen getroffen:

Dreizählige Symmetrie der CH_3-Endgruppen, Ebene HCH ⊥ Ebene CCC bei den CH_2-Gruppen, und Ebene HCH halbiert ∢ CCC.

Tab. 3. Propan-Molekül

Struktur, Energie	experimentell	theoretisch
C–C-Valenzlänge	1,526 Å (41)	—
C–H-Valenzlänge	1,1 Å (41)	—
∢ CCC	112,4° ± 0,2° (41)	112,49°
∢ CCH	111° ± 1° (gemittelt) (41)	110,5°
∢ HCH	106,1° ± 0,2° (41)	106,95°
Rotationspotential einer CH_3-Gruppe	3,265 ± 0,1 kcal/mol (42) 3,4 ± 0,19 kcal/mol (43)	3,28 kcal/mol

4.3. *Butan*

Berechnet wurde die Molekülstruktur, das Rotationspotential bei Drehung um die mittlere C—C-Bindung und das Rotationspotential einer CH_3-Endgruppe. Mit den Symmetrieannahmen von Propan wurde nach den CCC- und HCH-, sowie den CCH- und Drehwinkeln der CH_3-Gruppen minimalisiert.

Leider sind die experimentellen Werte für die Energien noch nicht allzu genau bekannt. Der niedere theoretische Wert für die Energie der gauche-Lage wird durch Daten für *n*-Pentan (0,45 ± 0,06 kcal/mol) und *n*-Hexan (0,5 ± 0,1 kcal/mol) (51) gestützt.

Tab. 4. Butan-Molekül

Struktur, Energie	experimentell	theoretisch
C–C-Valenzlänge	1,533 Å (44)	—
C–H-Valenzlänge	1,1 Å (44)	—
∢ CCC	112,4° ± 0,4°* (44) 112,15° ± 0,15° (45)	112,37°
∢ CCH	110,5° ± 0,7° (44) 110,37° ± 0,25° (45)	110,88°
Lage des gauche-Minimums	117° ± 8° (44) 112,5° ± 1,1° (45) 119° ± 3° (46)	114,4°
Zugehörige Verdrehung der CH_3-Endgruppen	7° ± 4° (46)	3,6°
Aktivierungsenergie trans → gauche	3,3 . . . 3,7 kcal/mol (47, 48) 4,2 +0,4/−0,7 kcal/mol (49)	3,57 kcal/mol
Energie der gauche-Lage	0,5 . . . 0,7 kcal/mol* (46) 0,76 ± 0,1 kcal/mol (51, 52)	0,495 kcal/mol
Aktivierungsenergie trans → cis	5,3 kcal/mol (48) ~6,5 . . . 6,7 kcal/mol (49)	5,4 kcal/mol
Rotationspotential einer CH_3-Endgruppe	~3,4 (50)	3,28 kcal/mol

5. Ergebnisse für Polymer-Einzelketten

Berechnete Idealstrukturen von Polymer-Einzelketten können nur mit experimentellen Daten von Kristallen verglichen werden. Dies ist jedoch aufgrund von Untersuchungen von *Natta* u. Mitarb. (55, 56) gerechtfertigt, nach denen ein Kettenmolekül seine Konformation beim Einbau in den Kristall i. a. nicht ändert. Für die PÄ-Kette wurde dies mit dem hier angegebenen Potential bestätigt (7).

5.1. *Polyäthylen*

Für die PÄ-Kette ergaben sich bei Minimalisierung nach den CCC- und HCH-Winkeln mit den Symmetrieannahmen und Bindungslängen von Butan die Werte von Tab. 5.

Tab. 5. Polyäthylen

Struktur	experimentell	theoretisch
C–C-Valenzlänge	1,533 Å	—
C–H-Valenzlänge	1,1 Å	—
∢ CCC	111,9°; wobei $c = 2{,}54$ Å (53) 112,3°; wobei $c = 2{,}547$ Å (54)	112,22°
∢ HCH	107° (53)	107,16°

Bemerkenswert ist, daß sich auch der (gegenüber dem Tetraederwinkel) verkleinerte HCH-Winkel richtig einstellt, obwohl die H . . . H-Wechselwirkung in der CH_2-Gruppe abstoßend ist.

5.2. *Isotaktisches Polypropylen*

Zur Struktur- und Konformationsbestimmung von isotaktischem Polypropylen wurde unter der Annahme identischer Monomereinheiten (55, 56), streng dreizähliger Symmetrie der CH_3-Gruppen und mit festen Bindungslängen nach sämtlichen Freiheitsgraden (14 Variable) minimalisiert. Die wesentlichen Ergebnisse zeigt Tab. 6. Die Helix-

Tab. 6. Isotaktisches Polypropylen

Struktur	experimentell	theoretisch
C-C-Valenzlänge	1,54 Å	—
C–H-Valenzlänge	1,1 Å	—
Monomere pro Windung	3 (2 × 3/1-Helix) (58)	3,04
Identitätsabstand	6,50 ± 0,04 Å (58) 6,488 Å (59)	6,47 Å
Valenzwinkel der Kette		
∢ CCC an $HCCH_3$	114° (58)	111,61°
∢ CCC an HCH		115,66°
Drehwinkel der Kette		
∢ $HCCH_3$–HCH	0° (60)	−0,04°
∢ HCH–$HCCH_3$	120° (60)	118,28°

Nomenklatur ist von *Miller* (57) übernommen. Der Vorfaktor gibt die Zahl der Kettenglieder pro Monomer an.

Für die Valenzwinkel liegen noch keine detaillierten experimentellen Werte vor.

5.3. Polyisobutylen

In entsprechender Weise wie beim isotaktischen Polypropylen wurden Rechnungen an Polyisobutylen durchgeführt (16 Variable). Tab. 7 zeigt einen Vergleich der experimentellen und theoretischen Werte.

Tab. 7. Polyisobutylen

Struktur	experimentell	theoretisch
C–C-Valenzlänge	1,54 Å	–
C–H-Valenzlänge	1,1 Å	–
Monomere pro Windung	1,6 (2 × 8/5-Helix) (61, 62)	1,61
Identitätsabstand	18,63 Å (61, 62)	18,31 Å
Valenzwinkel der Kette		
∢ CCC an H_3CCCH_3	107° (62)	110,48°
∢ CCC an HCH	126° (62)	124,31°
Drehwinkel der Kette		
∢ HCH–H_3CCCH_3	51° (62)	14,74°
∢ H_3CCCH_3–HCH	102,5° (62)	129,10°

Die Rechnung ergibt in sehr guter Annäherung die experimentell gesicherte 2 × 8/5-Helix. Auch die starke Valenzwinkelaufweitung und der Identitätsabstand werden – in Anbetracht des einfachen quadratischen Ansatzes für die Energie der Valenzwinkeldeformation – gut wiedergegeben. Ähnlich große Valenzwinkel findet man auch in PVDC (120°; 123°) (63).

Bezüglich der inneren Drehwinkel besteht keine Übereinstimmung mit den Angaben von *Bunn* und *Holmes* (62). Die hier gefundene 2 × 8/5-Helix weicht bezüglich der Drehwinkel nur wenig von der sonst oft bevorzugten 2 × 3/1-Helix ab (14,74° statt 0° und 129,10° statt 120°) und erscheint von daher plausibel.

Die Rechnungen ergaben ein weiteres Energieminimum, das um 2,12 kcal/mol pro Monomer über dem Hauptminimum (Tab. 7) liegt. Im einzelnen ergaben sich die Werte der Tab. 8.

Tab. 8. Polyisobutylen, Nebenminimum

Struktur	theoretisch
Monomere pro Windung	1,94 (≈ 2 × 2/1- bzw. 1 × 4/1-Helix)
Identitätsabstand	17,85 Å
Valenzwinkel der Kette	
∢ CCC an H_3CCCH_3	115,08°
∢ CCC an HCH	125,58°
Drehwinkel der Kette	
∢ HCH–H_3CCCH_3	105,30°
∢ H_3CCCH_3–HCH	105,30°

6. Ergebnisse für Rotationsisomere der Polyäthylen-Kette

Rechnungen über Baufehler der freien Einzelkette stellen eine erste Näherung dar für Defekte, die im Kristall auftreten können. Es wurde begonnen, verschiedene Rotationsisomere der Polyäthylen-Kette zu untersuchen.

Abb. 3 zeigt den Verlauf des Rotationspotentials, wenn man – von der trans-Lage ausgehend (Tab. 5) – um eine einzelne C—C-Bindung dreht. Minimalisiert wurde bei festen HCH-Winkeln nach vier CCC-Winkeln in der Umgebung der gedrehten Bindung. In Tab. 9 sind einige charakteristische Werte zusammengestellt.

Tab. 9. Rotationspotential in Polyäthylen bei Drehung um eine C–C-Bindung

	Drehwinkel	Energie
Aktivierungsenergie trans → gauche	59°	3,59 kcal/mol
gauche-Konformation	112°	0,60 kcal/mol
Aktivierungsenergie trans → cis	180°	5,64 kcal/mol

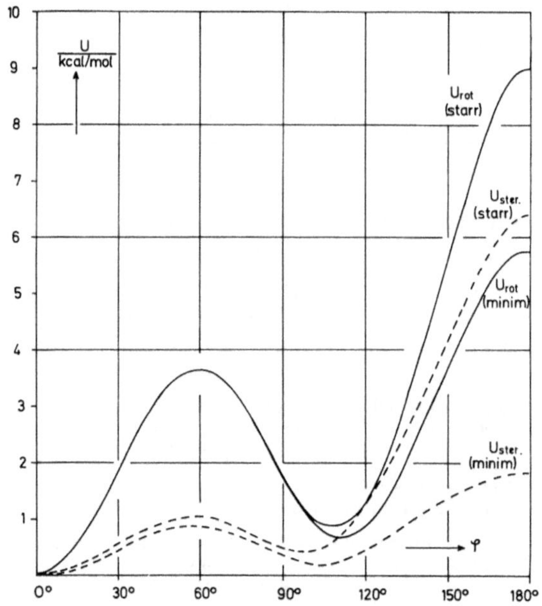

Abb. 3. Rotationspotential in Polyäthylen bei Drehung um eine C—C-Bindung

Eine Kette mit einer gauche-Lage ist Strukturelement im Mäander-Strukturmodell von *Blasenbrey* und *Pechhold* (5, 64).

In entsprechender Weise wurde das Rotationspotential für eine $2g1$-Kinke (3) berechnet (stabile Konformation: $\ldots t g t \bar{g} t \ldots$). Bei festen HCH-Winkeln wurde nach 4 Paaren von CCC-Winkeln in der Umgebung der Kinke minimalisiert. Die Energiewerte sind näherungsweise doppelt so groß wie die der Abb. 1. Sie sind in Tab. 10 zusammengestellt.

Tab. 10. $2g1$-Kinke in Polyäthylen

	Drehwinkel	Energie
Aktivierungsenergie trans → gauche	59°	7,18 kcal/mol
gauche-Konformation	112°	1,26 kcal/mol
Aktivierungsenergie trans → cis	180°	11,49 kcal/mol

Ausgehend von den vorliegenden Werten der freien gekinkten Kette, ist die Berechnung der Aktivierungsenergie bei Kinkumlagerung [γ-Prozeß (3)] mit dem realistischeren Modell einer eingespannten Kette vorgesehen.

Abb. 4 zeigt die Konformationsenergie einer Polyäthylen-Helix (gleiche Drehung φ um sämtliche C—C-Bindungen). Erwartungsgemäß ist die trans-Lage energetisch am tiefsten. Das recht niedrige gauche-Minimum (0,38 kcal/mol pro CH_2-Gruppe bei 120°; $2 \times 2/1$-Helix) begünstigt aber möglicherweise die Bildung kurzer stabiler Helix-Stücke in einer sonst planaren Polyäthylen-Kette [*Reneker*-Fehler (65)]. Eingehendere Rechnungen dazu sind geplant.

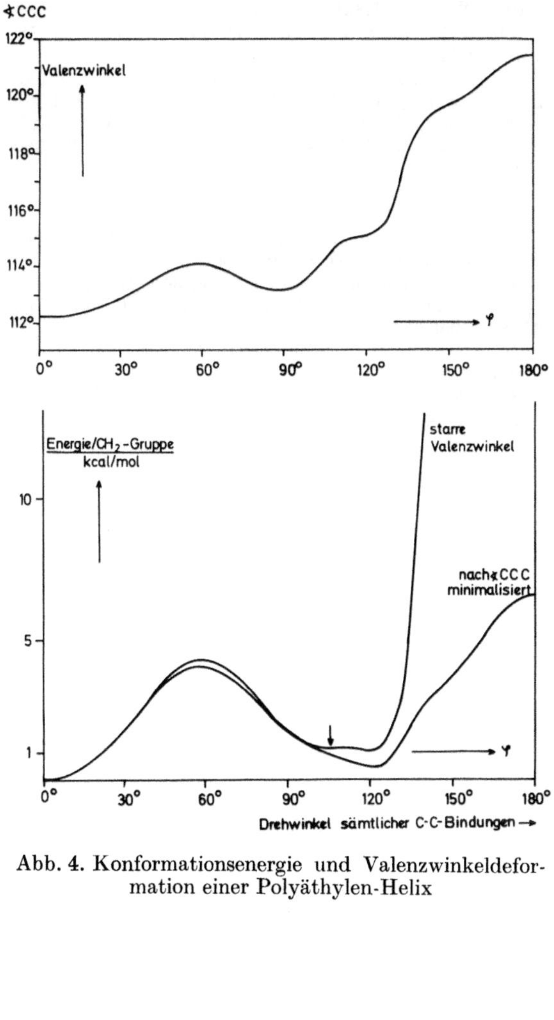

Abb. 4. Konformationsenergie und Valenzwinkeldeformation einer Polyäthylen-Helix

Ein weiteres Minimum der Konformationsenergie wird von *De Santis* et al. (12) und *McMahon* und *McCullough* (23) aufgrund ähnlicher Rechnungen angegeben, die aber keine Valenzwinkeldeformation zulassen. Dieses Minimum findet sich auch hier angedeutet, wenn die Valenzwinkel starr gelassen werden, bei der Minimalisierung (bezüglich der Valenzwinkel) verschwindet es jedoch.

Die vorliegenden Rechnungen werden in Teil II auf den Polyäthylen-Kristall ausgedehnt.

Für finanzielle Unterstützung (P. C. H.) sei der Stiftung Volkswagenwerk gedankt.

Zusammenfassung

Zur quantitativen Erfassung der Idealstrukturen sowie der Strukturen, Konformations- und Aktivierungsenergien einer Klasse von Rotationsisomeren in aliphatischen Kohlenwasserstoffen (Kinken, Jogs, Torsionsfehler, gauche- und Jogblöcke) wird ein Potentialansatz diskutiert, der die sterische Wechselwirkung der Atome, den „inneren Anteil" des Rotationspotentials und Valenzwinkeldeformationen berücksichtigt.

Der Potentialparametersatz wird so angepaßt, daß er sowohl für das Einzelmolekül als auch für den Kristall verwendbar ist.

Folgende Ergebnisse der Rechnungen werden mitgeteilt und soweit möglich mit experimentellen Daten verglichen: Molekülstrukturen und Energien von Äthan, Propan, Butan; Struktur der gestreckten Polyäthylen-Einzelkette; Struktur der isotaktischen Polypropylen- und der Polyisobutylen-Kette; Strukturen und Energien von speziellen Rotationsisomeren der Polyäthylen-Einzelkette.

Summary

In order to calculate perfect structures as well as structures, conformational and activation energies of a class of rotational isomers in aliphatic hydrocarbons (kinks, jogs, torsional defects, gauche- and kinkblocks) a potential is discussed which includes steric interaction of the atoms, the „intrinsic part" of the potential of the internal rotation, and valence angle deformation.

The potential parameter set is fitted in such a way that it is suitable for the single molecule as well as for the crystal.

The following results of the calculations are presented and – as far as possible – compared with experimental data:

molecular structures and energies of ethane, propane, and butane; structure of the single planar polyethylene chain; structure of the isotactic polypropylene and the polyisobutene chain; structures and energies of special rotational isomers of the polyethylene chain.

Literatur

1) *Pechhold, W., S. Blasenbrey, S. Woerner*, Kolloid-Z. u. Z. Polymere **189**, 14 (1963).

2) *Pechhold, W., U. Eisele, G. Knauss*, Kolloid-Z. u. Z. Polymere **196**, 27 (1964).

3) *Pechhold, W.*, Kolloid-Z. u. Z. Polymere **228**, 1 (1968).
4) *Pechhold, W., S. Blasenbrey*, Kolloid-Z. u. Z. Polymere **216/217**, 235 (1967).
5) *Blasenbrey, S., W. Pechhold*, Ber. Bunsenges. Physik. Chem. **74**, 784 (1970).
6) *Wobser, G., P. C. Hägele*, Ber. Bunsenges. Physik. Chem. **74**, 896 (1970).
7) *Wobser, G., S. Blasenbrey*, Kolloid-Z. u. Z. Polymere **241**, 985 (1970).
8) *Sovers, O. J.*, et al., J. Chem. Phys. **49**, 2592 (1968).
9) *Hoyland, J. R.*, J. Chem. Phys. **49**, 2563 (1968).
10) *Wilson, E. B., jr.*, Adv. Chem. Phys. **2**, 367 (1959).
11) *Lowe, J. P.*, Progr. Phys. Org. Chem. **6**, 1 (1968).
12) *de Santis, P., E. Giglio, A. M. Liquori, A. Ripamonti*, J. Polymer Sci. A **1**, 1383 (1963).
13) *Huggins, M. L.*, in: Structural Chemistry and Molecular Biology (Ed. by *A. Rich* and *N. Davidson*) (San Francisco 1968).
14) *McMahon, P. E., R. L. McCullough, A. A. Schlegel*, J. Appl. Phys. **38**, 4123 (1967).
15) *Scott, R. A., H. A. Scheraga*, J. Chem. Phys. **42**, 2209 (1965); **44**, 3054 (1966).
16) *Cignitti, M., T. L. Allen*, J. Phys. Chem. **68**, 1292 (1964).
17) *Pauling, L.*, Proc. Natl. Acad. Sci. U. S. **44**, 211 (1958).
18) *Williams, D. E.*, J. Chem. Phys. **45**, 3770 (1966); **47**, 4680 (1967).
19) *Abe, A., R. L. Jernigan, P. J. Flory*, J. Amer. Chem. Soc. **88**, 631 (1966).
20) *Jacob, E. J., H. B. Thompson, L. S. Bartell*, J. Chem. Phys. **47**, 3736 (1967).
21) *Borisova, N. P., M. V. Volkenstein*, Zhur. Strukturnoi Khimii **2**, 469 (1961).
22) *Lifson, S., A. Warshel*, J. Chem. Phys. **49**, 5116 (1968); Chem. Phys. Letters **4**, 255 (1969).
23) *McMahon, P. E., R. L. McCullough*, Trans. Faraday Soc. **60**, 201 (1964).
24) *Kitaigorodskii, A. I., K. V. Mirskaya*, Soviet Physics – Crystallography **9**, 137 (1964).
25) *Shimanouchi, T.*, Pure Appl. Chem. **7**, 131 (1963).
26) *Schachtschneider, J. H.*, Spectrochim. Acta **19**, 117 (1963).
27) *Takahashi, H.*, et al., J. Mol. Spectry **13**, 43 (1964).
28) *Tasumi, M., T. Shimanouchi*, J. Chem. Phys. **43**, 1245 (1965).
29) *Shimanouchi, T.*, et al., J. Mol. Spectry. **19**, 78 (1966).
30) *Harada, I., T. Shimanouchi*, J. Chem. Phys. **46**, 2708 (1967).
31) *Tasumi, M., S. Krimm*, J. Chem. Phys. **46**, 755 (1967).
32) *Bartell, L. S., K. Kuchitsu*, J. Chem. Phys. **37**, 691 (1962).
33) *Mason, E. A., L. Monchick*, Adv. Chem. Phys. **12**, 329 (1967).
34) *Crowell, A. D.*, J. Chem. Phys. **29**, 446 (1958).
35) *Eyring, H.*, Phys. Rev. **39**, 746 (1932).
36) *Hägele, P. C.*, Dissertation Stuttgart (in Vorbereitung).
37) *Fletcher, R., M. J. D. Powell*, Comp. J. **6**, 163 (1963).
38) *Bartell, L. S., H. K. Higginbotham*, J. Chem. Phys. **42**, 851 (1965).
39) *Lafferty, W. J., E. K. Plyler*, J. Chem. Phys. **37**, 2688 (1962).
40) *Weiss, S., G. E. Leroi*, J. Chem. Phys. **48**, 962 (1968).
41) *Lide, D. R.*, J. Chem. Phys. **29**, 1426 (1958); **33**, 1514, 1519 (1960).
42) *Hoyland, J. R.*, J. Chem. Phys. **49**, 1908 (1968).
43) *Grant, R. M.*, et al., J. Chem. Phys. **52**, 4424 (1970).
44) *Bonham, R. A., L. S. Bartell*, J. Amer. Chem. Soc. **81**, 3491 (1959).
45) *Kuchitsu, K.*, J. Chem. Soc. Japan **32**, 748 (1959).
46) *Bartell, L. S., D. A. Kohl*, J. Chem. Phys. **39**, 3097 (1963).
47) *Person, W. B., G. C. Pimentel*, J. Amer. Chem. Soc. **75**, 532 (1953).
48) *Ito, K.*, J. Amer. Chem. Soc. **75**, 2430 (1953).
49) *Piercy, J. E., M. G. S. Rao*, J. Chem. Phys. **46**, 3951 (1967).
50) *Pitzer, K. S.*, J. Chem. Phys. **5**, 473 (1937).
51) *Sheppard, N., G. J. Szasz*, J. Chem. Phys. **17**, 86 (1949).
52) *Szasz, G. J., N. Sheppard, D. H. Rank*, J. Chem. Phys. **16**, 704 (1948).
53) *Teare, P. W.*, Acta Cryst. **12**, 294 (1959).
54) *Swan, P. R.*, J. Polymer Sci. **56**, 403 (1962).
55) *Natta, G., P. Corradini*, Nuova Cimento **15**, Suppl. No. 1, 9 (1960).
56) *Natta, G., P. Corradini, P. Ganis*, J. Pol. Sci. **58**, 1191 (1962).
57) *Miller, R. L.*, in Polymer Handbook III, 1 (ed. by *J. Brandrup* and *E. H. Immergut*) (New York 1966).
58) *Natta, G., P. Corradini, M. Cesari*, Atti Acad. Nazl. Lincei, Rend. Classe Sci. Fis. Mat. Nat., (8) **21**, 365 (1956).
59) *Miller, R. L.*, Crystallographic Data for various polymers. IV (Durham, N. C. 1963).
60) *Birshtein, T. M., O. B. Ptitsyn*, Conformations of Macromolecules (New York 1966).
61) *Liquori, A. M.*, Acta Cryst. **8**, 345 (1955).
62) *Bunn, C. W., D. R. Holmes*, Disc. Farad. Soc. **25**, 95 (1958).
63) *Coiro, V. M., P. de Santis, A. M. Liquori*, Polymer Letters **4**, 821 (1966).
64) *Pechhold, W., S. Blasenbrey*, Kolloid-Z. u. Z. Polymere **241**, 955 (1970).
65) *Reneker, D. H.*, J. Polymer Sci. **59**, 39 (1962).

Anschrift der Verfasser:

Dipl. Phys. *P. C. Hägele* und Prof. Dr. *W. Pechhold*
Physikal. Institut, Abt. Polymere, der Universität Stuttgart
7000 Stuttgart-Vaihingen, Pfaffenwaldring 35

Kolloid-Z. u. Z. Polymere **241**, 985–993 (1970)

Aus dem Physikalischen Institut, Abteilung Polymere, der Universität Stuttgart

Struktur- und Konformationsberechnung in Polymeren*)

II. Idealkristall und Defektzustand (Bündelmodell) von Polyäthylen

Von G. Wobser und S. Blasenbrey

Mit 4 Abbildungen in 5 Einzeldarstellungen und 7 Tabellen

(Eingegangen am 27. August 1970)

1. Einleitung

Ausgehend von einem Bündel idealgepackter Ketten konnte von *Pechhold* u. Mitarb. (1, 2, 3, 4) durch Einführung molekular faßbarer Defekte ein Modell der Mikrostruktur polymerer Stoffe entwickelt werden, das Schmelze und Kristall einheitlich beschreibt. Die Fortschritte bei der atomistischen Behandlung des Polyäthylenidealkristalls (5, 6) ließen es aussichtsreich erscheinen, die in das Modell eingehenden Parameter auf atomistischer Grundlage zu berechnen. Erste Versuche zur Berechnung der Struktur und Energie spezieller Defekte stammen von *McMahon* u. Mitarb. (7), wobei allerdings der intermolekulare Energiebeitrag nur durch geometrische Zwangsbedingungen berücksichtigt wird.

Im vorliegenden Teil II wird zunächst mit dem vor kurzem angegebenen (8) und im Teil I (9) ausführlicher diskutierten Potential die Berechnung der Kristallstruktur des Polyäthylens durchgeführt. Anschließend werden mit demselben Potential die anisotropen elastischen Konstanten berechnet. Im letzten Abschnitt werden einige Rechnungen zur Defektstruktur mitgeteilt, in denen die intermolekulare Energie mit Hilfe der Paarnäherung erfaßt wird.

2. Idealkristall

2.1. *Gitterparameter und Kohäsionsenergie*

Kohäsionsenergie und Struktur von Polymerkristallen lassen sich mit der Annahme berechnen, daß die zwischenmolekulare Energie die Summe der *van der Waals*-Wechselwirkungen zwischen den Atomzentren ist. Erste Rechnungen von *Müller* (10) an Paraffinen ergaben bei vorgegebener Struktur und angenommenen Werten der *van der Waals*-Konstanten für die Kohäsionsenergie einen vernünftigen Wertebereich. Mit Hilfe der Computer wurde es möglich, auch die Struktur durch Minimalisierung der zwischenmolekularen Energie zu berechnen (5, 6).

Für Polymere gelang dies allerdings bisher nur für den einfachsten Vertreter, das Polyäthylen. *Williams* (6) benutzte Daten über Struktur und Kohäsionsenergie von Kristallen niedermolekularer Kohlenwasserstoffe und von Polyäthylen, um einen Satz der *van der Waals*-Konstanten zu finden, der die experimentellen Kristalldaten optimal wiedergibt. Ziel dieser und der als Teil I veröffentlichten Arbeit war es, einen Potentialansatz zu finden, der sowohl Strukturen und Energien in niedermolekularen Kohlenwasserstoff-Einzelmolekülen als auch Kristallstruktur und Kohäsionsenergie des Polyäthylenkristalls richtig beschreibt. Dies konnte mit den *Williams*schen Konstanten nicht optimal erreicht werden. Der dem Gesamtproblem zugrundeliegende Potentialansatz ist im Teil I angegeben. Für die Berechnung der Kristallstruktur ist der wesentliche Anteil der intermolekulare Beitrag von U_{ster}, der die Summe der als *Buckingham*-Potential angenommenen Wechselwirkungen zwischen Atomen verschiedener Ketten darstellt.

Der Polyäthylenidealkristall besteht aus, im Grenzfall unendlich langen, planaren CH_2-Ketten, in denen außer thermischen Schwingungen keinerlei Störungen der Gitterperiodizität vorkommen. Strukturuntersuchungen (11) ergaben ein rhombisches Gitter mit Basis. Die Basis besteht aus 4 CH_2-Gruppen in der Elementarzelle. Ein Schnitt senkrecht zu den Ketten ist in Abb. 1 schematisch dargestellt. Die Elementarzelle wird durch die drei Gitterparameter a, b und c festgelegt. Bei starren Valenzlängen CC und CH und Ausnutzen der Symmetrie wird die Basis

---

*) Vorgetragen auf der Arbeitssitzung des Fachausschusses Physik der Hochpolymeren in der Frühjahrstagung 1970 des Regionalverbandes Hessen-Mittelrhein-Saar der Deutschen Physikalischen Gesellschaft in Darmstadt, 10.–13. März 1970.

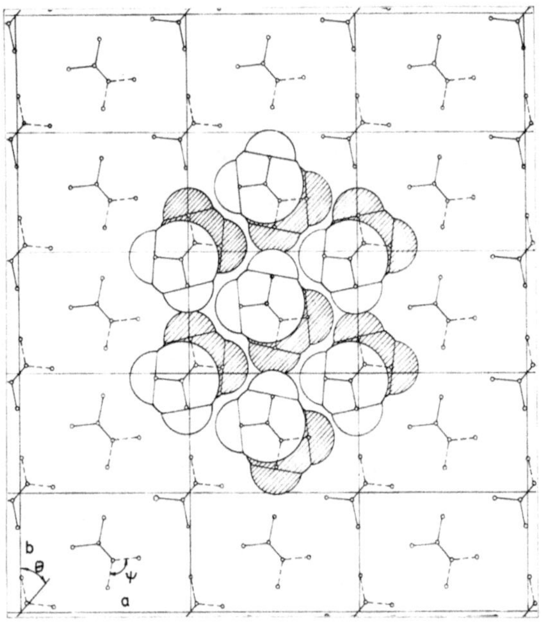

Abb. 1. Schnitt senkrecht zu den Ketten des rhombischen Polyäthylenidealkristalls

durch den Einstellwinkel θ der Zickzackebenen gegen die b-Achse und den HCH-Winkel ψ beschrieben. Zur Berechnung der Kohäsionsenergie pro Elementarzelle muß über alle Wechselwirkungen der 4 CH_2-Gruppen mit der Umgebung aufsummiert werden. Die so berechnete Energie U, auf eine CH_2-Gruppe bezogen, ist Funktion von a, b, c, θ und ψ. Es werden die folgenden Annahmen gemacht:

1. Die Gitterparameter werden durch Minimalisierung der Energie U bezüglich der Variablen berechnet. Es werden damit Einflüsse der Schwingungen auf die Struktur vernachlässigt. Ein experimenteller Vergleich muß daher mit auf $T = 0$ °K extrapolierten Werten erfolgen.

2. Der CCC-Valenzwinkel (und damit bei starrem CC-Abstand auch die Gitterkonstante c) sowie der HCH-Valenzwinkel werden aus den Rechnungen an der Einzelkette übernommen [s. Tab. 5 (9)]. Damit verbleiben als Variable noch a, b und θ. Die Gültigkeit dieser Annahme wurde nachgeprüft, indem auch nach den CCC- und HCH-Valenzwinkeln minimalisiert wurde. Es ergaben sich für die Änderungen der Valenzwinkel beim Einbau der Ketten in den Kristall Werte in der Größenordnung von Sekunden.

3. Es werden nur Wechselwirkungen mit der ersten und zweiten Schale (6 nächste und 12 übernächste Ketten) mitgenommen. Die Mitnahme weiterer Schalen würde die Energie nur noch um ca. 2% absenken. In Kettenrichtung werden in der 1. und 2. Schale jeweils 7 Elementarzellen berücksichtigt. Somit gilt für die Energie:

$$2\,U(a,b,\theta) = -A_{CC}\sum\frac{1}{r_{CC}^6} + B_{CC}\sum e^{-C_{CC}r_{CC}} - A_{CH}\sum\frac{1}{r_{CH}^6} + B_{CH}\sum e^{-C_{CH}r_{CH}} - A_{HH}\sum\frac{1}{r_{HH}^6} + B_{HH}\sum e^{-C_{HH}r_{HH}}, \quad [1]$$

wobei über alle Wechselwirkungen der Atome der Elementarzelle mit den Atomen der 1. und 2. Schale summiert wird.

Zum experimentellen Vergleich wurde für die Kohäsionsenergie der von *Billmeyer* (12) angegebene Wert benutzt. Für die Gitterkonstanten wurden Messungen von *Hendus* (13) über die Temperaturabhängigkeit von a und b im Bereich von -196 °C bis Zimmertemperatur auf $T = 0$ °K extrapoliert. Für -196 °C liegt eine gute Übereinstimmung mit den Werten von *Swan* (14) vor, für $T = 10$ °K mit denen von *Shen* et al. (15). Der angegebene Bereich von θ schwankt von 42° (11, 16) bis 48° (17). Am zuverlässigsten erscheint der experimentelle Wert von 45° von *Zugenmaier* (18).

Die Konstanten A_{HH}, B_{HH}, B_{CH}, A_{CC} und B_{CC}, die eine gute Anpassung sowohl an die experimentellen Werte von a, b, θ und U_0 als auch an die Daten einiger niedermolekularer Einzelmoleküle ergaben, sind in Tab. 1 zusammengestellt.

Tab. 1. Potentialkonstanten für Kohlenwasserstoffe

Konstante	Bemerkungen
$A_{HH} = 33$ kcal/mol Å^6 $B_{HH} = 3000$ kcal/mol	angepaßt
$C_{HH} = 3{,}74$ Å^{-1}	*Williams* (6)
$A_{CH} = 128{,}5$ kcal/mol Å^6	$A_{CH} = \sqrt{A_{HH}\,A_{CC}}$
$B_{CH} = 14000$ kcal/mol	angepaßt
$C_{CH} = 3{,}67$ Å^{-1}	$0{,}5\,(C_{HH} + C_{CC})$
$A_{CC} = 500$ kcal/mol Å^6 $B_{CC} = 53000$ kcal/mol	angepaßt
$C_{CC} = 3{,}60$ Å^{-1}	*Crowell* (19)

Tab. 2 zeigt die mit diesen Konstanten erhaltenen Daten des PÄ-Kristalls sowie die zur Anpassung benutzten experimentellen Werte (mit * gekennzeichnet).

Tab. 2. PÄ-Idealkristall

Struktur Energie	experimentell	theoretisch
a	7,14 Å* auf $T = 0$ °K extrapolierte Messungen (13)	7,156 Å
b	4,87 Å*	4,894 Å
θ	42° (11, 16) 45° ± 1° (18)	46° 19′
Kohäsionsenergie U_0	−1,838 kcal/mol* (12)	−1,822 kcal/mol

Andere Autoren (7, 20) minimalisieren getrennt nach a und b bzw. θ oder berücksichtigen zu wenige Nachbarn (6, 7). *Williams* (6) erfaßt z.B. durch seine Summation nur etwa 80% der Gitterenergie. Setzt man die Potentialkonstanten, die bei zu niedrigen Summationsgrenzen berechnet wurden, in das hier verwendete Programm ein, so erhält man zu kleine Gitterkonstanten und eine zu tiefe Kohäsionsenergie (Tab. 3).

Zum Vergleich sind außerdem die Gitterdaten aufgenommen, die sich mit den Potentialkonstanten von *Abe, Jernigan* und *Flory* (21) ergeben. Diese Konstanten wurden zur Konformationsberechnung an Einzelketten verwendet.

Tab. 3. Vergleich mit den Potentialkonstanten anderer Autoren

	Williams (6)	*Abe, Jernigan, Flory* (20)
a	7,005 Å	6,51 Å
b	4,758 Å	4,39 Å
θ	46° 55′	48° 25′
U_0	−2,053 kcal/mol	−3,514 kcal/mol

Wegen der großen experimentellen Streuung der θ-Winkel wurde untersucht, für welche Potentialkonstanten es möglich ist, für θ Werte zwischen 42° und 48° zu erhalten. Dazu diente Gl. [1] als Ausgang. Weitere 3 Gleichungen enthält man aus den Bedingungen, daß $\partial U/\partial a$, $\partial U/\partial b$ und $\partial U/\partial \theta$ für die Gleichgewichtswerte von a, b und θ verschwinden müssen, d.h.

$$U = U_0 ,$$
$$\frac{\partial U}{\partial a} = 0 ,$$
$$\frac{\partial U}{\partial b} = 0 ,$$
$$\frac{\partial U}{\partial \theta} = 0 . \qquad [2]$$

Differenziert man [1], so treten, wie im Ausdruck für die Energie, nur vom Potentialansatz abhängige Gittersummen auf, die als Funktion von θ berechnet werden. Gibt man A_{CC} und die Exponenten C vor, so erhält man ein Gleichungssystem für die Konstanten A_{HH}, B_{HH}, B_{CH} und B_{CC}, das als Funktion von θ gelöst werden kann. Wegen der Struktur der Koeffizienten, und daran ändert auch eine extreme Variation der Exponenten zwischen 2,5 und 5 nichts, werden nur im Bereich $45{,}5 \leqslant \theta \leqslant 47{,}5°$ physikalisch sinnvolle Lösungen ($A, B > 0$) erhalten. Somit ist es nicht verwunderlich, wenn alle Autoren bei Verwendung eines *Buckingham*-Potentials und unterschiedlichster Konstanten für θ Werte im angegebenen Bereich erhalten. Der kürzlich angegebene experimentelle Wert von $\theta = 45°$ scheint das theoretische Ergebnis zu stützen.

2.2. *Die anisotropen elastischen Konstanten*

Mit dem diskutierten allgemeinen Potential (9), erweitert durch die Energie der Valenzlängendeformation, müßte es möglich sein, die mechanischen und thermischen Eigenschaften des Polyäthylenidealkristalls zu berechnen. Währenddem die thermischen Eigenschaften schon ausführlich untersucht wurden [wegen einer zusammenfassenden Darstellung siehe *Wunderlich* und *Baur* (22)], liegen zum Problem der mechanischen Eigenschaften nur wenige Arbeiten vor. *Odajima* und *Maeda* (20) benutzen *Borns* Methode der langen Wellen zur Berechnung der anisotropen elastischen Konstanten. Sie nehmen aber bei der intermolekularen Energie nur die nächsten Nachbarn mit. *Anand* (23) verwendet zur Berechnung des gleichen Problems die *Born-v. Kármán*sche Theorie für primitive Gitter und muß dazu das PÄ-Gitter in ein primitives Gitter umwandeln. Hier werden dagegen, mit Hilfe der strengen Theorie der Gitterdynamik nichtprimitiver Gitter in der Formulierung von *Leibfried* (24), bei Berücksichtigung der Nachbarn der 1. und 2. Schale die elastischen anisotropen Konstanten berechnet. Da nur die Energie berücksichtigt wird und thermische Effekte außer acht gelassen werden, erhält man auf diese Weise die elastischen Konstanten bei $T = 0$ °K. Ein experimenteller Vergleich wird daher aus zweierlei Gründen schwierig: einmal existieren keine makroskopischen PÄ-Einkristalle, so daß man auf Messungen an orientierten Proben bzw. isotrope Mittelungen angewiesen ist, zum anderen muß man die Messungen, die bei höheren Temperaturen durchgeführt wurden, auf $T = 0$ °K extrapolieren.

Ausgangspunkt der Rechnung stellt die potentielle Energie des Kristalls dar, die sich aus der intramolekularen Energie innerhalb der Ketten und der intermolekularen Energie zwischen den Ketten zusammensetzt:

$$\Phi = \Phi^{\text{inter}} + \Phi^{\text{intra}},$$

$$\Phi = \sum_{\substack{\text{H..H}\\ \text{C..H}\\ \text{C..C}}\text{Paare}} - A\, r^{-6} + B\, e^{-Cr}$$
$$+ \sum_{\substack{\sphericalangle\,\text{CCC}\\ \sphericalangle\,\text{CCH}\\ \sphericalangle\,\text{HCH}}} \frac{K}{2}(\vartheta - \vartheta_0)^2$$
$$+ \sum_{\substack{\text{C–C}\\ \text{C–H}}} \frac{K_l}{2}(l - l_0)^2, \qquad [3]$$

wobei die Summation in der ersten Summe über intra- und intermolekulare Paare läuft.

Die Gleichgewichtslagen der Atome sind durch die Vektoren

$$\bar{\mathfrak{R}}^{\mathfrak{m}}_{p\mu} = \bar{A}\,\mathfrak{m} + \bar{\mathfrak{R}}^{p\mu} \qquad [4]$$

festgelegt, wobei $\mathfrak{m}$ die Elementarzelle angibt und $\bar{\mathfrak{R}}^{p\mu}$ die Atome der Basis kennzeichnet. p legt die C_2H_4-Gruppen in der Elementarzelle fest ($p = 1, 2$) und μ die Atome einer C_2H_4-Gruppe ($\mu = 1, 2, \ldots, 6$). Bei kleinen Auslenkungen $s^{\mathfrak{m}}_{p\mu\, i}$ aus der Gleichgewichtslage läßt sich die Energie nach diesen Verschiebungen entwickeln. Geht man bis zu quadratischen Gliedern, so erhält man

$$\Phi\Big(\ldots, \bar{X}^{\mathfrak{m}}_{p\mu\, i} + s^{\mathfrak{m}}_{p\mu\, i}, \ldots\Big) = \Phi_0 + \sum_{\substack{\mathfrak{m}\\ p\mu\\ i}} \frac{\partial \Phi}{\partial X^{\mathfrak{m}}_{p\mu\, i}}\bigg|_{X_i = \bar{X}_i} s^{\mathfrak{m}}_{p\mu\, i}$$
$$+ \frac{1}{2} \sum_{\substack{\mathfrak{m},\,\mathfrak{n}\\ p\mu,\, q\nu\\ i,\, k}} \frac{\partial^2 \Phi}{\partial X^{\mathfrak{m}}_{p\mu\, i}\, \partial X^{\mathfrak{n}}_{q\nu\, k}}\bigg|_{X_i = \bar{X}_i} s^{\mathfrak{m}}_{p\mu\, i}\, s^{\mathfrak{n}}_{q\nu\, k}. \qquad [5]$$

Wegen des Gleichgewichtes verschwindet das 2. Glied. Die durch

$$\frac{\partial^2 \Phi}{\partial X^{\mathfrak{m}}_{p\mu\, i}\, \partial X^{\mathfrak{n}}_{q\nu\, k}}\bigg|_{X_i = \bar{X}_i} = \Phi^{\mathfrak{m}\ \mathfrak{n}}_{p\mu\, i\ q\nu\, k} \qquad [6]$$

gegebenen Größen werden als *Born*sche Kopplungsparameter bezeichnet, für die bestimmte Symmetriebedingungen gelten (24). Insbesondere genügt es, nur die Kopplungsparameter $\Phi^{\mathfrak{h}\ 0}_{p\mu\, i\ q\nu\, k}$, d. h. zwischen den Atomen der Elementarzelle 0 und den Nachbarzellen $\mathfrak{h}$, zu betrachten. Man erhält diese durch Differentiation von Gl. [3]. Mit Hilfe der Kopplungsparameter lassen sich nun die anisotropen elastischen Konstanten berechnen (24, 25).

Zur quantitativen Berechnung werden neben den Werten der Tab. 1 noch die in Tab. 4 zusammengefaßten Größen benutzt.

Tab. 4. Einige Potentialkonstanten für Kohlenwasserstoffe

Größen	Bemerkungen
$K_{\text{CCC}} = 100$ kcal/mol $K_{\text{CCH}} = 52$ kcal/mol $K_{\text{HCH}} = 75$ kcal/mol	gemittelt nach *Schachtschneider* (26), *Takahashi* (27) u.a.
$K_{\text{CC}} = 322$ kcal/mol Å^2 $K_{\text{CH}} = 580$ kcal/mol Å^2	*Schachtschneider* (26)
$l_{0\text{CC}} = 1{,}219$ Å $l_{0\text{CH}} = 0{,}959$ Å	folgt aus dem Gleichgewicht in Richtung der Valenzarme
$\vartheta_0 = 109°\,28'$	Tetraederwinkel

Als Gleichgewichtswerte wurden die in Tab. 2 angegebenen Gitterkonstanten und die in Tab. 5 (9) zusammengestellten Werte für die Kette verwendet.

Für die anisotropen elastischen Konstanten c_{ik} und Koeffizienten s_{ik} (in *Voigt*scher Notierung) wurden die in Tab. 5 angegebenen Werte erhalten.

Tab. 5. Elastische Konstanten und Koeffizienten

$$c_{ik} = \begin{pmatrix} 13{,}75 & 7{,}34 & 2{,}46 & 0 & 0 & 0 \\ & 12{,}50 & 3{,}96 & 0 & 0 & 0 \\ & & 325{,}4 & 0 & 0 & 0 \\ & & & 3{,}19 & 0 & 0 \\ & & & & 1{,}98 & 0 \\ & & & & & 6{,}24 \end{pmatrix} \begin{matrix} 10^{10} \\ \text{dyn/cm}^2 \end{matrix}$$

$$s_{ik} = \begin{pmatrix} 105 & -62{,}23 & -0{,}046 & 0 & 0 & 0 \\ & 116{,}9 & -0{,}95 & 0 & 0 & 0 \\ & & 3{,}09 & 0 & 0 & 0 \\ & & & 314 & 0 & 0 \\ & & & & 505{,}8 & 0 \\ & & & & & 160{,}2 \end{pmatrix} \begin{matrix} 10^{-13} \\ \text{cm}^2\text{/dyn} \end{matrix}$$

Berücksichtigt man nur die 1. Schale, so erniedrigen sich die c_{ik}-Werte um ca. 10% (außer c_{33}). Es besteht eine recht gute Übereinstimmung mit den Werten von *Odajima* und *Maeda* (20), nur sind jene wegen der geringeren Summationsgrenzen zum Teil kleiner. Dagegen sind die Werte von *Anand* (23) teilweise um den Faktor 100 verschieden.

Für die Elastizitätsmoduln in a-, b- und c-Richtung erhält man

$$\left.\begin{aligned} E_a &= 9{,}44 \\ E_b &= 8{,}56 \\ E_c &= 324 \end{aligned}\right\} 10^{10}\ \text{dyn/cm}^2$$

Auf tiefe Temperaturen extrapolierte Werte von verstrecktem Polyäthylen (28) ergeben

$$\frac{1}{2}(E_a + E_b) = 8{,}2 \cdot 10^{10} \text{ dyn/cm}^2 ,$$

während mit obigen Werten ca. $9 \cdot 10^{10}$ dyn/cm² folgt.

Da experimentelle Messungen meist an Vielkristallen erfolgen, ist man für einen Vergleich auf Mittelungen angewiesen. Die *Reuß*sche (konstante Spannungen) und *Voigt*sche Mittelung (konstante Deformationen) stellen Grenzfälle dar. Die Gleichungen zur Berechnung von Elastizitätsmodul E, Schubmodul G und Kompressibilität $\varkappa$ bei *Reuß*scher Mittelung sind an anderer Stelle angegeben (1).

Die Ergebnisse der *Reuß*schen Mittelung und experimentelle Werte sind in Tab. 6 gegenübergestellt.

Tab. 6. Vergleich der theoretischen und experimentellen isotropen elastischen Konstanten

Moduln	theoretisch	experimentell
Elastizitätsmodul E	9,8	$9{,}26 \cdot 10^{10}$ dyn/cm² aus $E = \frac{9\,G/\varkappa}{\frac{3}{\varkappa} + G}$
Schubmodul G	3,66	$3{,}7 \cdot 10^{10}$ dyn/cm² (29)
Kompressibilität $\varkappa$	1,0	$1{,}6 \cdot 10^{-11}$ cm²/dyn (30)

Es liegt eine gute Übereinstimmung vor. Dagegen erhält man mit der *Voigt*schen Mittelung eine schlechte (Faktor 3) Übereinstimmung.

3. Defektzustand

3.1. *Grenzfälle*

Zur Behandlung des Defektzustandes muß man zwei Grenzfälle betrachten, den Zustand geringer Defektdichte (Realkristall) und den Zustand hoher Defektdichte (Schmelze). Bei geringer Defektdichte hat man von einem Defekt, z. B. einer Kinke, im sonst idealen Gitter auszugehen und atomistisch die Energie und den Deformationszustand der Umgebung zu berechnen. Dieses Problem ist zur Zeit in Bearbeitung. Bei hoher Defektdichte, bei der die Umgebung nicht mehr durch die Eigenschaften des Idealkristalls gegeben ist, muß ein anderer Weg beschritten werden: Erfaßt man die Umgebung nur durch die erste Koordinationsschale, so kann die Energie in Anteile repräsentativer Paartypen aufgeteilt werden. Wie in 3.2 gezeigt wird, lassen sich Energie und Geometrie des PÄ-Idealkristalls mit Hilfe der Paarnäherung befriedigend berechnen. Dieses Ergebnis berechtigt, auch den Zustand hoher Defektdichte in der angegebenen Weise zu behandeln.

3.2. *Paarnäherung des Idealkristalls*

Zwei parallele planare Ketten werden durch den Abstand r (von den Mittelpunkten der C–C-Bindungen aus gemessen) und durch die Winkel θ_1 und θ_2 zwischen den Zickzackebenen und dem Lot auf r festgelegt (Abb. 3). Durch Variation von θ_1 und θ_2 lassen sich alle möglichen Anordnungen der beiden Ketten realisieren. In Kettenrichtung soll dagegen keine Verschiebung zugelassen werden. Es wird die Energie der Anordnung als Funktion von r, θ_1 und θ_2 berechnet und bezüglich dieser Größen minimalisiert. Man erhält als ein Ergebnis, daß bei beliebig vorgegebenem θ_1 bezüglich θ_2 immer vier Minima auftreten, die alle nahezu bei 0°, 90°, 180° und 270° liegen. Wegen der Symmetrie der Anordnung gilt das gleiche auch für festes θ_2 bei Variationen von θ_1.

Tab. 7. Gleichgewichtsabstände und -energien für Paare aus idealen Ketten. θ_1 ist auf den ersten Quadranten beschränkt

	θ_1 in Grad	θ_2 in Grad	Abstand in Å	Energie pro CH_2 in kcal/mol
(1)	0	180	4,04	−0,3757
(2)	12	12	4,20	−0,3305
(3)	5° 53′	91° 23′	4,37	−0,3159
(4)	90	90	4,57	−0,2980
(5)	90	270	4,75	−0,2551

Ohne Verschiebung in Kettenrichtung treten insgesamt 18 Minima und 2 Sattelpunkte bei 0°/0° und 180°/180° auf. In Tab. 7 sind diejenigen 5 Lagen, bei denen θ_1 im ersten Quadranten liegt, dargestellt. Die übrigen Anordnungen gehen durch Symmetrieoperationen aus den angegebenen hervor. Die antiparallele Stellung 1 der Ketten hat die tiefste Energie und den kleinsten Abstand. Das Paar 3 entspricht der rhombischen Anordnung in [110]- und [1$\bar{1}$0]-Richtung, bei denen die Ketten nahezu senkrecht aufeinander stehen.

Wie im Gitter, so sind auch bei dem Kettenpaar die Minimallagen nicht $\theta_1 = 0°$ und $\theta_2 = 90°$, sondern weichen etwas davon ab. In Abb. 2 sind im oberen Teil die im rhombi-

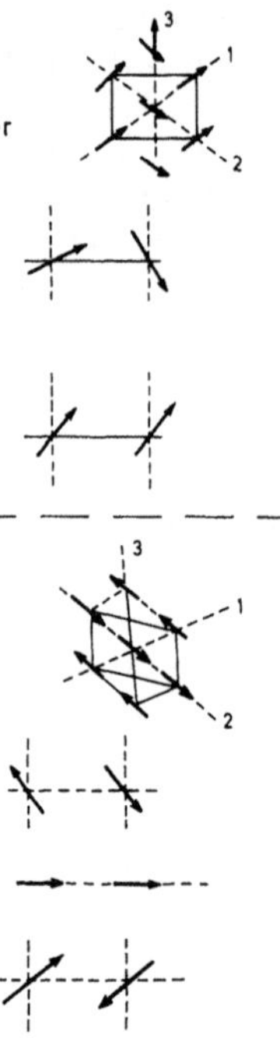

	Θ_1 in grd.	Θ_2 in grd.	Energie pro CH_2 in kcal/mol	Minimalabstand	Abstand im Gitter (T = 0 °K)
Rhombisches Gitter (und monoklines Gitter der Paraffine)					
4 Paare (1 + 2)	80	170	-0,313	4,37	4,2
2 Paare (3)	45	45	-0,192 (-1,626)	4,9	4,9
Triklines Gitter der Paraffine					
2 Paare (1)	342	162	-0,3	4,3	4,1
2 Paare (2)	90	90	-0,3	4,58	4,8
2 Paare (3)	48	228	-0,14 (-1,48)	5,0	5,3

Abb. 2. Vergleich der im rhombischen und triklinen Gitter auftretenden Abstände zwischen benachbarten Ketten mit den aus der Paarnäherung folgenden

schen Gitter auftretenden Paare in [110]-, [1$\bar{1}$0]- und [010]-Richtung der ersten Schale zusammengestellt. Angegeben sind außer dem Minimalabstand und der Energie in Paarnäherung noch die Abstände, wie sie aus der Minimalisierung der Gesamtenergie folgen (siehe 2.1). Die Abstände stimmen überraschend gut überein. Besonders gilt dies für den Abstand der Paare in *b*-Richtung, bei denen die Ketten unter den Nichtminimalwinkeln $\theta_1 = \theta_2 = 45°$ angeordnet sind. Der Abstand der Paare in [110]- und [1$\bar{1}$0]-Richtung ist dagegen etwas kleiner als im Gitter. Anschaulich folgt daraus, daß bei Temperaturerhöhung eine Verschiebung in *a*-Richtung leichter möglich ist als in *b*-Richtung, was mit dem experimentellen Befund in Einklang steht. Addiert man die Paarenergien, so erhält man $u = -1{,}626$ kcal/mol; das sind etwa 90% der unter 2.1 angegebenen Kohäsionsenergie. Dies stellt gerade den Energiebeitrag der ersten Schale dar.

Im unteren Teil der Abb. 2 sind für das trikline Gitter der Paraffine analoge Betrachtungen für die erste Schale angestellt. Auch hier liefern die Paarrechnungen recht gute Übereinstimmung mit den experimentellen Ergebnissen. Für dieses Gitter wurde bisher die strenge Rechnung noch nicht durchgeführt.

3.3. Paarnäherung des Defektzustandes

Die kooperative Erfassung der Wechselwirkung von Kinken in einem Kettenbündel führt zu einem Phasenübergang 1. Ordnung von einem Zustand kleiner Defektdichte (Realkristall) in einen Zustand hoher Defektdichte (Schmelze) (2, 3, 4). Bei dieser Behandlung wurde vereinfachend die Wechselwirkungsenergie nur zwischen nächsten Nachbarn einer Segmentschicht aus $m = 4$ CH_2-Gruppen berücksichtigt (Paarnäherung) und durch repräsentative Paartypen beschrieben. Bezeichnet 0 ein planares Kettensegment und 1 ein Kinksegment, so läßt sich die Mikrostruktur durch die Paare 00, 01, 10 und 11 aufbauen. Da eine Kinke mehrere Anordnungsmöglichkeiten besitzt, wurde die Gruppe 11 in drei Untergruppen (110, 111, 112) jeweils gleicher Energie aufgeteilt. Der Zustand des Kettenbündels ist im wesentlichen durch die molekularen Parameter der Segmentpaare, insbesondere durch ihre Energie und ihr Volumen, bestimmt.

Bisher wurden die molekularen Parameter in ihrer Größenordnung abgeschätzt, wobei eine Proportionalität der Energie zum geometrisch bestimmten Leerstellenvolumen angenommen wurde. Mit den in Tab. 2 (4) angegebenen Werten konnte bei Polyäthylen für die Umwandlungsdaten (Schmelzpunkt, Schmelzwärme, Volumensprung) sowie Ausdehnungskoeffizient und Kompressibilität, jeweils in Abhängigkeit vom Druck, Übereinstimmung mit dem Experiment erzielt werden. Nunmehr soll, analog der Behandlung der idealen Paare in 3.2, die Energie und der Abstand (Volumen) der Segmentpaare auf atomistischer Grundlage berechnet werden. Da der Zustand hoher Defektdichte keine Symmetrie besitzt, müssen von jeder Paaranordnung (vorgegeben durch die Kinkanordnung) sämtliche Energieminima aufgesucht werden. Dies stellt ein umfangreiches Programm dar.

Für die Berechnung werden folgende Annahmen gemacht:

1. In den beiden Ketten sollen keine Valenzwinkeldeformationen vorkommen. Diese Näherung ist bei hoher Defektdichte gerechtfertigt.

2. Gekinkte Ketten sollen sich bezüglich der Drehwinkel φ, unabhängig von der intermolekularen Energie, im Minimum der intramolekularen Energie befinden. Für den Winkel wird näherungsweise 110° verwendet.

Um alle Fälle für Paare aus gekinkten Ketten zu erhalten, wird in der Kette 2 der Abb. 3 eine $gt\bar{g}$-Kinke erzeugt [wegen der Bezeichnung der Kinken siehe (1)], deren Lage bezüglich der z-Achse festbleiben soll. Zunächst wird die Kinke in der Kette 1 an den gleichen C-Atomen wie in Kette 2 angenommen. Entsprechend den zwei gauche-Lagen im Rotationspotential kann dies eine $gt\bar{g}$- oder eine $\bar{g}tg$-Kinke sein. Man erhält dadurch eine Aufspaltung der möglichen Fälle. Neben der Anordnung der Kinken auf gleicher Höhe treten noch die Fälle auf, bei denen die Kinke 1 gegenüber der Kinke 2 um Vielfache von $c/2$ verschoben ist.

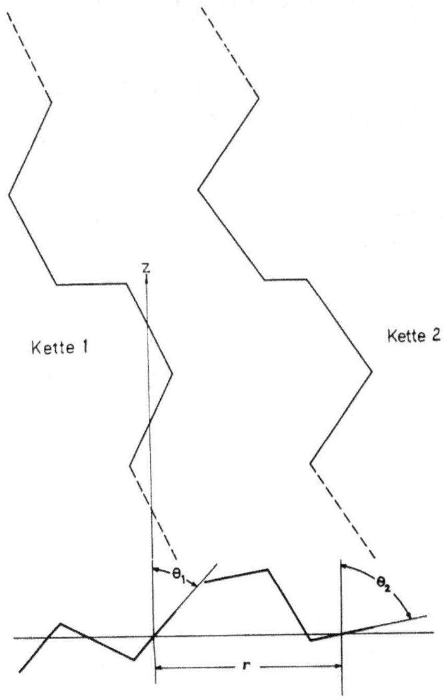

Abb. 3. Geometrie eines Kinkpaares in Seitenansicht und Aufsicht

Die weitere Behandlung der Energieberechnung soll für die 11-Paare mit Kinken auf gleicher Höhe erfolgen. Es wird mit einer Segmentlänge von $2c$ gerechnet. Da die beiden Randatome nur halb gezählt werden, befinden sich $m = 5$ CH_2-Gruppen im Segment. Läßt man vereinfachend nur solche Kinkanordnungen zu, bei denen auf eine Kinke nur eine solche folgen darf, die die laterale Auslenkung wieder rückgängig macht, so enthält das Kinksegment bei dichtester Packung drei CH_2-Gruppen. Rechnet man mit starren Valenzwinkeln, so erhält man eine hohe intramolekulare Energie von 22 kcal/mol, die diese engste Anordnung äußerst unwahrscheinlich macht. Durch Valenzwinkeldeformation wird die Energie sicher abgesenkt, aber immer noch so hoch sein, daß die Anordnung energetisch ungünstig bleibt. Bei dem nächstmöglichen Abstand von $2c$ ($5CH_2$-Gruppen) tritt dagegen schon eine weitgehende Entkopplung der Kinken ein; die Defektenergie ist näherungsweise gleich der doppelten Einzelkinkenergie. Bisher wurde mit einer mittleren Segmentlänge von $m = 4$ gerechnet, da in der Schmelze die strenge Rücklaufbedingung nicht notwendig ist (4).

Zur Berechnung der intermolekularen Energie werden von den CH_2-Gruppen der beiden Kinksegmente aus die Wechselwirkungsenergien zur jeweiligen Nachbarkette berechnet, und zwar vier CH_2-Gruppen in beiden Richtungen (durch die Summationsgrenze erhält man eine etwa 5% zu niedrige Defektenergie). Die planare Fortsetzung über die Segmente hinaus bedeutet eine gute Annäherung an den tatsächlichen Zustand, da eine unmittelbare Aufeinanderfolge von Kinken unwahrscheinlich ist und nach $2c$ eine weitgehende Entkopplung vorliegt. Die intermolekulare Energie ist in Abb. 4 für den Fall, daß beide Kinken gleich und auf derselben Höhe sind, als Funktion von θ_2 mit θ_1 als Parameter (nach r wurde jeweils minimalisiert) dargestellt. Die für aufeinanderfolgende θ_1-Werte erhaltenen Kurven sind um 0,5 kcal/mol gegeneinander verschoben. Zur Berechnung der Defektenergie wird als Energienullpunkt das planare Paar

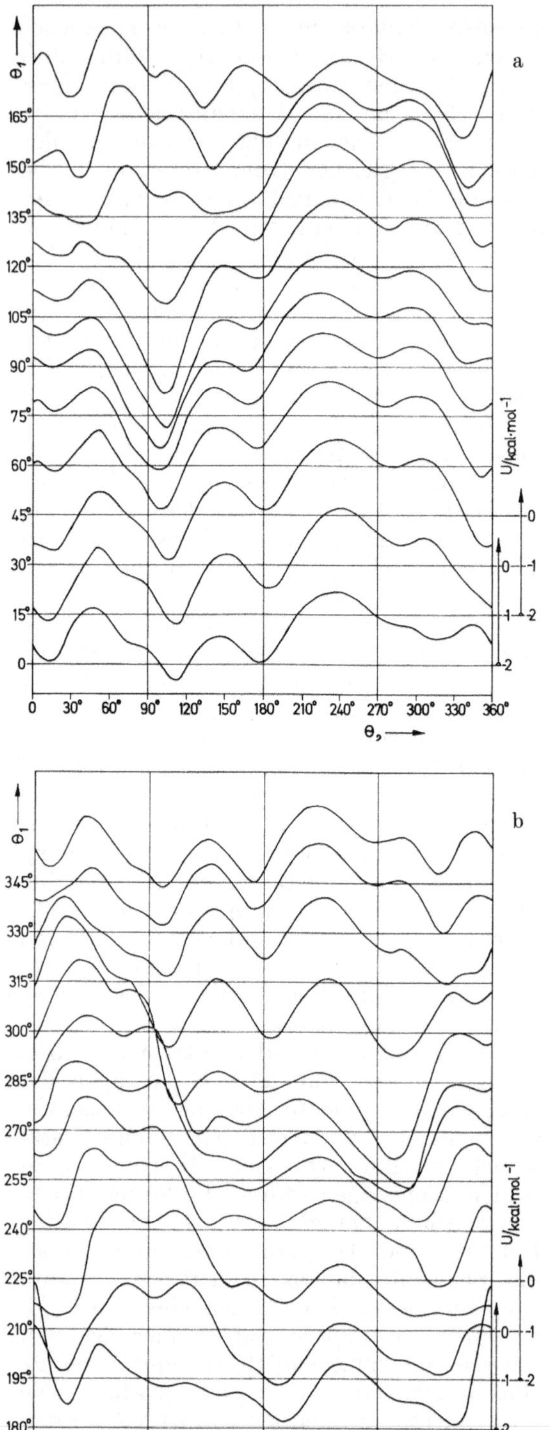

Abb. 4. Wechselwirkungsenergien für Paare aus gleichen Kinken in Abhängigkeit von θ_1 und θ_2. Die für aufeinanderfolgende θ_1-Werte erhaltenen Kurven sind um 0,5 kcal/mol gegeneinander versetzt
(In der Energieskala ist für -1 jeweils $-1{,}5$ und für 0 jeweils -1 zu setzen.)

mit 5 CH_2-Gruppen in rhombischer Anordnung und einer Energie von $-3{,}13$ kcal/mol gewählt. Man erhält 16 Minima bezüglich θ_1, θ_2 und r. Die niedrigste Defektenergie haben die beiden Paare $\theta_1 = \theta_2 = 105°$ und $\theta_1 = \theta_2 = 285°$, die durch eine Spiegelung an einer Ebene senkrecht zu den Kettenachsen verbunden sind. Diese Paare sind vom 110-Typ. Die Energieerhöhung beträgt $w_{110} = 0{,}38$ kcal/mol. Die beiden energetisch höchsten Minima liegen für $\theta_1 = 105°$, $\theta_2 = 280°$ und $\theta_1 = 285°$, $\theta_2 = 100°$ vor. Diese Anordnungen gehen aus den 110-Paaren durch Drehen einer Kette um 180° hervor. Die Paare werden als 112-Paare bezeichnet. Ihre Energie beträgt $w_{112} = 2{,}03$ kcal/mol. Für diese Paartypen wurden seither die Werte $w_{110} = 0{,}3$ kcal/mol und $w_{112} = 1{,}8$ kcal/mol benutzt [Tab. 3 (3) und 2 (4)]. Neben den 110- und 112- Paaren treten noch 12 energetisch nahezu gleichwertige auf, deren Energien zwischen 0,93 und 1,21 kcal/mol liegen. Erst die Berechnung der weiteren Kinkpaare wird zeigen, zu welchen 11-Untergruppen diese Anordnungen zählen.

Bei quadratischer Anordnung planarer Kettensegmente aus m CH_2-Gruppen im Abstand r_0 ist das Volumen pro Segment $\bar{v}_0 = r_0^2\, m\, c/2$. Werden in allen Ketten gleiche Kinken auf gleicher Höhe eingebaut, so verkürzt sich die Segmenthöhe um 0,8 $c/2$ (Rotationswinkel 110°). Demnach folgt für das Volumen dieser Schicht, wieder auf ein Segment bezogen, $v_1 = r_1^2\,(m - 0{,}8)\, c/2$.

Mit $v_0 = r_0^2\, c/2$, dem Volumen einer CH_2-Gruppe, und $\Delta r = r_1 - r_0$, erhält man in linearer Näherung ($\Delta r/r_0 \ll 1$)

$$\frac{\Delta v}{v_0} = \frac{v_1 - \bar{v}_0}{v_0} = 2\,\frac{\Delta r}{r_0}\,(m - 0{,}8) - 0{,}8\,. \qquad [7]$$

In der Segmenttheorie (3, 4) ist diese Volumenänderung einer Segmentschicht, bezogen auf den Idealkristall, durch

$$\frac{\Delta v}{v_0} = 2 \sum \frac{v_{11t}}{v_0}\, z_{11t} \qquad [8]$$

gegeben, wobei z_{11t} die Konzentration der Paartypen ist. Der Vergleich von [7] und [8] liefert im Grenzfall der Anwesenheit nur eines Paares ($z_{11t} = 1$)

$$\frac{v_{11t}}{v_0} = \frac{\Delta r}{r_0}\,(m - 0{,}8) - 0{,}4\,.$$

Nimmt man für r_0 den in Paarnäherung berechneten Gleichgewichtsabstand des rhombischen Paares (vgl. 3.2) von 4,37 Å, so ergibt sich für die energetisch günstigsten 11-Paare mit dem mittleren Abstand 4,75 Å

$$\frac{v_{110}}{v_0} = -\,0{,}04\,,$$

also nahezu Null. Dies entspricht infolge der Kettenverkürzung etwa gleicher Packungsdichte wie im Idealkristall, was auch bei den geometrisch ermittelten Volumina angenommen wurde. Für das 112-Paar ergibt sich entsprechend

$$\frac{v_{112}}{v_0} = 1{,}5\,.$$

Das mittlere Defektvolumen der übrigen Paare mit einem mittleren Abstand von 5,2 Å (Abweichung $\pm$ 10%) errechnet sich zu 0,4. Die aus den Kinkauslenkungen geometrisch abgeschätzten Volumina stimmen mit diesen Werten recht gut überein (3, 4). Seither wurden die Paarenergien aus den Volumina mit der Annahme der Volumenproportionalität

$$w_{11t} = w_{110} + k_s(v_{11t}/v_0 - v_{110}/v_0) \qquad [9]$$

berechnet. Die Proportionalitätskonstante k_s wurde aus dem Verhältnis des Ausdehnungskoeffizienten und der Kompressibilität zu 1 kcal/mol bestimmt. Vorliegende Rechnungen ergeben, daß Gl. [9] auf etwa 20% richtige Energien liefert.

Wenn auch die Rechnungen noch nicht vollständig sind, so kann doch schon jetzt gesagt werden, daß die in der Paarapproximation angegebenen Werte atomistisch begründbar sind.

Die Verfasser danken der Deutschen Forschungsgemeinschaft für finanzielle Unterstützung.

Zusammenfassung

Das in Teil I angegebene und diskutierte Potential ist so angepaßt, daß es auch die Kohäsionsenergie und die Gitterparameter des Polyäthylenidealkristalls richtig wiedergibt. Die dazu ausgeführten Rechnungen werden hier mitgeteilt. Zusätzlich konnte gezeigt werden, daß bei beliebiger Wahl der Potentialkonstanten in einem physikalisch sinnvollen Bereich die intermolekulare Energie bezüglich des Einstellwinkels θ nur zwischen 45,5° und 47,5° ein Minimum besitzt.

Mit dem angegebenen Potential wurden für Polyäthylen die anisotropen elastischen Konstanten c_{ik} und Koeffizienten s_{ik} mit der *Born*schen Gittertheorie berechnet. Die *Reuß*sche Mittelung für isotrope Medien liefert eine gute Übereinstimmung mit den experimentellen Ergebnissen.

Die in die kooperativ statistische Behandlung eines Kettenbündels eingehenden Parameter (Energie und Volumen) eines Segmentpaares aus gleichen Kinken (110-Typ) wurden durch Minimalisierung der intermolekularen Energie berechnet. Es ergibt sich eine gute Übereinstimmung mit den seither benützten Werten.

Summary

In part I a potential is given and discussed which has been fitted in such a way that it is also suitable for the calculation of the cohesion energy and the lattice parameters of the ideal polyethylene crystal. Here these calculations are given in detail. Additionally, it could be shown that at arbitrary choice of the potential constants in the physical possible region the setting angle is θ always situated between 45,5° and 47,5°.

The given potential has been used to calculate the elastic constants c_{ik} and coefficients s_{ik} for the polyethylene single crystal by means of *Born*'s lattice dynamics. The *Reuss* average procedure for isotropic bodies gives a good agreement with experimental data.

Some parameters (energy and volume) being important in the cooperative statistical treatment of chain bundles have been calculated for pairs of kinked segments by minimizing the intermolecular energy. One gets a good agreement between the calculated parameters and those derived by geometric estimations.

Literatur

1) *Pechhold, W.*, Kolloid-Z. u. Z. Polymere **228**, 1 (1968).
2) *Pechhold, W.* und *S. Blasenbrey*, Kolloid-Z. u. Z. Polymere **216/217**, 235 (1967).
3) *Blasenbrey, S.* und *W. Pechhold*, Ber. physik. Chem. Bunsenges. **74**, 784 (1970).
4) *Pechhold, W.* und *S. Blasenbrey*, Kolloid-Z. u. Z. Polymere **241**, 955 (1970).
5) *Kitajgorodskij, A. I.*, Acta Cryst. **18**, 585 (1965).
6) *Williams, D. E.*, J. Chem. Phys. **47**, 4680 (1967).
7) *McMahon, P. E., R. L. McCullough* und *A. A. Schlegel*, J. Appl. Phys. **38**, 4123 (1967).
8) *Wobser, G.* und *P. C. Hägele*, Ber. physik. Chem. Bunsenges. **74**, 896 (1970).
9) *Hägele, P. C.* und *W. Pechhold*, Kolloid-Z. u. Z. Polymere **241**, 977 (1970).
10) *Müller, A.*, Proc. Roy. Soc. (London) **A 154**, 624 (1936).
11) *Bunn, C. W.*, Trans. Faraday Soc. **35**, 482 (1939).
12) *Billmeyer, F. W., jr.*, J. Appl. Phys. **28**, 1114 (1957).
13) *Hendus, H.*, zitiert in (22).
14) *Swan, P. R.*, J. Polymer Sci. **56**, 403 (1962).
15) *Shen, M., W. N. Hansen, P. C. Romo*, J. Chem. Phys. **51**, 425 (1969).
16) *Teare, P. W.*, Acta Cryst. **12**, 294 (1959).
17) *Smith, A. E.*, J. Chem. Phys. **21**, 2229 (1953).
18) *Zugenmaier, P.*, Dissertation (Freiburg 1969). Kolloid-Z. u. Z. Polymere **230**, 229 (1969).
19) *Crowell, A. D.*, J. Chem. Phys. **29**, 446 (1958).
20) *Odajima, A.* und *T. Maeda*, J. Polymer Sci. **C 15**, 55 (1966).
21) *Abe, A., R. L. Jernigan, P. J. Flory*, J. Amer. Chem. Soc. **88**, 631 (1966).
22) *Wunderlich, B.* und *H. Baur*, Adv. Polymer Sci. **7**, 151 (1970).
23) *Anand, J. N.*, J. Macromol. Sci.-Phys. **B 1** (3), 445 (1967).
24) *Leibfried, G.*, Handbuch der Physik VII/1 (Berlin, Göttingen, Heidelberg 1955).
25) *Ludwig, W.*, Springer Tracts in Modern Physics **43**, (Berlin, Heidelberg, New York 1967).
26) *Schachtschneider, J. H.*, Spectrochim. Acta **19**, 117 (1963).
27) *Takahashi, H.* et al., J. Mol. Spectry **13**, 43 (1964).
28) *Buckley, C. P., R. W. Gray, N. G. Mc Crumm*, Polymer Letters **7**, 835 (1969).
29) *Schilling, W.*, Dissertation (Stuttgart 1968).
30) *Hellwege, K. H., W. Knappe, W. Lehmann*, Kolloid-Z. u. Z. Polymere **183**, 118 (1962).

Anschrift der Verfasser:
Dipl.-Phys. *Gerhard Wobser* und Dr. *Siegfried Blasenbrey*
Physikalisches Institut, Abteilung Polymere, der Universität Stuttgart
7 Stuttgart-Vaihingen, Pfaffenwaldring 35

Kolloid-Z. u. Z. Polymere **241**, 994–995 (1970)

Aus dem Fritz-Haber-Institut der Max-Planck-Gesellschaft Berlin

Untersuchung der Temperaturabhängigkeit der g_{ik}-Tensoren von Polyäthyleneinkristallen*)

Von G. Höhne und W. Wilke

Mit 3 Abbildungen

(Eingegangen am 15. Juli 1970)

In Polyäthyleneinkristallen[1]) wurden bei Zimmertemperatur aus Messungen der Reflexbreite in Röntgenweitwinkeldiagrammen parakristalline Gitterstörungen gefunden (1). Zur Deutung dieser Befunde ist es von Interesse, deren Abhängigkeit von der Temperatur zu verfolgen. Eine umgebaute Kamera nach *Guinier-Jagodzinski* gestattet es, Aufnahmen bei tiefen Temperaturen bis herab zu 10 °K herzustellen (2).

Das 170 μ dicke Präparat befand sich dabei zwischen doppelseitig mit Aluminium bedampfter Hostaphanfolie, im Wärmekontakt mit einem Verdampferkryostaten, der eine Temperaturkonstanz von ± 0,5° über 24 Std. gewährleistete.

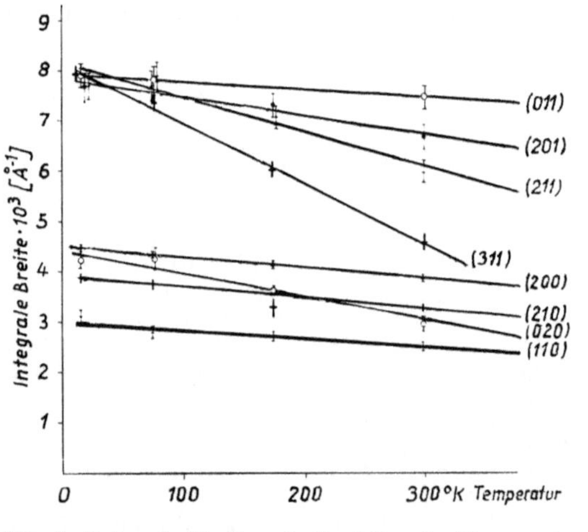

Abb. 1. Integrale Breiten als Funktion der Temperatur

Es wurden Aufnahmen bei 15 °K, 73 °K, 173 °K und Zimmertemperatur hergestellt. Neun Reflexe ließen sich zur Bestimmung der integralen Breiten auswerten. Das Ergebnis ist in Abb. 1 aufgezeichnet; alle integralen Breiten nehmen mit fallender Temperatur innerhalb der Fehler der Messungen linear zu. Einige der Reflexe des Polyäthylens ließen sich wegen der störenden Aluminium-Reflexe nicht auswerten.

Aus den integralen Breiten der gemessenen Reflexe lassen sich das Gestaltellipsoid und die Hauptachsen der 3 Schwankungstensoren bestimmen (3). Abb. 2 zeigt die Gestaltellipse in der $hk0$-Ebene; sie sieht für alle 4 Temperaturen ähnlich aus. Die Ausdehnung der Mosaikkristalle beträgt 273 Å in a- bzw. 444 Å in b-Richtung. Die Ausdehnung in c-Richtung (Kettenrichtung) ist 140 Å. Die ausgemessenen Reflexe geben keinen Hinweis auf eine Änderung der Kristallitgröße mit der Temperatur.

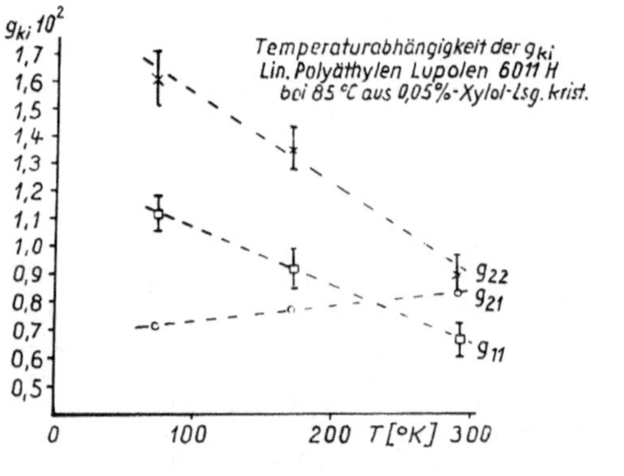

Abb. 2. Temperaturabhängigkeit der g_{ki}

Abb. 3 zeigt die von Null verschiedenen Komponenten der Schwankungstensoren; dabei ist zu bemerken, daß g_{21} auch mit fallender Temperatur abnehmen könnte, wenn man g_{21} als ungleich Null werdend annimmt. In diesem Fall ist also das Resultat im Rahmen der Meßgenauigkeit nicht eindeutig. Die mit diesen Werten berechneten integralen Breiten stimmen innerhalb von 7% mit den gemessenen überein.

---

*) Vorgetragen auf der Arbeitssitzung des Fachausschusses Physik der Hochpolymeren in der Frühjahrstagung 1970 des Regionalverbandes Hessen-Mittelrhein-Saar der Deutschen Physikalischen Gesellschaft in Darmstadt, 10.–13. März 1970.

[1]) Bei 80 °C aus 0,05% Xylollösung kristallisiert.

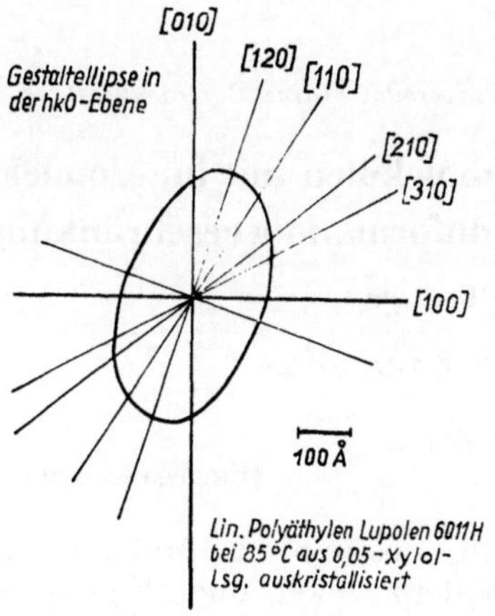

Abb. 3. Schematische Darstellung der Gestaltellipse in der *hk*0-Ebene

Die Zunahme der parakristallinen Gitterstörungen mit fallender Temperatur weist darauf hin, daß dynamische Effekte zumindest die Größe der Störungen mitbestimmen. Untersuchungen zur genauen Deutung des experimentellen Befundes sind noch in Arbeit.

Zusammenfassung

Es wurden die Kristallitgröße und die Änderungen der parakristallinen Gitterstörungen aus den Linienbreiten des Röntgenweitwinkeldiagramms von lösungskristallisiertem linearem Polyäthylen bei den Temperaturen 15 °K, 73 °K, 173 °K und Zimmertemperatur bestimmt. Es wurde eine Zunahme der Gitterstörungen mit fallender Temperatur gefunden.

Summary

The crystallite size and the paracrystalline distortions in polyethylene single crystals were evaluated by the measurement of the linewidth in the X-ray wide angle diagram at four different temperatures (15 °K, 73 °K, 173 °K and 297 °K). An increase of the lattice distortions with decreasing temperature was found.

Literatur

1) *Hosemann, R.* und *W. Wilke*, Makromol. Chemie **118**, 230 (1968); *Cackovic, H., R. Hosemann, W. Wilke*, Kolloid-Z. u. Z. Polymere **234**, 1000 (1969).

2) *Höhne, G., G. Klipping, J. Ludewig, A. Tippe* und *H. Walter*, Z. angew. Physik **25**, 250 (1968).

3) *Wilke, W., W. Vogel* und *R. Hosemann*, Kolloid-Z. u. Z. Polymere **237**, 317 (1970).

Anschrift der Verfasser:

G. Höhne und Dr. *W. Wilke*

Fritz-Haber-Institut der Max-Planck-Gesellschaft

1000 Berlin 33, Faradayweg 4–6

Kolloid-Z. u. Z. Polymere **241**, 996–1006 (1970)

Aus dem Institut für Physikalische Chemie der Universität Mainz, 2. Ordinariat

Berechnung der Zustandssumme von Kettenmolekülen mit innermolekularer Wechselwirkung beim Vorliegen gewisser Konformationsbeschränkungen*)

I. Exakte kombinatorische Formeln

Von E. Schrader und H. G. Zachmann

Mit 9 Abbildungen und 1 Tabelle

(Eingegangen am 16. Juli 1970)

A. Einleitung

In der vorliegenden Arbeit beschäftigen wir uns mit der Berechnung der Zustandssumme von isolierten Kettenmolekülen, deren Konformationsmöglichkeiten durch gewisse Nebenbedingungen eingeschränkt sind. Im besonderen sind zwei Nebenbedingungen von Interesse:

1. der Fall, daß die Enden des Moleküls an zwei bestimmten Raumpunkten festliegen,
2. der Fall, daß der Bruchteil der Bindungen, die in einer bestimmten Vorzugsrichtung liegen, vorgegeben ist.

Das Problem der Bestimmung der Zustandssumme beim Vorliegen solcher Nebenbedingungen tritt unter anderem bei der Untersuchung des Kristallisations- und Schmelzverhaltens sowie bei der Berechnung der Fadenendenabstandsverteilungsfunktion auf. Die Nebenbedingungen erschweren die andernfalls relativ einfachen Ableitungen der mathematischen Formeln in hohem Maße.

Unsere Rechnungen werden mit Hilfe von Gittermodellen durchgeführt, wie sie erstmals von *Flory* (1), *Huggins* (2) und *Prigogine* (3) für Kettenmoleküle eingeführt wurden. Als wesentlichen Fortschritt gegenüber früheren Untersuchungen (4) berücksichtigen wir jetzt auch innermolekulare Wechselwirkungsenergien sowie das Eigenvolumen der Moleküle. Außerdem führen wir die Rechnungen für zwei verschiedene Gitterarten, nämlich für ein primitives kubisches Gitter sowie für ein Diamantgitter durch. In jedem Gitter werden verschiedene Kettentypen betrachtet.

Daß mehrere verschiedene Gitter- und Kettenarten behandelt werden, hat zwei Gründe: Zum einen können wir dadurch den Einfluß bestimmter Moleküleigenschaften, wie Valenzwinkel und Eigenvolumen, auf die Resultate bestimmen. Zum anderen müssen mehrere Gitterarten untersucht werden, weil es nicht möglich ist, alle gewünschten Rechnungen in einem einzigen Modell durchzuführen. Zum Beispiel haben wir für die Kette im Diamantgitter mit ausgeschlossenem Rückwärtsschritt, die einem realen Molekül am nächsten kommt, nur für relativ lange Moleküle eine verwertbare Formel für die Zustandssumme erhalten. Für diesen Kettentyp können wir daher zwar die Fadenendenabstandsverteilungsfunktion und den Schmelzübergang im vollkommenen Gleichgewicht ausrechnen, nicht aber den Schmelzbereich im metastabilen Zustand. Hierfür müssen wir Ketten im kubischen Gitter verwenden.

Im folgenden werden zunächst einige kombinatorische Formeln abgeleitet, die für die weiteren Untersuchungen öfter benötigt werden und daher an die Spitze gestellt werden sollen. Im Anschluß daran werden die verschiedenen Gittermodellketten beschrieben und die exakten Formeln für die Zustandssummen bestimmt. In einem folgenden zweiten Teil der Arbeit (5) leiten wir dann noch Näherungsformeln für die Zustandssumme mit Hilfe der Methode des maximalen Terms ab. Die Anwendung der erhaltenen Formeln zur Untersuchung der Kristallisation und des Schmelzens sowie der Fadenendenabstandsverteilungsfunktion werden in anderen Publikationen (6, 7) behandelt.

B. Ableitung einiger kombinatorischer Formeln

1. *Einteilung von ϱ gleichen Elementen in k Gruppen*

Gegeben sind ϱ gleiche Elemente. Gesucht ist die Anzahl $b(\varrho, k)$ der Möglichkeiten, diese Elemente in k Gruppen aufzuteilen, in denen jeweils mindestens ein Element auftritt.

*) Vorgetragen auf der Arbeitssitzung des Fachausschusses Physik der Hochpolymeren in der Frühjahrstagung 1970 des Regionalverbandes Hessen-Mittelrhein-Saar der Deutschen Physikalischen Gesellschaft in Darmstadt, 10.–13. März 1970.

In besonders übersichtlicher Weise ist dieses Problem, das z. B. auch bei der Behandlung des *Bose-Einstein*-Gases auftritt, bei *Huang* (8) gelöst: Man denke sich die Elemente linear nebeneinander aufgereiht. Die Gruppeneinteilung werde nun dadurch vorgenommen, daß man $k-1$ Schieber so auf die $\varrho-1$ Zwischenräume zwischen den Elementen verteilt, daß auf jeden Zwischenraum höchstens 1 Schieber entfällt (s. Abb. 1). Das kann gerade auf $\binom{\varrho-1}{k-1}$ verschiedene Arten geschehen. Die gesuchte Größe $b(\varrho, k)$ ist somit durch $\binom{\varrho-1}{k-1}$ gegeben.

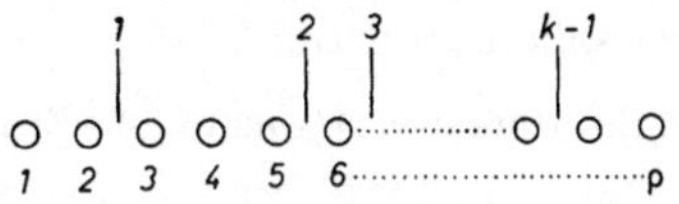

Abb. 1. Zum Problem der Einteilung von ϱ Elementen in k Gruppen

Die geforderte Gruppeneinteilung kann nur dann vorgenommen werden, wenn $\varrho \geqslant k > 0$ ist. Für die spätere Anwendung ist es nun zweckmäßig, auch den Fall $\varrho = k = 0$ in die Betrachtung mit einzubeziehen und die Zahl der Anordnungsmöglichkeiten in diesem Fall gleich 1 zu setzen. Wir erhalten damit

$$b(\varrho, k) = \begin{cases} \binom{\varrho-1}{k-1} & \text{für } \varrho \geqslant k > 0 \\ 1 & \text{für } \varrho = k = 0 \\ 0 & \text{sonst} \end{cases} \qquad [1]$$

2. *Lineare Anordnung von A- und B-Elementen unter der Bedingung, daß keine gleichen Elemente aufeinanderfolgen sollen*

Gegeben sind ϱ_1 A-Elemente und ϱ_2 B-Elemente. Gesucht ist die Anzahl $a_2(\varrho_1, \varrho_2)$ der Möglichkeiten, diese Elemente auf verschiedene Arten linear anzuordnen, unter der Bedingung, daß keine gleichen Elemente aufeinanderfolgen sollen.

Wie unmittelbar einleuchtet, ist eine Anordnung ohne Aufeinanderfolge von gleichen Elementen nur dann möglich, wenn gilt

$$\varrho_2 = \varrho_1 + j \quad \text{mit} \quad j = 0, +1 \quad \text{oder} \quad -1. \qquad [2]$$

Wenn $j = +1$ ist, so gibt es nur eine einzige Art der Anordnung, nämlich

$$BABABA \ldots\ldots BAB.$$

Das gleiche gilt für $j = -1$:

$$ABABAB \ldots\ldots ABA.$$

Für $j = 0$ existieren dagegen zwei Anordnungsmöglichkeiten, nämlich

$$ABABAB \ldots\ldots AB \text{ und } BABABA \ldots\ldots BA.$$

Insgesamt können wir daher schreiben

$$a_2(\varrho_1, \varrho_2) = 2^{1-|j|}. \qquad [3]$$

3. *Lineare Anordnung von A-, B- und C-Elementen, unter der Bedingung, daß keine gleichen Elemente aufeinanderfolgen dürfen*

Gegeben sind ϱ_1 A-, ϱ_2 B- und ϱ_3 C-Elemente. Gesucht ist die Anzahl $a_3(\varrho_1, \varrho_2, \varrho_3)$ der Möglichkeiten, diese Elemente auf verschiedene Arten anzuordnen, unter der Bedingung, daß keine gleichen Elemente aufeinanderfolgen dürfen.

Wir teilen zunächst die ϱ_1 A-Elemente in σ_1 Gruppen und die ϱ_2 B-Elemente in σ_2 Gruppen ein, wobei in jeder Gruppe mindestens ein Element vorkommen soll. Nach Gl. [1] ist diese Einteilung auf

$$b(\varrho_1, \sigma_1) \cdot b(\varrho_2, \sigma_2) \qquad [4]$$

Arten möglich, wobei vorausgesetzt werden muß, daß

$$\sigma_1 \leqslant \varrho_1 \quad \text{und} \quad \sigma_2 \leqslant \varrho_2 \qquad [5]$$

ist.

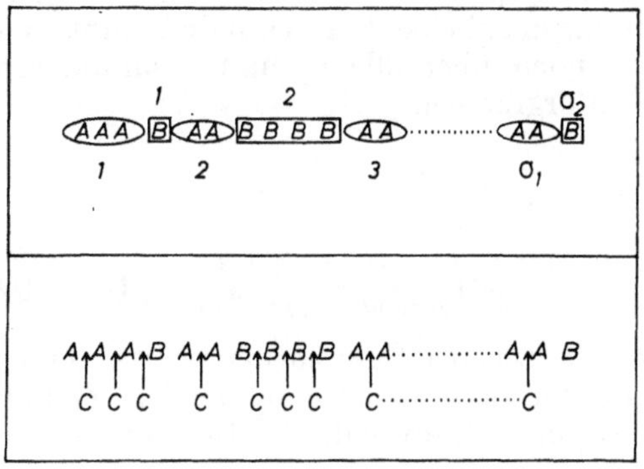

Abb. 2. Zum Problem der Anordnung von A-, B- und C-Elementen bei verbotener Aufeinanderfolge von gleichen Elementen

Wir ordnen jetzt die A- und die B-Gruppen so an, daß nirgends zwei A- oder zwei B-Gruppen nebeneinander stehen (Abb. 2a). Entsprechend Gl. [2] muß dazu

$$\sigma_2 = \sigma_1 + j \quad \text{mit } j = 0, +1 \quad \text{oder} \quad -1 \qquad [6]$$

erfüllt sein. Die Anordnung kann dann auf

$$2^{1-|j|} \qquad [7]$$

Arten vorgenommen werden.

Wir müssen nun noch die AA-Paare sowie die BB-Paare innerhalb der einzelnen Gruppen trennen. Das geschieht, indem wir zwischen je zwei gleiche Elemente ein C-Element einschieben (Abb. 2b). Wie man sich leicht überlegen kann, ist die Zahl der AA-Paare durch $\varrho_1 - \sigma_1$ gegeben[1]), die der BB-Paare durch $\varrho_2 - \sigma_2$. Wir müssen daher fordern, daß mindestens $\varrho_1 + \varrho_2 - \sigma_1 - \sigma_2 = \varrho_1 + \varrho_2 - 2\sigma_1 - j$ C-Elemente vorhanden sind, daß also gilt

$$\varrho_3 \geqq \varrho_1 + \varrho_2 - 2\sigma_1 - j. \quad [8]$$

Die überschüssigen $\varrho_3 - (\varrho_1 + \varrho_2 - 2\sigma_1 - j)$ C-Elemente müssen, da nicht zwei C-Elemente nebeneinander stehen dürfen, auf die $\sigma_1 + \sigma_2 - 1 = 2\sigma_1 + j - 1$ AB-Paare und BA-Paare sowie auf die beiden Plätze an den Enden der Kette verteilt werden. Das ist auf insgesamt

$$\binom{2\sigma_1 + j + 1}{\varrho_3 - (\varrho_1 + \varrho_2 - 2\sigma_1 - j)} \quad [9]$$

verschiedene Arten möglich, wobei gelten muß

$$2\sigma_1 + j + 1 \geqslant \varrho_3 - (\varrho_1 + \varrho_2 - 2\sigma_1 - j) \quad \text{bzw.}$$
$$\varrho_3 \leqslant \varrho_1 + \varrho_2 + 1. \quad [10]$$

Die Zahl der Anordnungsmöglichkeiten bei vorgegebenen σ_1 und σ_2 bzw. j erhält man durch Multiplikation der Ausdrücke [4], [7] und [9]. Um die Gesamtzahl der Anordnungsmöglichkeiten zu erhalten, muß man dann noch über alle σ_1 und j summieren. Damit ergibt sich

$$a_3(\varrho_1, \varrho_2, \varrho_3) = \sum_{j=-1}^{+1} \sum_{\sigma_1} 2^{1-|j|}\, b(\varrho_1, \sigma_1)\, b(\varrho_2, \sigma_2) \times \binom{2\sigma_1 + j + 1}{\varrho_3 - (\varrho_1 + \varrho_2 - 2\sigma_1 - j)}. \quad [11]$$

Die Grenzen der Summation über σ_1 lassen sich unter Berücksichtigung der Ungleichungen [5] und [8] sowie der Gl. [6] schreiben

$$\frac{1}{2}(\varrho_1 + \varrho_2 - \varrho_3 - j) \leqslant \sigma_1 \leqslant \min\{\varrho_1, \varrho_2 - j\}. \quad [12]$$

Damit diese Beziehung mindestens einen positiven Wert von σ_1 ergibt, damit also mindestens eine Anordnung der gewünschten Art existiert, müssen die ϱ_i gewisse Bedingungen erfüllen. Sind z.B. ϱ_1 und ϱ_2 vorgegeben, so muß ϱ_3 innerhalb bestimmter Grenzen liegen. Die obere Grenze kann man aus Gl. [10] entnehmen. Die untere erhält man aus der Gl. [8], wenn man dort für $2\sigma_1 + j = \sigma_1 + \sigma_2$ den größtmöglichen Wert einsetzt. Dieser ist als Folge der Gln. [5] und [6] durch $2\min\{\varrho_1, \varrho_2\} + 1$ gegeben.

Wir erhalten daher als Bedingung, der ϱ_3 genügen muß, damit die vorgegebenen Elemente in der gewünschten Weise angeordnet werden können[2]),

$$\varrho_1 + \varrho_2 - 2\min\{\varrho_1, \varrho_2\} - 1 \leqslant \varrho_3 \leqslant \varrho_1 + \varrho_2 + 1. \quad [13]$$

4. *Erhöhung der Anordnungszahl bei Aufspaltung der A-, B- und C-Elemente in A^+- und A^--, B^+- und B^-- bzw. C^+- und C^--Elemente*

In Erweiterung des unter B 2 behandelten Problems sollen jetzt die

ϱ_1 A-Elemente in ν_1 A^+- und ν_2 A^--Elemente

und die

ϱ_2 B-Elemente in ν_3 B^+- und ν_4 B^--Elemente

unterteilt werden. Gefragt ist wieder nach der Anzahl $c_2(\nu_1, \nu_2; \nu_3, \nu_4)$ der Anordnungen der Elemente unter der Bedingung, daß nicht zwei Elemente des gleichen Buchstabens aufeinanderfolgen dürfen. Eine erlaubte Folge ist also z.B. die Folge

$$A^+B^-A^+B^+A^-B^-,$$

nicht erlaubt sind dagegen

A^+A^+- oder A^+A^--Paare.

Durch die Aufspaltung in „+"-Elemente und „−"-Elemente wird die Anzahl der Anordnungsmöglichkeiten wesentlich erhöht, da jede Vertauschung eines „+"- mit einem „−"-Element eine neue Anordnung ergibt. Die Anzahl der durch Vertauschung der A^+- und A^--Elemente erzeugten verschiedenen Anordnungen ist durch die Zahl der Permutationen von $\nu_1 + \nu_2$ Elementen, von denen je ν_1 und ν_2 einander gleich sind, gegeben, also durch $\frac{(\nu_1+\nu_2)!}{\nu_1!\,\nu_2!} = \binom{\nu_1+\nu_2}{\nu_1}$. Entsprechend führt die Vertauschung der B^+- und B^--Elemente zu $\binom{\nu_3+\nu_4}{\nu_3}$ verschiedenen Anordnungen.

Für die gesuchte Größe $c_2(\nu_1, \nu_2; \nu_3, \nu_4)$ erhält man somit unter Berücksichtigung von Gl. [3]

$$c_2(\nu_1, \nu_2; \nu_3, \nu_4) = 2^{1-|j|}\binom{\nu_1+\nu_2}{\nu_1}\binom{\nu_3+\nu_4}{\nu_3}, \quad [14]$$

---

[1]) Wenn die Elemente eine einzige Gruppe bilden, gibt es $\varrho_1 - 1$ Paare. Beim Aufteilen in σ_1 Gruppen werden $\sigma_1 - 1$ von diesen Paaren getrennt, so daß insgesamt $\varrho_1 - 1 - (\sigma_1 - 1) = \varrho_1 - \sigma_1$ Paare übrigbleiben.

[2]) Äquivalent mit dieser Bedingung sind die folgenden drei Ungleichungen, die in den ϱ_i symmetrisch sind,

$$\varrho_1 \leqslant \varrho_2 + \varrho_3 + 1$$
$$\varrho_2 \leqslant \varrho_1 + \varrho_3 + 1$$
$$\varrho_3 \leqslant \varrho_1 + \varrho_2 + 1.$$

wobei entsprechend Gl. [2]

$$\nu_1 + \nu_2 - (\nu_3 + \nu_4) = 0,\ +1 \text{ oder } -1 \qquad [15]$$

sein muß.

Des weiteren wollen wir nun noch bei dem unter B 3 behandelten Problem die Elemente in „+"- und „−"-Elemente unterteilen, so daß wir es mit

$$\nu_1\, A^+\text{- und } \nu_2\, A^-\text{-},$$
$$\nu_3\, B^+\text{- und } \nu_4\, B^-\text{-},$$
$$\nu_5\, C^+\text{- und } \nu_6\, C^-\text{-}$$

Elementen zu tun haben. Gefragt ist wieder nach der Anzahl der Anordnungen $c_3(\nu_1, \nu_2; \nu_3, \nu_4; \nu_5, \nu_6)$ unter der Bedingung, daß nicht zwei Elemente mit gleichem Buchstaben aufeinanderfolgen dürfen. Eine mögliche Anordnung lautet z.B.

$$A^+B^-A^-C^-B^+ \ldots\ldots\ldots A^-C^+.$$

Verboten sind dagegen z.B. A^+A^--, A^+A^+-Paare usw. Durch die gleiche Überlegung wie vorhin ergibt sich

$$c_3(\nu_1, \nu_2; \nu_3, \nu_4; \nu_5, \nu_6) = \binom{\nu_1+\nu_2}{\nu_1}\binom{\nu_3+\nu_4}{\nu_3}\binom{\nu_5+\nu_6}{\nu_5} a_3(\nu_1+\nu_2, \nu_3+\nu_4, \nu_5+\nu_6), \qquad [16]$$

wobei a_3 durch Gl. [11] gegeben ist. Die ν_i müssen dabei gemäß [13] die Ungleichung

$$\nu_1+\nu_2+\nu_3+\nu_4 - 2\min\{\nu_1+\nu_2, \nu_3+\nu_4\} - 1 \leqslant \nu_5+\nu_6 \leqslant \nu_1+\nu_2+\nu_3+\nu_4+1 \qquad [17]$$

erfüllen.

C. Ableitung der exakten Gleichungen für die Zustandssumme

1. *Kubisches Gitter*

a) *Beschreibung der Modellketten*

Wir nehmen an, daß wir ein Molekül durch eine Reihe von aneinandergeketteten Kugeln darstellen können (s. Abb. 3). Um der beschränkten Anzahl der Konformationen des

Abb. 3. Modell für ein Kettenmolekül

Moleküls Rechnung zu tragen, führen wir dieses in ein gedachtes Gitter ein, in der Weise, daß die Kugeln auf die einzelnen Gitterplätze zu liegen kommen.

Als erstes betrachten wir ein primitives kubisches Gitter (Abb. 4a). Wenn wir eine Kugel nach der anderen in das Gitter einführen, bewegen wir uns jedesmal um einen Schritt im Gitter weiter. Die einfachste Kette ist nun diejenige, bei der jeder Schritt in eine der 6 Richtungen im Gitter gehen kann, *ohne Rücksicht auf die Richtung des jeweils vorausgegangenen Schrittes* (Abb. 4b). Wir bezeichnen diese Kette im folgenden als K 6-Kette. Da auch der Rückwärtsschritt vorkommen kann, ist dem Eigenvolumen der Kette in keiner Weise Rechnung getragen.

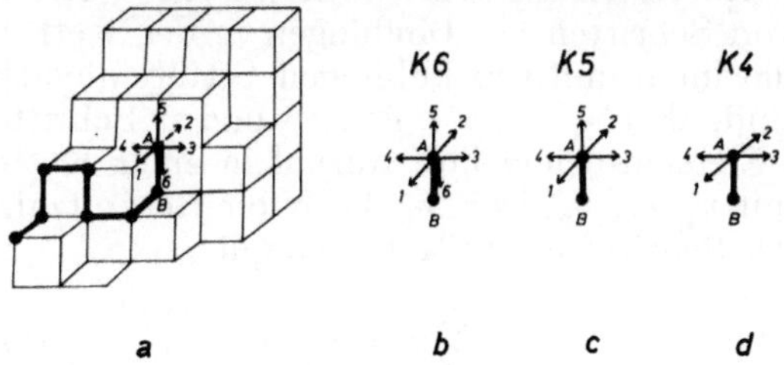

Abb. 4. Primitives kubisches Gitter und die verschiedenen Kettentypen in diesem Gitter

Schließt man den Rückwärtsschritt aus, so erhält man eine Kette, bei welcher bei jedem Schritt nur noch 5 Möglichkeiten bestehen (Abb. 4c). Wir bezeichnen sie im folgenden als K 5-Kette. Bei dieser Kette führen wir auch eine innermolekulare Wechselwirkungsenergie ein, indem wir dem Vorwärtsschritt eine um $\Delta\varepsilon_i$ niedrigere Energie zuordnen als dem Seitwärtsschritt (s. Abb. 5).

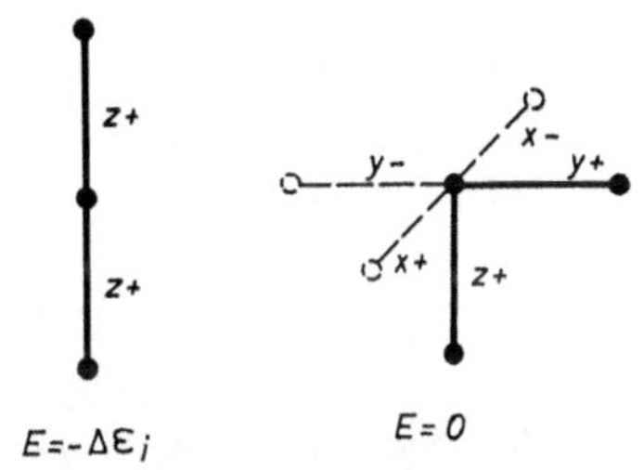

Abb. 5. Innermolekulare Wechselwirkungsenergie bei der K5-Kette

Verbietet man in der Kette schließlich auch noch die Aufeinanderfolge zweier Schritte in gleicher Richtung, so erhält man eine Kette mit dem konstanten Valenzwinkel $\pi/2$, bei welcher je Schritt nur noch 4 Möglichkeiten für die Wahl des Platzes bestehen (Abb. 4d). Wir sprechen in diesem Fall von einer K 4-Kette. Bei dieser Kette werden im folgenden keine Energieeffekte berücksichtigt. Solche Energieeffekte würden hier im einfachsten Falle Korrelationen zwischen übernächsten Nachbarn bedeuten und die kombinatorische Behandlung überaus komplizieren.

Von *Krigbaum* und *Kaneko* (9) wurde noch eine Kette betrachtet, bei der auf einen Schritt in x-Richtung stets ein Schritt in

y-Richtung, auf diesen ein Schritt in z-Richtung und darauf wieder ein Schritt in x-Richtung usw. zu erfolgen hat. Auf diese Kette, bei der sich in besonders einfacher Weise eine innermolekulare Wechselwirkungsenergie berücksichtigen läßt, sind wir an anderer Stelle (10) ausführlich eingegangen.

Im folgenden bezeichnen wir die 6 Arten von Schritten (= Bindungen in der Kette), die im primitiven kubischen Gitter möglich sind, als x^+-, x^--, y^+-, y^--, z^+- und z^--Schritte (-Elemente) und ihre Anzahl in einer Kette mit $n_1, n_2, \ldots$ bzw. n_6. Ist N die Gesamtzahl der Schritte in der Kette, so gilt

$$\sum_{i=1}^{6} n_i = N. \quad [18]$$

Außerdem können weitere Nebenbedingungen für die n_i vorgegeben sein. Wir betrachten im folgenden zwei Fälle:

Erstens den Fall, daß der Fadenendenabstand $\vec{h} = (h_x, h_y, h_z)$ der Kette fest vorgegeben ist. Es gelten dann die Beziehungen

$$\begin{aligned} h_x &= n_1 - n_2 \\ h_y &= n_3 - n_4 \\ h_z &= n_5 - n_6, \end{aligned} \quad [19]$$

die zusammen mit der Bedingung [18] zu den Gleichungen

$$\begin{aligned} n_1 &= h_x + n_2 \\ n_3 &= h_y + n_4 \\ n_5 &= h_z + k - n_2 - n_4 \\ n_6 &= k - n_2 - n_4 \end{aligned} \quad [20]$$

mit

$$k = \frac{1}{2}(N - h_x - h_y - h_z)$$

führen.

Zweitens den Fall, daß die Größe $n_z = n_5 + n_6$, d.h. die Gesamtzahl der Schritte in z-Richtung, vorgegeben ist. Unter Berücksichtigung von Gl. [18] ergibt sich bei Auflösung nach n_4 und n_6

$$\begin{aligned} n_4 &= N - n_1 - n_2 - n_3 - n_z \\ n_6 &= n_z - n_5. \end{aligned} \quad [21]$$

Wegen des im zweiten Teil der Arbeit angegebenen Zusammenhanges zwischen Ketten in einem Diamantgitter und Ketten in einem quadratischen Gitter betrachten wir im folgenden noch eine Kette im quadratischen Gitter, bei welcher der Rückwärtsschritt ausgeschlossen ist. Da bei der Einführung dieser Kette in das Gitter jeder Schritt in drei verschiedene Richtungen gehen kann (s. Abb. 6), sprechen wir hier von einer Q3-Kette. Sie stellt das zweidimensionale Analogon zur K5-Kette dar. Wir ordnen wieder zwei in gleicher Richtung aufeinander

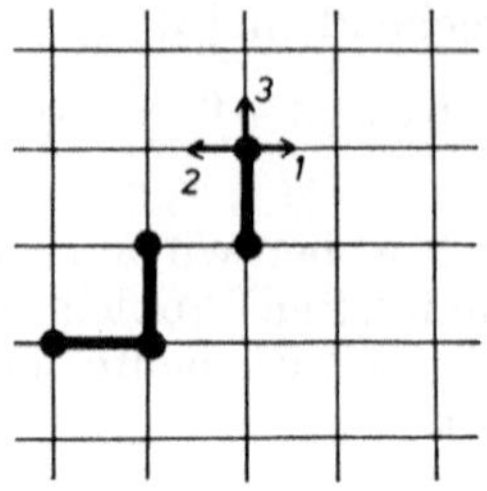

Abb. 6. Q3-Kette im quadratischen Gitter

folgenden Schritten die Energie $-\Delta\varepsilon_i$, allen anderen Schrittfolgen dagegen die Energie Null zu (s. Abb. 5).

Wir legen das quadratische Gitter in die x-y-Ebene und bezeichnen die Anzahl der Schritte in die x^+-, x^--, y^+- und y^--Richtung mit n_1, n_2, n_3 bzw. n_4. Wenn dann die Gesamtzahl der Schritte wieder mit N bezeichnet ist und der Fadenendenabstand $\vec{h} = (h_x, h_y)$ vorgegeben wird, so gilt, ähnlich wie bei den Ketten im kubischen Gitter,

$$\begin{aligned} n_1 &= h_x + l - n_4 \\ n_2 &= l - n_4 \\ n_3 &= h_y + n_4 \end{aligned} \quad [22]$$

mit

$$l = \frac{1}{2}(N - h_x - h_y).$$

Wird dagegen anstelle des Fadenendenabstandes die Anzahl der Bindungen in x-Richtung vorgegeben, so erhält man entsprechend andere Nebenbedingung analog zu Gl. [21].

b) Zustandssumme der K6-Kette

Gegeben sei eine Kette mit N Bindungen, d.h. N Schritten im Gitter. Zur Berechnung der Zustandssumme gehen wir zunächst von einem festen Satz der Zahlen $n_1, \ldots n_6$ aus, d.h. wir betrachten nur solche Konformationen der Kette, bei denen n_1 Schritte in x^+-, n_2 Schritte in x^--, ... n_6 Schritte in z^--Richtung verlaufen. Da bei der K6-Kette keinerlei Einschränkungen bezüglich der Aufeinanderfolge der Schritte bestehen, ist die Zahl $\tau(n_1, \ldots n_6)$ der Konformationen der Kette zu festem Satz $n_1, \ldots n_6$ einfach gleich der Anzahl der Permutationen aus N Elementen, von denen jeweils $n_1, n_2, \ldots n_6$ untereinander gleich sind. Man erhält somit

$$\tau(n_1, \ldots n_6) = \frac{N!}{\prod_{i=1}^{6} n_i!}. \quad [23]$$

Die Gesamtzahl der Konformationen und damit, da $\Delta\varepsilon_i = 0$ ist, die Zustandssumme Ω

ergibt sich[3]) durch Summation über alle Sätze $n_1, \ldots n_6$, die mit den vorliegenden Nebenbedingungen verträglich sind:

$$\Omega = \sum_{\{n_i\}} \tau(n_1, \ldots n_6). \qquad [24]$$

Wir betrachten jetzt 3 Fälle von solchen Nebenbedingungen:

Erstens den Fall, daß die Kette ein frei bewegliches Ende besitzt, so daß lediglich Gl. [18] zu beachten ist. Anwendung des Multinomialsatzes liefert in diesem Fall unmittelbar

$$\Omega(N) = 6^N. \qquad [25]$$

Zweitens betrachten wir den Fall, daß der Fadenendenabstand $\vec{h} = (h_x, h_y, h_z)$ der Kette fest vorgegeben ist. Einsetzen der Gln. [20] in Gl. [23] und [24] liefert für die Zustandssumme

$$\Omega(N, \vec{h}) = \sum_{n_2} \sum_{n_4} \frac{N!}{(h_x + n_2)!\, n_2!\, (h_y + n_4)!\, n_4!\, (h_z + k - n_2 - n_4)!\, (k - n_2 - n_4)!}. \qquad [26]$$

Die Summationsgrenzen ergeben sich aus der Bedingung, daß alle $n_i \geqslant 0$ sein müssen. Im Falle $h_x, h_y, h_z \geqslant 0$ führt das zu

$$\begin{aligned} 0 &\leqslant n_2 \leqslant k \\ 0 &\leqslant n_4 \leqslant k - n_2. \end{aligned} \qquad [27]$$

Sind eine oder mehrere Komponenten von $\vec{h}$ negativ, so erhält man andere Grenzen. Da die Konformationszahl jedoch invariant gegenüber Spiegelungen von $\vec{h}$ an den Koordinatenebenen sein muß, genügt es den Fall $h_x, h_y, h_z \geqslant 0$ zu diskutieren[4]).

Schließlich untersuchen wir noch den Fall, daß die Anzahl $n_z = n_5 + n_6$ der Schritte in z-Richtung fest vorgegeben ist. Einsetzen der Gl. [21] in Gl. [23] und [24] ergibt für die Konformationszahl und damit für die Zustandssumme $\Omega(N, n_z)$

$$\Omega(N, n_z) = \sum_{n_1, n_2, n_3, n_5} \frac{N!}{n_1!\, n_2!\, n_3!\, (N - n_1 - n_2 - n_3 - n_z)!\, n_5!\, (n_z - n_5)!} \qquad [28]$$

Die Bedingung, daß alle $n_i \geqslant 0$ sein müssen, führt hier auf die Summationsgrenzen

$$\begin{aligned} 0 &\leqslant n_1 \leqslant N - n_z \\ 0 &\leqslant n_2 \leqslant N - n_z - n_1 \\ 0 &\leqslant n_3 \leqslant N - n_z - n_1 - n_2 \\ 0 &\leqslant n_5 \leqslant n_z. \end{aligned} \qquad [29]$$

c) Zustandssumme der K 5-Kette

Eine K 5-Kette in bestimmter Konformation besteht aus Gruppen von x^+-, x^--, y^+-, ... z^--Elementen, wobei nicht 2 Elemente mit gleichem Buchstaben, aber verschiedenem Vorzeichen aufeinanderfolgen dürfen:

$$\underbrace{x^+x^+x^+}_{A^+}\ \underbrace{y^-y^-}_{B^-}\ \underbrace{z^-}_{C^-}\ \underbrace{x^-}_{A^-}\ \underbrace{y^+}_{B^+}\ \underbrace{x^-x^-x^-x^-}_{A^-}\ \underbrace{z^+z^+z^+}_{C^+}$$

Zur Berechnung der Zustandssumme gehen wir wieder von einem festen Satz $n_1, n_2, \ldots n_6$ aus. Wir teilen die n_1 x^+-Schritte in ν_1 Gruppen auf, die n_2 x^--Schritte in ν_2 Gruppen, usw. bis zu den n_6 z^--Schritten, die in ν_6 Gruppen aufgeteilt werden. Für die genannte Aufteilung in Gruppen gibt es Gl. [1] zufolge insgesamt

$$\prod_{i=1}^{6} b(n_i, \nu_i) \qquad [30]$$

Möglichkeiten. Als nächstes bestimmen wir die Anzahl der Anordnungsmöglichkeiten dieser Gruppen. Bezeichnen wir jede Gruppe aus x^+-Schritten unabhängig von der Größe der Gruppe als A^+-Element, jede Gruppe von x^--Schritten als A^--Element usw., so entspricht das Problem, die Anzahl der Anordnungsmöglichkeiten der Gruppen zu bestimmen, genau dem in Abschnitt B 4 behandelten kombinatorischen Problem. Die Zahl der Anordnungen der Gruppen ist demnach durch $c_3(\nu_1, \nu_2; \nu_3, \nu_4; \nu_5, \nu_6)$ gegeben mit c_3 aus Gl. [16]. Um die Gesamtzahl der Anordnungen der Kette zu erhalten, muß man den Ausdruck [30] mit c_3 multiplizieren und anschließend über sämtliche Sätze der n_i und ν_i, die mit den vorgegebenen Nebenbedingungen verträglich sind, summieren.

Wir wollen nun noch die Tatsache berücksichtigen, daß die Energie der Kette von der Konformation abhängt. Bei jeder Konformation, die zu einem festen Satz $\{\nu_i\}$ gehört, gibt es gerade

$$\begin{aligned} & n_1 - \nu_1 \quad x^+x^+\text{-Paare} \\ & n_2 - \nu_2 \quad x^-x^-\text{-Paare} \\ & \quad \vdots \\ \text{und } & n_6 - \nu_6 \quad z^-z^-\text{-Paare.} \end{aligned}$$

---

[3]) Sofern die Nebenbedingungen nicht genauer angegeben sind, wird die Zustandssumme hier und im folgenden mit Ω bezeichnet. Sind dagegen als Nebenbedingung gewisse Größen fest vorgegeben, so werden diese jeweils als Argument von Ω explizit angeschrieben. $\Omega(N)$ bedeutet daher Zustandssumme bei vorgegebenen N, $\Omega(N, \vec{h})$ Zustandssumme bei vorgegebenem N und $\vec{h}$ usw.

[4]) Gl. [26] wurde bereits in einer früheren Arbeit (4) angewendet. In dieser Arbeit steht $N + 1$ statt N, weil dort N die Anzahl der Moleküleinheiten (Kugeln) und nicht wie hier die Anzahl der Bindungen angibt. Falls in Gl. [26] $h_y = h_z = 0$ gesetzt wird, geht sie in eine bereits von *Fischer* (11) abgeleitete Beziehung über.

Ordnet man jedem solchen Paar die Energie $-\Delta\varepsilon_i$ zu, während allen anderen Paaren die Energie 0 zukommen soll (s. Abb. 5), so erhält man für die Energie einer solchen Konformation

$$E = -\Delta\varepsilon_i \sum_{i=1}^{6} (n_i - \nu_i) = -\Delta\varepsilon_i \left(N - \sum_{i=1}^{6} \nu_i\right). \quad [31]$$

Damit ergibt sich für die Zustandssumme

$$\Omega = \sum_{\{n_i, \nu_i\}} \left[\prod_{i=1}^{6} b(n_i, \nu_i)\right] c_3(\nu_1, \nu_2; \nu_3, \nu_4; \nu_5, \nu_6) \times \exp\left[\frac{\Delta\varepsilon_i}{kT}\left(N - \sum_{i=1}^{6} \nu_i\right)\right]. \quad [32]$$

Die Grenzen der Summationen über die ν_i erhält man aus der Ungleichung [17] und der Bedingung, daß $0 \leqslant \nu_i \leqslant n_i$ gelten muß, zu

$$\begin{aligned} &0 \leqslant \nu_i \leqslant n_i \quad \text{für } i = 1, \ldots 4 \\ &0 \leqslant \nu_5 \leqslant \min\{n_5, \nu_1 + \nu_2 + \nu_3 + \nu_4 + 1\} \\ &0 \leqslant \nu_6 \leqslant \min\{n_6, \nu_1 + \nu_2 + \nu_3 + \nu_4 - \nu_5 + 1\}. \quad [33] \end{aligned}$$

Die Summationsgrenzen der n_i hängen von den Nebenbedingungen ab. Durch eine Überlegung, die genauso wie bei der K 6-Kette verläuft, erhält man für den Fall, daß der Fadenendenabstand $\vec{h} = (h_x, h_y, h_z)$ vorgegeben ist, die Summationsgrenzen [27], im Falle eines vorgegebenen Bruchteiles der Bindungen in z-Richtung dagegen die Grenzen [29].

d) Zustandssumme der K 4-Kette

Bei der K4-Kette darf z. B. auf einen x^+-Schritt weder ein x^+- noch ein x^--Schritt folgen. Es liegt hier also wieder das in Abschnitt B 4 behandelte kombinatorische Problem vor, wenn man die x^+-, x^--, y^+-, ... z^--Schritte jeweils mit den dort behandelten A^+-, A^--, B^+-, ... C^--Elementen identifiziert. Die Zahl der Konformationen der Kette bei gegebenem Satz $n_1, \ldots n_6$ ist damit c_3 $(n_1, n_2; n_3, n_4; n_5, n_6)$ mit c_3 aus Gl. [16]. Es ist zu beachten, daß die n_i entsprechend [17] die Ungleichung

$$n_5 + n_6 \leqslant n_1 + n_2 + n_3 + n_4 + 1 \quad [34]$$

erfüllen müssen.

Um die Gesamtzahl aller Konformationen und damit, da $\Delta\varepsilon_i = 0$ ist, die Zustandssumme Ω der Kette zu erhalten, ist noch über alle Sätze n_i zu summieren, die mit den vorliegenden Nebenbedingungen verträglich sind. Man erhält

$$\Omega = \sum_{\{n_i\}} c_3(n_1, n_2; n_3, n_4; n_5, n_6). \quad [35]$$

Betrachten wir z. B. den Fall, daß der Fadenendenabstand $\vec{h} = (h_x, h_y, h_z)$ der Kette vorgegeben ist, so ergibt sich aus Gl. [35] durch Einsetzen der Gln. [20]

$$\Omega(N, \vec{h}) = \sum_{\{n_i\}} c_3(h_x + n_2, n_2; h_y + n_4, n_4; h_z + k - n_2 - n_4, k - n_2 - n_4). \quad [36]$$

Die Summationsgrenzen erhält man aus der Ungleichung [34] unter Berücksichtigung der Gln. [20] und aus der Bedingung, daß die n_i (d. h. die Argumente von c_3) nicht negativ werden dürfen, zu

$$\begin{aligned} &0 \leqslant n_2 \leqslant k \\ &\max\left\{0, \frac{N-1}{4} - \frac{h_x + h_y}{2} - n_2\right\} \leqslant n_4 \leqslant k - n_2. \quad [37] \end{aligned}$$

2. Q 3-Kette im quadratischen Gitter

Ähnlich wie bei der K5-Kette stehen bei einer beliebig herausgegriffenen Konformation der Q3-Kette wieder Gruppen aus x^+-, x^--, y^+- und y^--Elementen nebeneinander, wobei nirgends zwei Elemente mit gleichem Buchstaben, aber verschiedenem Vorzeichen zusammenstehen dürfen. Es mögen ν_1 x^+-, ν_2 x^--, ν_3 y^+- und ν_4 y^--Gruppen vorliegen. Bezeichnen wir die x^+-Gruppen als A^+-, die x^--Gruppen als A^--, ... die y^+-Gruppen als B^+- und die y^--Gruppen als B^--Elemente, so ist die Zahl der verschiedenen Anordnungsmöglichkeiten der Gruppen gemäß den Ausführungen in Abschnitt B 4 durch $c_2(\nu_1, \nu_2; \nu_3, \nu_4)$ mit c_2 aus Gl. [14] gegeben. Die ν_i müssen außerdem die Gl. [15] erfüllen. Durch eine weitere Rechnung, die analog zu der bei der K5-Kette verläuft, erhält man schließlich

$$\Omega = \sum_{\{n_i\}} \sum_{j=-1}^{+1} \sum_{\nu_1, \nu_2, \nu_3} 2^{1-|j|} \left[\prod_{i=1}^{3} b(n_i, \nu_i)\right] b(n_4, \nu_1 + \nu_2 - \nu_3 + j) \times 2^{1-|j|} \binom{\nu_1 + \nu_2}{\nu_1} \binom{\nu_1 + \nu_2 + j}{\nu_3} \times \exp\left\{\frac{\Delta\varepsilon_i}{kT}[N - 2(\nu_1 + \nu_2) - j]\right\}. \quad [38]$$

Summiert wird dabei über alle Sätze $\{n_i\}$ und $\{\nu_i\}$, die mit den vorgegebenen Nebenbedingungen verträglich sind.

Als Beispiel betrachten wir den Fall, daß der Fadenendenabstand $\vec{h} = (h_x, h_y)$ fest vorgegeben ist. Durch Berücksichtigung der Gln. [22] erhält man dann

$$\begin{aligned}\Omega(N,\vec{h}) = \sum_{n_4}\sum_{j}\sum_{\nu_1}\sum_{\nu_2}\sum_{\nu_3} & b(h_x + l - n_4, \nu_1)\, b(l - n_4, \nu_2) \\ & \times b(h_y + n_4, \nu_3)\, b(n_4, \nu_1 + \nu_2 - \nu_3 + j) \\ & \times 2^{1-|j|}\binom{\nu_1+\nu_2}{\nu_1}\binom{\nu_1+\nu_2+j}{\nu_3} \\ & \times \exp\left\{\frac{\Delta\varepsilon_i}{kT}\left[N - 2(\nu_1+\nu_2) - j\right]\right\}\end{aligned} \qquad [39]$$

mit den Summationsgrenzen

$$\begin{aligned} 0 \leqslant n_4 &\leqslant l \\ -1 \leqslant j &\leqslant 1 \end{aligned} \qquad [40]$$

$$\max\{0, n_4 - l - j\} \leqslant \nu_1 \leqslant \min\{h_x + l - n_4, 2n_4 + h_y - j\}$$
$$\max\{0, -j - \nu_1\} \leqslant \nu_2 \leqslant \min\{l - n_4, 2n_4 + h_y - \nu_1 - j\}$$
$$\max\{0, \nu_1 + \nu_2 - n_4 + j\} \leqslant \nu_3 \leqslant \min\{h_y + n_4, \nu_1 + \nu_2 + j\}.$$

Dabei ist l durch $^1/_2\,(N - h_x - h_y)$ gegeben.

3. *Diamantgitter*

a) Allgemeines

Das Diamantgitter zeigt einen grundsätzlichen Unterschied zum kubischen Gitter. Während bei diesem von allen Gitterpunkten aus die gleichen Arten von Schritten ausgeführt werden können, ist das beim Diamantgitter nicht möglich. Betrachten wir den Punkt A in Abb. 7. Von diesem Punkt gehen 4 Schritte aus, deren Richtungen wir mit t^+, u^+, v^+ und w^+ bezeichnen (in der Abbildung nebenstehend noch einmal angegeben).

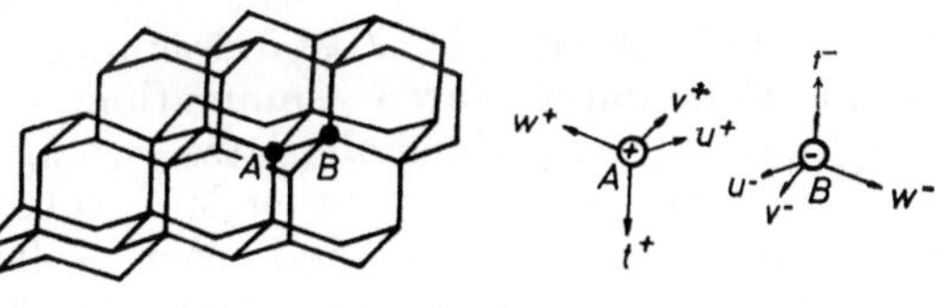

Abb. 7. Bezeichnung der verschiedenen Schritte im Diamantgitter

Von dem danebenliegenden Punkt B aus sind dagegen nur Schritte mit den entgegengesetzten Richtungen t^-, u^-, v^-, w^- möglich. Jeder Nachbarpunkt von B verhält sich wie der Punkt A und umgekehrt. Offenbar gibt es zwei Arten von Punkten im Gitter, die wir je nach dem Vorzeichen der Schritte, die von ihnen ausgehen, als (+)- und (−)-Punkte bezeichnen wollen.

Wir betrachten im folgenden zwei verschiedene Ketten im Diamantgitter:

Erstens eine Kette, bei der jeder Schritt beliebig in eine der 4 möglichen Richtungen gehen kann, bei der also, ähnlich wie bei der K6-Kette im primitiven kubischen Gitter, der Rückwärtsschritt zugelassen ist. Wir bezeichnen sie als D4-Kette.

Zweitens eine Kette, bei welcher der Rückwärtsschritt ausgeschlossen ist (D3-Kette). Bei dieser Kette, die eine gewisse Ähnlichkeit mit einer realen Polyäthylenkette besitzt, soll außerdem noch eine innermolekulare Wechselwirkungsenergie eingeführt werden. Wir betrachten hierzu ein Tripel von Schritten. Jedesmal wenn der erste und der dritte Schritt in die gleiche Richtung erfolgen, z. B. also bei $(t^+ u^- t^+)$ oder $(w^- t^+ w^-)$, sprechen wir von einer trans-Konformation und ordnen dem Tripel die Energie $-\Delta\varepsilon_i$ zu. Weisen dagegen der erste und der dritte Schritt in verschiedene Richtungen, so sprechen wir von einer gauche-Konformation und ordnen dem Tripel die Energie Null zu (Abb. 8).

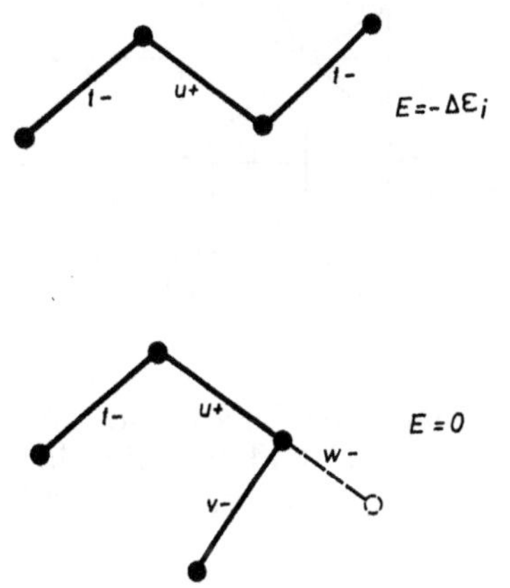

Abb. 8. Innermolekulare Wechselwirkungsenergie bei der D3-Kette

Wir bezeichnen im folgenden jeweils die Anzahl der t^+-, ... w^+-, t^--, ... w^--Schritte in der Kette mit $n_1^+, \ldots n_4^+, n_1^-, \ldots n_4^-$. Außerdem führen wir noch die Gesamtzahl N^+ der Schritte, die von (+)-Plätzen, und die Gesamtzahl N^- der Schritte, die von (−)-Plätzen in der Kette ausgehen, ein, wobei

$$N^+ = \sum_{i=1}^{4} n_i^+ \quad \text{und} \quad N^- = \sum_{i=1}^{4} n_i^-. \qquad [41]$$

Da in der Kette (+)- und (−)-Schritte abwechseln müssen, können sich N^+ und N^- um höchstens 1 unterscheiden.

Wir wollen jetzt noch den Zusammenhang zwischen dem Fadenendenabstand $\vec{h}$ und den n_i^+ und n_i^- untersuchen. Dazu legen wir das Diamantgitter so in ein kartesisches Koordinatensystem, daß die

t- und u-Schritte in die x-y- und die v- und w-Schritte in die y-z-Ebene fallen (s. Abb. 9). Gibt man dann den Fadenendenabstand $\vec{h} = (h_x, h_y, h_z)$ in kartesischen Koordinaten an, so gilt

$$h_x = \sin\vartheta\,[-(n_1^+ - n_1^-) + (n_2^+ - n_2^-)]$$
$$h_y = \sin\vartheta\,[-(n_3^+ - n_3^-) + (n_4^+ - n_4^-)]$$
$$h_z = \cos\vartheta\,[-(n_1^+ - n_1^-) - (n_2^+ - n_2^-) + (n_3^+ - n_3^-) + (n_4^+ - n_4^-)]. \quad [42]$$

2ϑ bedeutet dabei den Tetraederwinkel zwischen den Richtungen im Diamantgitter, so daß $\sin\vartheta = \sqrt{2/3}$ und $\cos\vartheta = \sqrt{1/3}$ ist.

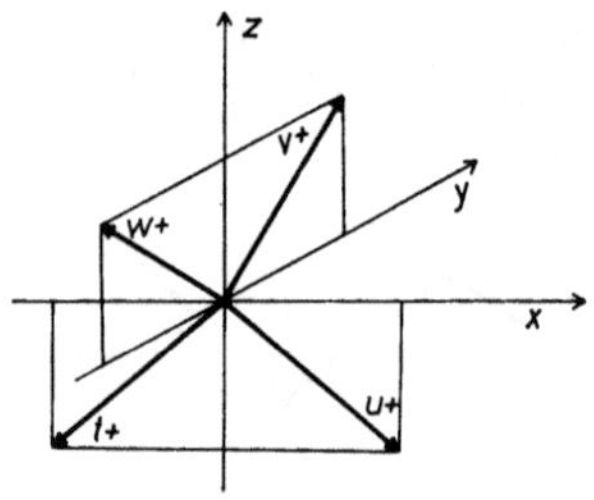

Abb. 9. Lage des Diamantgitters im kartesischen Koordinatensystem

Löst man die insgesamt 5 Nebenbedingungen [41] und [42] für die n_i nach $n_1^+, n_2^+, n_3^+, n_4^+$ und n_4^- auf, so erhält man

$$n_1^+ = n_1^- - \frac{h_x}{2\sin\vartheta} + m$$
$$n_2^+ = n_2^- + \frac{h_x}{2\sin\vartheta} + m$$
$$n_3^+ = n_3^- - \frac{h_y}{2\sin\vartheta} + p$$
$$n_4^+ = N^- - n_1^- - n_2^- - n_3^- + \frac{h_y}{2\sin\vartheta} + p$$
$$n_4^- = N^- - n_1^- - n_2^- - n_3^- \quad [43]$$

mit

$$m = \frac{1}{4}\left(N^+ - N^- - \frac{h_z}{\cos\vartheta}\right)$$

und

$$p = \frac{1}{4}\left(N^+ - N^- + \frac{h_z}{\cos\vartheta}\right).$$

b) D4-Kette

Die Konformationszahl und damit, da keine innermolekulare Energie berücksichtigt wird, die Zustandssumme $\Omega(N)$ einer Kette der Länge N mit einem freien Ende ergibt sich sofort zu

$$\Omega(N) = 4^N, \quad [44]$$

da bei jedem Schritt gerade 4 Möglichkeiten für die Wahl des Platzes bestehen.

Das allgemeine kombinatorische Problem beim Vorliegen von Nebenbedingungen ähnelt dem bei der K6-Kette: Sind $n_1^+, \ldots n_4^+$, $n_1^-, \ldots n_4^-$ fest vorgegeben, so ergibt sich die zugehörige Konformationszahl der Kette einfach als die Anzahl von Möglichkeiten, die insgesamt N^+ $(+)$-Schritte und die N^- $(-)$-Schritte untereinander zu permutieren:

$$\tau(n_1^+, \ldots n_4^+, n_1^-, \ldots n_4^-) = \frac{N^+!}{\prod_{i=1}^{4} n_i^+!} \cdot \frac{N^-!}{\prod_{i=1}^{4} n_i^-!}. \quad [45]$$

Die Gesamtzahl der Konformationen der Kette und damit die Zustandssumme Ω ergibt sich dann durch Summation von $\tau(n_1^+, .. n_4^+, n_1^-, .. n_4^-)$ über alle Sätze $\{n_i^+, n_i^-\}$, die mit den jeweils vorliegenden Nebenbedingungen verträglich sind. Wir wollen uns darauf beschränken, den Fall, daß der Fadenendenabstand $\vec{h} = (h_x, h_y, h_z)$ der Kette festgehalten wird, explizit anzugeben. Durch Einsetzen der Gln. [43] in Gl. [45] und Summation über n_1^-, n_2^- und n_3^- erhält man

$$\Omega(N, \vec{h}) = \sum_{n_1^-}\sum_{n_2^-}\sum_{n_3^-} \frac{N^+!}{\left(n_1^- - \frac{h_x}{2\sin\vartheta} + m\right)!\left(n_2^- + \frac{h_x}{2\sin\vartheta} + m\right)!\left(n_3^- - \frac{h_y}{2\sin\vartheta} + p\right)!}$$

$$\times \frac{N^-!}{\left(N^- - n_1^- - n_2^- - n_3^- + \frac{h_y}{2\sin\vartheta} + p\right)!\, n_1^-!\, n_2^-!\, n_3^-!\,(N^- - n_1^- - n_2^- - n_3^-)!}. \quad [46]$$

Die Summationsgrenzen ergeben sich wieder aus der Bedingung, daß keine der Zahlen $n_1^+, \ldots n_4^+, n_1^-, \ldots n_4^-$, d. h. keiner der mit Fakultäten versehenen Ausdrücke im Nenner von Gl. [46], negativ werden darf. Ihre explizite Form ist

$$\begin{aligned} A &\leqslant n_1^- \leqslant D - B - C \\ B &\leqslant n_2^- \leqslant D - n_1^- - C \\ C &\leqslant n_3^- \leqslant D - n_1^- - n_2^- , \end{aligned} \qquad [47]$$

wobei

$$A = \max \left\{0, \frac{h_x}{2 \sin \vartheta} - m\right\}$$

$$B = \max \left\{0, -m - \frac{h_x}{2 \sin \vartheta}\right\}$$

$$C = \max \left\{0, \frac{h_y}{2 \sin \vartheta} - p\right\}$$

$$D = \max \left\{N^-, N^- + \frac{h_y}{2 \sin \vartheta} + p\right\}. \qquad [48]$$

c) D3-Kette

Für die Zustandssumme einer D3-Kette ergibt sich bei einem freien Kettenende unmittelbar

$$\Omega(N) = 4 \cdot 3 \cdot \left(2 + e^{\frac{\Delta \varepsilon_i}{kT}}\right)^{N-2}, \qquad [49]$$

da beim ersten Schritt noch die Wahl zwischen 4 und beim zweiten Schritt die Wahl zwischen 3 gleichgünstigen Möglichkeiten besteht und erst vom dritten Schritt an der energetische Unterschied zwischen der einen trans- und den beiden gauche-Lagen eine Rolle spielt.

Eine kombinatorische Berechnung der Zustandssumme $\Omega(N, \vec{h})$ bei festem Fadenendenabstand $\vec{h}$, wie wir sie bei den übrigen Modellketten durchgeführt haben, wird bei der D3-Kette wegen der Vielzahl ineinandergeschachtelter Summationen außerordentlich aufwendig. Es besteht aber ein enger mathematischer Zusammenhang zwischen Ketten im Diamantgitter und Ketten im quadratischen Gitter, der es wenigstens im Falle $N \to \infty$ gestattet, die Zustandssumme der D3-Kette auf die der Q3-Kette zurückzuführen. Auf diesen Zusammenhang sowie auf die entsprechende Berechnung der Zustandssumme wird im II. Teil dieser Arbeit im Zusammenhang mit der Anwendung der Methode des maximalen Terms näher eingegangen.

4. Überblick über die verschiedenen Modellketten

In Tab. 1 ist ein kurzer Überblick über die verschiedenen hier behandelten Modellketten gegeben. Die Tabelle eröffnet vor allem die Möglichkeit, den rechnerischen Aufwand zu vergleichen, der im Falle festen Fadenendenabstandes $\vec{h}$ bei Verwendung der einzelnen Modellketten nötig wird. Ein Maß für diesen Aufwand ist die Anzahl k von Summenzeichen, die im Endausdruck für die Zustandssumme auftreten. Sie ist in Spalte 2 der Tabelle angegeben. Dabei wurden allerdings nur Summationen mitgezählt, die sich über einen Bereich von der Größenordnung von N erstrecken.

Tab. 1. Überblick über die verschiedenen Modellketten

Kettentyp	Anzahl k von Summationen bei festem $\vec{h}$	Rückwärtsschritt ausgeschlossen	Berücks. von Energieeffekten möglich
K6	2	nein	nein
K5	9	ja	ja
K4	3	ja	nein
K2	1	ja	ja
Q3	4	ja	ja
D4	3	nein	nein
D3	exakte Behandlung wurde nicht durchgeführt		

Die Anzahl der Summationsschritte, die zur Berechnung der Zustandssumme nötig sind, und damit auch die Rechenzeit, ist in erster Näherung proportional zu N^k. Für eine exakte numerische Auswertung der Zustandssumme bei festem $\vec{h}$ eignen sich aus diesem Grunde vor allem die K6-, K4-, K2- und D4-Kette. Für die Anwendung auf Probleme, bei denen man es mit langen Ketten zu tun hat, kann man jedoch die Ausdrücke für die Zustandssumme mit Hilfe der Methode des maximalen Terms wesentlich vereinfachen, so daß in diesem Fall auch die anderen Kettenmodelle zu auswertbaren Formeln führen. Im folgenden II. Teil dieser Arbeit wollen wir uns mit der Ableitung derartiger Näherungsausdrücke befassen.

Wir danken der Deutschen Forschungsgemeinschaft für die finanzielle Unterstützung dieser Arbeit.

Zusammenfassung

Es werden Gleichungen für die Zustandssumme von Kettenmolekülen abgeleitet, bei denen entweder die Enden festliegen oder eine vorgegebene Zahl von chemischen Bindungen in einer bestimmten Vorzugsrichtung liegt. Die Rechnungen werden mit Hilfe von Gittermodellen durchgeführt, wobei im besonderen ein primitives kubisches Gitter und ein Diamantgitter zugrunde gelegt werden. Innermolekulare Energieeffekte sowie das Eigenvolumen der Moleküle werden berücksichtigt. Die erhaltenen Formeln werden für Untersuchungen des Kristallisations- und Schmelzverhaltens, der Fadenendenabstandsverteilungsfunktion sowie der Kautschukelastizität benötigt.

Summary

Equations for the partition function of chain molecules with fixed ends or with a given number of bonds in a special direction are derived. The calculations are based on the well-known lattice model. A primitive cubic lattice and a diamond lattice are considered. Intramolecular energy effects and the volume of the molecule are taken into account. The formulas obtained can be used in order to investigate the crystallization and melting behaviour, the end-to end distance distribution function and rubber elasticity.

Literatur

1) *Flory, P. J.*, J. Chem. Phys. **10**, 51 (1942).
2) *Huggins, M. L.*, J. Phys. Chem. **46**, 151 (1942).
3) *Prigogine, I.*, Meth. Molecular Theory of Solution, S. 323ff. (Amsterdam 1957).
4) *Zachmann, H. G.*, Kolloid-Z. u. Z. Polymere **216–217**, 180 (1967).
5) *Schrader, E.* und *H. G. Zachmann*, Kolloid-Z. u. Z. Polymere **241**, 1007 (1970).
6) *Schrader, E.* und *H. G. Zachmann*, Berichte der Bunsenges. **74**, 823 (1970).
7) *Schrader, E.* und *H. G. Zachmann*, in Vorbereitung.
8) *Huang, K.*, Statistische Mechanik (B. I. Taschenbuch 69) (Mannheim 1964).
9) *Krigbaum, W. R.* und *M. Kaneko*, J. Chem. Phys. **36**, 99 (1962).
10) *Schrader, E.* und *H. G. Zachmann*, Kolloid-Z. u. Z. Polymere **241**, 1015 (1970).
11) *Fischer, E. W.*, Kolloid-Z. u. Z. Polymere **218**, 97 (1967).

Anschrift der Verfasser

Dr. *E. Schrader* und Prof. Dr. *H. G. Zachmann*
Institut für Physikal. Chemie
6500 Mainz, Jakob-Welder-Weg 15

Kolloid-Z. u. Z. Polymere **241**, 1007–1014 (1970)

Aus dem Institut für Physikalische Chemie der Universität Mainz, 2. Ordinariat

Berechnung der Zustandssumme von Kettenmolekülen mit innermolekularer Wechselwirkung beim Vorliegen gewisser Konformationsbeschränkungen*)

II. Näherungsformeln mit Hilfe der Methode des maximalen Terms

Von E. Schrader und H. G. Zachmann

Mit 1 Abbildung und 1 Tabelle

(Eingegangen am 16. Juli 1970)

A. Einleitung

Im vorangegangenen Teil der Arbeit (1) wurden exakte kombinatorische Formeln für die Zustandssumme von Kettenmolekülen, bei denen entweder ein fester Fadenendenabstand oder die Zahl der Bindungen in einer bestimmten Vorzugsrichtung vorgegeben sind, abgeleitet. Die Rechnungen wurden mit Hilfe von Gittermodellen durchgeführt, wobei im besonderen ein primitives kubisches Gitter und ein Diamantgitter zugrunde gelegt wurden. In jedem Gitter wurden mehrere verschiedene Kettentypen betrachtet, und zwar im kubischen Gitter

die K6-Kette, bei der jeder Schritt in eine von den sechs möglichen Raumrichtungen erfolgen kann, unabhängig von der Richtung des vorangegangenen Schrittes. Bei dieser Kette wird das Eigenvolumen des Moleküls vernachlässigt,

die K5-Kette, bei welcher der Rückwärtsschritt jeweils ausgeschlossen ist, so daß das Eigenvolumen in erster Näherung berücksichtigt ist, und

die K4-Kette, bei der auch die Aufeinanderfolge zweier Schritte in gleicher Richtung ausgeschlossen ist, so daß ein konstanter Valenzwinkel von 90° auftritt.

Im Diamantgitter wurden behandelt:

die D4-Kette, bei der jeder Schritt in eine von den vier möglichen Richtungen erfolgen kann (Vernachlässigung des Eigenvolumens), und

die D3-Kette, bei der zur Berücksichtigung des Eigenvolumens der Rückwärtsschritt jeweils ausgeschlossen ist.

Bei der K5-Kette und der D3-Kette wurden auch innermolekulare Energieeffekte berücksichtigt, indem aufeinanderfolgenden Schritten in gleicher Richtung eine um $\Delta\varepsilon_i$ niedrigere Energie als anderen Schritten zugeordnet wurde.

Die erhaltenen kombinatorischen Formeln sind z. T. so kompliziert, daß man bei ihrer rechnerischen Auswertung auch bei Verwendung elektronischer Rechenmaschinen auf Schwierigkeiten stößt. Wir wollen daher in dieser Arbeit mit Hilfe der bekannten Methode des maximalen Terms (2) Näherungsausdrücke für diese Formeln ableiten, die im Grenzfall unendlich langer Ketten exakt gültig sind. Auch für endliche, nicht allzu kurze Ketten, sind diese Formeln noch brauchbar.

Im folgenden zeigen wir zunächst allgemein, wie wir die Methode des maximalen Terms auf unser Problem anwenden. Daran anschließend leiten wir die speziellen Ausdrücke für die einzelnen Modellketten ab. Auf die Anwendung der erhaltenen Formeln zur Untersuchung des Einflusses der innermolekularen Wechselwirkungsenergie, des Eigenvolumens des Moleküls sowie des Valenzwinkels auf den Schmelzpunkt und auf die Fadenendenabstandsverteilungsfunktion wird in anderen Arbeiten eingegangen (3, 4).

B. Allgemeines zur Methode des maximalen Terms

Bei allen in Teil I behandelten Modellketten läßt sich die Zustandssumme Ω einer Kette mit N Bindungen bei vorgegebenen Nebenbedingungen für die jeweilige Anzahl n_i der Schritte in die einzelnen Raumrichtungen als k-fache Summe der Form

$$\Omega = \sum_{\mu_1, \dots \mu_k} \tau(\mu_1, \dots \mu_k) \qquad [1]$$

schreiben, wobei die Zahl k je nach der Art des vorliegenden Problems zwischen 1 und 11 variiert. Die Zahl der Summanden in Gl. [1] ist höchstens gleich N^k, da jeder der Para-

*) Vorgetragen auf der Arbeitssitzung des Fachausschusses Physik der Hochpolymeren in der Frühjahrstagung 1970 des Regionalverbandes Hessen-Mittelrhein-Saar der Deutschen Physikalischen Gesellschaft in Darmstadt, 10.–13. März 1970.

meter $\mu_1, \ldots \mu_k$ seiner physikalischen Bedeutung nach höchstens Werte zwischen 0 und N durchlaufen kann. Bezeichnen wir den größten der Terme τ mit τ_{max}, so gilt also sicher die Ungleichung $\tau_{max} \leqslant \Omega \leqslant N^k \tau_{max}$ bzw.

$$\ln \tau_{max} \leqslant \ln \Omega \leqslant k \ln N + \ln \tau_{max}. \qquad [2]$$

Mit Hilfe der *Stirling*schen Formel läßt sich nun leicht zeigen, daß τ und damit auch τ_{max} für sehr große N in der Form

$$\ln \tau(\mu_1, \ldots \mu_k) = N \ln \tilde{\tau}(\tilde{\mu}_1, \ldots \tilde{\mu}_k) \qquad [3]$$

geschrieben werden können, wobei $\tilde{\tau}$ nur noch von den relativen Größen

$$\tilde{\mu}_1 = \frac{\mu_1}{N}, \ldots \tilde{\mu}_k = \frac{\mu_k}{N} \qquad [4]$$

und nicht mehr von N abhängt. Aus Gl. [2] folgt damit

$$\lim_{N \to \infty} \left(\frac{1}{N} \ln \Omega\right) = \ln \tilde{\tau}_{max}. \qquad [5]$$

Bei der Berechnung des asymptotischen Ausdrucks $\tilde{\tau}_{max}$ für die verschiedenen Modellketten wird im Prinzip jeweils folgendermaßen vorgegangen:

Zunächst wird mit Hilfe der *Stirling*schen Formel der allgemeine Term τ in der Summe [1] gemäß Gl. [3] umgeformt. Man erhält auf diese Weise einen Ausdruck für $\tilde{\tau}(\tilde{\mu}_1, \ldots \tilde{\mu}_k)$. Als notwendige Bedingungen dafür, daß $\tilde{\tau}$ maximal wird, müssen dann die Gleichungen

$$\frac{\partial \tilde{\tau}}{\partial \tilde{\mu}_1} = 0, \ldots \frac{\partial \tilde{\tau}}{\partial \tilde{\mu}_k} = 0 \qquad [6]$$

gelöst werden. Sie sind Bestimmungsgleichungen für die zum maximalen Term $\tilde{\tau}_{max}$ gehörigen Werte von $\tilde{\mu}_1, \ldots \tilde{\mu}_k$.

Im allgemeinen ist es allerdings nicht notwendig, das Gleichungssystem [6] vollständig aufzustellen; denn gewöhnlich lassen sich schon von vornherein durch Symmetrieüberlegungen Vereinfachungen erkennen.

Um die Lösungen des Systems [6], die $\tilde{\tau}$ maximal machen, von den übrigen Lösungen abzusondern, brauchen nicht die zweiten Ableitungen untersucht zu werden. Es genügen vielmehr in allen behandelten Fällen einfache Grenzfallbetrachtungen.

C. Näherungsformeln für die Zustandssumme der einzelnen Ketten

1. *K6-Kette*

a) *Vorgabe eines bestimmten Fadenendenabstandes*

Für den allgemeinen Term der Zustandssumme einer K6-Kette mit insgesamt N Bindungen (Schritten) erhält man nach[1]) Gl. [I, 23]

$$\tau(n_1, \ldots n_6) = \frac{N!}{\prod_{i=1}^{6} n_i!}. \qquad [7]$$

Die Größen $n_1, n_2, \ldots n_6$ bedeuten dabei die jeweilige Anzahl der Schritte in x^+-, x^--, y^+- $\ldots z^-$-Richtung. Wir interessieren uns nun zunächst für den Fall, daß ein Fadenendenabstand $\vec{h} = (0, 0, h)$ fest vorgegeben ist. Aufgrund der Gln. [I, 18] und [I, 19] gelten dann die Nebenbedingungen

$$n_1 = n_2 = n_3 = n_4 = \frac{N - n_5 - n_6}{4} \qquad [8]$$

sowie

$$n_6 = n_5 - h. \qquad [9]$$

Setzen wir diese Beziehungen in die Gl. [7] für den allgemeinen Term der Zustandssumme ein, so erhalten wir mit Hilfe der *Stirling*schen Formel

$$\lim_{N \to \infty} \left[\frac{1}{N} \ln \tau(N, h, n_5)\right] = \ln \tilde{\tau}(\tilde{h}, \tilde{n}_5)$$
$$= -(1 - 2\tilde{n}_5 + \tilde{h}) \ln \frac{1 - 2\tilde{n}_5 + \tilde{h}}{4}$$
$$- \tilde{n}_5 \ln \tilde{n}_5 - (\tilde{n}_5 - \tilde{h}) \ln (\tilde{n}_5 - \tilde{h}) \qquad [10]$$

mit

$$\tilde{h} = \frac{h}{N} \quad \text{und} \quad \tilde{n}_5 = \frac{n_5}{N}. \qquad [11]$$

Der Wert von $\tilde{n}_5$, der $\tilde{\tau}$ bei vorgegebenem $\tilde{h}$ maximal macht, ergibt sich aus der Bedingung $\frac{\partial \tilde{\tau}}{\partial \tilde{n}_5} = 0$ zu

$$\tilde{n}_5 = \frac{1}{6}\left(3\tilde{h} - 1 \underset{(-)}{+} 2\sqrt{3\tilde{h}^2 + 1}\right). \qquad [12]$$

Daß vor der Wurzel in Gl. [12] das positive Vorzeichen zu wählen ist, macht man sich sofort am Falle $h = \tilde{h} = 0$ klar, bei dem für den maximalen Term aus Symmetriegründen $n_1 = n_2 \ldots n_6 = N/6$ und damit $\tilde{n}_5 = 1/6$ gelten muß. Einsetzen von Gl. [12] in Gl. [10] ergibt nach einiger Umrechnung

$$\ln \tilde{\tau}_{max}(\tilde{h}) = \ln \frac{2\left(2 + \sqrt{3\tilde{h}^2 - 1}\right)}{1 - \tilde{h}^2}$$
$$+ \tilde{h} \ln \frac{\sqrt{3\tilde{h} + 1} - 2\tilde{h}}{1 + \tilde{h}}. \qquad [13]$$

[1]) Hier und im folgenden bedeutet bei Gleichungshinweisen das Zeichen „I" vor der Gleichungsnummer, daß es sich um eine Gleichung im I. Teil dieser Arbeit handelt.

b) Vorgabe der Anzahl der Schritte in z-Richtung

Als nächstes betrachten wir den Fall, daß die Anzahl der Schritte in z-Richtung, $n_z = n_5 + n_6$, fest vorgegeben ist. Aus Symmetriegründen gelten dann für die zum maximalen Term gehörenden n_i die Gln. [8] sowie die Beziehung

$$n_5 = n_6 = \frac{n_z}{2}. \quad [14]$$

Durch Einsetzen von Gl. [8] und Gl. [14] in den allgemeinen Term der Zustandssumme Gl. [7] und Anwenden der *Stirling*schen Formel erhält man

$$\ln \tilde{\tau}_{\max}(\alpha_3) = (2 - \alpha_3) \ln 2 - (1 - \alpha_3) \ln (1 - \alpha_3) - \alpha_3 \ln \alpha_3 \quad [15]$$

mit

$$\alpha_3 = \frac{n_5}{N}. \quad [16]$$

2. K 5-Kette

a) Vorgabe eines bestimmten Fadenendenabstandes

Für den allgemeinen Term τ in der Zustandssumme der K 5-Kette erhält man nach Gl. [I, 32], [I, 1] und [I, 16] bei Vernachlässigung aller Zahlen der Größenordnung von 1 gegen Zahlen der Größenordnung von N sowie des Faktors $2^{1-|j|}$

$$\tau(n_1, \ldots n_6, \nu_1, \ldots \nu_6, \lambda) = \left[\prod_{i=1}^{6} \binom{n_i}{\nu_i}\right] \times \binom{\nu_1+\nu_2}{\sigma_1}\binom{\nu_3+\nu_4}{\sigma_1}\binom{2\sigma_1}{\nu_1+\nu_2+\nu_3+\nu_4-\nu_5-\nu_6} \times \binom{\nu_1+\nu_2}{\nu_1}\binom{\nu_3+\nu_4}{\nu_3}\binom{\nu_5+\nu_6}{\nu_5} e^{\frac{\Delta\varepsilon_i}{kT}\left(N-\sum_{i=1}^{6}\nu_i\right)}. \quad [17]$$

Wie bei der K 6-Kette interessieren wir uns nun zunächst für den Fall, daß ein bestimmter Fadenendenabstand $\vec{h} = (0, 0, h)$ fest vorgegeben ist. Es gelten dann wieder die Gln. [8] und [9]. Aus Symmetriegründen gilt für den maximalen Term außerdem noch

$$\nu_1 = \nu_2 = \nu_3 = \nu_4 = \nu.$$

Wir setzen jetzt zunächst die Gln. [8] und [18] in den Ausdruck [17] für den allgemeinen Term ein, betrachten also die Zahlen n_5 und n_6 vorläufig als vorgegeben. Bei Anwendung der *Stirling*schen Formel ergibt sich dann

$$\lim_{N\to\infty}\left[\frac{1}{N}\ln\tau(N, n_5, n_6, \nu, \nu_5, \nu_6, \sigma_1)\right] = \ln\tilde{\tau}(\tilde{n}_5, \tilde{n}_6, \tilde{\nu}, \tilde{\nu}_5, \tilde{\nu}_6, \tilde{\sigma}_1)$$
$$= 4\left[\frac{1-\tilde{n}_5-\tilde{n}_6}{4}\ln\frac{1-\tilde{n}_5-\tilde{n}_6}{4} - \tilde{\nu}\ln\tilde{\nu} - \left(\frac{1-\tilde{n}_5-\tilde{n}_6}{4}-\tilde{\nu}\right)\ln\left(\frac{1-\tilde{n}_5-\tilde{n}_6}{4}-\tilde{\nu}\right)\right]$$
$$+ \tilde{n}_5\ln\tilde{n}_5 - \tilde{\nu}_5\ln\tilde{\nu}_5 - (\tilde{n}_5-\tilde{\nu}_5)\ln(\tilde{n}_5-\tilde{\nu}_5)$$
$$+ \tilde{n}_6\ln\tilde{n}_6 - \tilde{\nu}_6\ln\tilde{\nu}_6 - (\tilde{n}_6-\tilde{\nu}_6)\ln(\tilde{n}_6-\tilde{\nu}_6)$$
$$- 2(2\tilde{\nu}-\tilde{\sigma}_1)\ln(2\tilde{\nu}-\tilde{\sigma}_1) + 2\tilde{\sigma}_1\ln 2 + 4\tilde{\nu}\ln 4\tilde{\nu}$$
$$- (4\tilde{\nu}-\tilde{\nu}_5-\tilde{\nu}_6)\ln(4\tilde{\nu}-\tilde{\nu}_5-\tilde{\nu}_6)$$
$$- (2\tilde{\sigma}_1-4\tilde{\nu}+\tilde{\nu}_5+\tilde{\nu}_6)\ln(2\tilde{\sigma}_1-4\tilde{\nu}+\tilde{\nu}_5+\tilde{\nu}_6)$$
$$+ (\tilde{\nu}_5+\tilde{\nu}_6)\ln(\tilde{\nu}_5+\tilde{\nu}_6) - \tilde{\nu}_5\ln\tilde{\nu}_5 - \tilde{\nu}_6\ln\tilde{\nu}_6$$
$$+ \frac{\Delta\varepsilon_i}{kT}(1-4\tilde{\nu}-\tilde{\nu}_5-\tilde{\nu}_6), \quad [19]$$

wobei die mit einer Schlange versehenen Parameter wieder jeweils auf eine Ketteneinheit bezogen sind: z. B. $\tilde{n}_5 = n_5/N$. Wir bestimmen jetzt die Werte der Parameter $\tilde{\nu}$ und $\tilde{\sigma}_1$, die $\tilde{\tau}$ bei vorgegebenem $\tilde{n}_5$, $\tilde{n}_6$, $\tilde{\nu}_5$ und $\tilde{\nu}_6$ maximal machen. Sie ergeben sich aus den Bedingungen $\partial\tilde{\tau}/\partial\tilde{\nu} = 0$ und $\partial\tilde{\tau}/\partial\tilde{\sigma}_1 = 0$ zu

$$\tilde{\nu} = \frac{2(1-\tilde{n}_5-\tilde{n}_6) + (\tilde{\nu}_5+\tilde{\nu}_6)\, e^{\frac{\Delta\varepsilon_i}{kT}}}{4\left(e^{\frac{\Delta\varepsilon_i}{kT}}+2\right)} \quad [20]$$

und

$$\tilde{\sigma}_1 = \frac{4(1-\tilde{n}_5-\tilde{n}_6) + (\tilde{\nu}_5+\tilde{\nu}_6)\left(e^{\frac{\Delta\varepsilon_i}{kT}}-2\right)}{4\left(e^{\frac{\Delta\varepsilon_i}{kT}}+2\right)}. \quad [21]$$

Einsetzen der Gln. [20], [21] und [9] in Gl. [19] ergibt

$$\ln\tilde{\tau}(\tilde{h}, \tilde{n}_5, \tilde{\nu}_5, \tilde{\nu}_6) = \tilde{n}_5\ln\tilde{n}_5 + (\tilde{n}_5-\tilde{h})\ln(\tilde{n}_5-\tilde{h})$$
$$- 2[\tilde{\nu}_5\ln\tilde{\nu}_5 + \tilde{\nu}_6\ln\tilde{\nu}_6] - (\tilde{n}_5-\tilde{\nu}_5)\ln(\tilde{n}_5-\tilde{\nu}_6)$$
$$- (\tilde{n}_5-\tilde{h}-\tilde{\nu}_6)\ln(\tilde{n}_5-\tilde{h}-\tilde{\nu}_6)$$
$$+ (1-2\tilde{n}_5+\tilde{h})\ln(1-2\tilde{n}_5+\tilde{h}) + (\tilde{\nu}_5+\tilde{\nu}_6)\ln 4$$
$$+ \frac{\Delta\varepsilon_i}{kT}(2\tilde{n}_5-\tilde{h}-\tilde{\nu}_5-\tilde{\nu}_6) - (1-2\tilde{n}_5+\tilde{h}-\tilde{\nu}_5-\tilde{\nu}_6)$$
$$\times\left[\ln(1-2\tilde{n}_5+\tilde{h}-\tilde{\nu}_5-\tilde{\nu}_6) - \ln\left(2+e^{\frac{\Delta\varepsilon_i}{kT}}\right)\right]. \quad [22]$$

Es sind jetzt noch die Werte der Parameter $\tilde{n}_5$, $\tilde{\nu}_5$ und $\tilde{\nu}_6$ zu bestimmen, die $\tilde{\tau}$ bei vorgegebenem $\tilde{h} = h/N$ maximal machen. Die Bedingungen $\partial\tilde{\tau}/\partial\tilde{n}_5 = 0$, $\partial\tilde{\tau}/\partial\tilde{\nu}_5 = 0$ und

$\partial\tilde{\tau}/\partial\tilde{\nu}_6 = 0$ führen auf die Gleichungen

$$\frac{16}{\left(2+e^{\frac{\Delta\varepsilon_i}{kT}}\right)^4}\tilde{n}_5(\tilde{n}_5-\tilde{h})(1-2\tilde{n}_5+\tilde{h}-\tilde{\nu}_5-\tilde{\nu}_6)^4 - [\tilde{\nu}_5\tilde{\nu}_6(1-2\tilde{n}_5+\tilde{h})]^2 = 0, \quad [23]$$

$$B\tilde{\nu}_5^2 - (\tilde{n}_5-\tilde{\nu}_5)(1-2\tilde{n}_5+\tilde{h}-\tilde{\nu}_5-\tilde{\nu}_6) = 0 \quad [24]$$

und

$$B\tilde{\nu}_6^2 - (\tilde{n}_5-\tilde{h}-\tilde{\nu}_5)(1-2\tilde{n}_5+\tilde{h}-\tilde{\nu}_5-\tilde{\nu}_6) = 0 \quad [25]$$

mit

$$B = \frac{1}{4}\left(2+e^{\frac{\Delta\varepsilon_i}{kT}}\right)e^{\frac{\Delta\varepsilon_i}{kT}}. \quad [26]$$

Die drei nichtlinearen Gln. [23], [24] und [25] sind bei vorgegebenem $\tilde{h}$ nach $\tilde{n}_5$, $\tilde{\nu}_5$ und $\tilde{\nu}_6$ aufzulösen, was nur mit Hilfe numerischer Verfahren möglich ist. Die Ergebnisse sind in Gl. [22] einzusetzen. Dabei ist zu beachten, daß nur diejenige Lösung für $\tilde{n}_5$ zu nehmen ist, die für $\tilde{h} \to 0$ gegen $\tilde{n}_5 = 1/6$ geht, da im Falle $\tilde{h} = h = 0$ beim maximalen Term aus Symmetriegründen $n_1 = n_2 = \ldots n_6 = N/6$ gelten muß. Die Lösungen für $\tilde{\nu}_5$ und $\tilde{\nu}_6$ müssen für $\tilde{h} \to 0$ gegen

$$\tilde{\nu}_5 = \tilde{\nu}_6 = \frac{2}{3}\,\frac{1}{e^{\frac{\Delta\varepsilon_i}{kT}}+4} \quad [27]$$

gehen, wie man durch Einsetzen von $n_5 = 1/6$ in die weiter unten angeführte Gl. [30] erkennt.

b) Vorgabe der Anzahl der Schritte in z-Richtung

Wir behandeln noch den Fall, daß die Anzahl der Schritte in z-Richtung fest vorgegeben ist. Es gelten dann wieder die Gln. [8], [14] und [18] sowie außerdem aus Symmetriegründen die Beziehung

$$\nu_5 = \nu_6. \quad [28]$$

Wenn wir zunächst nur die Nebenbedingungen [8] und [18] berücksichtigen, die mit denen bei einem fest vorgegebenen Fadenendenabstand übereinstimmen, so kommen wir wieder zur oben angegebenen Gl. [22]. Wir beachten nun noch Gl. [28] und setzen zur Berücksichtigung von Gl. [14] $\tilde{h} = 0$. Gl. [22] geht dann über in

$$\begin{aligned}\ln\tilde{\tau}(\alpha_3,\tilde{\nu}_5) &= \alpha_3\ln\alpha_3 - (\alpha_3-2\tilde{\nu}_5)\ln(\alpha_3-2\tilde{\nu}_5)\\ &- 4\tilde{\nu}_5\ln\tilde{\nu}_5 + (1-\alpha_3)\ln(1-\alpha_3)\\ &- (1-\alpha_3-2\tilde{\nu}_5)\left[\ln(1-\alpha_3-2\tilde{\nu}_5) - \ln\left(2+e^{\frac{\Delta\varepsilon_i}{kT}}\right)\right]\\ &+ 2\tilde{\nu}_5\ln 2 + \frac{\Delta\varepsilon_i}{kT}(\alpha_3-2\tilde{\nu}_5) \quad [29]\end{aligned}$$

mit α_3 aus Gl. [16]. Den Wert des Parameters $\tilde{\nu}_5$, der $\tilde{\tau}$ bei vorgegebenem α_3 maximal macht, erhält man aus Gl. [24] oder [25], indem man dort $\tilde{\nu}_6 = \tilde{\nu}_5$ und $\tilde{h} = 0$ einsetzt, zu

$$\tilde{\nu}_5 = \frac{1}{2(2-B)}\left[1-\sqrt{1-2\alpha_3(1-\alpha_3)(2-B)}\right]. \quad [30]$$

Von der richtigen Wahl des Vorzeichens vor der Wurzel überzeugt man sich leicht anhand einfacher Grenzfälle.

3. *K 4-Kette*

Der allgemeine Term in der Zustandssumme der K 4-Kette ergibt sich nach Gl. [I, 35], [I, 16] und [I, 11] bei Vernachlässigung aller Zahlen der Größenordnung von 1 gegen Zahlen der Größenordnung von N sowie des Faktors $2^{1-|j|}$ zu

$$\begin{aligned}&\tau(n_1,\ldots n_6,\sigma_1)\\ &= \binom{n_1+n_2}{\sigma_1}\binom{n_3+n_4}{\sigma_1}\binom{2\sigma_1}{n_1+n_2+n_3+n_4-n_5-n_6}\\ &\times\binom{n_1+n_2}{n_1}\binom{n_3+n_4}{n_3}\binom{n_5+n_6}{n_5}. \quad [31]\end{aligned}$$

Wir betrachten im folgenden nur den Fall, daß ein Fadenendenabstand $\vec{h} = \left(0, \frac{h}{\sqrt{2}}, \frac{h}{\sqrt{2}}\right)$ fest vorgegeben ist. Man erhält dann für die n_i aus den Gln. [I, 18] und [I, 19] die Bedingungen $\sum n_i = N$, $n_1 - n_2 = 0$ und $n_3 - n_4 = n_5 - n_6 = \frac{h}{\sqrt{2}}$. Aus Symmetriegründen wird für den maximalen Term außerdem noch $n_3 = n_5$ und $n_4 = n_6$, so daß insgesamt gilt

$$\begin{aligned}n_1 &= n_2 = \frac{N-2\left(2n_5-\frac{h}{\sqrt{2}}\right)}{2}\\ n_3 &= n_5\\ n_4 &= n_6 = n_5 - \frac{h}{\sqrt{2}}. \quad [32]\end{aligned}$$

Einsetzen dieser Beziehungen in Gl. [31] und Anwendung der *Stirling*schen Formel liefert

$$\begin{aligned}&\lim_{N\to\infty}\left[\frac{1}{N}\ln\tau(N,h,n_5,\sigma_1)\right] = \ln\tilde{\tau}(\hat{h},\tilde{n}_5,\tilde{\sigma}_1)\\ &= (2\tilde{\sigma}_1+1-4\tilde{n}_5+\hat{h})\ln 2 - 2\tilde{n}_5\ln\tilde{n}_5\\ &+ 3\left(2\tilde{n}_5-\frac{\hat{h}}{2}\right)\ln\left(2\tilde{n}_5-\frac{\hat{h}}{2}\right) - 2\left(\tilde{n}_5-\frac{\hat{h}}{2}\right)\ln\left(\tilde{n}_5-\frac{\hat{h}}{2}\right)\\ &- (1-4\tilde{n}_5+\hat{h}-\tilde{\sigma}_1)\ln(1-4\tilde{n}_5+\hat{h}-\tilde{\sigma}_1)\\ &- (2\tilde{\sigma}_1-1+4\tilde{n}_5-\hat{h})\ln(2\tilde{\sigma}_1-1+4\tilde{n}_5-\hat{h})\\ &- \left(2\tilde{n}_5-\frac{\hat{h}}{2}-\tilde{\sigma}_1\right)\ln\left(2\tilde{n}_5-\frac{\hat{h}}{2}-\tilde{\sigma}_1\right), \quad [33]\end{aligned}$$

wobei

$$\hat{h} = \frac{2\,h}{\sqrt{2}\,N}\,,\quad \tilde{n}_5 = \frac{n_5}{N}\,,\quad \tilde{\sigma}_1 = \frac{\sigma_1}{N}\,. \qquad [34]$$

Die zum maximalen Term gehörenden Werte der beiden Parameter $\tilde{n}_5$ und $\tilde{\sigma}_1$ ergeben sich jetzt bei vorgegebenem $\hat{h}$ aus den Bedingungen $\partial\tilde{\tau}/\partial\tilde{n}_5 = 0$ und $\partial\tilde{\tau}/\partial\tilde{\sigma}_1 = 0$, die zu den beiden Gleichungen

$$(1 - 4\,\tilde{n}_5 + \hat{h})^2 \left(2\,\tilde{n}_5 - \frac{\hat{h}}{2}\right)^4 - 4\,\tilde{n}_5\left(\tilde{n}_5 - \frac{\hat{h}}{2}\right)(1 - 8\,\tilde{n}_5 + 2\,\hat{h})^4 = 0 \qquad [35]$$

und

$$\tilde{\sigma}_1 = \frac{(1 - 4\,\tilde{n}_5 + \hat{h})\,(12\,\tilde{n}_5 - 3\,\hat{h} - 1)}{4\left(2\,\tilde{n}_5 - \frac{\hat{h}}{2}\right)} \qquad [36]$$

führen.

Gl. [35] hat man bei vorgegebenem Wert von $\hat{h}$ nach $\tilde{n}_5$ aufzulösen und das Ergebnis in Gl. [36] einzusetzen, um $\tilde{\sigma}_1$ zu erhalten. Dabei ist zu beachten, daß nur diejenige Lösung von Gl. [35] zu nehmen ist, die für $\hat{h} \to 0$ gegen $\tilde{n}_5 = 1/6$ und für $\hat{h} \to 1$ gegen $\tilde{n}_5 = 1/2$ geht.

4. *D 4-Kette*

Für den allgemeinen Term der Zustandssumme einer D 4-Kette ergibt sich Gl. [I, 45] zufolge

$$\tau\,(n_1^+, \dots n_4^+, n_1^-, \dots n_4^-) = \frac{N^+!}{\prod\limits_{i=1}^{4} n^+!}\;\frac{N^-!}{\prod\limits_{i=1}^{4} n^-!}\,, \qquad [37]$$

wobei N^+ und N^- die Zahl der Schritte sind, die von Plus- und Minus-Punkten des Gitters ausgehen, und $n_1^+, n_1^-, n_2^+, n_2^-, \dots n_4^+, n_4^-$ die jeweilige Anzahl der Schritte in t^+-, t^--, u^+-, u^--, ... w^+-, w^--Richtung. Wir interessieren uns nun zunächst wieder für den Fall, daß ein bestimmter Fadenendenabstand $\vec{h} = (h, 0, 0)$ vorgegeben ist, wobei die Zahlen in der Klammer die Komponenten des Vektors $\vec{h}$ in einem entsprechend eingeführten kartesischen Koordinatensystem darstellen

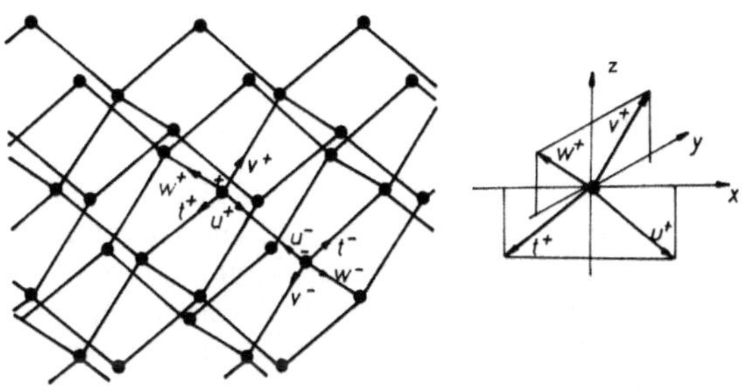

Abb. 1. Zur Lage des Diamantgitters im kartesischen Koordinatensystem

(s. Abb. 1). Für den maximalen Term wird dann aus Symmetriegründen $n_1^+ = n_2^-$, $n_1^- = n_2^+$, $n_3^+ = n_4^-$ und $n_3^- = n_4^+$. Zusammen mit den Nebenbedingungen Gl. [I, 43] führt das auf die Beziehungen

$$n_1^+ = n_2^- = n_1^- - \frac{h}{2\sin\vartheta}$$

$$n_2^+ = n_1^-$$

$$n_3^+ = n_3^- = n_4^+ = n_4^- = \frac{1}{4}\left(N - 4\,n_1^- + \frac{h}{\sin\vartheta}\right).$$

$$N = 2\,N^+ = 2\,N^-. \qquad [38]$$

Setzt man das in den allgemeinen Term der Zustandssumme Gl. [37] ein, so erhält man mit Hilfe der *Stirling*schen Formel

$$\lim_{N\to\infty}\left[\frac{1}{N}\ln\tau\,(N, h, n_1^-)\right] = \ln\tilde{\tau}\,(\tilde{h}, \tilde{n}_1^-)$$

$$= -(2\,\tilde{n}_1^- - \tilde{h})\ln(2\,\tilde{n}_1^- - \tilde{h}) - 2\,\tilde{n}_1^-\ln 2\,\tilde{n}_1^- - (1 - 4\,\tilde{n}_1^- + \tilde{h})\ln\frac{1 - 4\,n_1^- + \tilde{h}}{2} \qquad [39]$$

mit[2])

$$\tilde{h} = \frac{h}{N\sin\vartheta} \quad \text{und} \quad \tilde{n}_1^- = \frac{n_1^-}{N}\,. \qquad [40]$$

Aus der Bedingung $\partial\tilde{\tau}/\partial\tilde{n}_1^- = 0$ ergibt sich

$$\tilde{n}_1^- = \frac{1}{2}\left(\frac{1 + \tilde{h}}{2}\right)^2, \qquad [41]$$

was zu

$$\ln\tilde{\tau}_{\max}(\tilde{h}) = -(1 + \tilde{h})\ln(1 + \tilde{h}) - (1 - \tilde{h})\ln(1 - \tilde{h}) + \ln 4 \qquad [42]$$

führt.

5. *D 3-Kette*

a) Zusammenhang mit Q 3-Kette

Für die D 3-Kette wurde im ersten Teil dieser Arbeit kein Ausdruck für die Zustandssumme abgeleitet. Wie im Anhang gezeigt wird, ist aber unter der Voraussetzung, daß N gegen unendlich geht und daß außerdem gilt

$$n_1^+ = n_2^-$$
$$n_2^+ = n_1^-$$
$$n_3^+ = n_4^-$$
$$n_4^+ = n_3^-, \qquad [43]$$

die Zustandssumme einer D 3-Kette gleich der Zustandssumme einer Q 3-Kette. Die Anzahl der Schritte der Q 3-Kette, n_1, n_2, n_3, n_4, ist dabei gegeben durch

$$n_1 = 2\,n_2^+$$
$$n_2 = 2\,n_1^+$$
$$n_3 = 2\,n_4^+$$
$$n_4 = 2\,n_3^+. \qquad [44]$$

---

[2]) Die hier gegebene Definition von $\tilde{h}$ steht in Übereinstimmung mit der für das kubische Gitter in Gl. [11], da beim kubischen Gitter $\vartheta = \pi/2$, also $\sin\vartheta = 1$ ist.

Da bei den im folgenden untersuchten Problemen die Gln. [43] erfüllt sind, können wir die Zustandssumme der D3-Kette mit Hilfe der Formel für die Zustandssumme einer Q3-Kette berechnen.

b) Zustandssumme bei Vorgabe eines Fadenendenabstandes

Wir betrachten den Fall, daß wie bei der D4-Kette ein Fadenendenabstand $\vec{h} = (h, 0, 0)$ fest vorgegeben ist. Das führt auf die in den Gln. [38] angegebenen Nebenbedingungen. Als Folge dieser Nebenbedingungen sind die Gln. [43], die die Voraussetzungen für die Ersetzbarkeit der D3-Kette durch eine Q3-Kette darstellen, erfüllt.

Für den allgemeinen Term in der Zustandssumme der Q3-Kette erhält man nach Gl. [I, 38] und [I, 1] bei Vernachlässigung aller Zahlen der Größenordnung von 1 gegen Zahlen der Größenordnung von N

$$\tau(n_1, \ldots n_4, \nu_1, \ldots \nu_3) = \left[\prod_{i=1}^{3} \binom{n_i}{\nu_i}\right] \binom{n_4}{\nu_1 + \nu_2 - \nu_3} \binom{\nu_1 + \nu_2}{\nu_1} \binom{\nu_1 + \nu_2}{\nu_3} \times \exp\left\{\frac{\Delta\varepsilon_i}{2kT}[N - 2(\nu_1 + \nu_2)]\right\}. \quad [45]$$

Die Nebenbedingungen Gl. [38] führen unter Berücksichtigung der Gln. [44] zu den Beziehungen

$$n_2 = n_1 - \frac{h}{\sin\vartheta}$$

und

$$n_3 = n_4 = \frac{1}{2}\left(N - 2n_1 + \frac{h}{\sin\vartheta}\right) \quad [46]$$

zwischen den Schrittzahlen in der Q3-Kette. Außerdem gilt für den maximalen Term aus Symmetriegründen $\nu_3 = \nu_4$, woraus mit Hilfe von Gl. [I, 15] folgt

$$\nu_3 = \nu_4 = \frac{\nu_1 + \nu_2}{2}. \quad [47]$$

Setzt man diese Beziehungen in Gl. [45] für den allgemeinen Term der Zustandssumme ein, so erhält man mit Hilfe der *Stirling*schen Formel

$$\begin{aligned}\lim_{N\to\infty}\left[\frac{1}{N}\tau(N, h, n_1, \nu_1, \nu_2)\right] &= \ln\tilde{\tau}(\tilde{h}, \tilde{n}_1, \tilde{\nu}_1, \tilde{\nu}_2)\\ &= \tilde{n}_1 \ln \tilde{n}_1 - (\tilde{n}_1 - \tilde{\nu}_1)\ln(\tilde{n}_1 - \tilde{\nu}_1) - 2\tilde{\nu}_1 \ln \tilde{\nu}_1\\ &+ (\tilde{n}_1 - \tilde{h})\ln(\tilde{n}_1 - \tilde{h}) - (\tilde{n}_1 - \tilde{h} - \tilde{\nu}_2)\ln(\tilde{n}_1 - \tilde{h} - \tilde{\nu}_2)\\ &- 2\tilde{\nu}_2 \ln\tilde{\nu}_2 + (1 - 2\tilde{n}_1 + \tilde{h})\ln(1 - 2\tilde{n}_1 + \tilde{h})\\ &+ (\tilde{\nu}_1 + \tilde{\nu}_2)\ln 2\\ &- (1 - 2\tilde{n}_1 + \tilde{h} - \tilde{\nu}_1 - \tilde{\nu}_2)\ln(1 - 2\tilde{n}_1 + \tilde{h} - \tilde{\nu}_1 - \tilde{\nu}_2)\\ &+ \frac{\Delta\varepsilon_i}{kT}[1 - 2(\tilde{\nu}_1 + \tilde{\nu}_2)], \end{aligned} \quad [48]$$

wobei die mit einer Schlange versehenen Größen wieder auf eine Einheit der Kette bezogen sind bzw. $\tilde{h} = \frac{h}{N\sin\vartheta}$ ist.

Die Werte der Parameter $\tilde{n}_1$, $\tilde{\nu}_1$ und $\tilde{\nu}_2$, die $\tilde{\tau}$ bei vorgegebenem $\tilde{h}$ maximal machen, erhält man aus den Bedingungen $\partial\tilde{\tau}/\partial\tilde{n}_1 = 0$, $\partial\tilde{\tau}/\partial\tilde{\nu}_1 = 0$ und $\partial\tilde{\tau}/\partial\tilde{\nu}_2 = 0$, die zu den Gleichungen

$$\tilde{n}_1(\tilde{n}_1 - \tilde{h})(1 - 2\tilde{n}_1 + \tilde{h} - \tilde{\nu}_1 - \tilde{\nu}_2)^2 - (\tilde{n}_1 - \tilde{\nu}_1)(\tilde{n}_1 - \tilde{h} - \tilde{\nu}_2)(1 - 2\tilde{n}_1 + \tilde{h})^2 = 0, \quad [49]$$

$$(\tilde{n}_1 - \tilde{\nu}_1)(1 - 2\tilde{n}_1 + \tilde{h} - \tilde{\nu}_1 - \tilde{\nu}_2) - \frac{1}{2}\left(\tilde{\nu}_1 e^{\frac{\Delta\varepsilon_i}{kT}}\right)^2 = 0 \quad [50]$$

und

$$(\tilde{n}_1 - \tilde{h} - \tilde{\nu}_2)(1 - 2\tilde{n}_1 + \tilde{h} - \tilde{\nu}_1 - \tilde{\nu}_2) - \frac{1}{2}\left(\tilde{\nu}_2 e^{\frac{\Delta\varepsilon_i}{kT}}\right)^2 = 0 \quad [51]$$

führen.

Diese drei nichtlinearen Gleichungen sind numerisch nach $\tilde{n}_1$, $\tilde{\nu}_1$ und $\tilde{\nu}_2$ aufzulösen und die Ergebnisse in Gl. [48] einzusetzen, um $\tilde{\tau}_{max}$ in Abhängigkeit von $\tilde{h}$ allein zu erhalten. Dabei ist zu beachten, daß nur diejenige Lösung für $\tilde{n}_1$ zu nehmen ist, die für $\tilde{h} \to 0$ gegen $\tilde{n}_1 = 1/4$ geht, da beim maximalen Term bei $\tilde{h} = h = 0$ aus Symmetriegründen $n_1 = n_2 = n_3 = n_4 = N/4$ gelten muß. Die Lösungen für $\tilde{\nu}_1$ und $\tilde{\nu}_2$ müssen für $\tilde{h} \to 0$ gegen $\tilde{\nu}_1 = \tilde{\nu}_2 = \left[2\left(2 + e^{\frac{\Delta\varepsilon_i}{kT}}\right)\right]^{-1}$ gehen, wie man durch Einsetzen von $\tilde{n}_1 = 1/4$ in die weiter unten angegebene Gl. [59] erkennt.

c) Zustandssumme bei Vorgabe der Zahl der Schritte mit einer Komponente in x-Richtung

Wir nehmen nun noch an, daß die Anzahl der Schritte, die eine Komponente in x-Richtung besitzen, $n_b = n_1^+ + n_1^- + n_2^+ + n_2^-$, fest vorgegeben ist. Aus Symmetriegründen führt das beim maximalen Term zu

$$n_1^+ = n_1^- = n_2^+ = n_2^- = \frac{n_b}{4} \quad [52]$$

und

$$n_3^+ = n_3^- = n_4^+ = n_4^- = \frac{N - n_b}{4} \quad [53]$$

mit $N = 2N^+ = 2N^-$. Diesen Beziehungen zufolge, sind die in Gl. [43] angeführten Bedingungen erfüllt, und wir können die D3-Kette wieder durch eine Q3-Kette ersetzen. Mit Hilfe der Gln. [44] erhalten wir als Nebenbedingungen für diese Kette

$$n_2 = n_1 \quad [54]$$

und

$$n_3 = n_4 = \frac{1}{2}(N - 2\,n_1). \qquad [55]$$

Aus Symmetriegründen wird beim maximalen Term außerdem Gl. [47] sowie die Beziehung

$$\nu_1 = \nu_2 \qquad [56]$$

gelten.

Den gegenüber vorher veränderten Nebenbedingungen kann man dadurch Rechnung tragen, daß man in Gl. [48] $\nu_1 = \nu_2$ und $\bar{h} = 0$ setzt. Es ergibt sich damit

$$\ln \bar{\tau}(\beta, \bar{\nu}_1) = \beta \ln \beta - (\beta - 2\,\bar{\nu}_1) \ln (\beta - 2\,\bar{\nu}_1) - 4\,\bar{\nu}_1 \ln \bar{\nu}_1$$
$$+ (1 - \beta) \ln (1 - \beta) - (1 - \beta - 2\,\bar{\nu}_1) \ln (1 - \beta - 2\,\bar{\nu}_1)$$
$$+ \frac{\Delta\varepsilon_i}{kT}(1 - 4\,\bar{\nu}_1) \qquad [57]$$

mit

$$\beta = \frac{n_b}{N} = 2\,\bar{n}_1. \qquad [58]$$

Den Wert von $\bar{\nu}_1$, der $\bar{\tau}$ bei vorgegebenem β maximal macht, erhält man aus Gl. [50] oder [51], indem man dort $\bar{h} = 0$, $2\,\bar{n}_1 = \beta$ und $\bar{\nu}_1 = \bar{\nu}_2$ einsetzt, zu

$$\bar{\nu}_1 = \frac{1}{4 - e^{\frac{2\Delta\varepsilon_i}{kT}}}\left[1 - \sqrt{1 - \beta(1 - \beta)\left(4 - e^{\frac{2\Delta\varepsilon_i}{kT}}\right)}\right]. \qquad [59]$$

Von der richtigen Wahl des Vorzeichens vor der Wurzel überzeugt man sich wieder anhand einfacher Grenzfälle.

D. Anhang: Äquivalenz der D3- und Q3-Kette

Um die Äquivalenz der D3- und Q3-Kette nachzuweisen, legen wir das Diamantgitter in der in Abb. 1 angegebenen Weise in ein räumliches kartesisches Koordinatensystem und projizieren es auf die x-y-Ebene. Einem t^+-Schritt im Diamantgitter entspricht dann ein x^--Schritt der x-y-Ebene, einem t^--Schritt des Diamantgitters ein x^+-Schritt der x-y-Ebene usw. Eine vollständige Zuordnung der Schritte ist in Tab. 1 angegeben. Man sieht, daß je zwei Schrittarten des Diamantgitters eine Schrittart im quadratischen Gitter zugeordnet wird. Dabei muß man aber beachten, daß zwei solche Schritte niemals vom gleichen Punkt ausgehen können, da im Diamantgitter, wie in Teil I dieser Arbeit ausgeführt wurde, Plus-Schritte immer nur von Plus-Punkten und Minus-Schritte immer nur von Minus-Punkten ausgehen können. Wir führen daher auch im quadratischen Gitter die Unterscheidung zwischen Plus- und Minus-Punkten ein, wobei ein Plus-Punkt im quadratischen Gitter aus einem Plus-Punkt im Diamantgitter hervorgehen und Entsprechendes bei den Minuspunkten gelten soll. Mit dieser Unterscheidung kommen wir dann zur eindeutigen Zuordnung, die in der dritten Spalte von Tab. 1 gegeben ist.

Tab. 1. Zuordnung der Schritte der D3-Kette zu denen der Q3-Kette

Schritte der D3-Kette	Schritte der Q3-Kette	Schritt und Ausgangspunkt der Q3-Kette
t^+	x^-	x^- von Plus-Punkt
u^-	x^-	x^- von Minus-Punkt
u^+	x^+	x^+ von Plus-Punkt
t^-	x^+	x^+ von Minus-Punkt
v^+	y^-	y^- von Plus-Punkt
w^-	y^-	y^- von Minus-Punkt
w^+	y^+	y^+ von Plus-Punkt
v^-	y^+	y^+ von Minus-Punkt

Die Forderung, daß der rückläufige Schritt jeweils nicht erlaubt sein soll, bleibt bei der Projektion erhalten. Zum Beispiel entspricht der Schrittfolge (t^+, t^-) im Diamantgitter, die bei der D 3-Kette nicht zulässig ist, die Schrittfolge (x^-, x^+) im quadratischen Gitter, die bei der Q3-Kette ebenfalls verboten ist.

Durchläuft die Diamantgitterkette sämtliche Konformationen, die zu einem Satz $n_1^+, \ldots n_4^+, n_1^- \ldots n_4^-$ gehören, der die Bedingungen [43] erfüllt, so durchläuft die zugeordnete Q 3-Kette eine Reihe von Konformationen, die zu dem entsprechenden über die Gln. [44] bestimmbaren Satz der n_1, n_2, n_3 und n_4 gehören. Die Q 3-Kette durchläuft dabei allerdings *nicht sämtliche* Konformationen, die zu diesem Satz der n_i gehören, sondern als Folge der Gln. [43] nur diejenigen, bei denen gleich viele x^+-Schritte von Plus- und Minus-Punkten ausgehen, gleich viele x^--Schritte von Plus- und Minus-Punkten ausgehen usw. bis zu den z^--Schritten. Der dadurch bedingte Unterschied in den Konformationszahlen ist aber für große Werte von N bei Anwendung der Methode des maximalen Terms vernachlässigbar, weil die Anzahl der Konformationen bei der oben angegebenen, gleichmäßigen Aufteilung der Schritte auf die Plus- und Minus-Punkte aus Symmetriegründen größer ist als die bei jeder anderen Aufteilung. Für große N ist also die Anzahl der Konformationen in beiden Gittern jeweils die gleiche.

Es ergibt sich noch die Frage, ob die innermolekulare Energie bei der Zuordnung der Ketten richtig berücksichtigt wird. Bei der D 3-Kette wird die innermolekulare Wechselwirkungsenergie jeweils einem Tripel von Schritten zugeordnet. Ein Tripel mit gleichem ersten und dritten Schritt, z. B. (t^+, u^-, t^+), erhält die Energie $-\Delta\varepsilon_i$, eines mit verschiedenem ersten und dritten Schritt, z. B. (t^+, u^-, w^+), dagegen die Energie 0. Bei der Q 3-Kette wird demgegenüber die Energie jeweils einem Schrittpaar zugeordnet. Einem Paar von Schritten, die in die gleiche Richtung gehen, z. B. (x^-, x^-), wird die Energie $-\Delta\varepsilon_i$ zugeordnet, einem Paar in verschiedener Richtung dagegen, wie z. B. (x^-, y^-), die Energie 0. Trotzdem wird die innermolekulare Energie bei der Zuordnung jedoch richtig berücksichtigt, was man in folgender Weise einsieht: Da z. B. $n_1^+ = n_2^-$ gilt, ist die Anzahl der bei allen Konformationen insgesamt auftretenden Tripel, die mit einem t^+-Schritt beginnen und einem t^+-Schritt enden, gleich der Gesamtzahl der (t^+, u^-)-Paare. Wenn man nun eine Wechselwirkungsenergie einführt, bleibt es daher gleich, ob man diese dem Tripel (t^+, α, t^+), wobei α ein beliebiger Minus-Schritt ist, oder dem entsprechenden Paar (t^+, u^-) zuordnet.

Abschließend sei noch erwähnt, daß sich in der gleichen Art, wie hier beschrieben, auch eine Äquivalenz der D 4-Kette mit der Q 4-Kette ergibt. Die Q 4-Kette ist eine Kette im quadratischen Gitter, bei der der Rückwärtsschritt zugelassen wird. Bei ihr läßt sich unmittelbar verifizieren, daß man für beide Ketten bei Übersetzung der Argumente nach den Gln. [44] bei großem N den gleichen Ausdruck für die Zustandssumme erhält,

Zusammenfassung

Die im ersten Teil der Arbeit erhaltenen kombinatorischen Formeln für die Zustandssumme von Kettenmolekülen werden mit Hilfe der Methode des maximalen Terms ausgewertet. Dadurch werden diese Ausdrücke wesentlich vereinfacht. Für einige Kettentypen, so für die Kette im Diamantgitter mit ausgeschlossenem Rückwärtsschritt, werden erst auf diese Art auswertbare Formeln erhalten. Mit Hilfe der erhaltenen Gleichungen kann der Einfluß der innermolekularen Energie, des Eigenvolumens der Kette und des Valenzwinkels auf die Fadenendenabstandsverteilungsfunktion sowie auf das Schmelzverhalten im vollkommenen Gleichgewicht untersucht werden.

Summary

The combinatorial formulas for the partition function of chain molecules derived in part I of this publication are evaluated by means of the method of maximal term. Thereby the mathematical expressions are essentially simplified. For some model chains, as for example for the diamond lattice chain with forbidden reverse steps, only by this simplification the equations become suitable for numerical evaluation. By means of the obtained results the influence of the intramolecular energy, the volume of the molecule and the valence-bond-angle on the end-to-end distance distribution function and the melting behaviour in complete thermodynamical equilibrium can be determined.

Literatur

1) *Schrader, E.* und *H. G. Zachmann*, Kolloid-Z. u. Z. Polymere, **241** 996 (1970).

2) Siehe z. B. *Rushbroke, G. S.*, Introduction to Statistical Mechanics (Oxford 1957).

3) *Schrader, E.* und *H. G. Zachmann*, Berichte Bunsenges., im Druck.

4) *Schrader, E.* und *H. G. Zachmann*, in Vorbereitung.

Anschrift der Verfasser:

Dr. *E. Schrader* und Prof. Dr. *H. G. Zachmann*
Institut für Physikal. Chemie
6500 Mainz, Jakob-Welder-Weg 15

Kolloid-Z. u. Z. Polymere 241, 1015–1025 (1970)

Aus dem Institut für Physikalische Chemie der Universität Mainz, 2. Ordinariat

Einfluß der innermolekularen Energie auf den durch Entropieeffekte bedingten Schmelzbereich hochpolymerer Stoffe*)

Von E. Schrader und H. G. Zachmann

Mit 8 Abbildungen in 13 Einzeldarstellungen und 2 Tabellen

Herrn Prof. Dr. G. V. Schulz zum 65. Geburtstag gewidmet

(Eingegangen am 16. Juni 1970)

A. Einleitung

Verschiedene Autoren haben gezeigt, daß der bei teilkristallinen Hochpolymeren beobachtete Schmelzbereich durch einen Entropieeffekt erklärt werden kann (1–7), der für Kettenmoleküle charakteristisch ist. Dieser Entropieeffekt beruht darauf, daß die zwischen den Kristalliten liegenden nichtkristallinen Kettenstücke beim Aufschmelzen der Kristallite zunächst mehr Konformationsentropie gewinnen als der durchschnittlichen Schmelzentropie entspricht. Als Folge davon setzt das Schmelzen bereits weit unterhalb des „Gleichgewichtsschmelzpunktes" T_s ein, den man bei idealen Einkristallen messen würde; mit wachsender Temperatur schmilzt dann ein immer größerer Teil eines jeden Kristalles auf. Der berechnete Schmelzbereich läßt sich bei geeigneter Wahl des Modells für die Struktur der nichtkristallinen Bereiche in gute Übereinstimmung mit den Meßergebnissen bringen (7, 8).

Bei allen bisherigen Rechnungen ist man immer von der Voraussetzung ausgegangen, daß die einzelnen Konformationen der Moleküle energetisch gleich günstig sind. Energieunterschiede, wie sie z. B. zwischen einer trans- und einer gauche-Konformation bei Polyäthylen auftreten, wurden vernachlässigt. In der vorliegenden Arbeit soll nun untersucht werden, welchen Einfluß solche Energieunterschiede auf den erwähnten Entropieeffekt und damit auf den Schmelzbereich ausüben. Wir beschränken uns dabei auf den Fall, daß die nichtkristallinen Kettenstücke Schlaufen darstellen, die aus dem Kristall herausragen. Unsere Überlegungen lassen sich jedoch ohne weiteres auch auf andere Modelle für die Struktur der nichtkristallinen Bereiche (z. B. Aufbau aus Ketten, die verschiedene Kristallite verbinden) übertragen.

Zur Berechnung der Zustandssumme verwenden wir die weiter unten beschriebene Gittermodellkette von *Krigbaum* und *Kaneko* (9). Sie unterscheidet sich etwas von der früher von uns betrachteten Modellkette (4), hat aber den Vorzug, daß sich mit ihr innermolekulare Energiedifferenzen berücksichtigen und außerdem alle Rechnungen auf eine Dimension reduzieren lassen.

B. Beschreibung der Gittermodellkette

Die Gittermodellkette von *Krigbaum* und *Kaneko*, die wir unseren Rechnungen zugrunde legen, erhält man auf folgende Weise: Man betrachtet ein primitives kubisches Gitter und führt in dieses Gitter eine Kette unter der Bedingung ein, daß auf jeden Schritt in x-Richtung ein Schritt in y-Richtung, auf diesen ein Schritt in z-Richtung, auf diesen wieder ein Schritt in x-Richtung usw. zu folgen hat. Verschiedene Konformationen entstehen dadurch, daß die Kette jeweils entweder in positiver oder in negativer Richtung der entsprechenden Koordinatenachse fortschreiten kann. Um die einzelnen Konformationen energetisch zu unterscheiden, wird folgende Festsetzung getroffen: Zwei benachbarten x-Schritten, die also durch genau einen y- und einen z-Schritt voneinander getrennt sind, wird die Energie $-\Delta\varepsilon_i/2$ zugeordnet, wenn sie in die gleiche Richtung gehen, dagegen die Energie $+\Delta\varepsilon_i/2$, wenn sie in entgegengesetzte Richtungen weisen (Abb. 1). Die gleiche Festsetzung mit dem gleichen Wert von $\Delta\varepsilon_i$ gilt auch für die y- und z-Paare,

*) Vorgetragen auf der Arbeitssitzung des Fachausschusses Physik der Hochpolymeren in der Frühjahrstagung 1970 des Regionalverbandes Hessen-Mittelrhein-Saar der Deutschen Physikalischen Gesellschaft in Darmstadt, 10.–13. März 1970.

Positives $\Delta\varepsilon_i$ bedeutet, daß die Streckung, negatives $\Delta\varepsilon_i$, daß die Verknäuelung der Ketten energetisch bevorzugt ist.

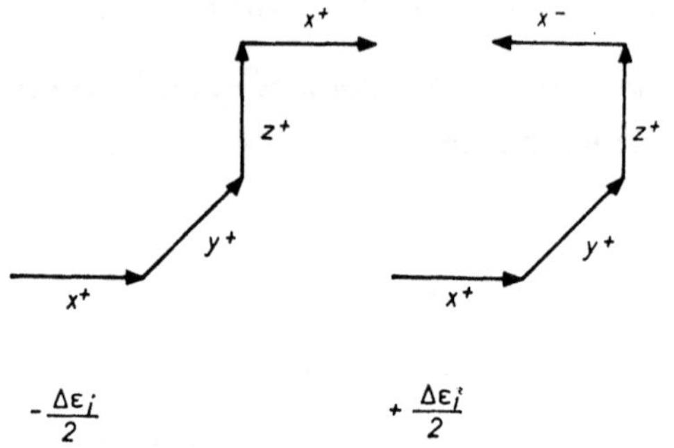

Abb. 1. Zur Einführung der Konformationsenergie

Die Forderung, daß die Schritte immer in der Reihenfolge $x, y, z, x \ldots$ erfolgen sollen, erscheint etwas künstlich. Sie gewährleistet aber, daß sich die Zustandssumme verhältnismäßig einfach berechnen läßt. Darüber hinaus hat sie zur Folge, daß eine Selbstüberdeckung der Kette nur unter Ausbildung von Schlaufen von wenigstens sechs Einheiten möglich ist. Dem Eigenvolumen der Kette ist also in gewisser Näherung Rechnung getragen. Da trotz der Beschränkung der Schrittwahl die Modellkette wie ein reales Makromolekül eine Vielzahl von Konformationen einnehmen kann, stellt diese Beschränkung keine ernsthafte Beeinträchtigung des Modells dar.

C. Ableitung der Gleichungen

1. *Zustandssumme*

Mit Hilfe der eben beschriebenen Modellkette wollen wir nun die Zustandssumme für den Kristall, die Schmelze und die nichtkristallinen Bereiche bestimmen. Wir nehmen dabei an, daß sich die gesamte Zustandssumme Q jeweils in zwei Anteile aufspalten läßt: in einen Anteil, der den Konfigurationsanteil der Zustandssumme isolierter Ketten darstellt, und in einen Anteil, der alle übrigen Beiträge enthält, d. h. Beiträge, die von Schwingungen, von der gegenseitigen Behinderung der Ketten bei der Packung und von der zwischenmolekularen Wechselwirkung herrühren. Wir bezeichnen diese Anteile, jeweils bezogen auf eine Kette, mit $\hat{\Omega}$ bzw. $\tilde{\Omega}$. Für ein System mit ν Ketten gilt dann

$$Q = \hat{\Omega}^\nu \tilde{\Omega}^\nu . \qquad [1]$$

Des weiteren wollen wir im folgenden die thermodynamischen Größen durch einen der Indices a, c oder nc kennzeichnen, je nachdem, ob sie sich auf Schmelze, Kristall oder nichtkristalline Bereiche beziehen.

Beginnen wir jetzt zunächst mit der Schmelze. Im geschmolzenen Zustand haben die Moleküle frei bewegliche Enden. Der Konfigurationsanteil der Zustandssumme eines einzelnen solchen Moleküls aus N Einheiten ist dann (s. Anhang Gl. [31]) durch

$$\hat{\Omega}_a = \left(2 \cosh \frac{\Delta\varepsilon_i}{2\,kT}\right)^N \qquad [2]$$

gegeben. $\tilde{\Omega}_a$ wollen wir nicht näher ausrechnen, sondern nur annehmen, daß es sich in der Form

$$\tilde{\Omega}_a = \tilde{\Omega}_a^{0\,N} \qquad [3]$$

darstellen läßt. Unter Berücksichtigung von Gl. [1] sowie der bekannten Beziehungen zwischen Zustandssumme und thermodynamischen Funktionen erhält man dann für die freie Energie F_a, die Energie E_a und die Entropie S_a einer Schmelze aus ν Ketten mit je N Einheiten

$$F_a = -\,kT \ln (\hat{\Omega}_a \tilde{\Omega}_a)^\nu = \hat{F}_a + \tilde{F}_a \qquad [4]$$

mit

$$\hat{F}_a = -\,\nu\, N\, kT \ln \left(2 \cosh \frac{\Delta\varepsilon_i}{2\,kT}\right), \qquad [4a]$$

$$\tilde{F}_a = \nu\, N\, \tilde{F}_a^0 , \qquad [4b]$$

ferner

$$E_a = -\,T^2 \frac{\partial}{\partial T}\left(\frac{F_a}{T}\right)_{\nu N,\,V} = \hat{E}_a + \tilde{E}_a \qquad [5]$$

mit

$$\hat{E}_a = -\,\nu\, N \frac{\Delta\varepsilon_i}{2} \tanh \frac{\Delta\varepsilon_i}{2\,kT} , \qquad [5a]$$

$$\tilde{E}_a = \nu\, N\, \tilde{E}_a^0 \qquad [5b]$$

und

$$S_a = -\left(\frac{\partial F_a}{\partial T}\right)_{\nu N,\,V} = \hat{S}_a + \tilde{S}_a \qquad [6]$$

mit

$$\hat{S}_a = \nu N k \left[\ln\left(2 \cosh \frac{\Delta\varepsilon_i}{2\,kT}\right) - \frac{\Delta\varepsilon_i}{2\,kT} \tanh \frac{\Delta\varepsilon_i}{2\,kT}\right], \qquad [6a]$$

$$\tilde{S}_a = \nu\, N\, \tilde{S}_a^0 . \qquad [6b]$$

Die mit einem Dach versehenen Symbole geben dabei jeweils den innermolekularen Konfigurationsanteil, die mit einer Schlange versehenen Symbole alle übrigen Anteile der Zustandsfunktionen an. $\tilde{F}_a^0$, $\tilde{E}_a^0$ und $\tilde{S}_a^0$ sind die aus $\tilde{\Omega}_a^0$ abgeleiteten, also jeweils auf eine einzelne Moleküleinheit bezogenen Größen.

Die nichtkristallinen Bereiche sind, im Gegensatz zur Schmelze, aus Molekülen mit festliegenden Enden aufgebaut, und zwar, wie oben vorausgesetzt, aus Schlaufen, die aus der Kristalloberfläche heraushängen (Abb. 2). Den Abstand der Endpunkte der Schlaufen geben wir durch den Vektor $\vec{h} = (h_x, h_y, h_z)$ an. Die Zahl der Kettenglieder, d. h. der

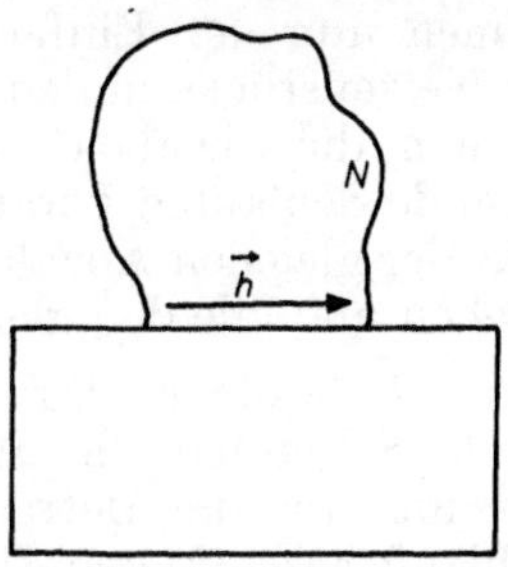

Abb. 2. Schematische Darstellung eines Kristalles mit einer heraushängenden Kettenschlaufe

Schritte im Gitter in x-, y- und z-Richtung bezeichnen wir mit N_x, N_y und N_z. Für die Gesamtzahl der Schritte N gilt dann: $N = N_x + N_y + N_z = 3\,N_x = 3\,N_y = 3\,N_z$. Wie im Anhang ausgeführt wird, kann man den Konfigurationsanteil der Zustandssumme einer isolierten Kette in drei Faktoren aufspalten, die nur von N_x und h_x, N_y und h_y bzw. N_z und h_z abhängen:

$$\hat{\Omega}_{nc}(N, \vec{h}, T) = \hat{\Omega}_{nc,x}(N_x, h_x, T) \times \hat{\Omega}_{nc,y}(N_y, h_y, T)\,\hat{\Omega}_{nc,z}(N_z, h_z, T)\,. \quad [7]$$

Krigbaum und *Kaneko* (9) gaben eine geschlossene Näherungsformel für $\hat{\Omega}_{nc,x}(N_x, h_x, T)$ an, die für mittlere und große N_x gilt. Da bei unseren Untersuchungen jedoch auch sehr kurze Ketten eine wesentliche Rolle spielen, verwenden wir die exakte Formel, die im Anhang abgeleitet wird. $\hat{\Omega}_{nc,x}$ ist dann unter den im Anhang angegebenen Voraussetzungen für den Anschluß der Schlaufe an den Kristall durch

$$\hat{\Omega}_{nc,x}(N_x, h_x, T) = e^{\frac{\Delta\varepsilon_i}{2kT}(N_x-1)} \times \sum_{\mu=0}^{\frac{N_x-h_x}{2}} \binom{\frac{N_x+h_x}{2}}{\mu} \binom{\frac{N_x-h_x}{2}}{\mu} e^{-2\frac{\Delta\varepsilon_i}{kT}\mu} \quad [8]$$

gegeben. Analoge Ausdrücke erhält man für $\hat{\Omega}_{nc,y}$ und $\hat{\Omega}_{nc,z}$. Wir betrachten nun einen nichtkristallinen Bereich, der aus ν Schlaufen aufgebaut wird, die alle den gleichen Fadenendenabstand $\vec{h}$ und die gleiche Zahl von Kettengliedern N aufweisen. Die gesamte Zustandssumme eines solchen Bereiches ergibt sich dann entsprechend Gl. [1] zu

$$Q_{nc}(N, \vec{h}, T) = [\hat{\Omega}_{nc}(N, \vec{h}, T)]^{\nu}\, \tilde{\Omega}_{nc}^{\nu}\,. \quad [9]$$

Dabei wollen wir im folgenden immer annehmen, daß

$$\tilde{\Omega}_{nc} = \tilde{\Omega}_a \quad [10]$$

gilt, d. h. daß die in $\tilde{\Omega}$ zusammengefaßten Anteile für den nichtkristallinen Zustand gleich sind, unabhängig davon, ob die Enden der Ketten festgehalten werden oder frei beweglich sind.

Bei der Berechnung der Zustandsfunktionen F_{nc}, E_{nc} und S_{nc}, die ganz analog Gl. [4–6] zu erfolgen hat, treten daher auch hier wieder die Größen $\tilde{F}_a$, $\tilde{E}_a$ und $\tilde{S}_a$ auf. So gilt z. B. für die freie Energie F_{nc}

$$F_{nc} = -\,kT \ln(\hat{\Omega}_{nc}\,\tilde{\Omega}_a)^{\nu} = \hat{F}_{nc} + \tilde{F}_a = -\,\nu\,kT \ln(\hat{\Omega}_{nc,x}\,\hat{\Omega}_{nc,y}\,\hat{\Omega}_{nc,z}) + \nu\,N\,\tilde{F}_a{}^0. \quad [11]$$

Analoge Ausdrücke ergeben sich für E_{nc} und S_{nc}.

Schließlich müssen wir noch die Verhältnisse im Kristall untersuchen. Es ist für unsere Zwecke nicht unbedingt erforderlich, das Gitterkettenmodell auch auf den Kristall anzuwenden. Man könnte statt dessen die Werte für den Schmelzpunkt und die Schmelzenthalpie mehr oder weniger willkürlich vorgeben. In diesem Falle würde man aber nicht mehr erkennen, wie sich eine Veränderung von $\Delta\varepsilon_i$ bei einem Konstantbleiben aller übrigen molekularen Größen auf den Schmelzpunkt und auf die Schmelzenthalpie auswirken (s. Abschnitt C. 3). Wir wollen deshalb auch die Zustandssumme des Kristalls mit Hilfe unseres Modells berechnen.

Im Kristall kann jedes Molekül i. a. nur eine einzige Konformation annehmen, die wegen der vorgeschriebenen x-, y-, z-Reihenfolge der Schritte helixähnlich ist. Die genaue Form der Kette hängt dabei vom Vorzeichen von $\Delta\varepsilon_i$ ab: Bei $\Delta\varepsilon_i > 0$ wird die Kette möglichst weitgehend gestreckt sein, und man erhält die in Abb. 3a) angegebene Konformation (Kristallform 1). Eine Kette aus

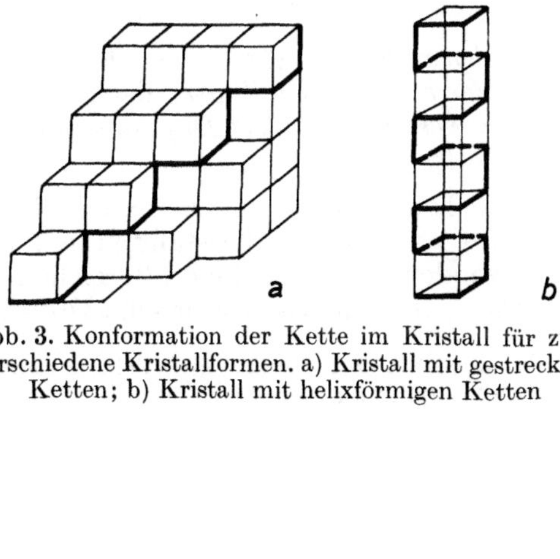

Abb. 3. Konformation der Kette im Kristall für zwei verschiedene Kristallformen. a) Kristall mit gestreckten Ketten; b) Kristall mit helixförmigen Ketten

N Einheiten besitzt in dieser Konformation die Energie $\hat{E}_c = -N\frac{\Delta\varepsilon_i}{2}$. Kristallform 1 wird auch bei schwach negativem $\Delta\varepsilon_i$ noch stabil sein, wenn sie durch genügend starke zwischenmolekulare Kräfte zusammengehalten wird.

Bei stärker negativen Werten von $\Delta\varepsilon_i$ kann dagegen evtl. eine Struktur mit möglichst vielen einander entgegengesetzt gerichteten Schritten vorliegen. Eine mögliche solche Konformation ist in Abb. 3b) dargestellt (Kristallform 2). Bei ihr weisen sowohl aufeinanderfolgende x- als auch aufeinanderfolgende y-Schritte immer in entgegengesetzte Richtungen. Nur die z-Schritte sind alle gleichgerichtet und geben die Kettenrichtung an. Die Energie einer solchen Kette ist durch $\hat{E}_c = (N_x + N_y - N_z)\frac{\Delta\varepsilon_i}{2}$ gegeben.

Mit $N_x = N_y = N_z = N/3$ können wir zusammenfassend für die Konformationsenergie einer einzelnen Kette aus N Einheiten im Kristall

$$\hat{E}_c = -N\frac{\Delta\varepsilon_i}{2}d \qquad [12]$$

und für den Konfigurationsanteil ihrer Zustandssumme

$$\hat{\Omega}_c = e^{\frac{\Delta\varepsilon_i}{2}Nd} \qquad [13]$$

schreiben, wobei $d = 1$ für die Kristallform 1 und $d = -1/3$ für die Kristallform 2 ist. Endeffekte an den Oberflächen des Kristalls sind dabei nicht berücksichtigt.

Mit Gl. [1] erhält man dann ganz analog Gl. [4–6] für die Zustandsfunktionen F_c, E_c und S_c eines Kristalls aus ν Ketten von je N Einheiten

$$F_c = \hat{F}_c + \tilde{F}_c = -\nu N kT d\frac{\Delta\varepsilon_i}{2} + \nu N \tilde{F}_c^0, \qquad [14]$$

$$E_c = \hat{E}_c + \tilde{E}_c = -\nu N kT\frac{\Delta\varepsilon_i}{2} + \nu N \tilde{E}_c^0, \qquad [15]$$

$$S_c = \hat{S}_c + \tilde{S}_c = \nu N \tilde{S}_c^0. \qquad [16]$$

2. *Gleichgewicht zwischen den Kristalliten und den nichtkristallinen Bereichen im Falle verschwindender Diffusion in den Kristallen*

Als nächstes fragen wir nach dem Gleichgewicht[1]) zwischen den Kristalliten und den angrenzenden nichtkristallinen Bereichen für den Fall, daß keine translatorische Diffusion der Ketten im Kristall stattfindet. Die Bedingung für dieses Gleichgewicht ist die, daß die Änderung der freien Enthalpie beim Aufschmelzen des Kristalls um ein Stück von der Länge einer Ketteneinheit gleich Null ist. Dieses Gleichgewicht bestimmt die Länge der Schlaufen als Funktion der Temperatur.

Wir nehmen nun der Einfachheit halber an, daß die Kettenstücke in den nichtkristallinen Bereichen, die wir als aus dem Kristall heraushängende Schlaufen vorausgesetzt haben, alle aus der gleichen Anzahl N von Einheiten bestehen und alle den gleichen Fadenendenabstand $\vec{h}$ besitzen. Da die Verhältnisse für alle Schlaufen die gleichen sind, können wir uns auf die Betrachtung einer einzigen Schlaufe beschränken. Unsere Gleichgewichtsbedingung lautet dann:

$$\mu_{nc}(N, \vec{h}, T) = \mu_c(T), \qquad [17]$$

wobei $\mu_{nc}(N, \vec{h}, T)$ und $\mu_c(T)$ die auf eine Moleküleinheit bezogenen chemischen Potentiale in der Schlaufe bzw. im Kristall sind.

Wir führen noch das chemische Potential $\mu_a(T)$ des vollständig geschmolzenen Stoffes ein und setzen

$$\mu_a(T) - \mu_c(T) = \Delta\mu(T). \qquad [18]$$

Die Gleichgewichtsbedingung [17] erhält damit die Form

$$\mu_{nc}(N, \vec{h}, T) - \mu_a(T) + \Delta\mu(T) = 0. \qquad [19]$$

Die in Gl. [19] auftretenden Größen lassen sich leicht berechnen. Für $\Delta\mu(T)$ kann man nach *Hoffman* (10) setzen

$$\Delta\mu(T) = \frac{\Delta\overline{H}^0 (T_s - T)\, T}{T_s^2}, \qquad [20]$$

wobei $\Delta\overline{H}^0$ die Schmelzenthalpie je Moleküleinheit bedeutet und T_s den Schmelzpunkt im vollständigen thermodynamischen Gleichgewicht.

Für die Differenz $\mu_{nc}(N, \vec{h}, T) - \mu_a(T)$ kann man unter Vernachlässigung von Volumeneffekten schreiben

$$\mu_{nc}(N, \vec{h}, T) - \mu_a(T) = \frac{\partial F_{nc}(N, \vec{h}, T)}{\partial N} - \frac{\partial F_a(T)}{\partial N}. \qquad [21]$$

Dabei ist nach Gl. [4] mit $\nu = 1$

$$\frac{\partial F_a}{\partial N} = -kT \ln\left(2\cosh\frac{\Delta\varepsilon_i}{2kT}\right) + \tilde{F}_a^0 \qquad [22]$$

und nach Gl. [11] mit $\nu = 1$

$$\frac{\partial F(N, \vec{h}, T)}{\partial N} = F(N+1, \vec{h}, T) - F(N, \vec{h}, T)$$
$$= -kT \ln\frac{\hat{\Omega}_{nc}(N+1, \vec{h}, T)}{\hat{\Omega}_{nc}(N, \vec{h}, T)} + \tilde{F}_a^0. \qquad [23]$$

[1]) Es handelt sich dabei um das Gleichgewicht in einem metastabilen Zustand (4).

Mit Gl. [20], [21], [22] und [23] geht dann die Gleichgewichtsbedingung [19] über in

$$\frac{\overline{\Delta H^0}\,(T_s - T)}{T_s^2} = -\,k \ln\left(2 \cosh \frac{\Delta \varepsilon_i}{2\,kT}\right) + k \ln \frac{\hat{\Omega}_{nc}(N+1, \bar{h}, T)}{\hat{\Omega}_{nc}(N, \bar{h}, T)}. \qquad [24]$$

Die Zustandssumme $\hat{\Omega}_{nc}$ ist dabei über Gl. [7] und [8] zu berechnen.

Gl. [24] stellt bei vorgegebenem $\Delta\varepsilon_i$, $\overline{\Delta H^0}$ und T_s einen Zusammenhang zwischen der Temperatur T und der Länge N der nichtkristallinen Kettenstücke her, die bei dieser Temperatur mit den Kristallen im Gleichgewicht stehen. Es ist allerdings nicht möglich, N explizit als Funktion der Temperatur anzugeben. Man muß die Gleichung vielmehr numerisch oder graphisch lösen. Eine graphische Lösung kann etwa in der Weise geschehen, daß man die linke und die rechte Seite (diese für festes N) von Gl. [24] einzeln als Funktionen von T aufträgt. Der Schnittpunkt der beiden Kurven gibt dann die zu der gewählten Schlaufenlänge N gehörende Gleichgewichtstemperatur an. Dieses Verfahren muß der Reihe nach für die verschiedenen N-Werte durchgeführt werden.

Für die numerischen Rechnungen ergibt sich noch die Frage, welche Werte den Parametern $\Delta\varepsilon_i$, $\overline{\Delta H}$ und T_s beizulegen sind. Offensichtlich können diese Größen nicht unabhängig voneinander gewählt werden, da sie über die weiter unten angegebene Schmelzpunktgleichung miteinander verknüpft sind. Wir wollen diesen Zusammenhang im folgenden untersuchen.

3. *Gleichung für den Schmelzpunkt T_s in Abhängigkeit von $\Delta\varepsilon_i$*

Unter dem Gleichgewichtsschmelzpunkt idealer Kristalle versteht man diejenige Temperatur, bei der Schmelze und Kristall die gleiche freie Enthalpie besitzen. Aus dieser Bedingung ergibt sich

$$T_s = \frac{\overline{\Delta H^0}}{\overline{\Delta S^0}}, \qquad [25]$$

wobei $\overline{\Delta H^0}$ und $\overline{\Delta S^0}$ die im Durchschnitt auf eine Moleküleinheit entfallende Schmelzenthalpie bzw. Schmelzentropie darstellen.

Bei Vernachlässigung der Volumenänderung beim Schmelzen gilt

$$\overline{\Delta H^0} = \frac{1}{\nu N}(E_c - E_a) = \frac{1}{\nu N}(\hat{E}_c - \hat{E}_a) + \overline{\Delta \tilde{E}^0} \qquad [26]$$

und

$$\overline{\Delta S^0} = \frac{1}{\nu N}(S_c - S_a) = \frac{1}{\nu N}(\hat{S}_c - \hat{S}_a) + \overline{\Delta \tilde{S}^0}, \qquad [27]$$

wobei die Abkürzungen

$$\overline{\Delta \tilde{E}^0} = \tilde{E}_c^0 - \tilde{E}_a^0 \qquad [28]$$

und

$$\overline{\Delta \tilde{S}^0} = \tilde{S}_c^0 - \tilde{S}_a^0 \qquad [29]$$

verwendet wurden.

Einsetzen von Gl. [26] und [27] in Gl. [25] ergibt dann unter Berücksichtigung von Gl. [5], [6], [15] und [16]

$$T_s = \frac{\overline{\Delta \tilde{E}^0} + \frac{\Delta\varepsilon_i}{2}\left(d - \tanh \frac{\Delta\varepsilon_i}{2\,kT_s}\right)}{\overline{\Delta \tilde{S}^0} + k\left[\ln\left(2\cosh\frac{\Delta\varepsilon_i}{2\,kT_s}\right) - \frac{\Delta\varepsilon_i}{2\,kT_s}\tanh\frac{\Delta\varepsilon_i}{2\,kT_s}\right]}. \qquad [30]$$

Gibt man für $\overline{\Delta \tilde{E}^0}$ und $\overline{\Delta \tilde{S}^0}$ bestimmte Werte vor, so kann man aus Gl. [30] mit Hilfe numerischer Verfahren den Schmelzpunkt T_s in Abhängigkeit von $\Delta\varepsilon_i$ berechnen.

D. Rechenergebnisse

1. *Berechnung eines widerspruchsfreien Satzes der auftretenden Parameter*

Um bei der folgenden Berechnung der Gleichgewichtslänge der Schlaufen die Parameter $\Delta\varepsilon_i$, T_s, $\overline{\Delta \tilde{E}^0}$ und $\overline{\Delta \tilde{S}^0}$ widerspruchsfrei wählen zu können, wollen wir jetzt mit Hilfe von Gl. [30] einige konsistente Werte für diese Größen ausrechnen.

Als erstes bestimmen wir die Abhängigkeit des Schmelzpunktes T_s von der innermolekularen Energiedifferenz $\Delta\varepsilon_i$. Man muß hierzu, wie oben ausgeführt, Annahmen über die Größen $\overline{\Delta \tilde{E}^0}$ und $\overline{\Delta \tilde{S}^0}$ machen. $\overline{\Delta \tilde{E}^0}$ ist der Anteil der Schmelzwärme, der von der zwischenmolekularen Wechselwirkung und von Schwingungen herrührt. Wir wollen ihn gleich 500 cal je Mol Kettenglieder annehmen. $\overline{\Delta \tilde{S}^0}$ besteht aus zwei Anteilen: Einem positiven, der von denjenigen Beiträgen stammt, die nicht zur Konfigurationsentropie gehören, und einem negativen Anteil, der von der Packung der Ketten herrührt. Für $\overline{\Delta \tilde{S}^0}$ wollen wir die Werte 0 bzw. 1 cal je Grad und je Mol Ketteneinheiten einsetzen. Mit diesen Annahmen wurden über die Gl. [26], [27] und [30] der Schmelzpunkt, die Schmelzenthalpie und die Schmelzentropie in Abhängigkeit von $\Delta\varepsilon_i$ berechnet. Die Ergebnisse sind in Tab. 1 zusammengestellt.

Tab. 1. Schmelzpunkt T_s, Anteil $\overline{\Delta\hat{H}}^0$ der Schmelzenthalpie, gesamte Schmelzenthalpie $\overline{\Delta H}^0$ und gesamte Schmelzentropie $\overline{\Delta S}^0$ in Abhängigkeit von $\Delta\varepsilon_i$ für zwei verschiedene Werte von $\overline{\Delta\tilde{S}}^0$. $\overline{\Delta\hat{H}}^0 = 500$ cal/Mol ist vorgegeben. Zeile 1 und 2: Kristallform 2, Zeile 3–8: Kristallform 1

	$\overline{\Delta\tilde{S}}^0 = 0$				$\overline{\Delta\tilde{S}}^0 = 1$ cal/Grad Mol			
$\Delta\varepsilon_i/k$ °K	T_s °K	$\overline{\Delta\hat{H}}^0$ cal/Mol	$\overline{\Delta H}^0$ cal/Mol	$\overline{\Delta S}^0$ cal/°K Mol	T_s °K	$\overline{\Delta\hat{H}}^0$ cal/Mol	$\overline{\Delta H}^0$ cal/Mol	$\overline{\Delta S}^0$ cal/°K Mol
−200	391	17	517	1.32	219	−19	481	2.20
−100	380	20	520	1.37	219	11	511	2.34
−200	178	−302	198	1.11	88	−366	134	1.59
−100	282	−118	382	1.36	161	−130	370	2.29
0	361	0	500	1.39	210	0	500	2.39
+200	490	160	660	1.35	279	131	631	2.27
+400	602	272	772	1.28	329	183	683	2.08
+800	799	430	930	1.16	399	190	690	1.73

Als nächstes wurde $T_s = 400$ °K und $\overline{\Delta\tilde{S}}^0 = 0$ fest vorgegeben. Tab. 2 zeigt, wie sich unter diesen Voraussetzungen die verschiedenen Anteile der Schmelzenthalpie und die Schmelzentropie ändern. Für negative Werte von $\Delta\varepsilon_i$ sind zum Vergleich in beiden Tabellen die Ergebnisse einmal für den Fall, daß man Kristallform 1 und einmal für den Fall, daß man die Kristallform 2 zugrunde legt, aufgeführt.

Tab. 2. Anteile $\overline{\Delta\tilde{H}}^0$ und $\overline{\Delta\hat{H}}^0$ der Schmelzenthalpie, gesamte Schmelzenthalpie $\overline{\Delta H}^0$ und gesamte Schmelzentropie $\overline{\Delta S}^0$ in Abhängigkeit von $\Delta\varepsilon_i$. Vorgegeben ist $T_s = 400$ °K und $\overline{\Delta\tilde{S}}^0 = 0$. Zeile 1 und 2: Kristallform 2, Zeile 3–8: Kristallform 1

$\Delta\varepsilon_i/k$ °K	$\overline{\Delta\tilde{H}}^0$ cal/Mol	$\overline{\Delta\hat{H}}^0$ cal/Mol	$\overline{\Delta H}^0$ cal/Mol	$\overline{\Delta S}^0$ cal/°K Mol
−200	548	−17	531	1.33
−100	527	21	548	1.37
−200	779	−249	530	1.33
−100	661	−113	548	1.37
0	554	0	554	1.39
+200	379	151	530	1.33
+400	251	215	466	1.16
+800	101	191	292	0.73

Die Ergebnisse zeigen, daß der Konfigurationsanteil der Schmelzenthalpie im allgemeinen einen wesentlichen Beitrag zur gesamten Schmelzenthalpie darstellt und daß sich eine Variation von $\Delta\varepsilon_i$ sehr stark auf die thermodynamischen Zustandsfunktionen sowie auf den Schmelzpunkt, soweit er nicht fest vorgegeben wird, auswirkt. Man sieht ferner, daß man mit der Annahme der Kristallform 2 für negatives $\Delta\varepsilon_i$ ein allzu starkes Negativwerden des Konfigurationsanteiles $\overline{\Delta\hat{H}}$ der Schmelzenthalpie und ein Absinken des Schmelzpunktes vermeiden kann.

Es fragt sich nun, wie man die frei verfügbaren Konstanten wählen muß, damit die Modellkette am besten mit einer Polyäthylenkette übereinstimmt. Polyäthylen hat einen Schmelzpunkt von 414 °K, eine Schmelzenthalpie von 940 cal je Mol CH_2 und eine Schmelzentropie von 2.3 cal je Grad und je Mol CH_2. Der Aufwand zur Bildung einer gauche-Konformation beträgt 500 cal je Mol, d. h. 250 k je gauche-Lage (k = Boltzmannkonstante). Wenn wir nun jeder CH_2-Gruppe einen Schritt im Gitter zuordnen, so müssen wir für unsere Modellkette $\Delta\varepsilon_i/k = 250$ setzen.

Bestimmt man nun die Größen $\overline{\Delta\tilde{E}}^0$ und $\overline{\Delta\tilde{S}}^0$ so, daß sich für T_s, $\overline{\Delta H}^0$ und $\overline{\Delta S}^0$ genau die oben angeführten Werte von Polyäthylen ergeben, so erhält man $\overline{\Delta\tilde{E}}^0 = 763$ cal/Mol und $\overline{\Delta\tilde{S}}^0 = 0.94$ cal/(Grad · Mol).

Der sehr große Wert von $\overline{\Delta\tilde{S}}^0$, den man annehmen muß, um Übereinstimmung mit dem Polyäthylen zu bekommen, spiegelt deutlich die Unvollkommenheiten unseres Modells wieder: Während es in der Modellkette bei jedem Schritt nur zwei Wahlmöglichkeiten gibt, sind beim Polyäthylen jeweils drei Konformationen möglich (zwei gauche- und eine trans-Konformation). Man muß also, will man überhaupt ein Glied unserer Modellkette mit einem Glied der realen Polyäthylenkette identifizieren, annehmen, daß die isolierte Modellkette nicht ein isoliertes Polyäthylenmolekül repräsentiert, sondern ein Molekül, dessen Konformationszahl infolge der Anwesenheit anderer Moleküle bereits verringert ist. Das bedeutet, daß der Packungsfaktor des Polyäthylens in der Zustandssumme der isolierten Gittermodellkette bereits weitgehend berücksichtigt ist.

2. *Schmelzbereich in Abhängigkeit von $\Delta\varepsilon_i$ im Falle verschwindender Diffusion in den Kristallen*

Im Falle thermodynamischen Gleichgewichts zwischen den Kristalliten und den nichtkristallinen Bereichen können die nichtkristallinen Kettenstücke (die wir in der Rechnung als aus dem Kristall herausragende Schlaufen betrachten) nur eine ganz bestimmte, von der Temperatur T und vom Fadenendenabstand $\vec{h}$ abhängige Länge besitzen. Diese Länge wurde mit Hilfe von Gl. [24] für verschiedene Werte von $\Delta\varepsilon_i$ und für verschiedene Fadenendenabstände $\vec{h}$ als Funktion der Temperatur bestimmt.

Soweit wir von der Kristallform 1 ausgingen, wurde dabei für die Komponenten des Fadenendenabstandes $\vec{h}$ immer $h_x = h_y = h_z$ gesetzt. Das bedeutet eine rechnerische Vereinfachung, da auf diese Weise in Gl. [7] alle drei Faktoren der Zustandssumme gleich werden²). Für die Kristallform 2 wurde stets $h_x = h_y$ und $h_z = 0$ gesetzt.

Wir betrachten als erstes die Ergebnisse für die Kristallform 1. Die Abb. 4a, b und c geben die Gleichgewichtslänge der Schlaufen als Funktion der Temperatur wieder, die

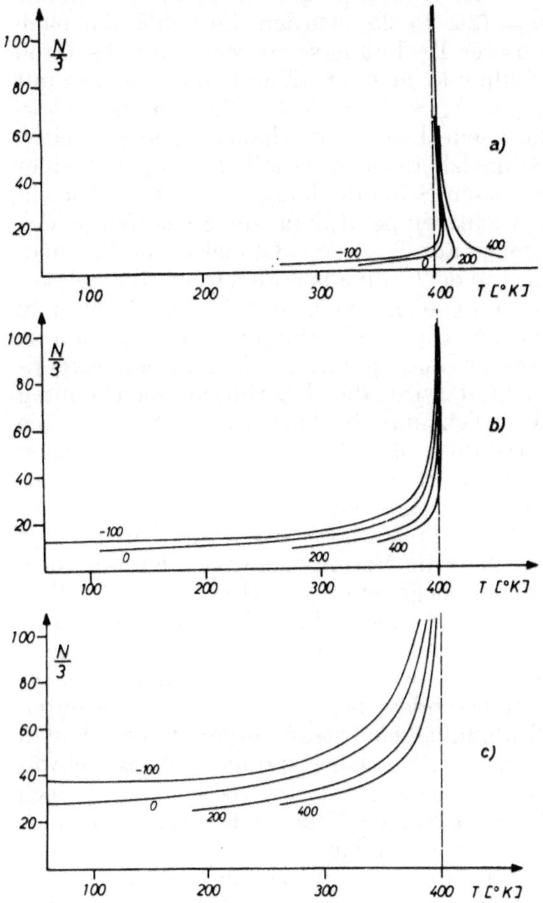

Abb. 4. Gleichgewichtslänge der Schlaufen als Funktion der Temperatur, berechnet unter den Annahmen $T_s = 400\,°K$ und $\overline{\Delta S^0} = 0$. Der an den Kurven angegebene Parameter gibt die innermolekulare Energie $\Delta\varepsilon_i/k$ an. Die einzelnen Abbildungen beziehen sich auf verschiedene Fadenendenabstände: a) $\vec{h} = (3, 3, 3)$; b) $\vec{h} = (9, 9, 9)$; c) $\vec{h} = (25, 25, 25)$

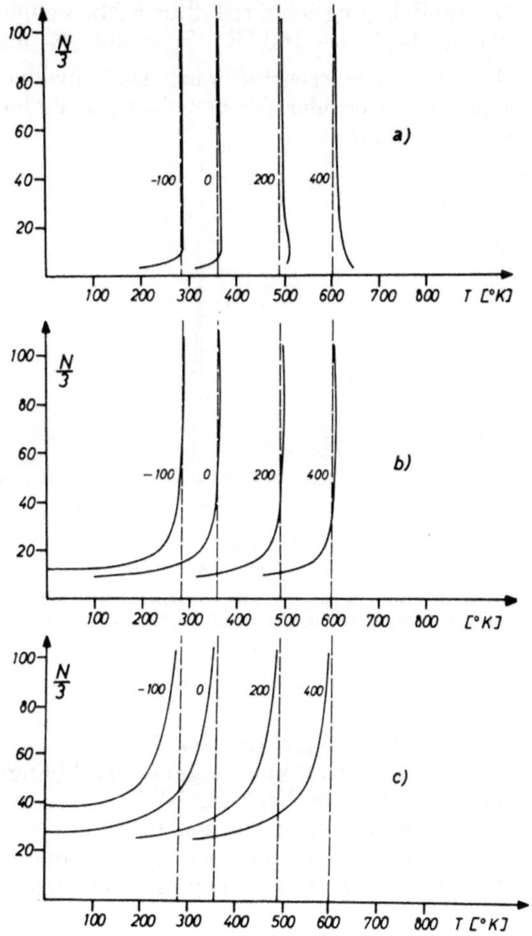

Abb. 5. Gleichgewichtslänge der Schlaufen als Funktion der Temperatur, berechnet unter den Annahmen $\overline{\Delta E^0} = 500$ cal/Mol und $\overline{\Delta S^0} = 0$. Der an den Kurven angegebene Parameter gibt die innermolekulare Energie $\Delta\varepsilon_i/k$ an. Die einzelnen Abbildungen beziehen sich auf verschiedene Fadenendenabstände: a) $\vec{h} = (3, 3, 3)$; b) $\vec{h} = (9, 9, 9)$; c) $\vec{h} = (25, 25, 25)$

²) Gleichzeitig wird damit auch sichergestellt, daß die Kristalloberfläche für alle betrachteten Fadenendenabstände $\vec{h}$ der Schlaufen den gleichen Winkel mit der Kettenrichtung im Kristall bildet. Dieser Winkel ist allerdings nicht gleich $\pi/2$. Der Schönheitsfehler, daß die Schlaufen schief aus der Kristalloberfläche austreten, könnte dadurch vermieden werden, daß man für den Kristall und die nichtkristallinen Bereiche zwei getrennte, gegeneinander verdrehte Gitter annimmt, was keinen Einfluß auf unsere Ergebnisse hat.

unter der Annahme $T_s = 400\,°K$ und $\overline{\Delta \tilde{S}^0} = 0$ berechnet wurde. Die einzelnen Abbildungen beziehen sich auf verschiedene Fadenendenabstände der Schlaufen. Der Parameter an den Kurven ist $\Delta\varepsilon_i/k$.

Die Abb. 5a, b und c zeigen die entsprechenden Ergebnisse, die man bei Vorgabe von $\overline{\Delta \tilde{S}^0} = 0$ und $\overline{\Delta \tilde{E}^0} = 500$ cal/Mol erhält.

Die Kurven von Abb. 6 wurden unter Zugrundelegung von Kristallform 2 berechnet, wobei $\Delta\varepsilon_i/k = -100\,°K$, $T_s = 400\,°K$ und $\overline{\Delta \tilde{S}^0} = 0$ vorausgesetzt war. Die einzelnen Kurven gelten hier für verschiedene Fadenendenabstände.

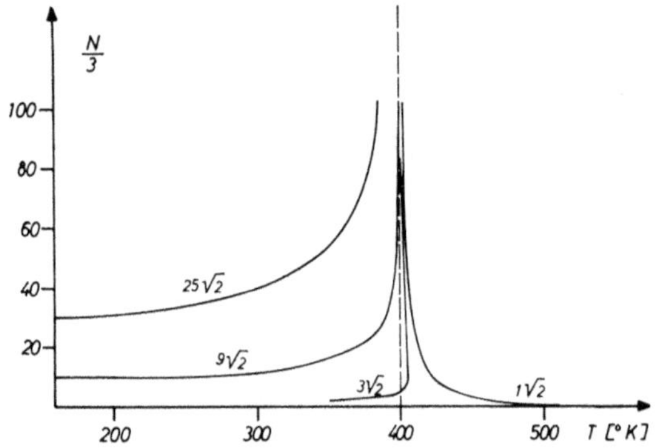

Abb. 6. Gleichgewichtslänge der Schlaufen als Funktion der Temperatur, berechnet für Kristallform 2 mit $T_s = 400$ und $\Delta\varepsilon_i/k = -100\,°K$ sowie $\overline{\Delta \tilde{S}^0} = 0$. Der Parameter an den Kurven gibt den Fadenendenabstand an

Eine entsprechende Auftragung für den Fall, daß die Parameter an Polyäthylen angepaßt sind (s. o.), zeigt Abb. 7.

Die Schmelzkurven zeigen, unabhängig davon, unter welchen speziellen Voraussetzungen sie berechnet wurden, qualitativ stets das gleiche Verhalten bei einer Änderung von $\Delta\varepsilon_i$ und $\vec{h}$. Wir wollen die allgemeinen

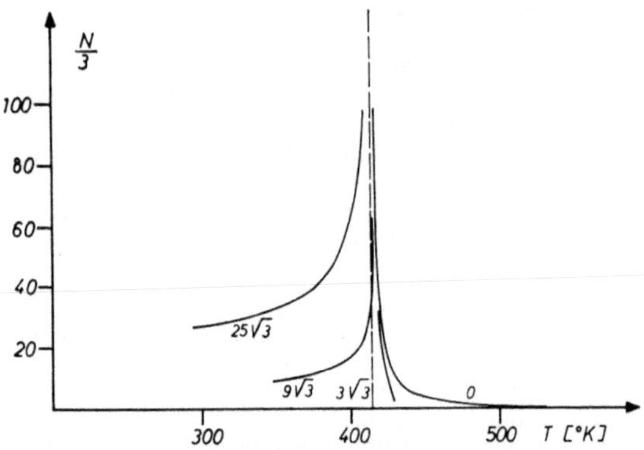

Abb. 7. Gleichgewichtslänge der Schlaufen als Funktion der Temperatur bei Anpassung der thermodynamischen Parameter an Polyäthylen. Die Zahlen an den Kurven geben jeweils den Fadenendenabstand an

Züge anhand der Abb. 5a–c verfolgen und betrachten zunächst den Fall $\Delta\varepsilon_i = 0$. Der Gleichgewichtsschmelzpunkt T_s idealer Kristalle liegt hier bei 361 °K. Der Schmelzprozeß beginnt jedoch für alle dargestellten Fadenendenabstände der Schlaufen schon weit unterhalb von T_s, und zwar bei um so niedrigeren Temperaturen, je größer $\vec{h}$ ist. Relativ gespannte Schlaufen mit großen Fadenendenabständen sind also höchstens bei tiefen Temperaturen stabil. Im Falle $\vec{h} = (25, 25, 25)$ würden die Schlaufen nach unserer Rechnung sogar schon am absoluten Nullpunkt nicht straff gespannt, sondern mit $N_x = N_y = N_z = N/3 = 29$ bereits gelokkert sein. Insgesamt erhält man einen breiten Schmelzbereich unterhalb $T = T_s$. Von einer gewissen Schlaufenlänge an wird die Gleichgewichtstemperatur für die Schlaufen jedoch größer als T_s. Beim Schmelzen müßte man also über T_s hinaus erhitzen, um die Schlaufen im Gleichgewicht mit den Kristalliten zu halten. Dieser Überhitzungseffekt ist um so stärker ausgeprägt, je kleiner $\vec{h}$ ist. Experimentell wird die Überhitzungserscheinung natürlich nur beobachtbar sein, wenn die Kristallite bei $T = T_s$ nicht durch einen anderen Prozeß, z. B. von der Seite her, aufschmelzen können.

Betrachten wir als nächsten Fall $\Delta\varepsilon_i < 0$, bei dem die Verknäuelung der Ketten energetisch begünstigt ist. Hier tritt eine Verbreiterung des Schmelzbereiches auf. Das Schmelzen setzt i. a. schon bei sehr niedrigen Temperaturen ein, und bei großen Fadenendenabständen liegen bereits am absoluten Nullpunkt keine straff gespannten Schlaufen mehr vor. Der Überhitzungseffekt ist schwächer ausgeprägt als bei $\Delta\varepsilon_i = 0$, ist jedoch bei sehr kurzen Fadenendenabständen noch deutlich erkennbar.

Im Falle $\Delta\varepsilon_i > 0$, bei dem die gestreckten Konformationen energetisch begünstigt sind, zeigt sich dagegen das entgegengesetzte Verhalten. Der Schmelzbereich unterhalb von T_s ist bei genügend großen Fadenendenabständen noch vorhanden, jedoch wird er mit wachsendem $\Delta\varepsilon_i$ schmaler (dieser Effekt wird von der gleichzeitigen Verschiebung des Schmelzpunktes überlagert). Die Tendenz zur Überhitzung tritt entsprechend stärker hervor.

3. *Schmelzbereich in Abhängigkeit von $\Delta\varepsilon_i$ bei Schlaufen verschiedener Längen (translatorische Kettendiffusion im Kristall)*

Wenn die Ketten im Kristall nicht völlig fest liegen, sondern eine translatorische Diffusion durchführen können, so werden die Längen der einzelnen Schlaufen zeitlich schwanken. Die Schlaufen besitzen dann keine einheitliche Länge, sondern eine Längenverteilung.

In einer früheren Arbeit (11) wurde gezeigt, daß infolge der dadurch verursachten zusätzlichen Entropie der Schmelzbereich verbreitert wird. Die früheren Untersuchungen wurden mit Hilfe einer anderen Modellkette als hier vorgenommen, bei der innermolekulare Energieeffekte nicht berücksichtigt werden konnten. Wir wollen daher im folgenden noch den Einfluß der innermolekularen Energie auf den Schmelzbereich für den Fall von zeitlich schwankenden Schlaufenlängen untersuchen.

Die Rechnungen wurden über Gl. [5] der oben zitierten Arbeit durchgeführt. Die in dieser Gleichung auftretende Größe $\Delta F_l(N)$, wurde mit dem in der vorliegenden Arbeit abgeleiteten Ausdruck für die Zustandssumme berechnet, wobei noch eine Korrektur hinsichtlich der Volumenbegrenzung der nichtkristallinen Bereiche vorgenommen wurde (5).

Abb. 8 zeigt als Ergebnis die mittlere Schlaufenlänge als Funktion der Temperatur für zwei verschiedene Fadenendenabstände. Es wurde in Anlehnung an Polyäthylen $T_s = 414\ °K$, $\Delta\varepsilon_i = 500$ cal/Mol, $\overline{\Delta H^0} = 940$ cal/Mol gesetzt. Man sieht, daß auch im Falle

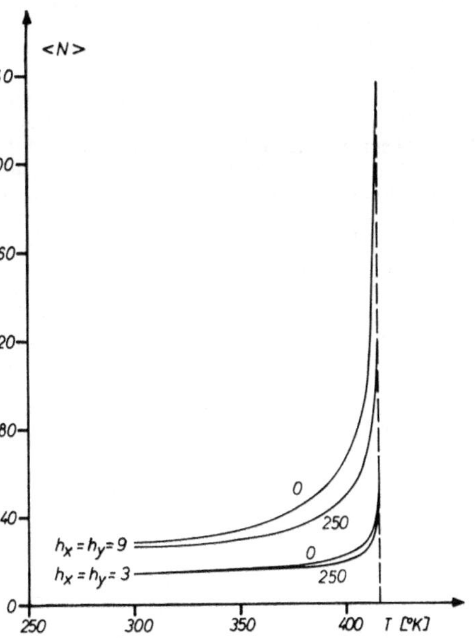

Abb. 8. Mittlere Schlaufenlänge als Funktion der Temperatur im Falle einer Diffusion der Ketten im Kristall, berechnet unter der Annahme $T_s = 414\ °K$ und $\overline{\Delta H^0} = 940$ cal/Mol. Die Zahlen 0 und 250 geben jeweils die innermolekulare Energie $\Delta\varepsilon_i/k$ an

zeitlich schwankender Schlaufenlänge die Berücksichtigung einer positiven innermolekularen Energiedifferenz $\Delta\varepsilon_i$ zu einer Verminderung des partiellen Schmelzens führt.

E. Diskussion

a) Anschauliche Deutung des Energieeffektes

Der Einfluß von $\Delta\varepsilon_i$ auf den Schmelzbereich läßt sich mit Hilfe der folgenden Betrachtung anschaulich verstehen. Die Gleichgewichtsbedingung Gl. [17] bedeutet, daß die Änderung der freien Enthalpie beim Aufschmelzen einer monomeren Moleküleinheit gleich Null ist, $\Delta G^0 = \Delta H^0 - T\Delta S^0 = 0$. Daraus ergibt sich für die Gleichgewichtstemperatur

$$T = \frac{\Delta H^0}{\Delta S^0}\,. \qquad [25\text{a}]$$

ΔH^0 und ΔS^0 sind die Änderungen der Enthalpie bzw. Entropie beim Übertritt einer Moleküleinheit vom Kristall zur Schlaufe (also nicht in das völlig geschmolzene Material). Zur Diskussion der Werte, die ΔH^0 und ΔS^0 annehmen, betrachten wir als erstes den Fall, daß keine innermolekulare Energie auftritt, also $\Delta\varepsilon_i = 0$ ist. ΔH^0 ist dann durch die gewöhnliche Schmelzenthalpie $\overline{\Delta H^0}$ je Moleküleinheit gegeben. Die Änderung ΔS^0 stimmt im allgemeinen nicht mit der gewöhnlichen durchschnittlichen Schmelzentropie $\overline{\Delta S^0}$ überein (4–6), sondern ist eine Funktion der Schlaufenlänge N. Wenn ΔS^0 mit wachsendem N abnimmt, so nimmt T mit wachsendem N zu und man erhält, wie in früheren Arbeiten (4–6) ausführlich diskutiert wurde, einen Schmelzbereich.

Ist dagegen $\Delta\varepsilon_i$ von Null verschieden, so hängt nicht nur ΔS^0 sondern auch ΔH^0 von N ab. Wir bezeichnen die Zahl der rückläufigen Schritte (s. Abb. 1b), die in der Schmelze im Mittel auf eine Moleküleinheit entfallen, mit z. Man kann dann zwei Fälle unterscheiden:

1. Die Zunahme der rückläufigen Schritte bei Verlängerung der Schlaufe um ein Element ist größer als z. Bei positivem $\Delta\varepsilon_i$ ist dann ΔH^0 größer als der Durchschnittswert $\overline{\Delta H^0}$, und die durch Gl. [25a] gegebene Gleichgewichtstemperatur wird gegenüber dem Fall $\Delta\varepsilon_i = 0$ erhöht. Das partielle Schmelzen wird dann als Folge der eingeführten innermolekularen Energie verringert.

2. Die Zunahme der rückläufigen Schritte bei Verlängerung der Schlaufe um ein Element ist kleiner als z. In diesem Falle ist

$\Delta H^0 < \overline{\Delta H^0}$, und das partielle Schmelzen ist stärker als im Falle $\Delta\varepsilon_i = 0$.

Bei dem von uns betrachteten Gitter ist der Bruchteil der rückläufigen Schritte in der Schmelze $z = 0.233$. Bei der Verlängerung einer Schlaufe mit einem Fadenendenabstand $h_x = h_y = h_z = 3$ von der kürzest möglichen Länge zur nächsten Länge nimmt die Zahl der rückläufigen Schritte um 0.50, beim Übergang zur darauffolgenden Länge um 0.43 zu. Da die Zahlen größer als $z = 0.233$ sind, liegt der erste Fall vor. Um zu verstehen, daß die Zahl der rückläufigen Schritte so stark zunimmt, muß man berücksichtigen, daß gerade die langen Schlaufen eine relativ hohe Anzahl von rückläufigen Schritten aufweisen müssen, wenn ihre Endpunkte nahe beieinander liegen sollen.

b) Einfluß eines Kettenmodells

Die allgemeinen Ergebnisse zur Frage, ob ein Schmelzbereich auftritt, wie dieser vom Fadenendenabstand abhängt usw., sind ziemlich unabhängig davon, was für ein Kettenmodell man verwendet. So stimmen die Ergebnisse, die wir hier für $\Delta\varepsilon_i = 0$ erhalten, praktisch mit denen für gewöhnliche Ketten im primitiven kubischen Gitter sowie mit denen für Ketten mit freier Segmentbeweglichkeit überein (4). Was aber den Einfluß von $\Delta\varepsilon_i$ auf den Schmelzbereich betrifft, so hängen die Ergebnisse im Falle kleiner Fadenendenabstände $\vec{h}$ sehr empfindlich vom Kettenmodell ab. Bei einem Diamantgitter z. B. liegt die erhaltene Schmelzkurve, wie eine ganz grobe Abschätzung von uns ergeben hat, für $\frac{\Delta\varepsilon_i}{k} = 250$ z. T. über und z. T. unter derjenigen für $\Delta\varepsilon_i = 0$.

Man kann daher unsere Ergebnisse im Falle kleiner Werte von $\vec{h}$ nicht ohne weiteres auf Polyäthylen mit scharfen Kettenfalten anwenden, auch wenn man die Gitterparameter, wie es bei Abb. 7 geschehen ist, optimal an Polyäthylen anpaßt.

Zusammenfassend ergibt sich somit folgendes: auch bei Berücksichtigung innermolekularer Energie erhält man einen Schmelzbereich. Er wird durch die Größe von $\Delta\varepsilon_i$ beeinflußt; die Veränderungen sind aber nicht wesentlich, sondern stellen lediglich Korrekturen dar. Das Vorzeichen der Veränderung hängt sehr empfindlich vom verwendeten Gittermodell ab.

F. Anhang: Ableitung der Gleichungen für die Zustandssumme

Für den Konfigurationsanteil $\hat{\Omega}_a(N)$ der Zustandssumme einer Kette mit einem freien Ende erhält man bei Vernachlässigung von Endeffekten sofort

$$\hat{\Omega}_a(N) = \left(e^{\frac{\Delta\varepsilon_i}{2kT}} + e^{-\frac{\Delta\varepsilon_i}{2kT}}\right)^N = \left(2\cosh\frac{\Delta\varepsilon_i}{2kT}\right)^N; \quad [31]$$

denn bei jedem Schritt besteht genau die Wahl zwischen einer energetisch günstigeren und einer energetisch ungünstigeren Möglichkeit mit den Energien $-\Delta\varepsilon_i/2$ bzw. $+\Delta\varepsilon_i/2$. Den gleichen Ausdruck verwenden wir auch für ein Molekül in der Schmelze, d. h. für ein Molekül mit zwei freien Enden. Wir vernachlässigen also den Faktor, der von der translatorischen Bewegung der Moleküle herrührt.

Gl. [31] stimmt überein mit dem Ergebnis für die Zustandssumme beim eindimensionalen Isingmodell ohne äußeres Feld. In der Tat entsteht die K2-Kette durch Ineinanderschachtelung dreier eindimensionaler Isingketten aus x-, y- und z-Elementen, jede von der Länge $N/3$, wenn man von Endeffekten absieht.

Zwischen den Konformationen der x-, y- und z-Ketten, für sich genommen, bestehen auch nach erfolgter Verschachtelung keinerlei Korrelationen; denn erstens bleibt die Reihenfolge $x\ y\ z\ x \ldots$ immer gewahrt, zweitens wechselwirken die x- nur mit x-, die y- nur mit y- und die z- nur mit z-Elementen. Die Zustandssumme der gesamten Kette zerfällt deshalb in drei Anteile $\hat{\Omega}_x$, $\hat{\Omega}_y$ und $\hat{\Omega}_z$, die nur von den Konformationen der x-, y- und z-Elemente abhängen. Bei den Schlaufen mit festem Fadenendenabstand können wir uns daher im folgenden auf die Berechnung von $\hat{\Omega}_x$ beschränken.

Bei den Schlaufen mit festen Enden, aus denen die nichtkristallinen Bereiche bestehen, hängt die Zustandssumme nun nicht nur vom Fadenendenabstand $\vec{h}$ und der Länge N ab, sondern auch von den Verhältnissen an den Enden der Schlaufen, da der Übergang der Schlaufen in den Kristall selbst mit einer Konformationsenergie verbunden ist.

Betrachten wir diesen Übergang genauer, so hat in der Kette die letzte (xyz)-Folge innerhalb des Kristalls eine feste, die erste (xyz)-Folge außerhalb des Kristalls dagegen eine beliebige Orientierung, wenn man, wie wir es hier tun wollen, den Effekt der Volumenbegrenzung durch die Kristalloberfläche vernachlässigt. Für unsere Rechnung ist es nun wichtig, an den Enden der Schlaufe definierte Verhältnisse zu haben, um nicht über alle möglichen Orientierungen der Enden und die damit verbundenen Energiedifferenzen beim Übergang in den Kristall summieren zu müssen. Man erreicht das, indem man die letzte (xyz)-Folge im Kristall vor dem Austritt der Kette aus dem Kristall und die erste nach ihrem Wiedereintritt mit zur Schlaufe zählt. Auf diese Weise ist der Übergang der so gerechneten Schlaufe in den Kristall für alle Konformationen der Schlaufe der gleiche. Bei Kristallform 1 liegen dann stets an beiden Enden der Schlaufe entgegengesetzt gerichtete (xyz)-Folgen, z. B. links eine ($x^+ y^+ z^+$)- und rechts eine ($x^- y^- z^-$)-Folge. Der Einfachheit halber legen wir fest, daß das gleiche auch für die Schlaufen bei Kristallform 2 gelten soll[3]).

Berücksichtigt man noch die oben betrachtete Separabilität der Zustandssumme, so besteht unsere Aufgabe dann also, unabhängig von der vorausgesetzten Kristallform, darin, die Zustandssumme einer eindimensionalen Kette aus $(N_x + 2)$ x-Elementen zu bestimmen, von denen $P = 1/2\,(N_x + 2 + h_x)$ x^+-Elemente und

[3]) Es handelt sich hier um eine willkürliche Festsetzung. Verläuft die Kettenrichtung in einem Kristall der Kristallform 2 in z-Richtung und liegen vor dem Austritt der Schlaufe ($x^+ y^+ z^+$)-Folgen vor, so sind nach dem Wiedereintritt im Prinzip ($x^+ y^+ z^+$)-, ($x^+ y^- z^-$)-, ($x^- y^+ z^-$)- oder ($x^- y^- z^-$)-Folgen denkbar.

$M = 1/2\,(N_x + 2 - h_x)$ x^--Elemente sind und bei der am einen Ende ein x^+-, am anderen Ende ein x^--Element steht.

Die x^+-Elemente und die x^--Elemente werden in der Kette jeweils in Gruppen von mindestens einem Element auftreten. Auf eine x^+-Gruppe folgt eine x^--Gruppe usw., und da am einen Ende der Kette eine x^+, am anderen eine x^--Gruppe liegt, ist die Zahl der x^+- und der x^--Gruppen gleich groß. Ist diese Zahl gleich λ, so gibt es insgesamt

$$p_1(\lambda) = P - 1 - (\lambda - 1) + M - 1 - (\lambda - 1) = P + M - 2\lambda = N_x + 2 - 2\lambda \qquad [32]$$

Paare aneinanderstoßender gleicher Elemente ($x^+ x^+$- und $x^- x^-$-Paare) und

$$p_2(\lambda) = 2\lambda - 1 \qquad [33]$$

Paare aneinanderstoßender verschiedener Elemente ($x^+ x^-$- und $x^- x^+$-Paare). Die Energie der betreffenden Konformation ist also

$$E = -\frac{\Delta\varepsilon_i}{2}\left[p_1(\lambda) - p_2(\lambda)\right] = -\frac{\Delta\varepsilon_i}{2}(N_x + 3 - 4\lambda). \qquad [34]$$

Die Anzahl der Möglichkeiten, die P x^+-Elemente in λ Gruppen zu je mindestens einem Element einzuteilen, ist

$$\binom{P-1}{\lambda-1}.$$

Ein entsprechender Ausdruck ergibt sich für die Einteilung der M x^--Elemente.

Durch Summation über alle möglichen Gruppenzahlen λ erhält man schließlich für die gesamte Zustandssumme der x-Kette

$$\hat{\Omega}_{nc,x}(N_x, h_x, T) = \sum_{\lambda=1}^{M} \binom{P-1}{\lambda-1}\binom{M-1}{\lambda-1} e^{-\frac{\Delta\varepsilon_i}{2kT}(4\lambda - N_x - 3)}$$
$$= e^{\frac{\Delta\varepsilon_i}{2kT}(N_x - 1)} \sum_{\mu=0}^{\frac{N_x - h_x}{2}} \binom{\frac{N_x + h_x}{2}}{\mu}\binom{\frac{N_x - h_x}{2}}{\mu} e^{-2\frac{\Delta\varepsilon_i}{kT}\mu}. \qquad [35]$$

Summation über alle möglichen Fadenendenabstände h_x und Berücksichtigung, daß bei der freien Kette die beiden Enden unabhängig voneinander von x^+- oder x^--Gruppen besetzt sein können, ergäbe das Ergebnis [31] für die Zustandssumme des Moleküls in der Schmelze.

Im Falle $N_x \to \infty$, d. h. im Falle sehr großer Kettenlänge, kann man die Summe in Gl. [35] durch ihren maximalen Term ersetzen. Der Ausdruck, den man auf diese Weise für $\lim_{N_x \to \infty} [1/N_x \ln \hat{\Omega}_{nc,x}(N_x, h_x, T)]$ erhält, stimmt mit dem entsprechenden Limes überein, den man mit dem von *Krigbaum* und *Kaneko* mit Hilfe der Sattelpunktsmethode berechneten Ausdruck für $\hat{\Omega}_{nc,x}(N_x, h_x, T)$ erhält.

Bei *Krigbaum* und *Kaneko* tritt in $\hat{\Omega}_{nc,x}$ noch ein Vorfaktor auf, der für $N_x \to \infty$ unwesentlich wird, der ihren Ausdruck aber zu einer auch noch bei relativ kleinen N_x brauchbaren Näherungsformel macht.

Zusammenfassung

Unter Verwendung eines einfachen Gittermodells wird der Einfluß einer innermolekularen Energiedifferenz $\Delta\varepsilon_i$ zwischen trans- und gauche-Konformationen auf den durch Entropieeffekte bedingten Schmelzbereich untersucht. Es wird angenommen, daß die nichtkristallinen Bereiche aus Schlaufen, die aus den Kristalliten herausragen, gebildet werden. Ähnlich wie in früheren Untersuchungen, bei denen keine innermolekularen Energiedifferenzen berücksichtigt wurden, ergibt sich unterhalb des Gleichgewichtsschmelzpunktes ein ausgedehnter Schmelzbereich. Im Falle $\Delta\varepsilon_i > 0$, bei dem die gestreckte Konformation begünstigt ist, wird er schmaler, im Falle $\Delta\varepsilon_i < 0$ dagegen breiter als bei $\Delta\varepsilon_i = 0$.

Summary

The influence of a difference in intramolecular energy between a trans and a gauche conformation on the melting range arising from entropy effects is calculated using a simple lattice model. It is assumed that the noncrystalline regions are formed by loops hanging out of the crystals. Similar to earlier investigations in which intramolecular energy differences were neglected a broad melting range below the equilibrium melting temperature is obtained. In case of $\Delta\varepsilon_i > 0$, in which the stretched conformation is favoured energetically, the melting range is smaller, in case of $\Delta\varepsilon_i < 0$ it is broader than at $\Delta\varepsilon_i = 0$.

Literatur

1) *Alfrey, T.* und *H. Mark*, J. Phys. Chem. **46**, 112 (1942).

2) *Roe, R. J.*, *K. J. Smith jr.* und *W. Krigbaum*, J. Chem. Phys. **35**, 1306 (1961).

3) *Tung, L. H.* und *S. Buckser*, J. Phys. Chem. **62**, 1530 (1958).

4) *Zachmann, H. G.*, Z. Naturforschg. **19** a, 1397 (1964); Kolloid-Z. u. Z. Polymere **216–217**, 180 (1967); **231**, 504 (1969).

5) *Zachmann, H. G.* und *P. Spellucci*, Kolloid-Z. u. Z. Polymere **213**, 39 (1966).

6) *Zachmann, H. G.*, Conference on Statistical Mechanics and Thermodynamics (Copenhagen 1966).

7) *Fischer, E. W.*, Kolloid-Z. u. Z. Polymere **218**, 97 (1967).

8) *Nukushina, Y.*, *Y. Itoh* und *E. W. Fischer*, Polymer Letters **3**, 383 (1965).

9) *Krigbaum, W. R.* und *M. Kaneko*, J. Chem. Phys. **36**, 99 (1962).

10) *Hoffman, J. D.*, J. Chem. Phys. **29**, 1192 (1958).

11) *Zachmann, H. G.* und *A. Peterlin*, J. Makromol. Sci. (Phys.) **B 3** (3), 495 (1969).

Anschrift der Verfasser:

Dr. *E. Schrader* und Prof. Dr. *H. G. Zachmann*
Institut für Physikal. Chemie
6500 Mainz, Jakob-Welder-Weg 15

Kolloid-Z. u. Z. Polymere **241**, 1026–1033 (1970)

Aus dem Battelle-Institut e. V., Frankfurt am Main

Excitonen in Polymeren mit aromatischen Seitengruppen*)

Von H. Bauser und W. Klöpffer

Mit 11 Abbildungen

(Eingegangen am 24. April 1970)

Einleitung

Bringt man in einem Ensemble von organischen Molekülen einzelne Moleküle durch Bestrahlung mit UV-Licht in einen elektronischen Anregungszustand, so können diese Moleküle unter gewissen Umständen ihre Anregungsenergie auf andere Moleküle des Ensembles übertragen. Solche Energieübertragungs-Phänomene sind praktisch in allen Aggregatzuständen organischer Materie gefunden worden, in Gasen, Flüssigkeiten, Lösungen und in Kristallen. Daß auch in organischen Polymeren Energieübertragung auftreten kann, weiß man aus Untersuchungen an Kunststoffszintillatoren (1), wo man im Kunststoff gelöste Fremdmoleküle dadurch zur Emission von Fluoreszenzlicht veranlassen kann, daß man nicht die Fremdmoleküle selbst, sondern die Kunststoffmatrix (Wirtsmatrix) durch harte Strahlung oder UV-Licht anregt. Der Mechanismus der Energieübertragung in Polymeren wurde jedoch lange nicht richtig aufgeklärt, weil die verwendeten Kunststoffe eine störend hohe Konzentration von nichtpolymerisierten Monomeren enthielten (2). Die Aufklärung dieses Mechanismus ist nicht nur für die Deutung der Vorgänge im Kunststoff-Szintillator von Wichtigkeit, sondern ebenso für ein besseres Verständnis der photoelektrischen Prozesse in Polymeren sowie für den photochemischen Abbau von Kunststoffen.

Wir beschränken uns hier auf Polymere, die aus einer einfachen Kohlenstoffkette mit aromatischen Ringsystemen R in der Seitengruppe bestehen.

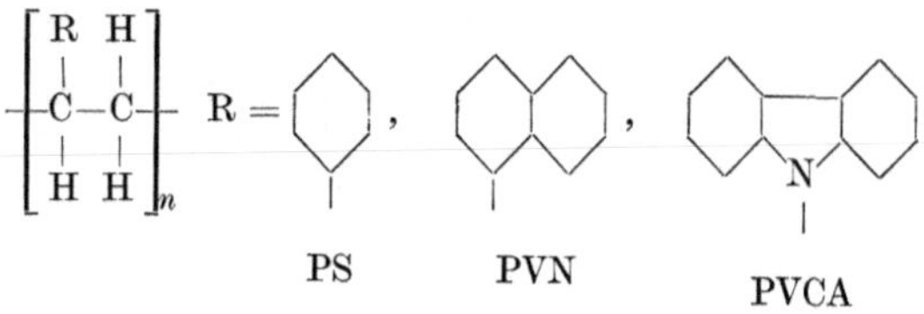

PS PVN PVCA

*) Vorgetragen auf der Arbeitssitzung des Fachausschusses Physik der Hochpolymeren in der Frühjahrstagung 1970 des Regionalverbandes Hessen-Mittelrhein-Saar der Deutschen Physikalischen Gesellschaft in Darmstadt, 10.–13. März 1970.

Der bekannteste Vertreter dieser Gruppe von Polymeren ist das Polystyrol (PS). Die Untersuchungen, von denen hier berichtet wird, sind hauptsächlich an Polyvinylcarbazol (PVCA) und Polyvinylnaphthalin (PVN) durchgeführt worden.

In diesen Polymeren sind die niedrigsten elektronischen Anregungszustände diejenigen der π-Elektronensysteme in der Seitengruppe. Je nachdem, ob bei der Anregung der Elektronenspin erhalten bleibt oder umklappt, unterscheidet man Singulett- und Triplettzustände. Dies ist in dem Schema (Abb. 1)

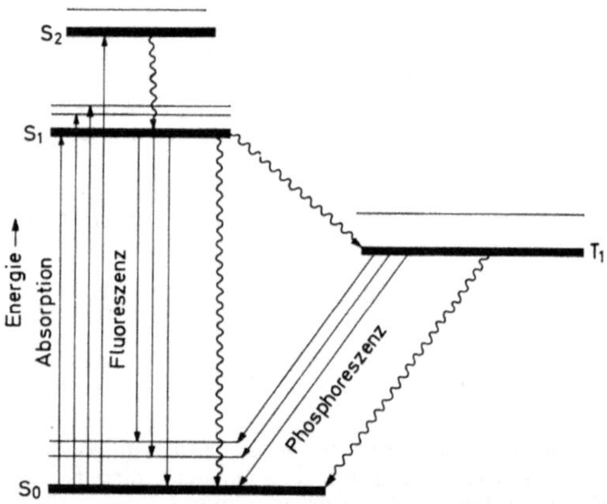

Abb. 1. Termschema der optischen Übergänge (Jablonski-Schema). Singulettzustände sind mit S, Triplettzustände mit T bezeichnet. Übergänge, die mit Aufnahme oder Abgabe von Lichtquanten verbunden sind, sind durch gerade Pfeile bezeichnet. Thermische Desaktivierung und Interkombination (intersystem crossing) sind durch gewundene Pfeile angedeutet

angedeutet. Den reinen Elektronenzuständen sind Molekülschwingungszustände überlagert. Bei Anregung in höhere Zustände wird sehr schnell das vibronische Grundniveau des ersten angeregten Elektronenzustandes (S_1) durch strahlungslose Prozesse erreicht. Von dort erfolgt der Übergang in das S_0-Niveausystem als Fluoreszenz oder als Phosphoreszenz (über T_1) oder strahlungslos. Von S_1 zu T_1 sind strahlungslose Interkombinationsübergänge möglich. Typische Lebensdauern sind 10^{-9} bis 10^{-7} sec in S_1 bzw. 10^{-3} bis 1 sec in T_1.

Singulett-Excitonen in Polyvinylcarbazol

Im folgenden wird über Untersuchungen zur Energieübertragung im Singulettzustand S_1 des Polyvinylcarbazols (3, 4) berichtet (R = Carbazolyl). Die Untersuchungen wurden bei Zimmertemperatur durchgeführt. Das Polymer war sehr sorgfältig von nichtpolymerisierten Monomeren gereinigt worden (3).

Einen ersten Hinweis auf Energiewanderung erhält man aus den *Emissionsspektren* des reinen Polymers. Als Grundlage für die Diskussion werden zunächst die Spektren von zwei *Modellsubstanzen* vorgestellt. Als Modellsubstanzen dienen 3 C-Atome enthaltende „Stücke" der Polymerkette, die in einem Fall nur 1 Seitengruppe, im anderen Fall 2 Seitengruppen enthalten.

```
      R
      |
H3C—C—CH3      N-Isopropylcarbazol, NIPCA
      H        (monomere Modellsubstanz)

 R       R
 |       |
 C—C—C         Biscarbazolylpropan, BCP
 H2 H2 H2      (dimere Modellsubstanz)
```

Das gibt eine Möglichkeit zu untersuchen, wie sich Absorptions- und Emissionsspektrum der aromatischen Seitengruppe verhält, wenn die Wechselwirkung mit einer zweiten Seitengruppe hinzukommt. Die Spektren wurden in verdünnter Lösung in Benzol (10^{-6} bis 10^{-4} M) aufgenommen. Die Absorptionsspektren der beiden Modellsubstanzen sind fast identisch mit dem des Polymers (Abb. 2, Kurve 1), d. h., bei den Modellsubstanzen wie beim Polymer erfolgt die Absorption eines Lichtquants an der *isolierten* Seitengruppe. Das Fluoreszenzspektrum des NIPCA

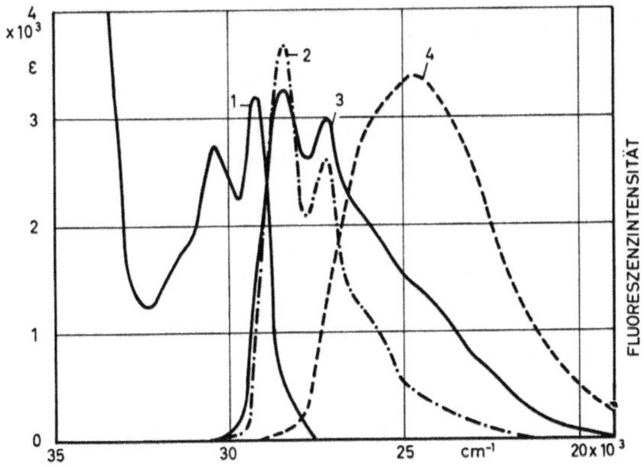

Abb. 2. Absorptionsspektrum von PVCA in Benzol (1), Fluoreszenzspektrum von NIPCA (2) und PVCA (3) in Benzol und eines dünnen PVCA-Films (4). Die Fluoreszenzspektren sind nicht korrigiert

(Abb. 2, Kurve 2) ist spiegelbildlich zum Absorptionsspektrum, wie das bei aromatischen Molekülen üblich ist. In Abb. 3 (Kurve 1) ist das noch einmal dargestellt. Beim BCP (Kurve 2) ist dem spiegelbildlichen Fluoreszenzspektrum noch eine lang-

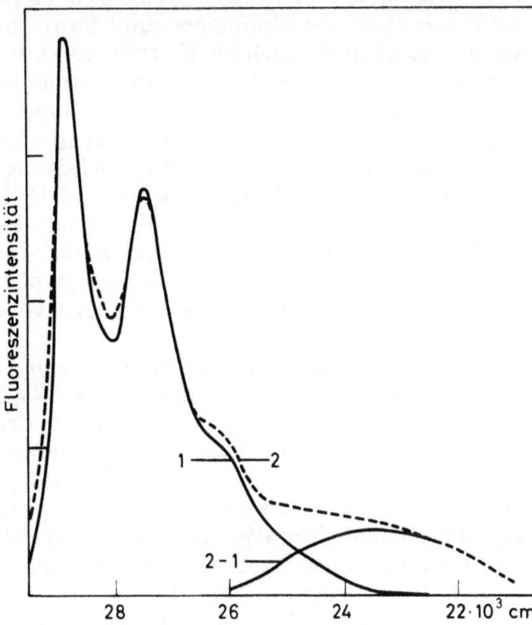

Abb. 3. Fluoreszenzspektren (korrigiert für gleiche Quantenzahl) von Lösungen des N-Isopropylcarbazols (1) und Biscarbazolylpropans (2) in Cyclohexan, 10^{-5} molar an Carbazolgruppen, unter Sauerstoffausschluß aufgenommen, Ordinatendehnung für Kurve 2 auf das Doppelte, Anregung bei 30400 cm^{-1} (6)

wellige Bande überlagert. Bei Subtraktion beider Spektren (Kurve 2 – 1) erhält man eine breite Bande, die gegenüber dem kurzwelligen Fluoreszenzmaximum der Monomerfluoreszenz um etwa 5000 cm^{-1} nach langen Wellen verschoben ist.

Es ist klar, daß diese zusätzliche Bande die Folge einer Wechselwirkung zwischen den beiden Seitengruppen sein muß (5, 6). Es handelt sich hier um eine sogenannte Excimerfluoreszenz (7): Das angeregte BCP-Molekül kann eine Konfiguration annehmen, bei der die beiden Seitengruppen parallel stehen, was in der Folge als „Pärchenstellung" bezeichnet werden soll. Es tritt nun eine Wechselwirkung zwischen der ursprünglich angeregten und der nicht angeregten Seitengruppe auf. Die beiden Seitengruppen bilden dann *ein* angeregtes System, ein angeregtes Dimer. Aus dem englischen Begriff 'excited dimer' leitet sich der Name 'Excimer' ab. Solche Excimerzustände sind von *Hirayama* an Diphenylpropan sehr eingehend untersucht worden (5). Dieses Dimer ist nur im angeregten Zustand stabil. Bei der Rückkehr in den Grundzustand der isolierten Seitengruppen wird mit geringer Quantenausbeute die breite Fluoreszenzbande emittiert.

Das Absorptionsspektrum des Polymers ist – wie bereits erwähnt – praktisch identisch mit dem des Monomers, und zwar sowohl in Lösung als auch als Festkörper, d. h., die Absorption eines Lichtquants geschieht an der isolierten Seitengruppe. Die ausgezogene Kurve (Abb. 2, Kurve 3) zeigt das Fluoreszenzspektrum des Polymers in Lösung. Wie in der dimeren Vergleichssubstanz BCP ist auch hier der Monomerfluoreszenz die breite Excimerfluoreszenz überlagert. Im Polymerfilm, also im Festkörper, zeigt sich nur die breite Excimerfluoreszenz (Kurve 4 in Abb. 2).

Da die Glastemperatur ungefähr bei 200 °C liegt (8), kann man sich nicht vorstellen, daß bei Zimmertemperatur die Beweglichkeit der Molekülsegmente ausreichte, um alle angeregten Seitengruppen nach der Lichtabsorption durch eine Konformationsänderung in eine Pärchenkonfiguration zu bringen, so daß die Bildung eines Excimers möglich wäre; zumal das ja sogar in der Lösung nur zu einem Teil der Fall ist, wie das Emissionsspektrum zeigt. Es ist aber auch unwahrscheinlich, daß im Polymer alle Seitengruppen zu Paaren angeordnet sind, denn der Polymerfilm ist röntgenographisch amorph. Es muß vielmehr einzelne Stellen geben, wo zufällig eine Pärchenkonfiguration (oder doch eine Beinahe-Pärchenkonfiguration) vorliegt. Zu diesen Stellen wird die von isolierten Seitengruppen aufgenommene Energie hintransportiert werden, wo sie dann zur Bildung von Excimeren und zur Emission der breiten Fluoreszenz Anlaß gibt.

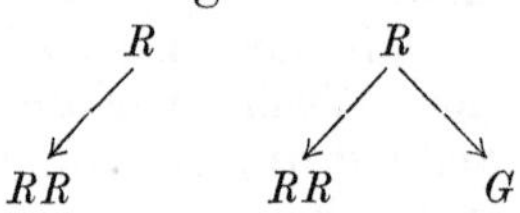

Als Mechanismen der Energieübertragung kommen hier zwei in Frage: 1. Der direkte Transport von der absorbierenden Seitengruppe (R) durch die relativ weitreichende Dipol-Dipol-Wechselwirkung nach *Förster* (9), und 2. ein durch kurzreichweitige Wechselwirkung zwischen nächsten Nachbarn bewirkter Energietransport nach dem Exciton-Hüpfmodell (10), bei dem die Anregungsenergie von Seitengruppe zu Seitengruppe springt bis sie eingefangen wird. Man kann zwischen den beiden Mechanismen unterscheiden, wenn man dem Polymer solche Fremdmoleküle (G) zusetzt, die als Energiefallen wirken und damit zu den Pärchenstellen (RR) in Konkurrenz treten und auf diese Weise die Excimerfluoreszenz löschen. Solche Untersuchungen wurden mit verschiedenen Gastmolekülen durchgeführt, von denen hier nur eines als Beispiel herausgegriffen werden soll, nämlich das Hexachlorparaxylol (HCX)

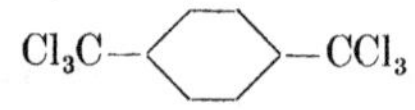

Dieses Gastmolekül ist aus folgendem Grund besonders interessant: Die weitreichende Dipol-Dipol-Wechselwirkung ist nur möglich, wenn eine Überlappung zwischen dem Emissionsspektrum des Polymers und dem Absorptionsspektrum des Gastmoleküls gegeben ist. Die Absorptionskante des HCX liegt aber kurzwellig von der des Polymers (3), so daß eine solche Überlappung nicht vorhanden ist. Somit kommt hier nur das Exciton-Modell in Betracht. Genauer nachprüfen läßt sich dies durch die Untersuchung der Konzentrationsabhängigkeit der Löschwirkung des HCX.

Zur quantitativen Beschreibung wird der Löschfaktor der Excimerfluoreszenz definiert (3):

$$Q_E = \frac{I_{E,0}}{I_E} - 1\,,$$

wobei $I_{E,0}$, I_E die Intensität der Excimerfluoreszenz ohne und mit Gastmolekülen darstellt.

Die Intensität der Excimerfluoreszenz ist proportional der Häufigkeit, mit der Excitonen auf excimerbildende Stellen übertragen werden ($n_s \cdot c_E$), und der Quantenausbeute der Excimerfluoreszenz (η_E), geteilt durch die Summe der Häufigkeiten aller Desaktivierungsprozesse:

$$I_{E,0} \sim \frac{n_s\, c_E\, \eta_E}{n_e + n_l + n_s \cdot c_E} \qquad I_E \sim \frac{n_s\, c_E\, \eta_E}{n_e + n_l + n_s (c_E + c_G)}$$

n_s, n_e, n_l sind dabei die Häufigkeiten (s^{-1}), mit der das Exciton von Seitengruppe zu Seitengruppe hüpft, unter Aussendung eines („Monomer"-) Fluoreszenzquants bzw. strahlungslos gelöscht wird.

c_E und c_G sind die Konzentrationen (Mol/Mol Grundbaustein) der Excimerstellen und der Gastmoleküle.

Daraus ergibt sich für den Löschfaktor der Excimerfluoreszenz:

$$Q_E = \frac{n_s\, c_G}{n_e + n_l + n_s\, c_E} = \frac{n\, c_G}{1 + n\, c_E}$$

$n = n_s/(n_e + n_l)$ ist die Anzahl der Sprünge, die das Exciton bei $c_E = 0$ während seiner Lebensdauer zurücklegt

$$Q = n\, c_E \gg 1\,.$$

Der Löschfaktor der „Monomer"-Fluoreszenz muß wesentlich größer als 1 sein, da im Spektrum von PVCA-Filmen keine solche Fluoreszenz nachgewiesen werden kann, obwohl die Spektren von festem NIPCA und Copolymeren aus N-Vinylcarbazol / Styrol zeigen, daß die Carbazolgruppe in kondensierter Phase zu intensiver „Monomer"-Fluoreszenz fähig ist.

Unter obiger Voraussetzung ergibt sich für den Löschfaktor der Excimerfluoreszenz die einfache Beziehung:

$$Q_E \approx \frac{c_G}{c_E}.$$

Bei $Q_E = 1$ ist die Konzentration der Gastmoleküle gleich der der Pärchenstellen. Abb. 4 zeigt, daß für HCX der geforderte

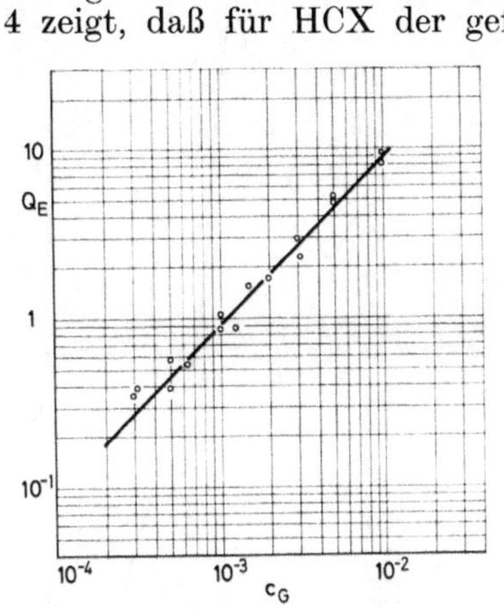

Abb. 4. Fluoreszenzlöschung des PVCA durch HCX; Q_E = Löschfaktor der Excimerfluoreszenz; c_G = Konzentration des HCX (3)

lineare Zusammenhang für das Excitonenmodell im Experiment erfüllt ist. Aus $Q_E = 1$ erhält man für die Konzentration der Pärchenstellen $c_E = 10^{-3}$, d. h., jede tausendste Seitengruppe befindet sich in einer für die Excimerbildung günstigen Konfiguration. Aus c_E läßt sich die mittlere Weglänge der Excitonen bis zum Einfang an einer Pärchenstelle zu etwa 200 Å errechnen.

Wir haben die Fluoreszenzlöschung mit einem 2-Fallen-Modell gedeutet, wobei die Gastmoleküle mit den Pärchenstellen als Excitonenfallen konkurrieren (I). Man könnte die Löschung der Excimerfluoreszenz aber auch so zu erklären versuchen, daß vorwiegend eine Energieübertragung von den Excimerzuständen zu den Gastmolekülen vorliegt (Weg II).

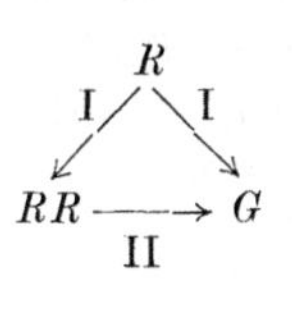

Zwischen diesen beiden Möglichkeiten läßt sich experimentell unterscheiden: Wenn Anregungsenergie vom Excimer auf das Gastmolekül übertragen wird, dann muß die Lebensdauer des Excimerzustands – und das heißt die Abklingzeit der Excimerfluoreszenz – von der Konzentration der Gastmoleküle abhängen, und zwar gemäß (11)

$$\tau = \frac{\tau_0}{Q_E + 1},$$

wobei Q_E der oben definierte Löschfaktor ist. Umgekehrt wird im 2-Fallen-Modell die Lebensdauer des Excimers von den Gastmolekülen nicht beeinflußt. Wir haben mit einer Lichtblitzmethode die Lebensdauer der Excimerfluoreszenz in Abhängigkeit von der Gastkonzentration untersucht und gefunden, daß die gemessene Lebensdauer von ca. $4 \cdot 10^{-8}$ sec bis hinauf zu Gastkonzentrationen $c_G = 10^{-2}$ praktisch konstant ist. Bei $c_G = 10^{-2}$ ist aber $Q_E = 10$, d. h. der Weg II würde eine Verkürzung der Lebensdauer auf 9% der ursprünglichen verursachen. Damit können wir den Weg II ausschließen.

Die Lichtenergie wird also an einer einzelnen Seitengruppe absorbiert, diffundiert als Singulett-Exciton durch das Polymer und wird an einer Stelle, wo zwei Seitengruppen parallel stehen, eingefangen. Das führt zur Bildung eines Excimers, von dem aus – mit geringer Quantenausbeute – die Fluoreszenz erfolgen kann. Das ist der gut untersuchten Excitonen-Diffusion in aromatischen Molekülkristallen vom Typ des Naphthalins oder Anthracens sehr ähnlich, allerdings mit dem Unterschied, daß bei Einkristallen vom Typ Naphthalin unter normalen Bedingungen keine Excimere gebildet werden, und daß somit dort die Fluoreszenz des Monomers ausgestrahlt wird.

Photoströme in Polyvinylcarbazol

Aus Untersuchungen an aromatischen Molekülkristallen, besonders an Anthracen, ist bekannt, daß bei der Erzeugung von Ladungsträgern (Elektronen und besonders Defektelektronen) durch Licht häufig Excitonen beteiligt sind (12). Unter diesem Aspekt haben wir an Polyvinylcarbazol-Filmen Photoströme untersucht. Wir benützten dazu eine sog. Sandwich-Anordnung (Abb. 5). Auf leitfähiges Glas (Nesaglas) wurde ein ca. 5 μ dicker Polymerfilm aufgebracht und darüber eine Metallelektrode (z. B. Au) aufgedampft. Das Licht fiel durch die halbdurchlässige Metallelektrode auf den Film. Das Anregungsspektrum des Photostroms wurde im Gebiet der Singulett-Absorption aufgenommen. Beim Anthracen können Ladungs-

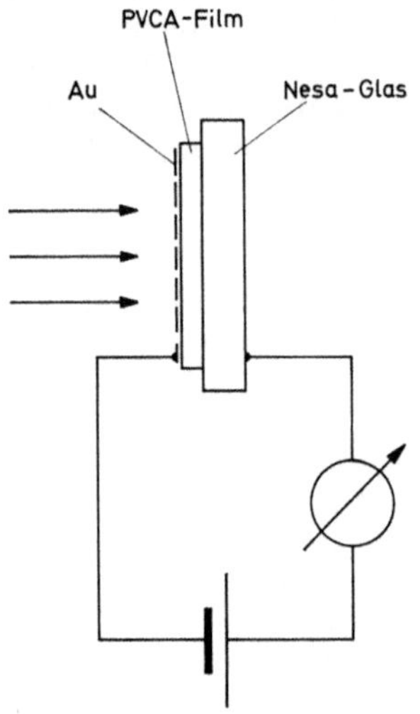

Abb. 5. Schematische Darstellung der Messung des Photostroms

träger bei der Wechselwirkung von Excitonen mit Störstellen freigesetzt werden. Als Störstellen fungieren die Oberfläche an der belich-

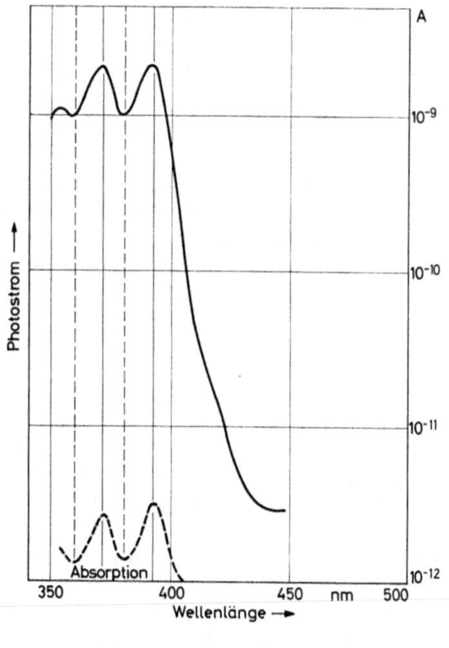

Abb. 6. Ladungsträgererzeugung in reinstem Anthracen (14)

teten Elektrode oder Haftstellen im Innern der Probe. In beiden Fällen ist das Anregungsspektrum des Photostroms eine eindeutige Funktion der Absorption, mit einem Unterschied: Überwiegt die Trägererzeugung an der Oberfläche durch an die Oberfläche hindiffundierende Excitonen, dann ist das Anregungsspektrum des Photostroms gleichsinnig mit dem Absorptionsspektrum (13). Ein Beispiel für Anthracen zeigt Abb. 6. Überwiegt dagegen die Trägerfreisetzung aus Haftstellen im Innern der Probe, dann verlaufen die beiden Spektren gegensinnig (14) (Abb. 7). Die Haftstellen, von denen hier die Rede ist, liegen in kleinen Konzentrationen (< 1 ppm) vor und sind häufig sehr schwer zu entfernen. Polymere kann man weniger gut reinigen als Molekülkristalle; es ist deshalb naheliegend, ein Vorherrschen der

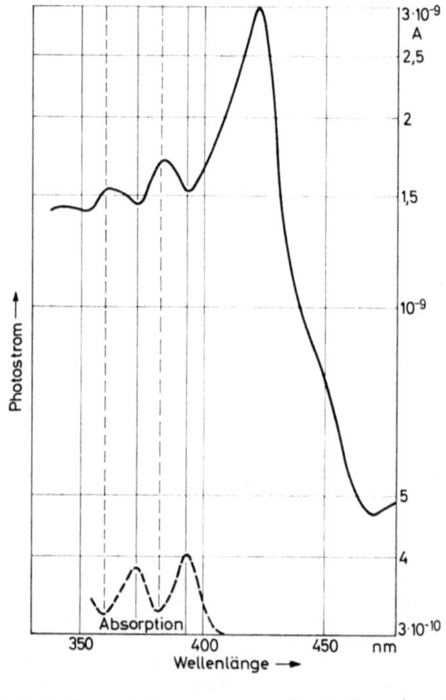

Abb. 7. Ladungsträgererzeugung in Anthracen mit tiefen Haftstellen (14)

Wechselwirkung von Excitonen mit Haftstellen, also ein zur Absorption gegensinnig verlaufendes Anregungsspektrum zu erwarten. Das wurde auch experimentell gefunden, wenn die belichtete Elektrode positiv gepolt war (Abb. 8, ausgezogene Kurve). Aus Kurzzeitphotostrom-Messungen wissen wir, daß die vorherrschenden Ladungsträger im PVCA Defektelektronen sind (15).

Defektelektronen kann man sich in diesem Polymer als positive Radikalionen vorstellen, also als Seitengruppen, denen ein Elektron fehlt (16). Aus unseren Ergebnissen kann geschlossen werden, daß der Mechanismus der Ladungsträgererzeugung – Wechselwirkung von Excitonen mit Störstellen – in Molekülkristallen und aromatischen Polymeren derselbe ist.

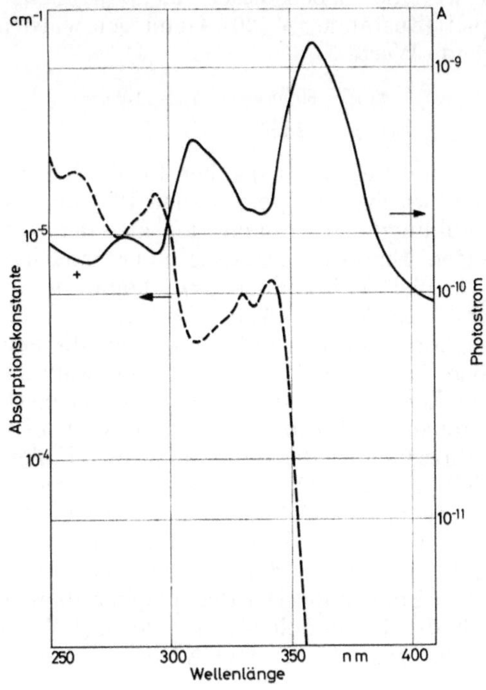

Abb. 8. Photostromaktionsspektrum von Polyvinylcarbazol (belichtete Elektrode positiv)

Triplett-Excitonen

Im letzten Teil soll über Experimente an Triplett-Excitonen referiert werden. Im Polyvinylcarbazol wurden bisher noch keine Triplett-Excitonen nachgewiesen. Ein erster Hinweis auf Triplett-Energieübertragung in Polyvinylaromaten findet sich in einer Arbeit von *Lashkov* und *Ermolaev* (17) an Polyvinylphthalimid. Triplett-Excitonen in niedermolekularem Polyvinylnaphthalin und in Copolymeren von Polyvinylnaphthalin mit Methylmethacrylat und Styrol wurden von *R. B. Fox* und *R. F. Cozzens* (18, 19) ausführlich studiert. Diese Untersuchungen wurden bei 77 °K durchgeführt, und zwar an festen Lösungen von PVN in einem Gemisch von Diäthyläther und Tetrahydrofuran. Die PVN-Konzentration war stets 10^{-3} molar, bezogen auf die Naphthalingruppen. Bei diesen tiefen Temperaturen tritt bei Anregung des Polymers im Singulett-Absorptionsgebiet (290 nm) eine Phosphoreszenz auf. Die Triplett-Zustände, von denen die Phosphoreszenz ausgeht, werden dabei durch Interkombinationsübergänge von S_1 nach T_1 (vgl. Abb. 1) bevölkert. Die Phosphoreszenz selbst ist noch kein Hinweis auf die Existenz von Triplett-Excitonen, denn die Phosphoreszenz kann ja auch in lokalisierten Zuständen ihren Ursprung haben. Als Nachweismethode für bewegliche Triplett-Zustände dient die verzögerte Fluoreszenz: Wenn 2 Triplett-Excitonen aufeinandertreffen, kann es zur Annihilation des einen unter gleichzeitiger Anregung des andern in den Singulett-Zustand kommen (20): $T_1 + T_1 \rightarrow S_1 + S_0$. Das führt zu verzögerter Fluoreszenz, deren Abklingdauer durch die Lebensdauer der beweglichen Triplett-Excitonen bestimmt ist und damit wesentlich länger ist als die der normalen Fluoreszenz. Da es sich um einen bimolekularen Prozeß handelt, ist die Intensität der verzögerten Fluoreszenz proportional zum Quadrat der Intensität des Anregungslichts. Abb. 9 zeigt das verzögerte Emissionsspektrum von PVN mit dem Fluoreszenzmaximum bei 346 nm und Phosphoreszenzpeaks bei 490, 525 und 566 nm. *Fox* und *Cozzens* haben entsprechende Untersuchungen auch an einer monomeren Vergleichssubstanz, dem 1-Äthylnaphthalin, durchgeführt. Das Monomer zeigt unter den entsprechenden Versuchsbedingungen zwar auch die Phosphoreszenz, aber keine verzögerte Fluoreszenz. Das heißt, auch im Monomeren gibt es Triplett-Zustände, aber keine Wechselwirkung zwischen den Triplett-Zuständen.

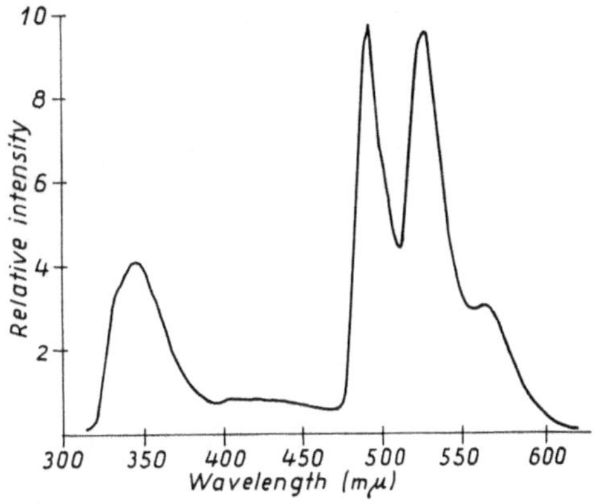

Abb. 9. Verzögerte Fluoreszenz und Phosphoreszenz von Poly-1-vinylnaphthalin in Tetrahydrofuran/Äther bei 77 °K. Anregungswellenlänge: 290 nm. Nach *Cozzens* und *Fox* (17)

Daß die verzögerte Fluoreszenz im Polymer tatsächlich auf Triplett-Zustände zurückzuführen ist, ließ sich dadurch nachweisen, daß die verzögerte Fluoreszenz auch dann auftrat, wenn man zur Anregung nicht den Weg über die Singulett-Absorption des PVN wählte, sondern wenn man eine gemischte

Lösung und Benzophenon bei 366 nm anregte, wo das Polyvinylnaphthalin nicht absorbiert. Dabei wird nur das Benzophenon angeregt. Dieses überträgt seine Triplett-Energie auf das PVN und das führt dann zur verzögerten Fluoreszenz im Polyvinylnaphthalin (Abb. 10).

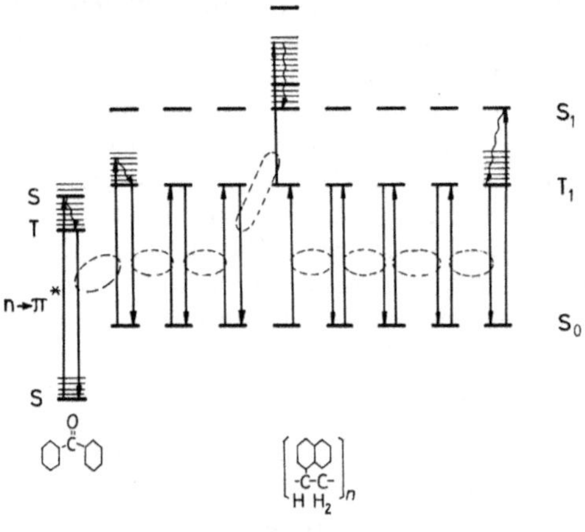

Abb. 10. Schematische Darstellung der Injektion von Triplett-Excitonen in Polyvinylnaphthalin durch Benzophenon und der *T*-*T*-Annihilation

Einen weiteren Hinweis auf Triplett-Excitonen bieten Phosphoreszenz-Löschexperimente mit Piperylen (1,3-Pentadien). In Abb. 11 ist der Quotient der Naphthylphosphoreszenz ohne und mit Löschsubstanz

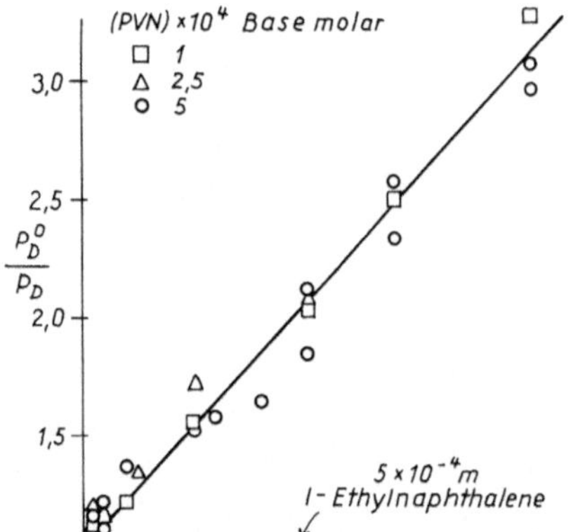

Abb. 11. Löschung der PVN- und 1-Äthylnaphthalinphosphoreszenz bei 77 °K als Funktion der molaren Konzentration des 1,3-Pentadien (Piperylen). Nach *Cozzens* und *Fox* (17)

aufgetragen gegen die Konzentration des Löschers. Diese Auftragung entspricht $Q + 1$ gegen c. Wieder wurden Vergleichsmessungen am Monomer, dem Äthylnaphthalin durchgeführt, das bei den gleichen Konzentrationen keine Phosphoreszenzlöschung zeigt.

Eine scheinbare Diskrepanz tritt bei der Messung der Abklingdauer der verzögerten Fluoreszenz auf: τ_{VF} sollte doppelt so groß sein wie die Lebensdauer der beweglichen Triplett-Zustände τ_P' (20). Gemessen wurden folgende Werte:

$$\tau_{VF} = 80 \text{ msec} \qquad \tau_p = 1{,}9 \text{ sec}$$
$$(\tau_{VF} = 2\,\tau_{P}')$$

Fox und *Cozzens* (18) geben für den Unterschied zwischen der gemessenen Phosphoreszenzabklingdauer τ_P und der aus der verzögerten Fluoreszenzabklingdauer errechneten Triplett-Lebensdauer τ_P' keine befriedigende Erklärung. Wir glauben, daß die Phosphoreszenz von Fallen ausgeht, die eine größere Triplett-Lebensdauer haben, während τ_P' die Lebensdauer der beweglichen Triplett-Excitonen ist. Man kann das Löschexperiment mit Piperylen wieder im Sinne eines 2-Fallen-Modells deuten: Die eine Sorte von Fallen sind Stellen im Polymer, die *T*-Excitonen einfangen und von denen die Phosphoreszenz ausgeht. Die andere Sorte sind die eingeführten Löschmoleküle. Die Phosphoreszenz wird durch die Löschmoleküle in gleicher Weise gelöscht wie beim PVCA die Excimerfluoreszenz:

$$R_{T,\text{mobil}} \rightarrow R_{T,\text{lokal}} \qquad R_{T,\text{mobil}} \rightarrow G$$

Zusammenfassung

In Polyvinylaromaten bleibt die durch Lichtabsorption aufgenommene Anregungsenergie nicht an der absorbierenden Seitengruppe lokalisiert, sondern kann auf andere Seitengruppen übertragen werden. Der Energieübertragungsprozeß kann mit dem Excitonenmodell beschrieben werden, ganz ähnlich wie in aromatischen Molekülkristallen. Excitonen werden von Störstellen eingefangen, z. B. chemische Verunreinigungen oder Seitengruppen, die durch Wechselwirkung mit einer Nachbargruppe oder durch getrappte Elektronen bzw. Defektelektronen verändert sind. Je nach Art der Störstelle führt der Excitoneneinfang zur Fluoreszenzverschiebung oder -löschung, zur Freisetzung von Ladungsträgern oder zu chemischen Reaktionen.

Summary

In aromatic vinyl polymers, the absorbed light energy does not remain localized at the photo-excited side group but can be transferred to other side groups. This energy-transfer process can be described in terms of the exciton model, as in the case of aromatic molecular crystals. Excitons are trapped by defect sites such as chemical impurities or side groups which are altered by interaction with an adjacent group or by trapped electrons or holes. Depending upon the type of the defect involved, exciton trapping results in a fluorescence shift or in fluorescence quenching, in the release of charge carriers or in chemical reactions.

Literatur

1) *Brown, F. H., M. Furst* und *H. Kallmann*, Disc. Far. Soc. **27**, 43 (1959).
2) *Basile, L. J.*, J. Chem. Phys. **36**, 2204 (1962).
3) *Klöpffer, W.*, J. Chem. Phys. **50**, 2337 (1969)
4) *Klöpffer, W.*, Ber. Bunsenges. Phys. Chem. **73**, 864 (1969).
5) *Hirayama, F.*, J. Chem. Phys. **42**, 3163 (1965).
6) *Klöpffer, W.*, Chem. Phys. Letters **4**, 193 (1969).
7) Übersichtsarbeit: *Förster, Th.*, Angew. Chem. **81**, 364 (1969).
8) *Schmieder, K.* und *K. Wolf*, Kolloid-Z. **134**, 149 (1953).
9) *Förster, Th.*, Z. Naturforschg. **4a**, 321 (1949).
10) Übersichtsarbeit: *Wolf, H. C.*, Festkörperprobleme IV, S. 57, Herausgeber *F. Sauter* (Braunschweig 1964).
11) *Bauser, H.* und *W. Klöpffer*, in Vorbereitung.
12) Übersichtsarbeit: *Bauser, H.*, Naturwiss. **54**, 505 (1967).
13) *Steketee, J. W.* und *J. de Jonge*, Philips Res. Repts. **17**, 368 (1962).
14) *Bauser, H.* und *H. H. Ruf*, phys. stat. sol. **32**, 135 (1969).
15) *Bauser, H.* und *W. Klöpffer*, Chem. Phys. Letters **7**, 137 (1970).
16) *Klöpffer, W.*, Z. Naturforschg. 24a, 1923 (1969).
17) *Lashkov, G. I.* und *V. L. Ermolaev*, Opt. and Spectr. **22**, 848 (1967).
18) *Cozzens, R. R.* und *R. B. Fox*, J. Chem. Phys. **50**, 1532 (1969).
19) *Fox, R. B.* und *R. F. Cozzens*, Macromolecules **2**, 181 (1969).
20) *Avakian, P.* und *R. E. Merrifield*, Molecular Crystals **5**, 37 (1968).

Anschrift der Verfasser:
Dr. *Herbert Bauser* und Dr. *Walter Klöpffer*
Battelle-Institut
6000 Frankfurt/Main, Am Römerhof 35

Kolloid-Z. u. Z. Polymere **241**, 1034–1037 (1970)

Aus dem Institut für Polymere der Universität Marburg

Dielektrischer Verlust von Polymeren bei 75 GHz*)

Von E. Amrhein und H. W. Schulze

Mit 8 Abbildungen

(Eingegangen am 10. September 1970)

Einleitung

Bezüglich der Wechselwirkung elektromagnetischer Wellen mit Materie kann man auf der Frequenzskala die Bereiche der Relaxations- und Resonanzabsorption unterscheiden. Dazwischen, d. h. zwischen Hochfrequenzgebiet und Infrarot, liegt der Bereich der Mehrphononenabsorption. In Abb. 1 ist als Beispiel der Verlauf des dielektrischen Verlustes von PÄ 918 zwischen 10^{10} und 10^{13} Hz dargestellt; die Mehrphononenabsorption stellt den Hauptanteil der Verluste in dem breiten, niederfrequenten Ausläufer der IR-Absorption. Es zeigt sich bei den hier untersuchten partiell kristallinen Substanzen im Kurvenverlauf keine wesentliche Struktur bei frequenzabhängiger Auftragung. Demgegenüber liefern *temperaturabhängige* Messungen, wie im folgenden gezeigt werden soll, wesentliche Informationen über die Ordnung der Absorptionsprozesse und die Frequenz der beteiligten Phononen. Wie bei den Messungen bei 32 GHz (1) wurden darum auch bei 75 GHz temperaturabhängige Untersuchungen durchgeführt. Der tg δ wurde zwischen 4 °K und 300 °K bestimmt. Der Aufbau der Meßanordnung wird im folgenden Teil beschrieben.

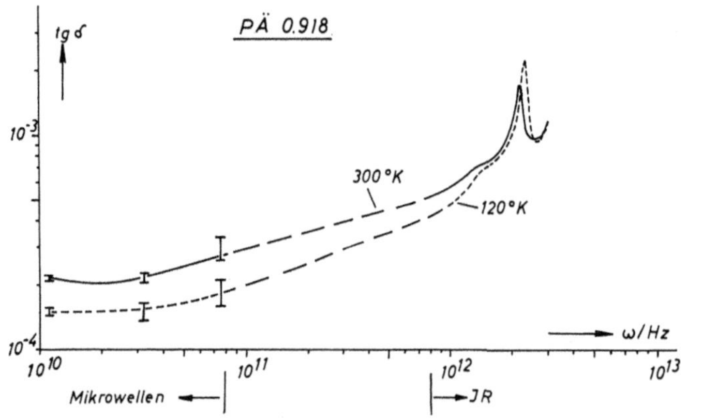

Abb. 1. Dielektrischer Verlust von Polyäthylen

Apparatives

Der Gesamtaufbau des Meßplatzes ist schematisch in Abb. 2 wiedergegeben. Das von einem Netzgerät versorgte Klystron arbeitet auf einer Frequenz von 37,5 GHz; es liefert seine Hf-Leistung über einen Einwegleiter an die Diode D_2. Vorher wird im Richtkoppler R ein kleiner Bruchteil der Mikrowellenenergie zur Frequenzstabilisation abgezweigt. – Die Diode D_2 erzeugt als nichtlineares Schaltelement Oberschwingungen der einfallenden Grundwelle. Von den Oberwellen wird die erste, also die mit der Frequenz 75 GHz, zur Speisung des Hohlraumresonators benutzt. (Sie wird von der Diode mit einer Dämpfung von etwa —15 db bis —20 db gegenüber der Grundwelle geliefert, das entspricht etwa $^1/_{50}$–$^1/_{100}$ der Klystronausgangsleistung.) Mit Hilfe einer regelbaren Gleichstromquelle kann der Arbeitspunkt der Diode so eingestellt werden, daß eine maximale Ausbeute der ersten Oberwelle erreicht wird. (Leistung ca. 10 mW) – Die Diode ist also die eigentliche, den Resonator versorgende Mikro-

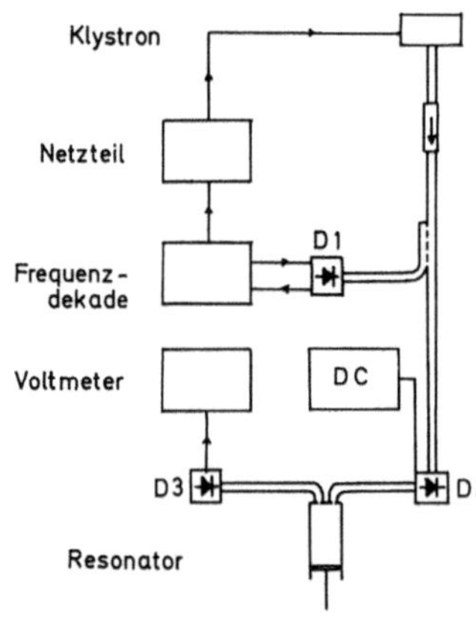

Abb. 2. Aufbau des 75-GHz-Meßplatzes

*) Vorgetragen auf der Arbeitssitzung des Fachausschusses Physik der Hochpolymeren in der Frühjahrstagung 1970 des Regionalverbandes Hessen-Mittelrhein-Saar der Deutschen Physikalischen Gesellschaft in Darmstadt, 10.–13. Mätz 1970.

wellenquelle. – Im Resonanzzustand, d. h. wenn die Resonatorlänge einem ganzzahligen Vielfachen der halben Wellenlänge entspricht, wird Energie aus dem Hohlraum ausgekoppelt und erreicht die Diode D_3. Das nachfolgende Mikrovoltmeter zeigt eine der ausgekoppelten Leistung proportionale, an D_3 stehende Spannung an. (Die empfangene Leistung beträgt noch etwa 100 μW.)

In Abb. 3 ist der eigentliche Meßraum, der Resonator von 7 mm Durchmesser, dargestellt, der durch einen beweglichen Kolben in seiner Länge variiert werden kann. Durch die

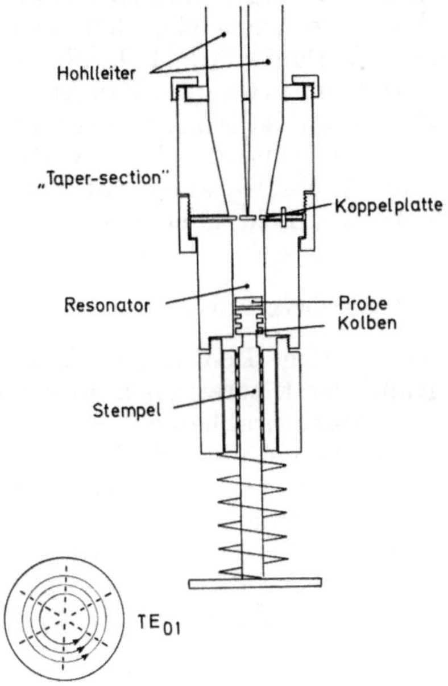

Abb. 3. 75 GHz-Hohlraumresonator

Dimensionierung des Innenraumes und die Formgebung des Kolbens ist gewährleistet, daß sich der TE_{01}-Wellentyp am stärksten ausbildet, dessen Feldlinienbild nur kreisförmige, geschlossene elektrische Feldlinien zeigt (Abb. 3).

Der Hohlraum ist oben durch eine Koppelplatte abgeschlossen, in die zwei Blenden gebohrt wurden, die die Verbindung zu den Hohlleitern herstellen. – Da das Meßprinzip auf der Verbreiterung der Resonanzkurven bei teilweise mit Substanz gefülltem Hohlraum gegenüber dem leeren beruht, mußten die Halbwertsbreiten der Resonanzen bei der Leermessung möglichst klein gehalten werden. Das wurde erreicht durch eine systematische Veränderung vom Kolben sowie von der Dicke der Koppelplatte, Lage und Durchmesser der Koppelblenden. Außerdem wurden alle Teile zur Verringerung der Wandverluste vergoldet.

Die Gütewerte $Q = f/\Delta f$ (f: Meßfrequenz, Δf Halbwertsbreite der Resonanz) sind in Abb. 4 abhängig von der Anzahl p der Halbwellen im Resonator dargestellt. – Die Güte steigt mit zunehmender Länge, da sie vom Verhältnis Mantelfläche zu Stirnfläche abhängt. – Aus der Differenz der Gütewerte vom teilweise mit Substanz gefüllten und leeren Resonator kann der $\operatorname{tg}\delta$ berechnet werden nach der Formel

$$\operatorname{tg}\delta = K \cdot \left\{\frac{1}{Q_t} - \frac{1}{Q_e} C\right\} = K \cdot \left\{\frac{\Delta f_t}{f} - \frac{\Delta f_e}{f} C\right\} \quad [1]$$

K : Füllfaktor
C : Korrekturfaktor, der das ε' der Probe enthält
Δf_e: Halbwertsbreite der Resonanz bei Leermessung
Δf_t: Halbwertsbreite der Resonanz bei Substanzmessung

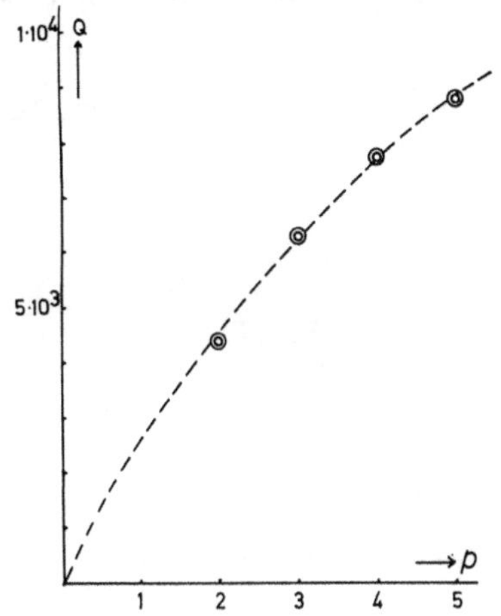

Abb. 4. Gütewerte des 75 GHz-Resonators

Nach Einbringen einer Probe in den Resonator wird dieser in einem Helium-Kryostaten auf 5 °K gekühlt, und die Halbwertsbreiten $\Delta_f(T)$ werden beim Wiedererwärmen gemessen. Danach folgt eine temperaturabhängige Leermessung, die $\Delta f_e(T)$ liefert, und daraus wird nach Gl. [1] der $\operatorname{tg}\delta(T)$ bestimmt.

Meßergebnisse

In den Abb. 5, 6 und 7 ist in doppellogarithmischer Auftragung der $\operatorname{tg}\delta(T)$ von PÄ 960, PÄ 918 und POM wiedergegeben. Zum Vergleich sind neben den Kurven für 75 GHz die Ergebnisse von 32 GHz-Messungen gezeichnet. Die auftretenden Schwankungen zwischen verschiedenen Messungen an der gleichen Probe beruhen, wie eine rechnerische Nachprüfung ergab, auf Änderung der Koppelverluste am unteren Resonatorabschluß und einer daraus resultierenden Ver-

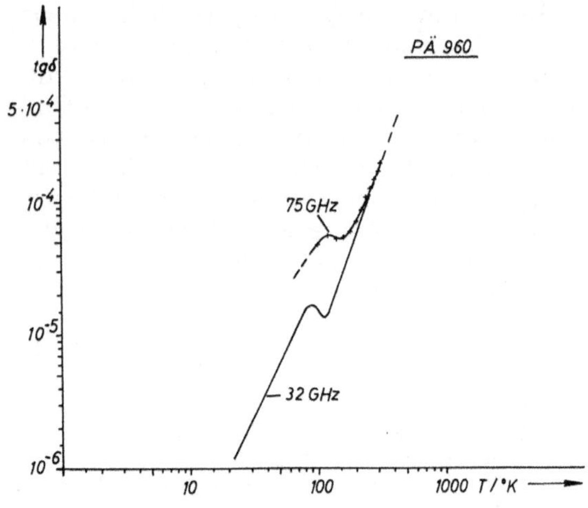

Abb. 5. Dielektrischer Verlust von Polyäthylen 960

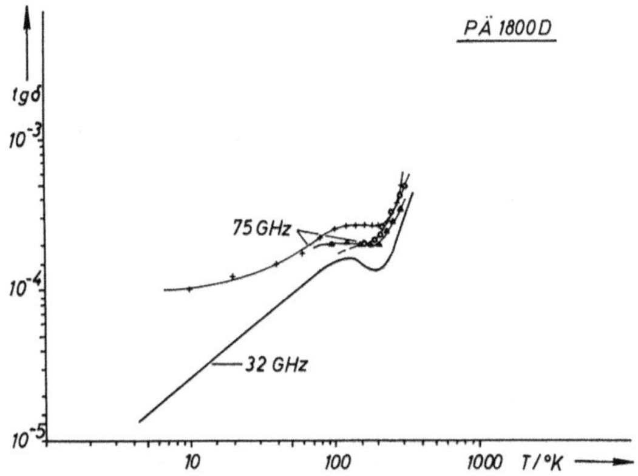

Abb. 6. Dielektrischer Verlust von Polyäthylen 918

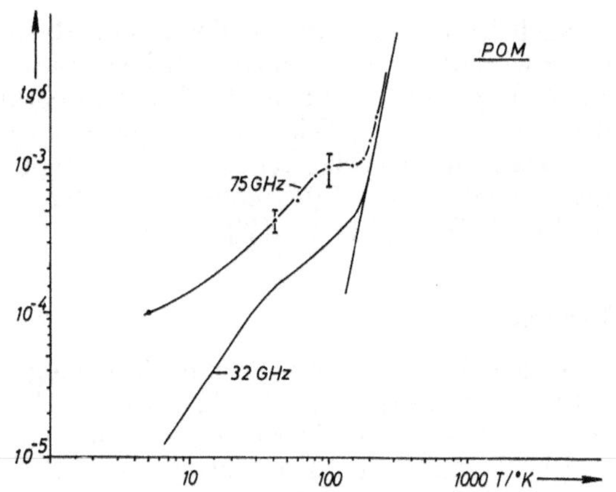

Abb. 7. Dielektrischer Verlust von Polyoxymethylen

schiebung der Absolutwerte des tg δ. Eine vorgesehene verbesserte Führung des Abschlußkolbens soll diesen Fehler beseitigen. In allen 3 Abbildungen ist der Kurvenverlauf ähnlich: Von 4 °K ausgehend ein Anstieg des Verlustes mit der Temperatur bis zu einem Plateau bei etwa 100 °K, danach ein steileres Ansteigen zu höheren Temperaturen. Gegenüber dem Kurvenverlauf bei der niedrigeren Meßfrequenz ist bei 75 GHz eine Anhebung des Plateaus und ein flacherer Anstieg im Tieftemperaturbereich zu erkennen. Der Vergleich der beiden Polyäthylenkurven bei Zimmertemperatur zeigt, daß das PÄ 960, das einen etwa doppelt so großen Kristallanteil wie das PÄ 918 hat, nur etwa den halben Betrag des Verlustes aufweist.

Das in Abb. 7 dargestellte Absorptionsverhalten des Polyoxymethylens hat im Prinzip den gleichen Verlauf wie die Polyäthylene, nur liegt der tg δ um etwa zwei Zehnerpotenzen höher. Das ist durch die im POM vorhandenen polaren Gruppen und die damit verbundene intensivere Wechselwirkung mit dem elektromagnetischen Feld zu erklären.

Deutung der Meßergebnisse

Eine vollständige Deutung der Meßkurven ist aufgrund der theoretischen Abschätzung (2) der Temperaturabhängigkeit der Dreiphononenabsorption möglich. Der aus diesen Überlegungen folgende Kurvenverlauf ist in Abb. 8 skizziert. Zum Vergleich mit den Meßergebnissen sind nur die beiden unteren Kurven heranzuziehen, da die Absorption bei 75 GHz durch Dreiphononenprozesse gekennzeichnet ist.

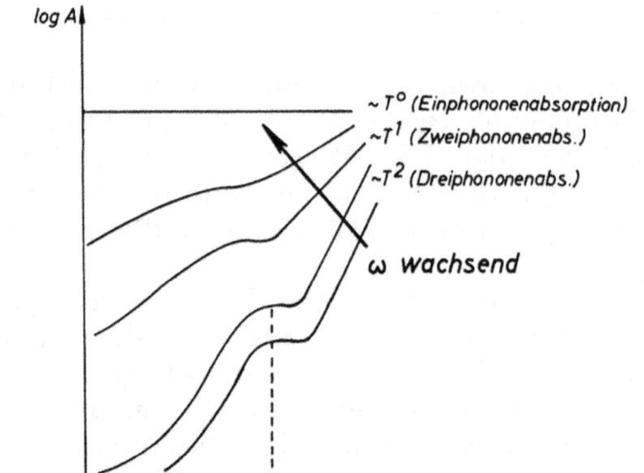

Abb. 8. Nach der Theorie zu erwartende dielektrische Absorption, abhängig von Temperatur T und Meßfrequenz ω

Der Tieftemperaturanstieg folgt einem Exponentialgesetz. Der Exponent ist durch die Summe der Frequenzen der bei Mehrphononenprozessen vernichteten Phononen

$\hbar\,\omega_a$ bestimmt. Die Meßfrequenz geht nicht ein. Die Kurve läuft bei der Temperatur T_0 in ein Plateau oder kleines Maximum ein, für das in erster Näherung gilt: $\hbar\,\omega_a = k \cdot T_0$. Mit steigender Frequenz ω und zunehmendem Anteil der amorphen Phase in der Substanz wird der Kurvenverlauf flacher und das Plateau angehoben. Beides ist durch die Zunahme fehlordnungsinduzierter, temperaturunabhängiger Einphononenabsorption bedingt. – Der Temperaturgang oberhalb des Plateaus folgt T^n, wobei das n Aufschluß über die Ordnung der Absorptionsprozesse gibt.

Der Vergleich von Abb. 8 mit den Meßergebnissen zeigt eine gute Übereinstimmung zwischen Theorie und Experiment. Der Kurvenverlauf ist nicht frequenzunabhängig. Beim Übergang von 32 GHz Meßfrequenz zu 75 GHz (Abb. 5 bis 7) wird der Tieftemperaturast flacher und das Plateau zu höheren Verlusten verschoben. Beides deutet darauf hin, daß sich auch schon in diesem Frequenzband ein zusätzlicher Anteil fehlordnungsinduzierter Einphononenabsorption bemerkbar macht. – Die aus der Temperaturlage des Plateaus folgende Frequenz $\omega_a = \frac{kT_0}{\hbar}$ der Phononen erweist sich als identisch mit der der niedrigsten optisch aktiven Schwingungen. – Der T^n-Verlauf der Kurven im Hochtemperaturbereich mit $n \approx 2$ ist durch Dreiphononenabsorption bedingt. – Der steilere Anstieg oberhalb der Einfriertemperatur der amorphen Phase beim POM ist durch Ausläufer der Relaxationsmaxima zu erklären.

Zu einer detaillierten Diskussion sei auf die Arbeit *Amrhein-Heil* in diesem Heft verwiesen.

Frau Dr. *Heil* danken wir für die theoretischen Betrachtungen, Herrn Prof. Dr. *F. H. Müller*, Direktor des Instituts für Polymere der Universität Marburg, für die Förderung dieser Arbeit.

Die Durchführung der Arbeit wurde von der Deutschen Forschungsgemeinschaft durch Bereitstellung von Personal- und Sachmitteln ermöglicht.

Zusammenfassung

Zur Untersuchung des dielektrischen Verlustes im Anschlußbereich vom Mikrowellengebiet zum Infrarot wurde ein Meßplatz für 75 GHz aufgebaut. Der Temperaturverlauf des $\operatorname{tg}\delta$ von Polymeren von verschiedenem Kristallanteil und unterschiedlich polarem Charakter wurde zwischen 4 °K und 300 °K bestimmt. Die Absorptionstemperaturkurven bestätigten weitgehend ein theoretisches Modell, das die Absorption über Ein- und Mehrphononenprozesse erklärt.

Summary

For investigations in the range between microwaves and far infrared an apparatus was constructed. $\operatorname{tg}\delta$ as function of temperature for polymer samples of varying degrees of crystallization and different polar nature was evaluated between 4 °K and 300 °K. The curves: absorption versus temperature confirm the theoretical model by which the absorption is explained as a consequence of one- as well as multi-phonon-processes.

Literatur

1) *Amrhein, E., F. H. Müller,* J. Amer. Chem. Soc. **90**, 3146 (1968).

2) *Amrhein, E., H. Heil,* Kolloid-Z. u. Z. Polymere **241**, 1051 (1970).

Anschrift der Verfasser:

Frau Dr. *E. Amrhein* und *H. W. Schulze*
Institut für Polymere
3550 Marburg/Lahn, Marbacher Weg 15

Kolloid-Z. u. Z. Polymere **241**, 1038–1043 (1970)

Aus der Abteilung für Physikalische Chemie am Zentrum Chemie-Physik-Mathematik der Universität Ulm

Interferometrische Bestimmung der optischen Konstanten von Polymeren im Mikrowellengebiet*)

Von W. Frank und W. Zeil

Mit 7 Abbildungen in 9 Einzeldarstellungen

(Eingegangen am 13. August 1970)

Verwendete Symbole

$\varepsilon', \varepsilon''$	Realteil, Imaginärteil der DK
n	Realteil des Brechungsindexes
k	Absorptionskoeffizient
α	Extinktionskonstante im *Lambert-Beer*schen Gesetz
λ	Wellenlänge der Strahlung im Vakuum
φ	Einfallswinkel
ψ	Brechungswinkel
d	Plattendicke
σ	Reflexionsfaktor der rückwärtigen Spiegelschicht
A_0	Amplitude des einfallenden Strahles
$A_{1,2}$ ..	Amplitude der reflektierten Strahlen
I_0	Intensität des einfallenden Strahles
I	Gesamtintensität der reflektierten Strahlen
p	Komplexer Phasenfaktor

1. Einleitung

Die Wechselwirkung von nichtleitender Materie mit elektromagnetischer Strahlung im Übergangsgebiet zwischen dem Hochfrequenzbereich und dem Bereich des Fernen Ultrarot ($1\text{ mm} < \lambda < 30\text{ mm}$) kann man entweder durch die komplexe Dielektrizitätskonstante $\varepsilon^* = \varepsilon' - i\,\varepsilon''$ oder den komplexen Brechungsindex $n^* = n\,(1 - i\,k)$ beschreiben. Beide Größen sind durch die *Maxwell*sche Relation $\varepsilon^* = n^{*2}$ miteinander verknüpft. Hier und im folgenden wird unmagnetisches Verhalten, d. h. $\mu^* = 1$ vorausgesetzt. Aus den genannten Beziehungen folgt:

$$\varepsilon' = n^2(1 - k^2); \quad \varepsilon'' = 2\,n^2\,k$$

$$\tan\delta = \frac{\varepsilon''}{\varepsilon'} = \frac{2\,k}{1 - k^2}$$

Der Absorptionskoeffizient k ist in der Extinktionskonstanten α des *Lambert-Beer*schen Gesetzes enthalten:

$$J = J_0\,e^{-\alpha d}; \quad \alpha = \frac{4\pi}{\lambda}\,n\,k\,.$$

*) Vorgetragen auf der Arbeitssitzung des Fachausschusses Physik der Hochpolymeren in der Frühjahrstagung 1970 des Regionalverbandes Hessen-Mittelrhein-Saar der Deutschen Physikalischen Gesellschaft in Darmstadt, 10.–13. März 1970.

Die Bestimmung von ε' und $\tan\delta$ geschieht in dem genannten Frequenzbereich entweder durch Impedanzmessung im Hohlleiter (1) oder mittels optischer Verfahren mit Freiraumwellen (2, 4). In letzterem Fall konnte der Brechungsindex n aus Reflexionsmessungen, der Absorptionskoeffizient α aus Transmissionsmessungen an planparallelen Platten ermittelt werden.

Bei Polymeren liegen die $\tan\delta$-Werte im allgemeinen unter 10^{-2}, so daß deren Bestimmung über Impedanzmessungen im Hohlleiter bei höheren Frequenzen sehr ungenau ist, da die zu messenden Dämpfungswerte vergleichbar mit der Eigendämpfung des Hohlleiters werden (3). Andererseits ist bei Transmissionsmessungen (4) zu berücksichtigen, daß infolge der niedrigen k-Werte die Vielfachreflexionen in der durchstrahlten Schicht nicht mehr vernachlässigt werden können, so daß das *Lambert-Beer*sche Gesetz in der üblichen Form nicht mehr gilt (5).

Um zu einer davon unabhängigen Bestimmung von k und damit des $\tan\delta$ zu kommen, haben wir deshalb unsere Methode der Reflexionsmessungen an planparallelen Platten zur Ermittlung des Brechungsindexes (4) erweitert. Wir haben bei fester Frequenz die reflektierte Intensität als Funktion des Einfallswinkels gemessen und aus dem Abstand der durch Interferenz in der Platte verursachten Minima den Brechungsindex bestimmt. Der dabei gemessene relative Intensitätsverlauf ergab im Vergleich mit der Bestimmung von α aus Transmissionsmessungen, daß dieser Wert die Kurvenform stark beeinflußt. Im folgenden soll dieser Einfluß quantitativ erfaßt und daraus eine Methode entwickelt werden, unbekannte Absorptionskoeffizienten zu bestimmen.

Das Problem stellt sich also folgendermaßen:

Gegeben ist eine planparallele, absorbierende, nichtleitende dielektrische isotrope Platte, deren Rückseite ideal verspiegelt ist.

Auf ihre Frontseite fällt parallele, linear polarisierte Mikrowellenstrahlung unter dem Einfallswinkel φ ein. Gesucht ist die reflektierte Intensität als Funktion von φ, ν, d, n, k und des Polarisationszustandes.

Hauschild (6) verwendete diese Fragestellung im Zusammenhang mit der Bestimmung der optischen Konstanten von Metallen. Er untersuchte den Einfluß von Oberflächenschichten, die er als planparallel und absorbierend annahm, auf die Metallreflexion. Dabei arbeitete er mit einer Näherung für sehr dünne und stark absorbierende Schichten. Für Mikrowellen wurde die Rolle der Mehrfachinterferenzen bei Reflexions- und Transmissionsmessungen verschiedentlich untersucht (7) (8), jedoch entweder durch geeignete Wahl von d/λ ausgeschaltet oder nur in der Näherung für starke Absorption berücksichtigt.

2. Grundlagen der Reflexionsmethode

2.1. Die Fresnel'schen Formeln

Für die Reflexion bzw. Transmission bei Einfall einer ebenen, linear polarisierten Welle auf die Grenzfläche zweier Medien gelten die Formeln von *Fresnel* (vgl. Abb. 1):

$$R = \varrho A; \quad D = \delta A$$

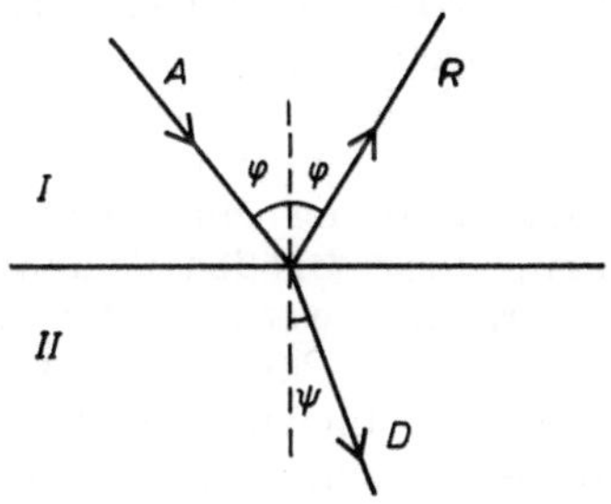

Abb. 1

Dabei gilt im einzelnen für den Übergang I → II:

a) Polarisationsrichtung senkrecht zur Einfallsebene

$$\varrho_s = -\frac{\sin(\varphi - \psi)}{\sin(\varphi + \psi)}; \quad \delta_s = \frac{2 \sin\psi \cos\varphi}{\sin(\varphi + \psi)} \qquad [1]$$

b) Polarisationsrichtung parallel zur Einfallsebene

$$\varrho_p = -\frac{\operatorname{tg}(\varphi - \psi)}{\operatorname{tg}(\varphi + \psi}; \quad \delta_p = \frac{2 \sin\psi \cos\varphi}{\sin(\varphi + \psi)\cos(\varphi - \psi)}. \qquad [2]$$

Bezeichnet man die entsprechenden Größen für den Übergang II → I (Vertauschung von φ mit ψ) mit $\tilde{\varrho}$ und $\tilde{\delta}$ so gilt für beide Polarisationsrichtungen

$$\delta\tilde{\delta} - \varrho\tilde{\varrho} = 1. \qquad [3]$$

Diese Beziehung ermöglicht es, im folgenden nur mit ϱ_s und ϱ_p zu rechnen. Wenn das Medium II absorbiert, wird der Brechungsindex komplex. Das Brechungsgesetz lautet dann

$$\sin\psi = \frac{\sin\varphi}{n^*}.$$

Eliminiert man ψ aus [1] und [2] unter Benutzung der von *Pfeiffer* (9) erstmals angegebenen Substitution

$$n^* \cos\psi = \sqrt{n^{*2} - \sin^2\varphi} = (a - i b) \qquad [4]$$

so erhält man:

$$\varrho_s = \frac{\cos\varphi - (a - i b)}{\cos\varphi + (a - i b)} \qquad [5]$$

$$\varrho_p = \frac{\cos\varphi\,[(a - i b)^2 + \sin^2\varphi] - (a - i b)}{\cos\varphi\,[(a - i b)^2 + \sin^2\varphi] + (a - i b)}. \qquad [6]$$

Die Größen n und k sind jetzt implizit in a und b enthalten:

$$a^2 = \frac{1}{2}\left[\sqrt{(n^2(1 - k^2) - \sin^2\varphi)^2 + 4 n^4 k^2} + (n^2(1 - k^2) - \sin^2\varphi)\right]$$

$$b^2 = \frac{1}{2}\left[\sqrt{(n^2(1 - k^2) - \sin^2\varphi)^2 + 4 n^4 k^2} - (n^2(1 - k^2) - \sin^2\varphi)\right].$$

2.2. Die planparallele Platte

Ist das Medium II als planparallele Platte ausgebildet, deren Rückseite verspiegelt ist (Reflexionskoeffizient unabhängig vom Einfallswinkel: $\sigma = \text{const}$), so ergibt sich folgendes Bild (Abb. 2):

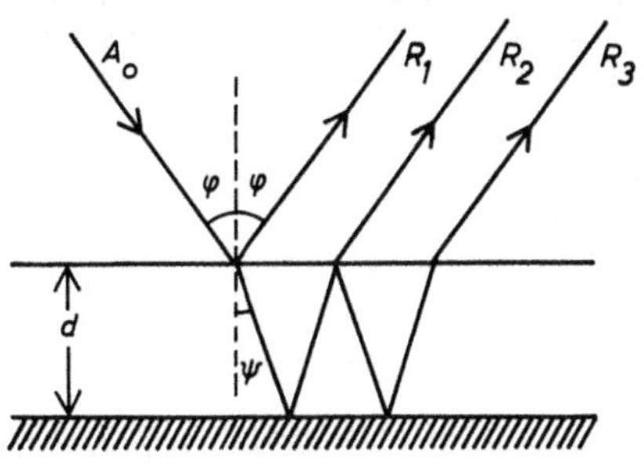

Abb. 2. Mehrfachreflexionen in einer rückseitig verspiegelten, planparallelen Platte

Die durch Überlagerung der Teilbündel R_i entstehende reflektierte Gesamtamplitude erhält man durch Addition der einzelnen Bündel unter Berücksichtigung ihrer gegenseitigen Phasendifferenz. Der Gangunterschied zwischen zwei Bündeln R_{i+1} und R_i beträgt $L = 2\,d\sqrt{n^2 - \sin^2\varphi}$. Er erzeugt eine Phasendifferenz $\frac{2\pi}{\lambda} \cdot L$. Nach zweimaligem Durchgang durch die Platte hat sich also die Amplitude um $p^2 = e^{-i\frac{4\pi}{\lambda}\cdot L}$ verändert.

Die Summation von n Teilbündeln liefert, unter Berücksichtigung von [3] für beide Polarisationsrichtungen

$$\sum_1^n R_i = A_0 \frac{\varrho - \sigma p^2 + (\sigma \varrho p^2)^n}{1 - \sigma \varrho p^2}.$$

Für $n \to \infty$ ergibt sich

$$\sum_1^\infty R_i = A_0 \frac{\varrho - \sigma p^2}{1 - \sigma \varrho p^2} \qquad [7]$$

für die reflektierte Gesamtamplitude.

Die Intensität berechnet sich hieraus durch Multiplikation mit dem konjugiert komplexen Wert des rechts stehenden Ausdruckes. Man erhält:

$$I = I_0 \frac{\varrho\varrho^* - \sigma(\varrho p^{*2} + \varrho^* p^2) + \sigma^2 p^2 p^{*2}}{1 - \sigma(\varrho^* p^{*2} + \varrho p^2) + \sigma^2 \varrho\varrho^* p^2 p^{*2}}. \qquad [8]$$

Für reelles ϱ, d. h. keine Absorption und ideale rückseitige Verspiegelung, d. h. $\sigma = 1$ liefert die Formel [8] $I = I_0$. Es wird also unabhängig vom Einfallswinkel die gesamte Intensität reflektiert. Das gilt jedoch nicht, wenn man die Reihe früher abbricht. Man erhält nämlich für die Intensitätsmaxima in Abhängigkeit von der Zahl n der „Strahlen"

$$I_{\max} = I_0(1 + \varrho^n(1 - \varrho))^2$$

und für die Minima

$$I_{\min} = I_0(1 - \varrho^n(1 + \varrho))^2.$$

Die Intensitätsunterschiede gehen mit wachsendem n gegen 0, da ϱ immer kleiner als 1 ist.

Läßt man die rückseitige Verspiegelung weg, so hat man ein *Lummer-Gehrcke*sches Interferenzspektroskop vor sich. Die an der Ober- und Unterseite austretenden Intensitäten ergänzen sich zu I_0.

2.3. *Berechnung der reflektierten Gesamtintensität*

In die Beziehung [8] kann man nun wahlweise die *Fresnel*schen Koeffizienten für senkrechte bzw. parallele Polarisation einsetzen.

Für senkrechte Polarisation berechnet sich $\varrho\varrho^*$ zu:

$$\varrho\varrho^* = \frac{\cos^2\varphi + (a^2 + b^2) - 2\,a\cos\varphi}{\cos^2\varphi + (a^2 + b^2) + 2\,a\cos\varphi}.$$

Für σp^2 erhält man

$$\sigma p^2 = \sigma e^{-\frac{4\pi}{\lambda} d b}\left(\cos\frac{4\pi}{\lambda} d a + i \sin\frac{4\pi}{\lambda} d a\right)$$

Hierin wird abgekürzt:

$$\sigma e^{-\frac{4\pi}{\lambda} d b} \equiv E$$

$$\cos\frac{4\pi}{\lambda} d a \equiv c$$

$$\sin\frac{4\pi}{\lambda} d a \equiv s.$$

Setzt man noch

$$T_1 \equiv 1 + E(E - 2c) \qquad T_3 \equiv a(1 - E^2)$$
$$T_2 \equiv 1 + E(E + 2c) \qquad T_4 \equiv -2Ebs$$

so erhält man durch Einsetzen in [8] den Ausdruck für die reflektierte Intensität

$$I_{rs} = J_{0s} \frac{\cos^2\varphi \cdot T_1 + (a^2 + b^2)\cdot T_2 - 2\cos\varphi\,(T_3 + T_4)}{\cos^2\varphi \cdot T_1 + (a^2 + b^2)\cdot T_2 + 2\cos\varphi\,(T_3 + T_4)}.$$

Für parallele Polarisation ergibt sich mit den weiteren Abkürzungen:

$$F_1 \equiv (a^2 + b^2) + 2\sin^2\varphi\,(a^2 - b^2) + \sin^4\varphi$$
$$F_3 \equiv (a^2 + b^2) + \sin^2\varphi$$
$$F_4 \equiv (a^2 + b^2) - \sin^2\varphi$$

$$\text{für } \varrho\varrho^* = \frac{\cos^2\varphi \cdot F_1 + (a^2 + b^2) - 2\,a\cos\varphi \cdot F_3}{\cos^2\varphi \cdot F_1 + (a^2 + b^2) + 2\,a\cos\varphi \cdot F_3}$$

für die reflektierte Intensität

$$I_{rp} = I_{0p} \times \frac{\cos^2\varphi \cdot F_1 \cdot T_1 + (a^2 + b^2)\cdot T_2 - 2\cos\varphi(F_3 T_3 + F_4 T_4)}{\cos^2\varphi \cdot F_1 \cdot T_1 + (a^2 + b^2)\cdot T_2 + 2\cos\varphi(F_3 T_3 + F_4 T_4)}.$$

Auf die Diskussion einiger physikalisch interessanter Grenzfälle muß hier verzichtet werden. Die erhaltenen Ausdrücke für I_{rs} und I_{rp} sind Funktionen von φ, n, k, ν und d[1]). Zur Beschreibung eines Experimentes kann nun eine dieser Größen als unabhängige Variable betrachtet werden. Der noch verbleibende Satz von Parametern muß dann bekannt sein bzw. angenommen werden. Um die Verhältnisse anzunähern, wie sie bei Messungen im Mikrowellengebiet an Polymeren auftreten, wird z. B. gesetzt:

$$\sigma = 1,\; n = 1{,}61,\; \nu = 60\text{ GHz},\; d = 4\text{ cm},\; k = 3 \cdot 10^{-3}.$$

Für diese Werte ist das Ergebnis für I_{rs} und I_{rp} als Funktion des Einfallswinkels in Abb. 3 dargestellt. Die reflektierte Intensität durchläuft Maxima und Minima, deren Abstand bei konstanter Frequenz und Schichtdicke von n abhängt. Die Kurve für I_p demonstriert darüber hinaus noch das Umspringen der Phase der reflektierten Welle gegen die einfallende beim *Brewster*schen Winkel, wie

[1]) Sie wurden für die elektronische Rechenanlage am Deutschen Rechenzentrum, Darmstadt, und in Fortführung am Kernforschungszentrum, Karlsruhe, programmiert.

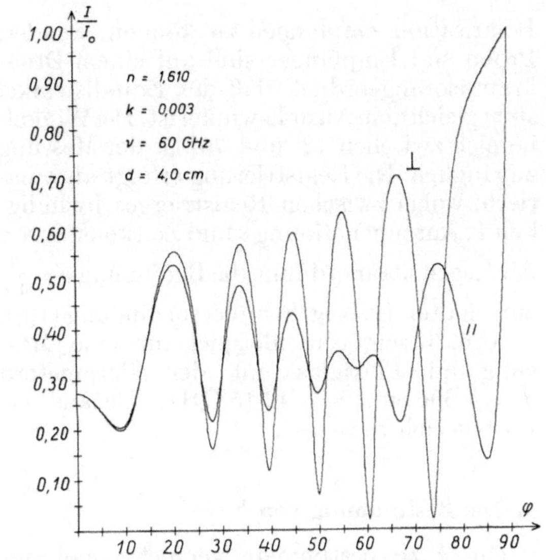

Abb. 3. Reflektierte Intensität als Funktion des Einfallswinkels für senkrecht (⊥) und parallel (∥) zur Einfallsebene linear polarisierte Strahlung, berechnet mit den angegebenen Werten

es bereits in den *Fresnel*schen Gleichungen für nichtabsorbierende Medien zum Ausdruck kommt (vgl. auch [4]). Für die praktische Anwendung beschränkt man sich besser auf senkrecht zur Einfallsebene linear polarisierte Strahlung.

Mit den Werten für $n = 1{,}61$, $d = 4$ cm, $\nu = 60$ GHz ist in Abb. 4a–c die reflektierte Intensität für verschiedene Werte von k aufgetragen. Hieraus ist zu ersehen: Für das gewählte Verhältnis $d/\lambda \cong 8$ zeigt Abb. 4c, daß mit $k \geqslant 5 \cdot 10^{-2}$ die Maxima und Minima verschwinden und die Kurve in eine Reflexionskurve an einem stark absorbierenden Medium übergeht. Auf diesen Grenzfall, insbesondere auf das Verhalten der parallel polarisierten Komponente soll hier nicht näher eingegangen werden.

Wichtig ist hier vor allem, daß die Kurvenform im Bereich $1 \cdot 10^{-4} < k < 1 \cdot 10^{-2}$ sehr stark von k abhängt, während die Winkellage der Minima im genannten Bereich von k praktisch nicht beeinflußt wird.

Dies eröffnet die Möglichkeit, k zu bestimmen. Man hat diesen Parameter lediglich so lange zu variieren, bis die berechnete Kurve mit der gemessenen übereinstimmt.

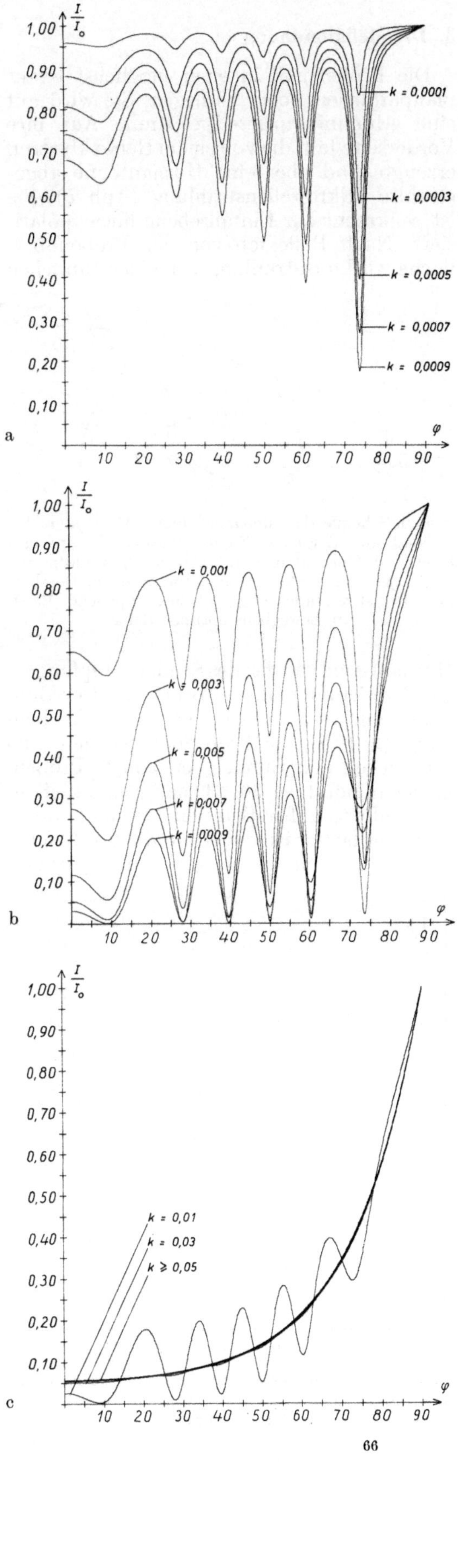

Abb. 4a–c. Reflektierte Intensität als Funktion des Einfallswinkels, berechnet mit $n = 1{,}61$, $\nu = 60$ GHz, $d = 4$ cm. Variiert ist der Absorptionskoeffizient k

3. Die Meßanordnung

Die Probe muß in einer möglichst exakt planparallelen Form vorliegen. Sie wird auf eine Aluminiumplatte gespannt. Auf ihre Vorderseite fällt die von einem Reflexklystron erzeugte und über eine Hornantenne abgestrahlte Mikrowellenstrahlung (Abb. 5). Sie ist senkrecht zur Einfallsebene linear polarisiert. Nach Reflexion von der Probenoberfläche wird die Strahlung von einer ähnlichen

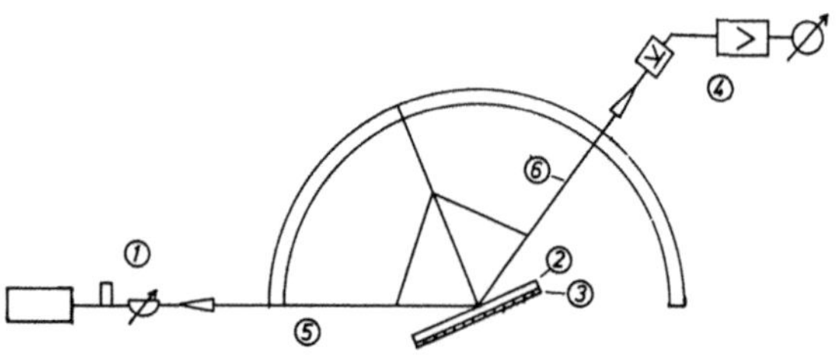

Abb. 5. Schema der Meßanordnung: (1) Sender, bestehend aus Klystron, Frequenzmesser, Dämpfungsglied und Hornantenne. (2) Probe. (3) Metallplatte. (4) Empfänger, bestehend aus Hornantenne, Detektor und Registriereinrichtung. (5) feste optische Bank. (6) bewegliche optische Bank

Hornantenne wie der des Senders empfangen, gleichgerichtet und registriert (4). Der Bündeldurchmesser ist groß gegen die Wellenlänge ($\gtrsim 10\,\lambda$), die Probendimensionen sind groß gegen den Bündelquerschnitt (Probenfläche mindestens 30×30 cm²), so daß Beugungseffekte außer Betracht bleiben können. Der Empfänger ist dabei um die Strahlachse schwenkbar, um senkrechte und parallele

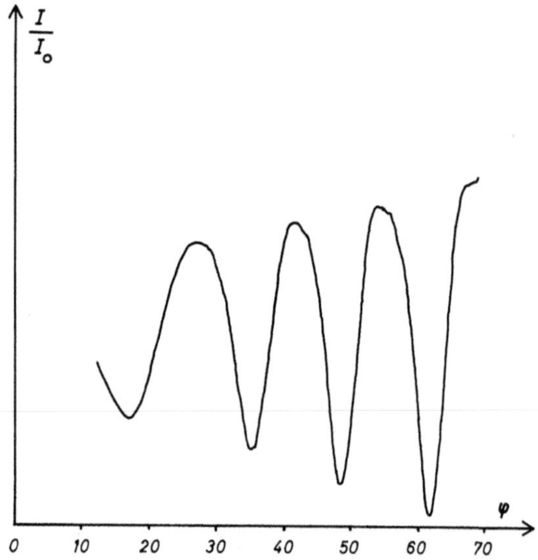

Abb. 6. Gemessene reflektierte Intensität als Funktion des Einfallswinkels an einer Plexiglasprobe. $\nu = 42{,}15$ GHz, $d = 4{,}61$ cm

Polarisation empfangen zu können. Sender, Probe und Empfänger sind auf einem Drehkranz so angeordnet, daß der Einfallswinkel stets gleich dem Ausfallswinkel ist. Der Winkelbereich zwischen 12° und 70° ist der Messung zugänglich. Die Registrierung erfolgt automatisch, wobei zwischen Registriergeschwindigkeit v, Antennenöffnung s und Zeitkonstante τ der Registrieranordnung die Bedingung $v = \frac{s}{4\tau}$ eingehalten ist [sog. Schubertbedingung (10)].

Abb. 6 zeigt ein Beispiel für eine Messung an Plexiglas mit den Parametern $d = 4{,}606$ cm, $\nu = 42{,}15$ GHz. Daraus ermittelt sich $n = 1{,}61$.

4. Die Bestimmung von k

Um k zu bestimmen, versucht man mit Hilfe einer Ausgleichsrechnung anhand der Werte in den Minima die gemessene Kurve nach der Methode des kleinsten Fehlerquadrates an die berechnete anzupassen. Die Rechnung wurde als einfaches Iterationsprogramm programmiert.

Der gesuchte Wert k wird über einen angenommenen Startwert k_0 iterativ ermittelt. Als Beispiel liefert die in Abb. 6 gezeigte Kurve für k den Wert $3{,}4 \cdot 10^{-3}$. Berechnet man mit diesem Wert die Kurve und vergleicht sie mit der gemessenen, so stellt man eine gute Übereinstimmung fest (Abb. 7).

Hier sind noch zwei weitere berechnete Kurven eingezeichnet. Sie wurden mit obigem $k \pm 0{,}1 \cdot 10^{-3}$ berechnet.

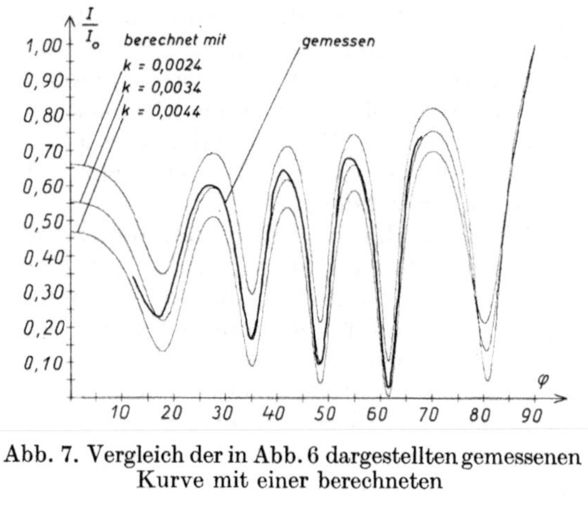

Abb. 7. Vergleich der in Abb. 6 dargestellten gemessenen Kurve mit einer berechneten

Die Brauchbarkeit des Verfahrens wird durch folgende Faktoren begrenzt:

a) Abweichungen von der Planparallelität der untersuchten Proben. Sie bedingen eine Verzerrung der Interferenzen, die schwer zu kontrollieren ist. Daraus resultiert eine fehlerhafte Bestimmung von n; gemessene und berechnete Kurven stimmen dann in den Winkellagen der Minima nicht überein.

b) Die Kennlinie des registrierenden Elementes (i. a. eine Diode) muß bekannt sein. Sonst lassen sich die gemessenen Werte der Minima in der Höhe nicht mit den berechneten zur Deckung bringen; über k kann dann nichts ausgesagt werden.

Über Messungen an verschiedenen Polymeren, insbesondere im Vergleich mit Transmissionsmessungen, wird an anderer Stelle berichtet (4).

Die Anwendung des Verfahrens ist nicht auf den Mikrowellenbereich beschränkt. Über seine Verwendung im Bereich des Fernen Ultrarot zur Ermittlung des Brechungsindexes an Polymeren, wobei statt des Einfallswinkels die Frequenz die unabhängige Variable darstellt, wird gesondert berichtet (11).

Den Herren Dr. *V. Hoffmann* und Dr. *K. Morgenstern* danken wir für anregende Diskussionen. Der Deutschen Forschungsgemeinschaft haben wir für Unterstützung durch Sach- und Personalmittel zu danken.

Zusammenfassung

Es wird eine Methode beschrieben, mit deren Hilfe die optischen Konstanten schwach absorbierender Polymerer ($10^{-4} < \tan\delta < 10^{-2}$) aus Messungen der von der Probe reflektierten Intensität bei verschiedenen Polarisationszuständen ermittelt werden können. Aus der erhaltenen Interferenzfigur werden ε' und ε'' bzw. n und k ermittelt.

Summary

A method will be described for determination of the optical constants of polymers ($10^{-4} < \tan\delta < 10^{-2}$). The interference pattern of the reflected microwave radiation will be calculated. From these calculations we have obtained the values of the complex dielectric constant.

Literatur

1) *Zeil, W., E. Sistig,* Kolloid-Z. u. Z. Polymere **196,** 8 (1964). Dort weitere Literatur.

2) *Haase, J., E. Sistig, W. Zeil,* Z. Naturforschg. **19a,** 660 (1964).

3) *Zeil, W., E. Sistig,* Z. Naturforschg. **23a,** 1232 (1968).

4) *Zeil, W., E. Sistig, W. Frank, V. Hoffmann,* Ber. Bunsenges. physik. Chem. **74,** 883 (1970).

5) *Bauer, J.,* Ann. Physik (5) **20,** 481 (1934); *Keller, L.,* Z. Physik **56,** 223 (1929).

6) *Hauschild, H.,* Ann. Physik (4) **63,** 816 (1920).

7) *Bachynski, M. P.,* Canad. J. Phys. **36,** 456 (1958).

8) *Culshaw, W.,* Proc. I. E. E. Paper No. 1445 M, Febr. 1953 (**100,** Part II A).

9) *Pfeiffer, Chr.,* Dissertation (Gießen 1912).

10) *Schubert, M.,* Exp. Techn. Physik **6,** 203 (1958).

11) *Hoffmann, V., W. Frank, W. Zeil,* Kolloid-Z. u. Z. Polymere **241,** 1044 (1970).

Anschrift der Verfasser:
Dr. *W. Frank* und Prof. Dr. *W. Zeil*
Abt. Physikal. Chemie
Zentrum Chemie – Physik – Mathematik der Univ. Ulm
7500 Karlsruhe 21, Hertzstraße 16, Bau 35

Kolloid-Z. u. Z. Polymere **241**, 1044–1050 (1970)

Aus der Abteilung für Physikalische Chemie am Zentrum Chemie-Physik-Mathematik der Universität Ulm

Optische Konstanten von Polymeren im Submillimetergebiet*)

Von V. Hoffmann, W. Frank und W. Zeil

Mit 10 Abbildungen in 12 Einzeldarstellungen

(Eingegangen am 24. August 1970)

Bei Hochpolymeren wird im Millimeter- und Submillimetergebiet ein Ansteigen der Absorption (bzw. der dielektrischen Verluste) zu höheren Frequenzen beobachtet (1). Dieser Anstieg wird von *Amrhein* et al. (2) als Anregung von Mehrphononenprozessen, die als anharmonische Ankopplung von Schwingungen des akustischen Zweiges an die Normalschwingungen der unteren optischen Zweige zu verstehen wären, gedeutet.

Zusätzlich zu einem zur niederfrequenten Seite der untersten optischen Bande ansteigenden Untergrund zeigen viele Hochpolymere eine diesem Untergrund überlagerte, breite Struktur, die aus einem oder mehreren Buckeln besteht (Abb. 1). Diese Absorptionen werden von uns als Anregung von Phononen des akustischen Zweiges gedeutet. Die Anregung dieser Phononen ist nur denkbar bei einer Verletzung der für ideale Kristalle geltenden Auswahlregel $\vec{k} \approx 0$, wobei $\vec{k}$ den Wellenvektor darstellt.

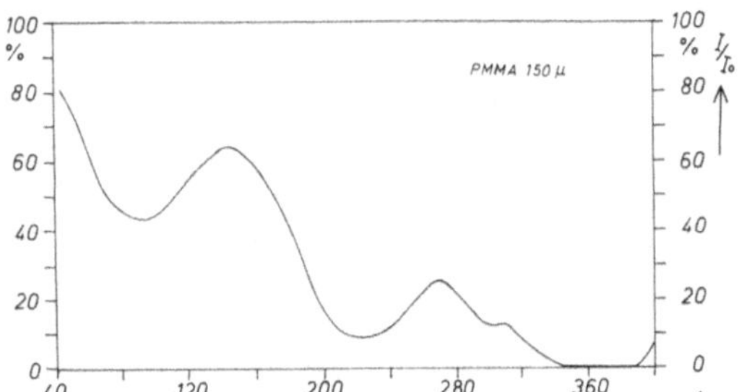

Abb. 1. Durchlässigkeitsspektrum einer 150 μ dicken Folie von PMMA im Bereich von 40 cm^{-1} bis 400 cm^{-1}

Diese Auswahlregel wird z. B. beim Einbau von Defekten in einen idealen Kristall verletzt; man spricht in diesem Fall von defektinduzierter Absorption (3, 4). *Amrhein* und *Müller* weisen darauf hin, daß die Auswahlregeln entsprechend bei einem amorphen Polymeren zusammenbrechen (5).

*) Vorgetragen auf der Arbeitssitzung des Fachausschusses Physik der Hochpolymeren in der Frühjahrstagung 1970 des Regionalverbandes Hessen-Mittelrhein-Saar der Deutschen Physikalischen Gesellschaft in Darmstadt, 10.–13. März 1970.

Es zeigt sich, daß die hier betrachteten Absorptionen eine typische Eigenschaft des amorphen Anteils der Polymeren sind, ihre Form und Intensität wird weitgehend von der Größe nahgeordneter Bereiche im amorphen Anteil bestimmt. Die Größe der Nahordnungsbereiche im amorphen Anteil kann z. B. durch Tempern des Hochpolymeren verändert werden (Abb. 2 zeigt als Beispiel die Spektren von getempertem und ungetempertem Polycarbonat Bisphenol A).

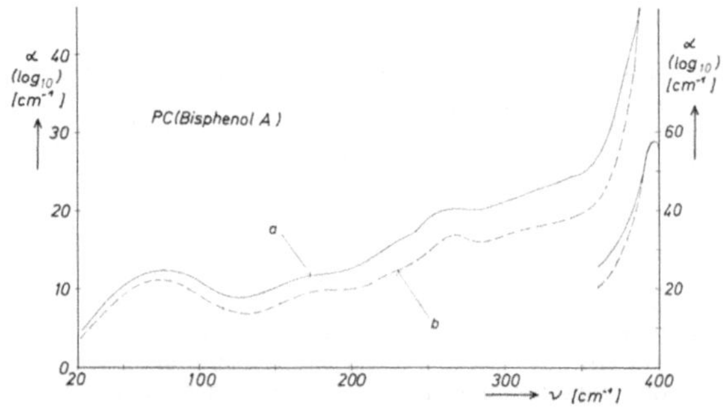

Abb. 2. Extinktionsspektrum von a) amorphem PC (Bisphenol A), nach Erhitzen auf 164 °C abgeschreckt, b) 48 Std. bei 146 °C getempertem PC (Bisphenol A)

Geht die Nahordnung in eine Fernordnung über, kann also z. B. bei der Röntgenstreuung neben dem amorphen Halo auch eine gewisse kristalline Struktur festgestellt werden, dann nimmt die breite Absorption durch Phononen des akustischen Zweiges stark ab und bei einigen Polymeren wird das Auftreten einer zusätzlichen Bande, die dem kristallinen Polymeren zuzuordnen ist, beobachtet (Abb. 3 zeigt als Beispiel die Spektren von amorphem und von partiell kristallinem Polyäthylenterephthalat).

Über diese Messungen sowie über Untersuchungen der Temperaturabhängigkeit der Absorptionen wird an anderer Stelle berichtet werden.

Hier soll ein anderer Aspekt dieser niederfrequenten Absorptionen in den Vordergrund gestellt werden. Es handelt sich zunächst um ein meßmethodisches Problem, das aber aus zwei Gründen für die weiteren Untersuchungen von Bedeutung ist.

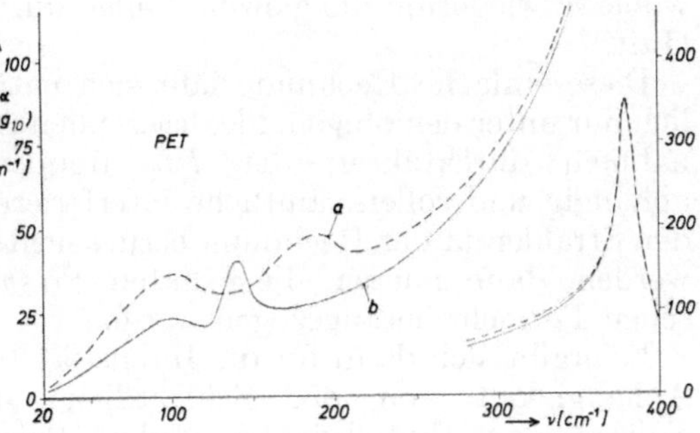

Abb. 3. Extinktionsspektrum von a) amorphem (aus der Schmelze abgeschrecktem) und b) partiell kristallisiertem PET

Und zwar geht es einmal darum, die Resonanzabsorptionen durch Anregung von Phononen des akustischen Zweiges von Relaxationsprozessen im gleichen Frequenzbereich abzugrenzen. Eine eindeutige Unterscheidung kann durch die Untersuchung des Verlaufs des Brechungsindex vorgenommen werden. Dieser nimmt bei einem Relaxationsprozeß stufenförmig ab, während er bei einem Resonanzvorgang die bekannte anomale Dispersion zeigt (Abb. 4).

Es gilt also, die Dispersion des Brechungsindex möglichst genau zu bestimmen.

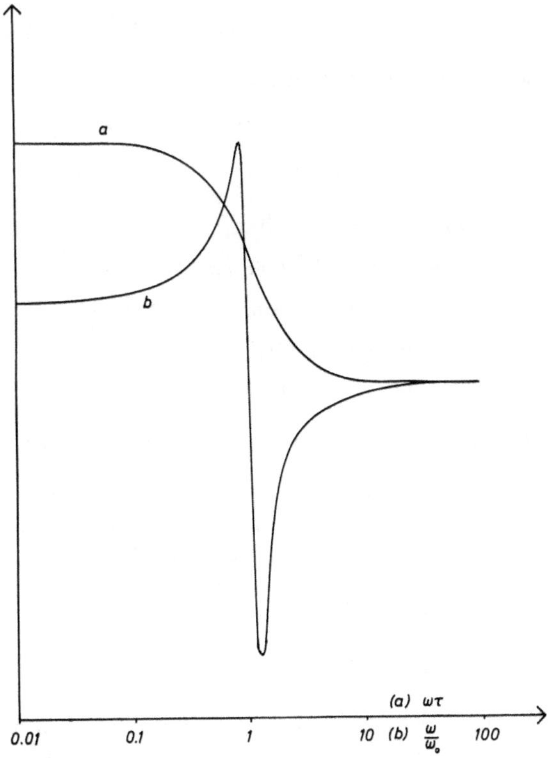

Abb. 4. Dispersion des Brechungsindex a) bei einer Relaxation, b) bei einer Resonanz

Weiter muß man für die exakte Untersuchung der einleitend angedeuteten Probleme den genauen Verlauf des Extinktionskoeffizienten (bzw. des Absorptionskoeffizienten oder des Verlustfaktors) ermitteln können. Die letzten Größen können durch eine einfache Transmissionsmessung erhalten werden. Auf die Schwierigkeiten, die sich gerade bei kleinen Absorptionskoeffizienten für die Anwendung des *Lambert-Beer*schen Gesetzes ergeben, ist bereits im Zusammenhang mit Messungen im Mikrowellengebiet hingewiesen worden (6). In jedem Fall müssen die Transmissionsmessungen um die Reflexions- und Streuverluste korrigiert werden.

Bei gleichzeitiger Ermittlung von Absorptionsgrößen und Brechungsindex sind andere Verfahren erforderlich. Die eleganteste Möglichkeit bietet die Benutzung eines Interferometers. Wird die zu untersuchende Probe nur in einen Interferometerarm, z. B. eines *Michelson*-Interferometers gebracht, dann wird mit der Registrierung des asymmetrischen Interferogrammes sowohl die Absorption als auch die Phasenverschiebung durch die Probe erfaßt. Eine kombinierte Sinus- und Kosinus-*Fourier*transformation liefert Extinktionskoeffizienten und Brechungsindex. Allerdings können sich auch hier Schwierigkeiten durch Vielfachreflexionen in der Probe ergeben.

Eine Reihe anderer Methoden benutzt zur Ermittlung der optischen Konstanten Reflexionsmessungen, bzw. Kombinationen von Reflexions- und Transmissionsmessungen. Diese Methoden scheinen aber nur zweckmäßig für stark absorbierende Medien, die ein strukturiertes Reflexionsspektrum liefern. Bei Hochpolymeren ist die Reflexion bei nahezu senkrechter Inzidenz nur sehr gering (um 5%) und das Reflexionsspektrum nur sehr wenig strukturiert, so daß auf diesem Wege eine genaue Ermittlung des Brechungsindex nicht möglich ist.

Als Verfahren zur Bestimmung von Extinktionskoeffizienten und Brechungsindex bietet sich hier die Ausnutzung der ansonsten störenden Vielfachreflexionen in einer Folie an. Die Aufnahme des Spektrums in Transmission oder Reflexion einer Probe endlicher Dicke liefert ein durch Interferenzen kanneliertes Spektrum. Die Frequenzlage und die absolute Höhe der Extrema gestatten, den Brechungsindex und den Extinktionskoeffizienten zu berechnen. Die Auswertung des Reflexionsspektrums erweist sich im allgemeinen als günstiger. [Einen Überblick über die Meßmethoden zur Bestimmung der optischen Konstanten gibt *E. E. Bell* (7).]

Meßmethode

Es wird das Reflexionsspektrum einer möglichst ideal planparallelen Probe unter einem festen Reflexionswinkel registriert. Die Rückseite der Probe wird weitgehend ideal verspiegelt, d. h. die Strahlung wird unabhängig von der Frequenz vollständig an der Rückseite der Probe reflektiert. Innerhalb der Probe tritt dann Vielfachreflexion auf, der Gangunterschied zweier aufeinanderfolgender Strahlen ist $\Delta = 2d\sqrt{n^2 - \sin^2\beta}$ (Abb. 5). Hinzu kommt jeweils noch ein Phasensprung von $\lambda/2$ bei Reflexion am dichteren Medium. In Abhängigkeit von der Frequenz folgen maximale Verstärkung und maximale Abschwächung der Strahlungsintensität aufeinander, man erhält ein sog. kanneliertes Spektrum.

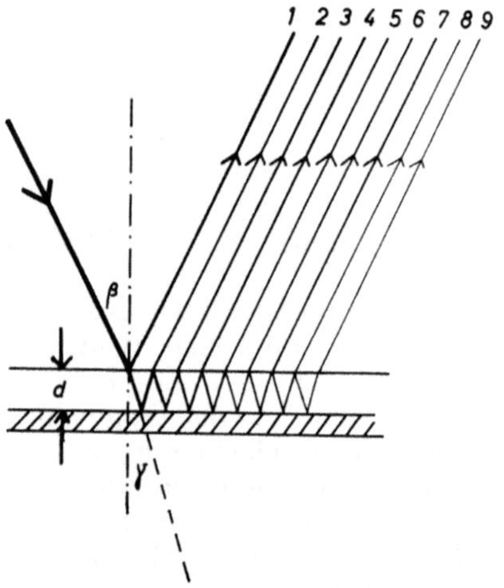

Abb. 5. Strahlenverlauf bei Vielfachreflexion in einer rückseitig verspiegelten Schicht (d Schichtdicke, β Einfallswinkel, γ Brechungswinkel)

Betrachtet man allein die Strahlen 1 und 2 und nimmt weiterhin an, daß die Durchlässigkeit der Probe I/I_0 frequenzunabhängig sei, dann ergibt sich mit dem Gangunterschied von $\Delta = (2d\sqrt{n^2 - \sin^2\beta})$ – der Phasensprung von $\lambda/2$ tritt bei beiden Strahlen auf und braucht daher nicht berücksichtigt zu werden – ein Maximum für $m\lambda = 2d\sqrt{n^2 - \sin^2\beta}$ und ein Minimum für $(2m + 1)\lambda/2 = 2d\sqrt{n^2 - \sin^2\beta}$ (m ganze Zahl). Verallgemeinert erhält man ein Extremum für

$$\nu = (1/\lambda) = m/(4d\sqrt{n^2 - \sin^2\beta}), \quad [1]$$

wobei m wiederum die ganzen Zahlen durchläuft.

Diese einfache Rechnung läßt sich natürlich nur unter den obigen, idealisierenden Annahmen durchführen. Ist I/I_0 frequenzabhängig und sollen sämtliche interferierenden Strahlen in der Rechnung berücksichtigt werden, dann müssen die exakten *Fresnel*schen Formeln herangezogen werden.

Es ergibt sich dann für die Intensität I in Abhängigkeit von der Schichtdicke der Folie d, dem Einfallswinkel β, dem Polarisationsgrad Q (bezogen auf senkrecht zur Einfallsebene linearpolarisiertes Licht), dem Absorptionskoeffizienten, dem Brechungsindex und der Wellenzahl (6):

$$I = Q I_s + (1 - Q) I_p \quad [2]$$

(I_s senkrechte Polarisation, I_p parallele Polarisation)

mit

$$I_s = I_{0s} \frac{\cos^2\beta\, T_1 + (a^2 + b^2)\, T_2 - 2\cos\beta\,(T_3 + T_4)}{\cos^2\beta\, T_1 + (a^2 + b^2)\, T_2 + 2\cos\beta\,(T_3 + T_4)} \quad [3]$$

$$I_p = I_{0p} \frac{\cos^2\beta\, F_1 T_1 + (a^2 + b^2)\, T_2 - 2\cos\beta\,(F_3 T_3 + F_4 T_4)}{\cos^2\beta\, F_1 T_1 + (a^2 + b^2)\, T_2 + 2\cos\beta\,(F_3 T_3 + F_4 T_4)} \quad [4]$$

Dabei wurde substituiert

$$(a - ib) = \sqrt{n^2(1 - ik)^2 - \sin^2\beta}, \quad [5]$$

weiter wurde abgekürzt

$$T_1 = 1 + e^{-4\pi\nu db}\,(e^{-4\pi\nu db} - 2\cos 4\pi\nu da)$$
$$T_2 = 1 + e^{-4\pi\nu db}\,(e^{-4\pi\nu db} + 2\cos 4\pi\nu da)$$
$$T_3 = a\,(1 - e^{-4\pi\nu db})$$
$$T_4 = -2\,e^{-4\pi\nu db}\, b \sin 4\pi\nu da$$
$$F_1 = (a^2 + b^2) + 2\sin^2\beta\,(a^2 - b^2) + \sin^4\beta$$
$$F_3 = (a^2 + b^2) + \sin^2\beta$$
$$F_4 = (a^2 + b^2) - \sin^2\beta\,. \quad [6]$$

Es wird dabei vorausgesetzt, daß die verspiegelte Rückwand der Folie über den ganzen Frequenzbereich vollständig reflektiert. Der Frequenzverlauf der Absorption wird aus dem Transmissionsspektrum entnommen, dessen Reflexionsverluste aufgrund des reinen Reflexionsspektrums, d. h. des Spektrums der allein von der Vorderseite der Probe reflektierten Strahlung, korrigiert werden.

Der Frequenzverlauf des Brechungsindex kann in erster Näherung, z. B. mit Hilfe der Gl. [1] berechnet werden. Das berechnete kannelierte Spektrum wird durch Korrekturen der Absorption und des Brechungsindex an das gemessene Spektrum angeglichen. Dabei kann davon ausgegangen werden, daß in einer nächsten Näherung die Frequenzlage der Extrema allein vom Brechungsindex und der mittlere Intensitätsverlauf des Spektrums allein durch die Absorption bestimmt wird, Brechungsindex und Absorption zunächst also unabhängig variiert werden können.

Im vorliegenden Fall wurde ein Rechenprogramm entwickelt, das es erlaubt, bei Vorgabe von Schichtdicke, Einfallswinkel, Polarisationsgrad und einer ersten Näherung des Verlaufes von Brechungsindex und Durchlässigkeit das kannelierte Reflexionsspektrum zu berechnen. In weiteren Schritten wird der Verlauf des Brechungsindex iterativ angepaßt, bis die Extremwerte von gemessenem und berechnetem Reflexionsspektrum bis auf eine vorgegebene Schranke übereinstimmen.

Bei einer Foliendicke kann mit Hilfe dieser Methode der Brechungsindex natürlich nur an den diskreten Stützpunkten der Extrema des kannelierten Spektrums bestimmt werden, die Zwischenwerte werden interpoliert. Durch eine geschickte Abstufung der Foliendicken ist es aber möglich, den erfaßten Frequenzbereich einigermaßen gleichmäßig zu überdecken.

Ergebnisse

Das Verfahren und die damit zu erzielenden Resultate sollen am Beispiel des Polycarbonats Bisphenol A demonstriert werden. Die untersuchten Proben wurden nach Abschrecken von der Glastemperatur 145 Std. bei 110 °C getempert. [Näheres zur thermischen Vorbehandlung s. (8).]

Die Messungen wurden mit dem *Fourier*-Spektrometer FS 720 der Firma RIIC, einem Interferometer nach dem *Michelson*prinzip, durchgeführt. Die durch Fouriertransformation aus den registrierten symmetrischen Interferogrammen gewonnenen Spektren überdecken den Frequenzbereich von 10 cm^{-1} bis 400 cm^{-1}. Die Reflexionsspektren wurden unter einem festen Einfallswinkel von 12° aufgenommen.

In Abb. 6 ist ein Vergleich von gemessenem und berechnetem kanneliertem Reflexionsspektrum einer 220 μ dicken Folie von PC Bisphenol A wiedergegeben. Die Amplituden der Interferenzen des berechneten Spektrums sind nur geringfügig größer als die des gemessenen Spektrums. Die Abweichungen von der Planparallelität der Folie dürften also nur sehr gering sein. Ansonsten gibt das berechnete Spektrum das gemessene sehr gut wieder. Die Abweichungen der Wellenzahlen in den Extrema sind aufgrund der in der Rechnung vorgegebenen Schranke kleiner als 0,15 cm^{-1}.

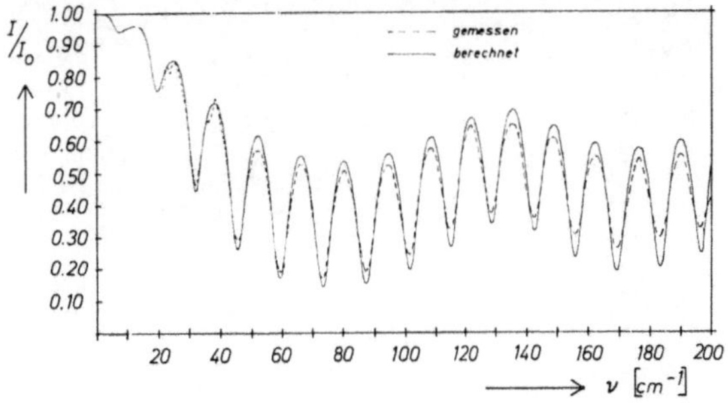

Abb. 6. Kanneliertes Reflexionsspektrum a) gemessen, b) berechnet von PC Bisphenol A (145 Std. bei 110 °C getempert)

Das zur Berechnung des kannelierten Reflexionsspektrums angepaßte reine Durchlässigkeitsspektrum weicht nur geringfügig vom gemessenen Transmissionsspektrum ab (Abb. 7). Die Unterschiede dürften auf Reflexionsverluste beim Durchstrahlen der Folie zurückzuführen sein. Das Reflexionsvermögen von PC Bisphenol A liegt im betrachteten Frequenzbereich laut reinem Reflexionsspektrum zwischen 5% und 6%.

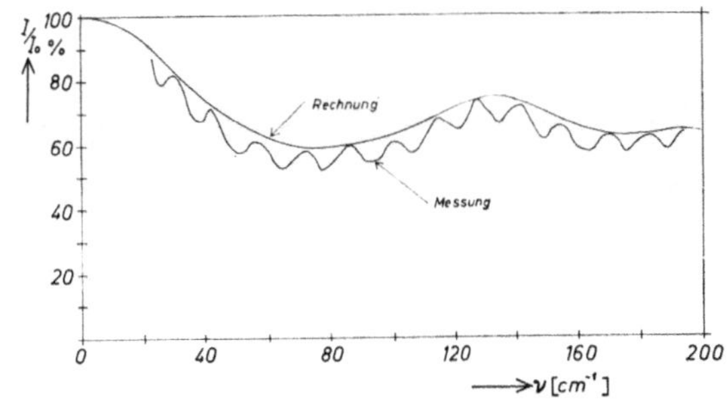

Abb. 7. Durchlässigkeitsspektrum von PC (Bisphenol A) a) gemessen, b) für die Berechnung des kannelierten Reflexionsspektrums korrigiert

Aus dem angepaßten Durchlässigkeitsspektrum und der berechneten Dispersion des Brechungsindex lassen sich der Extinktionskoeffizient α, der Absorptionskoeffizient k und der dielektrische Verlustfaktor $\tan\delta$ berechnen:

$$\alpha = \frac{1}{d} \ln\left(\frac{I_0}{I}\right); \quad k = \frac{\alpha}{4\pi\nu n}; \quad \tan\delta = \frac{2k}{1-k^2}.$$

Um einen Vergleich dieser drei Größen zu ermöglichen, sind in Abb. 8 ihre Spektren bis 200 cm^{-1} wiedergegeben. Die Werte von k sind im vorliegenden Fall so niedrig, daß $\tan \delta = 2\,k$ gilt.

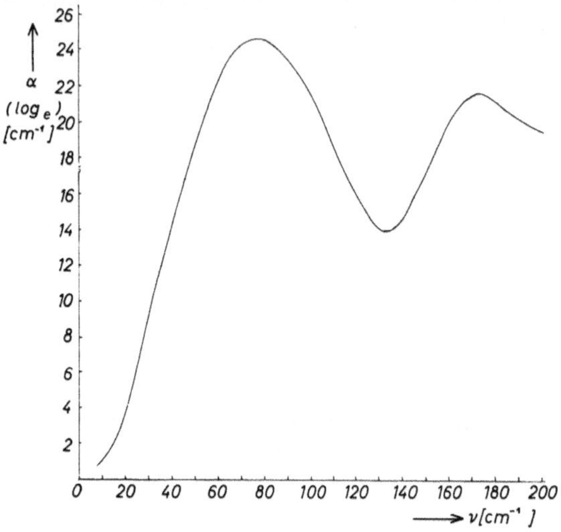

a

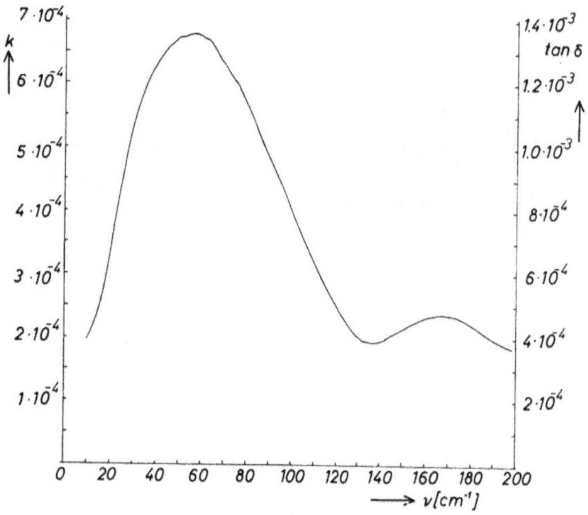

b

Abb. 8. Berechnete Absorptionsspektren bis 200 cm^{-1} von PC Bisphenol A (145 Std. bei 110 °C getempert) a) Extinktionskoeffizient α ($\log_e$), b) Absorptionskoeffizient k und dielektrischer Verlustfaktor $\tan \delta$

Der in diese Absorptionsgrößen eingehende Fehler ergibt sich in erster Linie aus der Meßgenauigkeit des Spektrometers mit ca. $\pm 2\%$ und in einer Unsicherheit in der Dickenmessung der Folie mit 0,5–1%. Damit liegt der Fehler für die Bestimmung des Extinktionskoeffizienten α bei ca. 3%, der für die Berechnung des dielektrischen Verlustfaktors $\tan \delta$ und des Absorptionskoeffizienten k bei ca. 4%.

In den Spektren lassen sich die einleitend diskutierten Absorptionsformen gut unterscheiden. Zu höheren Frequenzen steigt der Untergrund der Mehrphononenprozesse leicht an. Ihm überlagert sind die Absorptionen durch Anregung von Phononen des akustischen Zweiges unter Verletzung der Auswahlregel. Sie bestehen im Frequenzbereich bis 200 cm^{-1} aus zwei breiten Banden. Die erste Bande hat einen maximalen Extinktionskoeffizienten α_{max} von 24,5 cm^{-1} bei einer Wellenzahl von 77 cm^{-1}. Die Halbwertsbreite dieses Buckels beträgt ca. 100 cm^{-1}. Das Maximum im dielektrischen Verlustfaktor $(\tan \delta)_{max} = 1{,}36 \cdot 10^{-3}$ bzw. des Absorptionskoeffizienten $k_{max} = 0{,}68 \cdot 10^{-3}$ liegt bei 58 cm^{-1}. Dieser Bande folgt eine schwächere Absorption mit einem maximalen Extinktionskoeffizienten $\alpha_{max} = 21{,}5$ cm^{-1} bei 173 cm^{-1}. Das entsprechende Maximum im dielektrischen Verlustfaktor $(\tan \delta)_{max} = 0{,}48 \cdot 10^{-3}$ bzw. des Absorptionskoeffizienten $k_{max} = 0{,}24 \cdot 10^{-3}$ liegt bei 166 cm^{-1}.

Die Fehler in der Ermittlung des Brechungsindex sind allgemein größer als die der Absorptionsgrößen. Die Unsicherheit liegt einmal wieder in der Schichtdickenbestimmung. Ein weiterer Fehler ergibt sich aus der Ungenauigkeit, mit der die Wellenzahlen der Extrema in den kannelierten Spektren festgelegt werden können. Der Brechungsindex reagiert besonders im niederfrequenten Bereich, d. h. in den unteren Interferenzordnungen sehr empfindlich auf Änderungen der Wellenzahlen der Extrema. Unter der Annahme einer Unsicherheit von 0,5 cm^{-1} in der Messung der Wellenzahl ergibt sich bei einer Foliendicke von 220 μ in der 1. Ordnung ein Fehler von rund 0,05–0,08 im Brechungsindex und in der 10. Ordnung immer noch ein Fehler von 0,01–0,015.

Um eine Vorstellung über die Relevanz der Aussagen den Brechungsindex betreffend zu geben, sind in Abb. 9 die berechneten Brechungsindices für zwei Foliendicken von ca. 220 μ und ca. 107,5 μ aufgenommen worden. Außerdem wurde für jede Folie die in die Rechnung eingehende Schichtdicke in Abständen von 1 μ variiert. Wie man sieht, ist der mögliche Fehler im absoluten Wert des Brechungsindex sehr groß. Der relative Verlauf des Brechungsindex ist dagegen ziemlich gut reproduzierbar. Abb. 10 zeigt die Dispersion des Brechungsindex, wie wie sie sich als Mittelwert verschiedener Messungen ergibt.

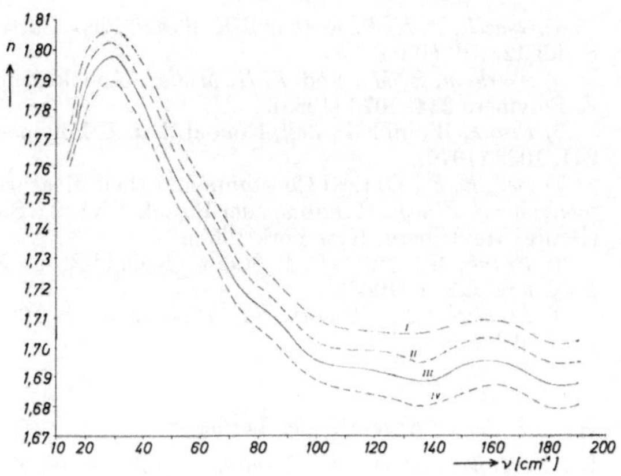

a

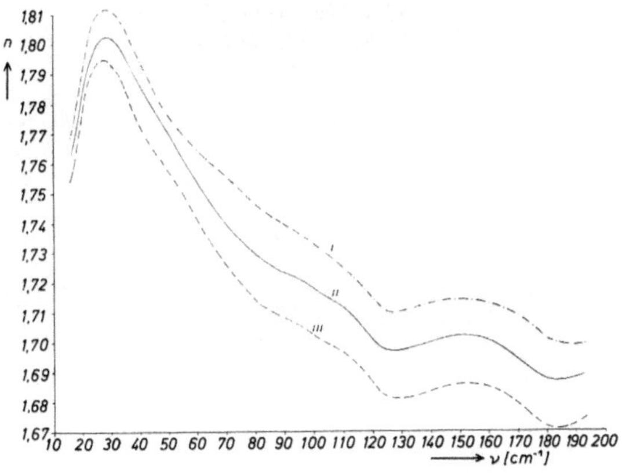

b

Abb. 9. Dispersion des Brechungsindex von PC Bisphenol A (145 Std. bei 110 °C getempert) bis 200 cm^{-1}. a) berechnet aus dem kannelierten Reflexionsspektrum einer ca. 220 μ dicken Folie bei angenommenen Schichtdicken von I = 218 μ, II = 219 μ, III = 220 μ und IV = 221 μ. b) berechnet aus dem kannelierten Reflexionsspektrum einer ca. 107,5 μ dicken Folie bei angenommenen Schichtdicken von I = 106 μ, II = 107 μ und III = 108 μ

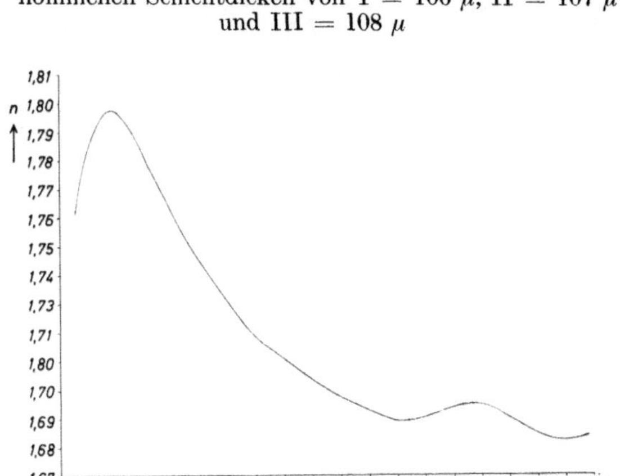

Abb. 10. Dispersion des Brechungsindex von PC Bisphenol A (145 Std. bei 110 °C getempert) bis 200 cm^{-1} als Mittelwert von Messungen bei unterschiedlicher Schichtdicke (50 μ–220 μ)

Ein erster Vergleich von Abb. 10 mit Abb. 4 legt die Vermutung nahe, daß die beiden im Frequenzbereich von 20 cm^{-1} bis 200 cm^{-1} auftretenden Absorptionen von Resonanzen herrühren, weil der Brechungsindex in beiden Fällen eine anomale Dispersion zu zeigen scheint, wenn auch das Minimum bei ca. 125 cm^{-1} und das darauf folgende Maximum nur sehr schwach ausgeprägt sind. Aber gerade diese Tatsache könnte wiederum darauf hindeuten, daß das Minimum bei 125 cm^{-1} nur durch das darauf folgende Maximum vorgetäuscht ist, daß die niederfrequente Absorption also durch einen Relaxationsprozeß hervorgerufen wird. Dagegen spricht allerdings der starke Anstieg zum niederfrequenten Maximum bei 28 cm^{-1} im Brechungsindex. Wenn die Absorptionen als Anregung von Phononen des akustischen Zweiges zu deuten sind, so muß man bei der Untersuchung der Bandenkonturen von einer kontinuierlichen Frequenzverteilung von Resonatoren ausgehen. Dementsprechend wäre der Verlauf des Brechungsindex auf eine Überlagerung von anomalen Dispersionskurven zurückzuführen, die kontinuierlich über die Frequenz verteilt sind. Berücksichtigt man dies, so dürfte der Verlauf des Brechungsindex als Ausdruck von Resonanzvorgängen zu verstehen sein.

Eine Untersuchung der Temperaturabhängigkeit der Absorptionen kann hier weiter klären (9).

Zusammenfassung

Im fernen Ultrarot treten bei Polymeren neben einer Absorption, die auf Mehrphononenprozesse zurückzuführen ist und einen zur niederfrequentesten optischen Bande ansteigenden Untergrund bildet, Absorptionen auf, die als Anregung von Phononen der akustischen Zweige (unter Verletzung der Auswahlregel $\vec{k} \approx 0$) zu deuten sein dürften. Zur weiteren Untersuchung dieser Absorptionen wurde eine Methode entwickelt, die es erlaubt, neben einer genauen Bestimmung der Absorptionsgrößen (α, k, tan δ) auch die Dispersion des Brechungsindex zu ermitteln. Auf Grund von Vielfachreflexionen in einer planparallelen Folie registriert man ein kanneliertes Reflexionsspektrum. Dieses Spektrum kann mit Hilfe der *Fresnel*schen Formeln berechnet und durch Variation der optischen Konstanten an das gemessene Spektrum angepaßt werden. Das Verfahren wird am Beispiel des Polycarbonats Bisphenol A demonstriert.

Summary

In polymers absorption appears in far infrared, that can be interpreted as multiple phonon processes causing a background, ascending to the optical band of lowest frequency.

In addition to this absorption there are absorptions which may be explained as excitation of phonones of the acustical branches (suspending the selection rules $\vec{k} \approx 0$).

In order to investigate these absorptions a method was developed that makes it possible to determine exactly the absorption coefficients as well as the dispersion of the refractive index. In pursuance of multiple reflections in a planparallel foil a channelled reflection spectrum is registered.

This spectrum can be calculated by the *Fresnel* equations and can be adapted to the recorded spectrum by varying the optical constants. The method is demonstrated for the case of polycarbonate bisphenol A.

Literatur

1) *Haase, J., E. Sistig* und *W. Zeil,* Z. Naturforschg. **18a**, 883 (1963).

2) *Amrhein, E. M.,* Kolloid-Z. u. Z. Polymere **216/7**, 38 (1967); *Amrhein, E. M.* und *F. H. Müller,* Trans. Faraday Soc. **64**, 666 (1968).

3) *Szigeti, B.,* J. Phys. Chem. Solids **24**, 225 (1963).

4) *Genzel, L., K. F. Renk* und *R. Weber,* Phys. Status Solidi **12**, 639 (1965).

5) *Amrhein, E. M.,* und *F. H. Müller,* Kolloid-Z. u. Z. Polymere **234**, 1078 (1969).

6) *Frank, W.* und *W. Zeil,* Kolloid-Z. u. Z. Polymere **241**, 1038 (1970).

7) *Bell, E. E.,* Optical Constants and their Measurement; in: *S. Flügge,* Handbuch der Physik XXV/2a, S. 1 (Berlin, Heidelberg, New York 1967).

8) *Frank, W.* und *H. A. Stuart,* Kolloid-Z. u. Z. Polymere **225**, 1 (1968).

9) *Fröhlich, H.,* Theory of Dielectrics, S. 102f. (Oxford 1958).

Anschrift der Verfasser:

Dr. *V. Hoffmann*, Dr. *W. Frank* und Prof. Dr. *W. Zeil*
Abteilung für Physikalische Chemie
Zentrum Chemie-Physik-Mathematik d. Universität Ulm
7500 Karlsruhe 21
Hertzstr. 16, Bau 35

Kolloid-Z. u. Z. Polymere **241**, 1051–1056 (1970)

Aus dem Institut für Polymere der Universität Marburg/L.

Untersuchungen zur 3-Phononenabsorption in partiell kristallinen Polymeren*)

Von E. Amrhein und H. Heil

Mit 6 Abbildungen in 8 Einzeldarstellungen

(Eingegangen am 17. Juli 1970)

I. Einleitung

Die hohe Absorption von Polymeren und allen partiell kristallinen Stoffen zwischen 10^{10} und 10^{13} Hz ist in verschiedenen Arbeiten untersucht (1, 2) und auf „fehlordnungsinduzierte Absorption" (4) zurückgeführt worden. Das Fehlen der Fernordnung in der amorphen Phase bedingt eine Abschwächung der Auswahlregeln für die elektromagnetische Absorption. Dadurch wird eine direkte Wechselwirkung des einfallenden Photons mit den Phononen des Schwingungsspektrums (Einphononenabsorption) möglich: Das Schwingungsspektrum partiell kristalliner Stoffe ist aus der IR-Absorption zu erkennen. Der Vergleich der gemessenen Frequenzabhängigkeit mit den berechneten Spektren der entsprechenden Kristalle zeigt, daß die *Frequenzverteilung* der Phononen in der amorphen Phase der des entsprechenden Kristallgitters weitgehend ähnelt. Die *Dämpfung* der Schwingungen ist im amorphen Material aber sehr viel höher als im kristallinen. Sie beruht auf der größeren Wechselwirkung der Phononen untereinander. Diese führt zu einer zusätzlichen, temperaturabhängigen Mehrphononenabsorption, die vor allem in den Bereichen geringer Einphononenabsorption (kleiner Zustandsdichte), d. h. bei sehr niedrigen Frequenzen, ins Gewicht fällt. Die Mehrphononenprozesse liefern den Hauptbeitrag zu den langwelligen Ausläufern der IR-Absorption der Polymeren, die bis ins Mikrowellengebiet hineinreichen. Ihre Temperatur- und Frequenzabhängigkeit soll im folgenden diskutiert und mit unseren Messungen verglichen werden.

II. Natur der Ein- und Mehrphononenabsorption

Solange die einzelnen Schwingungen eines Gitters als unabhängige, harmonische Oszillatoren betrachtet werden können, läßt sich die Wechselwirkung mit dem elektrischen Feld durch scharfe Absorptionslinien bei den Frequenzen $\omega = \omega'$ beschreiben. Bei einer Kopplung der Oszillatoren untereinander tritt eine Verbreiterung der Linien infolge von Summen- und Differenzprozessen ein:

$$\hbar\omega = \hbar\omega' \pm \hbar\omega'' \pm \hbar\omega''' \pm \cdots$$

Abb. 1 zeigt die entsprechenden 2- und 3-Phononenprozesse in Graphendarstellung. Die Kopplung der einzelnen Phononen kann über ein Dipolmoment höherer Ordnung (Ø in Abb. 1) oder über das anharmonische Potential (□ in Abb. 1) erfolgen. Dadurch ergeben sich für die 2-Phononenabsorption (Abb. 1b) 2 verschiedene Mechanismen:

a) Ein Photon der Frequenz ω erzeugt ein virtuelles Phonon und zerfällt in die reellen Phononen ω' und ω''. An der Stelle Ø vermittelt das Dipolmoment 1. Ordnung, an der Stelle □ das anharmonische Potential 3. Ordnung.

b) Ein Photon erzeugt (bzw. vernichtet) mittels des Dipolmoments 2. Ordnung 2 Phononen.

Analog ergeben sich 4 verschiedene Prozesse für die 3-Phononenabsorption (Abb. 1c).

Bei den Differenzprozessen, die die niederfrequente Absorption bewirken, ist jeweils die Vernichtung eines oder mehrerer thermisch angeregter Phononen beteiligt. Wegen der Temperaturabhängigkeit der Besetzungszahlen muß dann auch die Absorption stark temperaturabhängig sein.

Die Frequenzen der beteiligten Phononen sind durch Impuls- und Energieerhaltungssatz für den Anfangs- und Endzustand bestimmt. Dadurch ist die 1-Phononenabsorption im idealen Kristall auf die Frequenzen der optisch aktiven $k = 0$-Phononen beschränkt. Auch die 2-Phononenprozesse laufen nur bis zu einer unteren Grenzfrequenz, die durch die kleinste Frequenzdifferenz zwischen den einzelnen Zweigen gegeben ist. Die Maxima der 2-Phononenab-

*) Vorgetragen auf der Arbeitssitzung des Fachausschusses Physik der Hochpolymeren in der Frühjahrstagung 1970 des Regionalverbandes Hessen-Mittelrhein-Saar der Deutschen Physikalischen Gesellschaft in Darmstadt, 10.–13. März 1970.

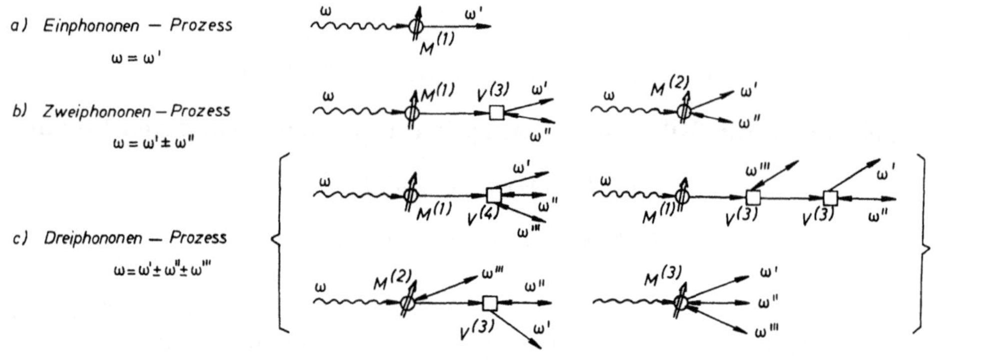

Abb. 1. Graphendarstellung für Ein- und Mehrphononenabsorption: ω = Photonen-, ω^i = Phononenfrequenz; $M^{(i)}$ = Dipolmoment, entwickelt bis zur i-ten Ordnung; $V^{(i)}$ = Potential, entwickelt bis zur i-ten Ordnung

sorption liegen da, wo die Zweige der Differenzfrequenzen parallel zur k-Achse laufen. Für noch tiefere Frequenzen muß man dann primär 3-Phononenprozesse betrachten, wie auch das Experiment bestätigt. Diese 3-Phononenprozesse werden im folgenden beschrieben. Unsere Rechnungen ergaben:

1. Eine Abschätzung der *Temperaturabhängigkeit* der 3-Phononenabsorption, die die Abtrennung von 1- und 2-Phononenprozessen ermöglicht;

2. Eine Abschätzung der *Frequenzen* der bei den Absorptionsprozessen hauptsächlich beteiligten Phononen und einen Vergleich mit den im fernen IR, im direkten 1-Phononenprozeß, gemessenen Phononenfrequenzen.

III. Berechnung der Temperaturabhängigkeit

1. *Die störungstheoretische Behandlung der Temperaturabhängigkeit*

Für 2-Phononenprozesse wurde die vollständige Störungsrechnung von *Szigeti* (5) u.a. (6, 7) durchgeführt. Dabei zeigte sich, daß in den Termen für die Besetzungszahlen, die die Temperaturabhängigkeit enthalten, nur die Besetzungszahlen der endgültig erzeugten bzw. vernichteten Phononen stehen bleiben, die der Zwischenzustände sich herausheben. Das gleiche konnte *H. Heil* (3) für die 3-Phononenprozesse zeigen. In der Störungsrechnung für 3-Phononenabsorption muß das Potential bis zur 4. Ordnung bzw. das Dipolmoment bis zur 3. Ordnung in den Verrückungskoordinaten entwickelt werden. Das anharmonische Potential bewirkt eine Abänderung der Eigenfunktionen ψ_m, ψ_n, während ein Dipolmoment höherer Ordnung über das zeitabhängige Störglied

$$H' = \vec{M} \cdot \vec{E}$$

M = Dipolmoment (bis zur i-ten Ordnung entwickelt)
E = Elektrisches Feld

des Hamiltonoperators zusätzliche Absorptionsterme erzeugt. Die 4 verschiedenen Typen der Dreierprozesse von Bild 1c entstehen aus der Kombination von

1. einem Moment 1. Ordnung mit einem Potentialglied 4. Ordnung,

2. einem Moment 1. Ordnung mit zweimal kubischem Potentialglied,

3. einem Moment 2. Ordnung mit kubischem Potentialglied,

4. einem Moment 3. Ordnung.

Die absorbierte Energie pro Zeiteinheit ist der Übergangswahrscheinlichkeit zwischen den Zuständen ψ_n und ψ_m, gemittelt über alle Anfangszustände „m“ und summiert über alle Endzustände „n“, proportional.

$$A^{(3)}_{mn} \sim \frac{\pi^2}{\hbar^2} \cdot E(\omega_{mn})^2 \, |\langle \psi_m | M | \psi_n \rangle|^2 . \qquad [1]$$

Bei allen Kombinationen treten in den Matrixelementen die Dreierprodukte aus den Normalkoordinaten und – nach Einführung der Erzeugungs- und Vernichtungsoperatoren – aus den entsprechenden Besetzungszahlen auf. Diese allein sind für die Temperaturabhängigkeit der Absorption verantwortlich. Für die vorliegende Fragestellung kann darum $A^{(3)}$ in 2 Faktoren zerlegt werden, von denen $\tilde{A}^{(3)}$ allein die Besetzungszahlenterme enthält.

$$A^{(3)} \sim G(\omega_{mn}, \omega, \ldots) \cdot \tilde{A}^{(3)}(m_i(T, \omega_i)) \qquad [2]$$

m_i = Besetzungszahl der Phononen mit Frequenz ω_i

Berücksichtigt man, daß die Besetzungszahlenterme der virtuellen Zwischenzustände herausfallen (vergl. oben), so genügt es, aus allen möglichen Kombinationen 1–4 *ein* Beispiel durchzurechnen. Dafür soll der besonders übersichtliche Fall eines Dipolmomentes 3. Ordnung gewählt werden. Für die niederfrequente Absorption mit

$$\omega \ll \omega^i \qquad [3]$$

kommen nur die Prozesse

$$\text{a) } \omega = \omega' + \omega'' - \omega'''$$
$$\text{b) } \omega = \omega' - \omega'' - \omega''' \qquad [4]$$

in Betracht. Dann ergibt sich für die Besetzungszahlenterme der 3-Phononenabsorption:

$$\bar{A}_a^{(3)} \sim (m'+1)(m''+1)m''' - m'm''(m'''+1)$$
$$\bar{A}_b^{(3)} \sim (m'+1)m''m''' - m'(m''+1)(m'''+1). \qquad [5]$$

Dabei wurde berücksichtigt, daß bei Erzeugung eines Phonons ω_i der Faktor $(m_i+1)^{1/2}$, bei Vernichtung der Faktor $m_i^{1/2}$ in das Matrixelement eingeht. Setzt man für die m_i die Gleichgewichtsverteilung

$$m_i = \left(\exp\left(\frac{\hbar\,\omega^i}{k\,T}\right) - 1\right)^{-1} = \left(\exp\left(\frac{\Omega^i}{T}\right) - 1\right)^{-1}, \; \Omega^i = \frac{\hbar\,\omega^i}{k}, \qquad [6]$$

ein, so erhält man:

$$\bar{A}_a^{(3)} \sim \frac{e^{\Omega'/T}\,e^{\Omega''/T} - e^{\Omega'''/T}}{(e^{\Omega'/T}-1)(e^{\Omega''/T}-1)(e^{\Omega'''/T}-1)}$$

$$\bar{A}_b^{(3)} \sim \frac{e^{\Omega'/T} - e^{\Omega''/T}\cdot e^{\Omega'''/T}}{(e^{\Omega'/T}-1)(e^{\Omega''/T}-1)(e^{\Omega'''/T}-1)}. \qquad [7]$$

2. *Diskussion*

Vor einer Diskussion der Gl. [7] sollen die Frequenzen ω^i der hauptsächlich beteiligten Phononen abgeschätzt werden:

a) Die Differenzprozesse werden nur dann einen wesentlichen Beitrag zur Absorption liefern, wenn mindestens ein ω_i zu einer Frequenz mit hoher Zustandsdichte gehört.

b) Die Absorption wird außerdem wesentlich von der Kopplung zum elektromagnetischen Feld bestimmt, d. h. vom Dipolmoment der Gitterschwingung, das im Bereich $k = 0$ und optischem Zweig am größten ist (hier schwingen die Elemente einer Elementarzelle mit maximaler Phasendifferenz). Phononen der optischen Zweige um $k = 0$ werden also bevorzugt beteiligt sein.

c) Schließlich ist zu berücksichtigen, daß die Übergangswahrscheinlichkeiten mit wachsender Differenz der Eigenwerte abnehmen, und daß die Besetzungszahlen der energetisch höheren Terme sehr viel kleiner sind.

Folglich werden primär die *niederfrequenten, optischen* Phononen (künftig ω^0 genannt) an der 3-Phononenabsorption beteiligt sein. Das bedeutet, daß in Gl. [7] nur die Terme ins Gewicht fallen, bei denen mindestens ein Ω^i einem Ω^0 entspricht.

Für die Temperaturabhängigkeit der Absorption ergeben sich nach Gl. [7] 2 Grenzfälle (die Ergebnisse für 2-Phononenabsorption sind jeweils zum Vergleich mit angegeben):

Für $T \gg \Omega^i$:

$$\bar{A}^{(2)} \approx T^1 \qquad \bar{A}^{(3)} \approx T^2 \qquad [8]$$

Für $T \ll \Omega^i$:

$$\bar{A}^{(2)} \approx e^{-\Omega''/T}(1 - e^{-\Omega/T})$$
$$\bar{A}_a^{(3)} \approx e^{-\Omega'''/T}(1 - e^{-\Omega/T})$$
$$\bar{A}_b^{(3)} \approx e^{-(\Omega''+\Omega''')/T}(1 - e^{-\Omega/T}). \qquad [9]$$

Das *Hochtemperaturverhalten* ist allen Dreier-Prozessen gemeinsam und läßt eine deutliche Unterscheidung von 3- und 2-Phononenprozessen aufgrund der T-Potenz zu.

Das *Tieftemperaturverhalten* hat für alle Prozesse die Form:

$$\bar{A}_T \approx e^{-\Omega_a/T}(1 - e^{-\Omega/T}), \qquad [10]$$

wobei Ω_a die Summe aller vernichteten Phononen bedeutet und für die Photonenfrequenz wiederum $\Omega \ll \Omega_a$ [4] gilt. Gl. [10] hat ein Maximum bei T_o

$$T_o = \frac{\Omega}{\ln(1 - \Omega/\Omega_a)} \approx \Omega_a. \qquad [11]$$

In diesem Bereich, d.h. mit dem Abbiegen der $\bar{A}_T$-Kurven, wird aber die Voraussetzung für [9] ungültig; man kann nur einen Wendepunkt oder ein Plateau erwarten, bevor der Hochtemperaturanstieg mit T^n einsetzt. Im einzelnen hängt die Kurvenform von der Zahl gleichberechtigter beteiligter Phononen ω^0 und ihren Zustandsdichten ab. *Immer wird sich der Übergang vom exponentiellen Tieftemperaturgesetz zum T^n-Verhalten durch einen Wendepunkt bei einem T_o auszeichnen, das dem Schwerpunkt der beteiligten Phononenfrequenzen entspricht.*

Das zu erwartende Temperatur-Frequenzverhalten ist in Abb. 2 zusammengefaßt:

Beim *Zweiphononenprozeß* kann das optische Phonon hoher Zustandsdichte erzeugt oder vernichtet werden; jeweils bleibt wegen $\Omega_a \approx \Omega''$ [4] das Plateau bei $T_o \sim \Omega_a$. Für den wahrscheinlicheren Fall $\omega = \omega_a - \omega''$ wird sich mit wachsendem ω, d. h. Annäherung an das Gebiet der Einphononenabsorption, T_o zu niedrigeren Temperaturen verschieben und der exponentielle Anstieg flacher werden, bis zu einem kontinuierlichen Übergang in die temperaturunabhängige Einphononenabsorption.

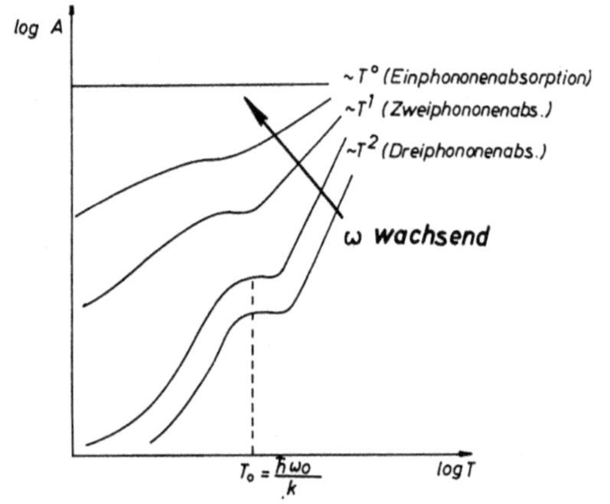

Abb. 2. Theoretisch zu erwartender Temperaturverlauf der Absorption (Formel [7] im Text)

Beim *Dreiphononenprozeß* werden sowohl ein erzeugtes wie ein vernichtetes Phonon einem niedrigen optischen Zweig entsprechen, während das dritte beteiligte Phonon klein gegen ω^o ist. Auch hier erwartet man also einen Wendepunkt in den Absorptions-Temperatur-Kurven bei $T_o = \Omega^o$, und die Lage des Plateaus sollte Aufschluß geben über die Frequenzen der niedrigsten optischen Phononen der betreffenden Substanz!

Mit weiter abnehmender *Meßfrequenz* wird entsprechend der Abnahme der Phononendichte der Absolutbetrag der Dreiphononenabsorption kleiner. Die durch Ω_a vorgegebene Steilheit des Tieftemperaturanstiegs bleibt aber im gesamten Bereich der Dreiphononenabsorption frequenzunabhängig. Eine temperaturunabhängige, zusätzliche Absorption, wie sie aus der defektinduzierten Absorption in amorphen Stoffen zu erwarten ist, muß sich durch eine Abflachung der Kurven (im logarithmischen Maßstab) bemerkbar machen.

IV. Vergleich mit dem Experiment

Die temperaturabhängigen Messungen der Dreiphononenabsorption in Polymeren wurden bei 8 mm und 4 mm Wellenlänge zwischen 2 und 300 °K mit einer Hohlraumresonatormethode durchgeführt. Meßaufbau und Meßgenauigkeit sind in einer anderen Arbeit (8) ausführlich beschrieben. Die Abb. 3 und 5 zeigen die dielektrische Absorption im erwähnten Frequenzbereich für verschiedene Polyäthylene (PÄ), Polyoxymethylen (POM), Polyvinylchlorid (PVC) und Polystyrol (PS). Der experimentelle Kurvenverlauf stimmt gut mit dem nach Abb. 2 vorhergesagten überein. Mit Hilfe der vorgelegten Theorie läßt sich die Mehrphononenabsorption, die typisch ist für das Mikrowellengebiet, eindeutig abgrenzen gegenüber Relaxationsprozessen aus dem HF-Gebiet (Hochtemperaturbereich) und gegenüber der fehlordnungsinduzierten Einphononenabsorption aus dem fernen IR (Tieftemperaturverlauf). Auch die Erwartung, aus der Plateau-Temperatur T_o die Frequenzen der am Dreiphononenprozeß hauptsächlich beteiligten Phononen ablesen und sie mit den niedrigsten optisch aktiven Zweigen vergleichen zu können, hat sich bestätigt.

1. *Der Hochtemperaturverlauf* folgt (vgl. PÄ, PVC) bis zur Einfriertemperatur der amorphen Phase dem für Dreiphononenabsorption erwarteten T^n-Gesetz mit $n \approx 2$. Oberhalb der Einfriertemperatur wird n erheblich größer (POM und PVC), was wir auf das Auftauen restlicher Relaxationsprozesse zurückführen (9).

2. *Der Tieftemperaturverlauf* der Absorptionskurven wird flacher mit zunehmendem Anteil amorpher Phase (vgl. die Reihe PVC, Polyäthylene zunehmenden Kristallanteils und POM), unabhängig davon, ob die Struktur polar oder unpolar ist. Hier muß sich eine „Gitter"-Eigenschaft bemerkbar machen. Es liegt nahe, diesen Anstieg auf eine zusätzliche temperaturunabhängige Absorption zurückzuführen, nämlich auf fehlordnungsinduzierte Einphononenabsorption in der amorphen Phase. Diese Einphononenabsorption muß mit zunehmender Frequenz entsprechend der wachsenden Zustandsdichte des Phononenspektrums ansteigen. Auch das wird durch die Meßkurven (Abb. 3b) bestätigt.

3. *Das Plateau bei $T \approx T_o$* in den Absorptionskurven sollte nach Gl. [11] den Frequenzen der niedrigsten optisch aktiven Phononen entsprechen. Zum Vergleich sind in Abb. 4 und 6 die Spektren der entsprechenden Polymerproben im fernen IR wiedergegeben. Für PÄ existiert nur eine optisch aktive Schwingung, die bei 70 cm^{-1} liegende

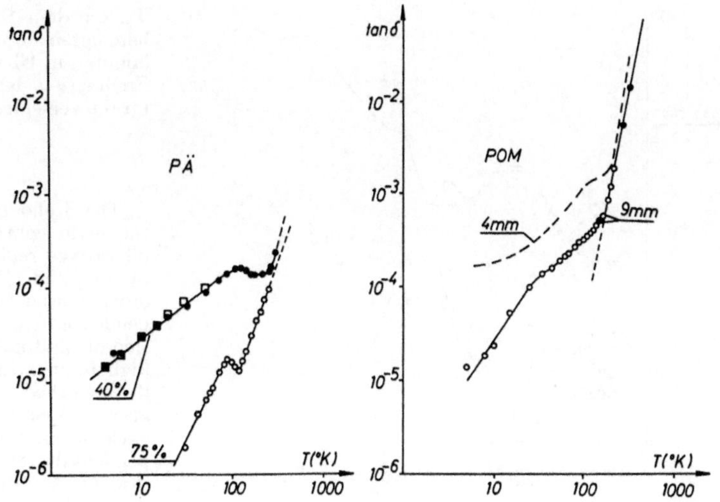

Abb. 3. Temperaturabhängigkeit der dielektrischen Verluste von Polyäthylen (PÄ) mit 40 und 75% Kristallanteil bei 9 mm Wellenlänge und von Polyoxymethylen (POM) bei 9 und 4 mm

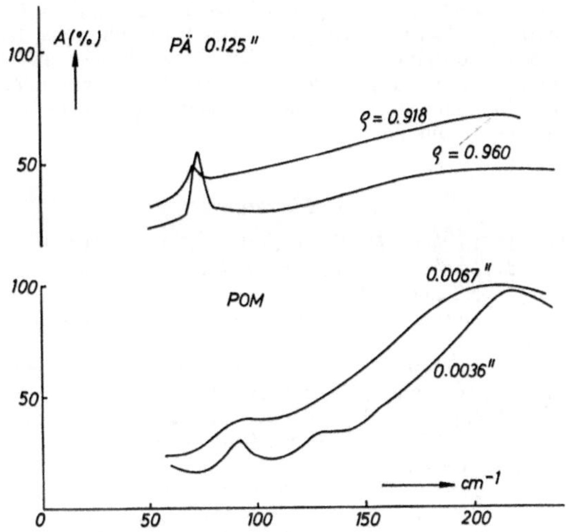

Abb. 4. Absorption von Polyäthylen (PÄ) und Polyoxymethylen (POM) im fernen IR. Parameter = Probendicke in inch; die Dichte ϱ kennzeichnet die beiden unterschiedlichen Kristallanteile (vgl. Abb. 3)

„Gitterbande". Ihre Frequenz entspricht

$$T_0 = \frac{\hbar\,\omega^0}{k} = 100\,°\mathrm{K}\,,$$

was mit der Temperatur des Maximums in der 8-mm-Wellenabsorption gut übereinstimmt. Beim POM ist das Plateau der Absorptionskurven breiter. Das war ein erster Hinweis auf die Existenz einer optisch aktiven Bande unterhalb 30 cm^{-1}, wie sie theoretisch vorausgesagt (10) und inzwischen auch experimentell (11) gefunden wurde. PS ist bis jetzt das einzige Meßbeispiel, bei dem das Plateau erst um 300 °K angedeutet ist; ebenso auch das einzige Beispiel, wo die ersten IR-aktiven Schwingungen erst ober-

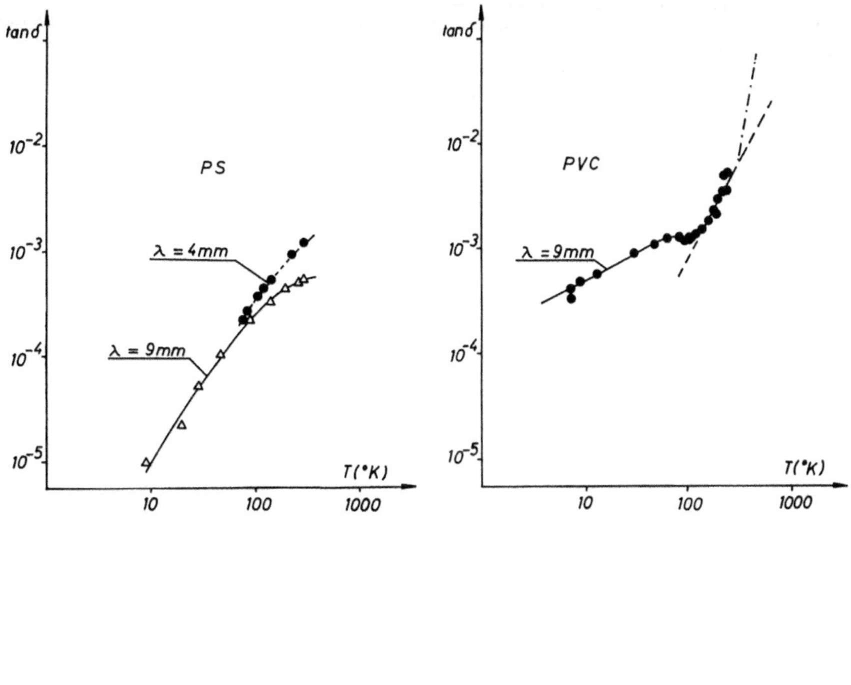

Abb. 5. Temperaturabhängigkeit der dielektrischen Verluste von Polystyrol (PS) und Polyvinylchlorid (PVC) im Millimetergebiet

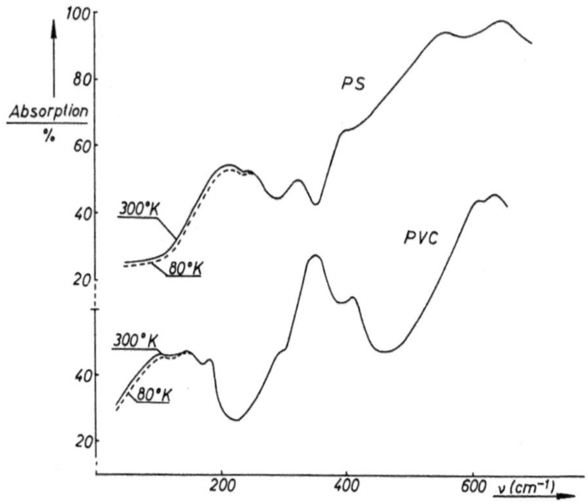

Abb. 6. Absorption von Polystyrol (PS) und Polyvinylchlorid (PVC) im fernen IR

halb 200 cm^{-1} einsetzen (vgl. Abb. 6). Auch hier stimmt das Ergebnis also mit den theoretischen Erwartungen überein.

Wir danken der Deutschen Forschungsgemeinschaft für die Finanzierung dieser Arbeit und Herrn Prof. *F. H. Müller*, Direktor des Instituts für Polymere, Marburg, für seine stete Unterstützung.

Zusammenfassung

In dieser Arbeit wird die Dreiphononenabsorption in Polymeren, die den Hauptanteil an den dielektrischen Verlusten im Millimeterwellengebiet stellt, theoretisch und experimentell untersucht. Aus der Störungsrechnung bis zur 2. Ordnung wird die Temperaturabhängigkeit der Absorption abgeschätzt. Damit ist eine befriedigende Deutung des gesamten Temperaturverlaufs der dielektrischen Verlust-Kurven möglich. Im Hochtemperaturbereich läßt sich die Mehrphononenabsorption eindeutig gegenüber restlichen Relaxationsprozessen abgrenzen. Im Tieftemperaturgebiet konnte erstmals auch für das Millimeterwellengebiet ein temperaturunabhängiger Bestandteil fehlordnungsinduzierter Einphononenabsorption nachgewiesen werden. Im Übergangsbereich durchlaufen die Absorptionskurven einen Wendepunkt bei einer charakteristischen Temperatur T_0, die dem Schwerpunkt der am Absorptionsprozeß beteiligten Phononenfrequenzen entspricht. Daraus konnten in Übereinstimmung mit dem Experiment die Frequenzen der niedrigsten optisch aktiven Phononen für die verschiedenen Polymeren abgeschätzt werden.

Summary

The 3-phonon absorption in polymers, which gives the main contribution to their dielectric loss in the microwave region, is theoretically and experimentally investigated. Perturbation theory up to the second order is used for the evaluation of its temperature dependence. The theoretical results allow an interpretation of the total absorption-temperature-curves: In the high temperature region 3-phonon absorption can be distinguished from residual relaxation losses (above the glass temperature). In the low temperature region the existence of a low frequency tail of temperature independent disorderinduced one-phonon absorption became evident. At intermediate temperatures (50–150 °K) the curves show an inflexion point or plateau at a characteristic temperature T_0, which according to $kT_0 = \hbar\omega^0$, corresponds to the frequencies of those phonons, that mainly contribute to the multiphonon absorption. The plateau gives, in good agreement with the experiment, the frequencies of the lowest optically active phonons in the various polymers.

Literatur

1) *Amrhein, E.*, Phys. Letters **29 A**, 329 (1969).
2) *Amrhein, E.* und *F. H. Müller*, Kolloid-Z. u. Z. Polymere, **234**, 1078 (1969).
3) *Amrhein, E.* und *H. Heil*, submitted to J. Phys. Chem. Solids.
4) *Amrhein, E.*, Ber. Bunsenges. Phys. Chemie (Z. Elektrochemie), **74**, 807 (1970).
5) *Szigeti, B.*, Proc. Roy. Soc. A **258**, 377 (1960).
6) *Leibfried, G.* und *W. Ludwig*, Solid State Phys. **12**, 275 (1961).
7) *Ludwig, W.*, in: Phonons and Phonon Interactions (Ed. *Th. A. Bak*) (New York-Amsterdam 1964).
8) *Amrhein, E.* und *H. W. Schulze*, Kolloid-Z. u. Z. Polymere **241**, 1034 (1970).
9) *Tadokoro, H.* et al., J. Chem. Phys. **38**, 703 (1963).
10) *Amrhein, E.* und *H. Frischkorn*, Ber. Bunsenges. Phys. Ch. (Z. Elektrochemie) **74**, 880 (1970).

Anschrift der Verfasser:
Dr. *E. Amrhein* und Dr. *H. Heil*
Institut für Polymere
3550 Marburg/Lahn, Marbacher Weg 15

Kolloid-Z. u. Z. Polymere **241**, 1057–1070 (1970)

Aus dem Meß- und Prüflaboratorium der Badischen Anilin- & Sodafabrik AG, Ludwigshafen am Rhein

Über die Wärmekapazität des kristallinen Polyäthylens

I. Aussagen und Gültigkeitsgrenzen einiger Kontinuums-Näherungen*)

Von H. Baur

Mit 5 Abbildungen in 7 Einzeldarstellungen und 2 Tabellen

(Eingegangen am 10. Juli 1970)

Im folgenden soll versucht werden, den durch eine neuere tabellarische Literaturzusammenstellung [Tab. III. 8 in (1)] gegebenen experimentellen Temperaturverlauf der Wärmekapazität des linearen Polyäthylens im festen Zustand theoretisch zu begründen. Die Tabelle enthält extrapolierte Werte, die sich jeweils auf 100% amorphes und 100% kristallines Material beziehen. Wir werden uns im wesentlichen auf das kristalline Material beschränken.

In dem vorliegenden ersten Teil werden die Aussagen und Gültigkeitsgrenzen verschiedener Kontinuums-Näherungen untersucht. In einem folgenden zweiten Teil soll dann der Verlauf der Wärmekapazität etwas genauer im Rahmen der Gittertheorie betrachtet werden.

1. Approximation der Zustandsdichte der Gitterschwingungen durch Potenzreihen

Der wesentlichste Beitrag zur Wärmekapazität $C_V(T)$ eines elektrischen Isolators, wie Polyäthylen, rührt bei tieferen Temperaturen von den Gitterschwingungen her. Innerhalb der sog. harmonischen Näherung ist dieser Beitrag durch

$$C_V(T) = k \int_0^{\omega_{\max}} \left(\frac{\hbar\omega}{kT}\right)^2 \frac{\varrho(\omega)\exp\left(\frac{\hbar\omega}{kT}\right)}{\left[\exp\left(\frac{\hbar\omega}{kT}\right) - 1\right]^2} d\omega \qquad [1]$$

gegeben;

[vgl. z. B. (1); k: *Boltzmann*sche Konstante; $\hbar \equiv h/2\pi$, h: *Planck*sches Wirkungsquantum; T: absolute Temperatur; $\omega \equiv 2\pi\nu$, ν: Frequenzen der Gitterschwingungen; $\varrho(\omega)\,d\omega$: Zahl der Frequenzen ω im Intervall $< \omega; \omega + d\omega >$; $\omega_{\max}$: Maximalfrequenz der Gitterschwingungen].

*) Vorgetragen auf der Arbeitssitzung des Fachausschusses Physik der Hochpolymeren in der Frühjahrstagung 1970 des Regionalverbandes Hessen-Mittelrhein-Saar der Deutschen Physikalischen Gesellschaft in Darmstadt, 10.–13. März 1970.

Approximiert man in [1] die Zustandsdichte $\varrho(\omega)$ stückweise durch Potenzreihen der Form

$$\varrho(\omega) = \sum_l b_l\,\omega^l, \qquad [2]$$

so führen die einzelnen Potenzen ω^{n-1} zu Beiträgen zur Wärmekapazität, die proportional zu verallgemeinerten *Debye*-Funktionen

$$D_n\left(\frac{\Theta_m}{T}\right) \equiv n\left(\frac{T}{\Theta_m}\right)^n \int_0^{\Theta_m/T} \frac{x^{n+1}\,e^x}{(e^x-1)^2}\,dx \qquad [3]$$

$$= n(n+1)\left(\frac{T}{\Theta_m}\right)^n \int_0^{\Theta_m/T} \frac{x^n}{e^x-1}\,dx - n\left(\frac{\Theta_m}{T}\right)\frac{1}{e^{\Theta_m/T}-1}$$

verlaufen. Die charakteristischen Temperaturen Θ_m werden dabei über

$$\Theta_m \equiv \hbar\,\omega_m/k \qquad [4]$$

durch diejenigen Frequenzen ω_m festgelegt, die die Intervalle, in denen [2] gelten soll, begrenzen.

Ist $n > 0$, so folgt aus [3] für Temperaturen $T \ll \Theta_m$

$$D_n\left(\frac{\Theta_m}{T}\right) = n\,(n+1)\,\Gamma(n+1)\,\zeta(n+1)\left(\frac{T}{\Theta_m}\right)^n. \qquad [5]$$

Γ bezeichnet hierin die sog. Gamma-Funktion und ζ die sog. *Riemann*sche Zeta-Funktion [vgl. z. B. (2)]. Für Temperaturen $T \gg \Theta_m$ folgt aus [3]

$$D_n\left(\frac{\Theta_m}{T}\right) = 1\,. \qquad [6]$$

2. Die Näherungsverfahren von *Debye* und *Tarasov*

In der *Debye*-Näherung [vgl. z. B. (1)] betrachtet man den Festkörper als ein homogenes, elastisch-isotropes Kontinuum. Die ebenen elastischen Wellen, die sich in einem solchen Medium ausbreiten, sind stets entweder longitudinal oder transversal polarisiert und schreiten, je nach ihrer Polarisation, in allen Raumrichtungen mit der gleichen Geschwindigkeit c_l oder c_t fort. Die (Schall-) Geschwindigkeiten c_l bzw. c_t sind unabhängig von der Wellenlänge λ, so daß Signale, die sich aus diesen Wellen zusammensetzen, keiner Dispersion unterliegen. Zwischen der Frequenz ω und dem Betrag $|\mathfrak{k}| \equiv 2\pi/\lambda$ des Ausbreitungsvektors $\mathfrak{k}$ der Wellen besteht die Relation

$$\omega = c_l |\mathfrak{k}| \quad \text{bzw.} \quad \omega = c_t |\mathfrak{k}| \,. \qquad [7]$$

Daraus folgt im Falle eines dreidimensionalen Kontinuums für die Zustandsdichte

$$\varrho(\omega) = b_2 \, \omega^2 \qquad [8\text{a}]$$

mit

$$b_2 \equiv \frac{V}{2\pi^2} \left[\frac{1}{c_l^3} + \frac{2}{c_t^3}\right] \qquad [8\text{b}]$$

(V: Volumen des Festkörpers).

Um dem Faktum Rechnung zu tragen, daß der reale Festkörper, im Gegensatz zum Kontinuum, nur endlich vieler, energetisch verschiedener Schwingungsformen mit einer endlichen oberen Grenze des Schwingungsspektrums fähig ist, schneidet man die Zustandsdichte [8] bei einer maximalen Grenzfrequenz ω_3 ab und normiert so, daß die Gesamtzahl der berücksichtigten Schwingungszustände gleich der Zahl f der Schwingungsfreiheitsgrade des realen Gitters wird. Damit wird ω_3 auf

$$\omega_3^3 = \frac{6\pi^2 f}{V} \cdot \frac{c_l^3 \, c_t^3}{c_t^3 + 2\, c_l^3} \qquad [9]$$

festgelegt. Aus [1] erhält man mit [3] und [4] für die auf ein Mol bezogene Wärmekapazität ($f = 3L$, L: *Avogadro-Loschmidt*sche Zahl; $kL \equiv R$: Gaskonstante)

$$c_V(T) = 3\,R\,D_3\left(\frac{\Theta_3}{T}\right). \qquad [10]$$

Im Temperaturbereich $T \ll \Theta_3$ folgt daraus nach [5] das berühmte *Debye*sche T^3-Gesetz

$$c_V(T) = a_3\,T^3\,, \quad a_3 \equiv 3\,R\,\frac{4\pi^4}{5\,\Theta_3^3}\,, \qquad [11]$$

im Temperaturbereich $\Theta_3 \ll T$ nach [6] die *Dulong-Petit*sche Regel.

Nach Ausweis zahlreicher Experimente ist die *Debye*-Näherung im Falle der Polymeren höchstens in einem kleinen Intervall oberhalb des absoluten Nullpunktes $T = 0$ anwendbar; auch dann, wenn man den Zusammenhang [8b], [9] fallen läßt und ω_3 bzw. Θ_3 als Anpassungsparameter betrachtet. *Tarasov* und *Lifschitz* (3) führen das auf die Anisotropie zurück, die in Polymer-Kristallen dadurch hervorgerufen wird, daß die Gitterbausteine in Kettenrichtung durch starke kovalente Bindungen verknüpft sind, während in den anderen Richtungen verhältnismäßig schwache zwischenmolekulare Wechselwirkungskräfte herrschen.

Der große energetische Unterschied zwischen den kovalenten und den zwischenmolekularen Bindungen bewirkt unter anderem, daß im Bereich höherer Frequenzen die Frequenzlage der Gitterschwingungen im wesentlichen durch die kovalenten Bindungen bestimmt wird, die zwischenmolekularen Wechselwirkungskräfte dagegen nur als (schwache) Störungen zur Geltung kommen. Auf diese Weise entartet das Spektrum der Gitterschwingungen eines Polymeren mit steigender Frequenz mehr und mehr in das Spektrum der Skelettschwingungen der isolierten Ketten. *Tarasov* (3–5) hat daraus geschlossen, daß man die Zustandsdichte der Gitterschwingungen eines Polymer-Kristalls nur in einem gegenüber [9] stark eingeschränkten Intervall $0 \leqslant \omega \leqslant \omega_3$ durch die Zustandsdichte [8] eines drei-dimensionalen Kontinuums ersetzen könne, in einem daran anschließenden Intervall $\omega_3 \leqslant \omega \leqslant \omega_1$ die wahre Zustandsdichte dagegen durch die Zustandsdichte eines *eindimensionalen* Kontinuums nähern müsse.

Für das homogene eindimensionale Kontinuum folgt aus [7] eine konstante Frequenzverteilung

$$\varrho(\omega) = b_0\,\omega^0 \qquad [12]$$

(vgl. Abschn. 4). *Tarasov* approximiert dementsprechend $\varrho(\omega)$ im Intervall $0 \leqslant \omega \leqslant \omega_3$ durch [8a] und im Intervall $\omega_3 \leqslant \omega \leqslant \omega_1$ durch [12]. Mit der Normierung

$$\int_0^{\omega_3} \varrho(\omega)\,d\omega = f_3\,, \quad \int_{\omega_3}^{\omega_1} \varrho(\omega)\,d\omega = f_1$$

und den Nebenbedingungen

$$f_1 = 3\,L(\Theta_1 - \Theta_3)/\Theta_1\,, \quad f_3 = 3\,L\,\Theta_3/\Theta_1$$

erhält man damit aus [1] und [3] an Stelle von [10] die *Tarasov*-Formel

$$c_V(T) = 3\,R\left\{D_1\left(\frac{\Theta_1}{T}\right) + \frac{\Theta_3}{\Theta_1}\left[D_3\left(\frac{\Theta_3}{T}\right) - D_1\left(\frac{\Theta_3}{T}\right)\right]\right\}. \qquad [13]$$

Sie führt im Bereich $T \ll \Theta_3 < \Theta_1$ nach [5] wiederum auf ein T^3-Gesetz

$$c_V(T) = a_3\,T^3\,, \quad a_3 \equiv 3\,R\,\frac{4\pi^4}{5\,\Theta_1\,\Theta_3^2} \qquad [14]$$

und im Bereich $\Theta_3 < \Theta_1 \ll T$ nach [6] auf die *Dulong-Petit*sche Regel. Falls $\Theta_3 \ll \Theta_1$ gilt, folgt dagegen im Bereich $\Theta_3 \ll T \ll \Theta_1$ aus [13], [5] und [6] nur noch ein „T-Gesetz":

$$c_V(T) = a_1\,T\,, \quad a_1 \equiv 3\,R\,\frac{\pi^2}{2\,\Theta_1}\,. \qquad [15]$$

Mit Hilfe der *Tarasov*-Näherung [13] läßt sich nun bei Polymeren tatsächlich eine weit bessere Übereinstimmung mit dem Experiment über einen größeren Temperaturbereich hinweg erzielen, als mit der *Debye*-Näherung [10], [(1), (6–9)]; allerdings doch nicht mit der Genauigkeit, die man zumindest teilweise bei Atom-Kristallen mit der *Debye*-Näherung erreicht und häufig auch nur durch eine (physikalisch nicht vertretbare) Einschränkung der Freiheitsgrade auf $f_1 + f_3 = 2\,L$ oder mit Werten der Θ-Parameter, die keine Entsprechung im realen Schwingungsspektrum besitzen. Im nächsten Abschnitt soll daher, anhand der Werte aus Tab. III. 8 (1), nochmals die Frage nach der Gültigkeit der *Debye*- und *Tarasov*-Näherung aufgegriffen werden.

3. Die Wärmekapazität des kristallinen Polyäthylens zwischen 0 °K und 210 °K

In Abb. 1 ist der Logarithmus der Wärmekapazität c_p [cal/Grad Mol] des 100% kristallinen Polyäthylens gegen den Logarithmus der Temperatur T [°K] nach Tab. III. 8 aus (1) aufgetragen. Die Tabellen-Werte liegen im Intervall $0° \leqslant T \leqslant 5$ °K mit einer Abweichung von höchstens 0.1% auf der Geraden[1])

$$\log c_p = 3.0000 \log T - 4.5784 . \qquad [16]$$

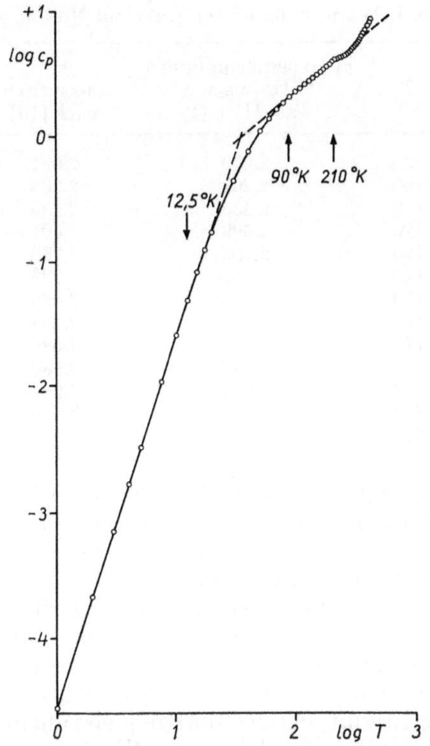

Abb. 1. Logarithmus der Wärmekapazität c_p [cal/Grad Mol] als Funktion des Logarithmus der Temperatur T [°K] des 100% kristallinen Polyäthylens nach Tab. III. 8 (1). Die offenen Kreise geben die Lage der Tabellenwerte an

Bei 7.5 °K beträgt die Abweichung von dieser Geraden + 0.56% und bei 10 °K −0.76%. Bei 12.5 °K beginnt die Abweichung mit −4% die Zeichengenauigkeit der Abb. 1 zu überschreiten. Praktisch genügen also die Tabellen-Werte im Intervall $0° \leqslant T \leqslant 10$ °K den Beziehungen [11] und [14], wobei

$$a_3 = 0.000\,026\,4 \qquad [17]$$

ist.

Aus der *Debye*-Formel [11] folgt mit [17] $\Theta_3 = 260$ °K, d. h. nach [4] eine Grenzfrequenz $\omega_3 = 3.4 \cdot 10^{13}$ Hz bzw. eine (optische) Grenzwellenzahl 181 cm^{-1} [2]). Sie stimmt in ihrer Größenordnung ziemlich gut mit der Grenzwellenzahl 140 cm^{-1} der Gitterschwingungen, die sich senkrecht zu den Ketten ausbreiten (vgl. Teil II dieser Arbeit), überein. Sie weicht jedoch, wie zu erwarten, stark ab von der Grenzwellenzahl des gesamten Gitterschwingungsspektrums, die durch Schwingungen gegeben ist, die sich in Kettenrichtung ausbreiten und deren Größenordnung im Bereich 1000 cm^{-1} liegt.

Umgekehrt folgt aus [9] mit der Massendichte 1 [gr/cm^3] und den Schallgeschwindigkeiten $c_l \approx 2\,c_t$, $c_t \approx 1.7 \cdot 10^5$ [cm/sec] (10), wenn man [9] auf ein Mol CH_2-Gruppen bezieht, $\omega_3 = 2{,}6 \cdot 10^{13}$ Hz ($\triangleq$ 138 cm^{-1}), d. h. $\Theta_3 = 199$ °K und $a_3 = 0.00006$. ω_3 und Θ_3 stimmen sehr gut mit der Grenzfrequenz der sich senkrecht zu den Ketten ausbreitenden Gitterwellen überein und a_3 liegt wenigstens in der Größenordnung von [17]. Im übrigen aber liegt das so errechnete a_3 ziemlich nahe dem aus Messungen von *Tucker* und *Reese* extrapolierten Wert $a_3 = 0.000\,085\,8$ für das 100% amorphe Polyäthylen (1). Hier spiegelt

[1]) Die Tabellen-Werte bei 1 °K und 2 °K sind keine Meßwerte. Sie wurden vielmehr, unter Voraussetzung von [16] aus den Meßdaten von *Tucker* und *Reese* (7), die bei $T = 2.5$ °K beginnen, durch Extrapolation gewonnen. – Die prozentualen Abweichungen Δ, die wir hier und im folgenden angeben, beziehen sich stets auf die linearen (und nicht auf die logarithmierten) Werte: $\Delta = 100\,[c\,(\text{Tab. III.8}) - c\,(\text{theoretisch})]/c\,(\text{Tab. III.8})$. Bei der Beurteilung der Genauigkeitsgrade ist zu berücksichtigen, daß die Werte der Tab. III.8 (1) durch Mittelbildung über eine Vielzahl von Meßdaten entstanden sind.

[2]) In Abschnitt 3 und 6 sind mit „Wellenzahl" stets die *optischen* Wellenzahlen $\omega/2\,\pi\,c$ (c: Lichtgeschwindigkeit) gemeint, die sich im von den mechanischen Wellenzahlen (c: Schallgeschwindigkeit) stark unterscheiden. Mit der Angabe optischer Wellenzahlen soll jedoch keine Aussage über die optische Aktivität der Schwingungen verbunden sein.

Tab. 1. Wärmekapazität c_V [cal/Grad Mol] des 100% kristallinen Polyäthylens im Intervall 90 °K $\leqslant T \leqslant$ 210 °K

T	c_V experimentell über [18] nach Tab. III. 8 (1)	c_V theoretisch nach [19]	Abweichungen der Spalte 3 von Spalte 2 in %	c_V theoretisch nach [20]	Abweichungen der Spalte 5 von Spalte 2 in %
90	2.070	2.091	−1.00	2.097	−1.30
100	2.261	2.265	−0.18	2.266	−0.22
110	2.435	2.435	0.00	2.432	+0.12
120	2.599	2.601	−0.08	2.595	+0.15
130	2.760	2.763	−0.11	2.756	+0.14
140	2.919	2.923	−0.14	2.915	+0.14
150	3.068	3.080	−0.39	3.072	−0.13
160	3.234	3.234	0.00	3.228	+0.18
170	3.379	3.386	−0.21	3.382	−0.08
180	3.542	3.536	+0.17	3.535	+0.20
190	3.684	3.684	0.00	3.687	−0.08
200	3.825	3.830	−0.13	3.837	−0.31
210	3.964	3.974	−0.25	3.987	−0.58

sich wahrscheinlich das Faktum wider, daß die Grundvoraussetzungen der *Debye*-Näherung eher für das amorphe als für das kristalline Material zutreffen[3]).

Es ist also festzustellen, daß die *Debye*-Näherung bei tiefen Temperaturen auf jeden Fall die Größenordnungen richtig trifft, sofern man sie auf diejenigen Schwingungen beschränkt, deren Grenzfrequenz allein durch die zwischenmolekularen Wechselwirkungskräfte gegeben ist.

Um gleichwertige Aussagen aus der *Tarasov*-Näherung gewinnen zu können, müssen wir noch ein Teilstück in der Wärmekapazität finden, das der Beziehung [15] genügt, da aus [14] und [17] allein nur $(\Theta_1 \Theta_3^2)^{1/3} = 260$ °K folgt. In der Tat zeigt nun Abb. 1 zwischen etwa 90 °K und 210 °K ein weiteres geradlinig verlaufendes Teilstück der $\log c_p - \log T$-Kurve, das der Beziehung [15] entsprechen könnte. Um dieses Teilstück genauer mit den *Tarasov*-Formeln vergleichen zu können, müssen wir allerdings zuerst die in Tab. III. 8 (1) aufgeführte Wärmekapazität c_p bei konstantem Druck in die Wärmekapazität c_V bei konstantem Volumen umrechnen, denn die theoretischen Aussagen beziehen sich auf c_V und nach Ausweis der Wärmeausdehnung ist bei Polyäthylen schon ab 70 °K mit einem meßbaren Unterschied zwischen c_p und c_V zu rechnen [(1), (11)].

In Ermangelung der notwendigen Daten (neben dem Molvolumen und dem Ausdehnungskoeffizienten müßte auch die Kompressibilität als Funktion der Temperatur bekannt sein) verwenden wir hierfür die *Nernst-Lindemann*-Formel (12)

$$c_V = c_p - \frac{A_0}{T_m} c_p^2 T. \qquad [18]$$

mit $A_0 = 0.0203$ [Grad Mol/cal] und $T_m = 415$ °K (Schmelztemperatur des Polyäthylens). Die strikte Anwendbarkeit dieser Formel auf Polyäthylen kann zwar angezweifelt werden, sie schafft aber doch eine bessere Vergleichsmöglichkeit als $c_p(T)$ allein. Außerdem liefert [18] bei Zimmertemperatur die gleiche Differenz $c_p - c_V$, wie die korrekte Umrechnungsformel (13).

Die mit [18] reduzierten Werte der Tab. III. 8 (1) zwischen 90 °K und 210 °K sind in der zweiten Spalte in Tab. 1 angegeben. Sie liegen im Bereich 100 °K $\leqslant T \leqslant$ 210 °K mit einer maximalen Abweichung von höchstens 0.25% auf der Geraden

$$\log c_V = 0.7576 \log T - 1.1601 . \qquad [19]$$

Eine Ausnahme bildet lediglich der Wert bei 150 °K mit einer Abweichung von −0.39% [vgl. Tab. 1, Spalten 3 und 4][4]). Der Anstieg der Geraden beträgt also ungefähr 3/4 und nicht 1, wie nach Gl. [15] der *Tarasov*-Näherung zu erwarten wäre. Zugleich sind die c_V-Werte [Tab. 1, Spalte 2] zwischen 100 °K und 190 °K auch durch die Formel

$$c_V = a_1 T + a_{1/2} T^{1/2} \qquad [20a]$$

mit

$$a_1 = 0.0108 , \quad a_{1/2} = 0.1186 \qquad [20b]$$

[3]) Zu bemerken ist, daß die bei der Rechnung verwendeten Schallgeschwindigkeiten sich auf etwa −100 °C beziehen (10), während streng genommen in [9] die sicher etwas größeren Schallgeschwindigkeiten bei $T = 0$ °K einzusetzen wären. Eine Erhöhung von c_l und c_t in [9] bewirkt eine Verkleinerung von a_3. Aus [17] würde über [11], [4] und [9], unter Voraussetzung von $c_l = 2\, c_t$, $c_t = 2.2 \cdot 10^5$ [cm/sec] folgen.

[4]) Die Koeffizienten in [19] wurden durch Einsetzen der Werte aus Tab. 1, Spalte 2 bei 110 °K und 190 °K gewonnen. Die fast durchweg negativen Abweichungen (Tab. 1, Spalte 4) zeigen, daß mit einer genaueren Ausgleichsrechnung eine noch bessere mittlere Übereinstimmung erzielt werden könnte.

darstellbar. Die maximale Abweichung beträgt hier 0.22% [vgl. Tab. 1, Spalte 5][5]). Setzen wir $\Theta_1 \gg \Theta_3$ voraus (nach der Gittertheorie sollte etwa $\Theta_1/\Theta_3 \approx \Theta_\beta/\Theta_\alpha \approx 8$ gelten – vgl. Teil II dieser Arbeit), so kommen wir damit zu dem Schluß, daß die *Tarasov*-Näherung im Falle des 100% kristallinen Polyäthylens – und nach Tab. III. 8 (1) im übrigen auch im Falle des 100% amorphen Polyäthylens – nirgends erfüllt ist, es sei denn in dem Temperaturbereich, in dem schon die *Debye*-Näherung zu brauchbaren Resultaten führt.

Um die möglichen Ursachen für das Versagen der *Tarasov*-Näherung herauszufinden, wollen wir in den nächsten beiden Abschnitten die Eigenschwingungen des eindimensionalen Kontinuums mit den Eigenschwingungen einer isolierten linearen Kette vergleichen. Die Beschränkung auf eine *lineare* Kette als (einfaches) Modell bedeutet dabei, daß wir das Trägheitsmoment der realen Polymer-Ketten um ihre Achsen außer acht lassen und somit die Torsionsschwingungen der realen Ketten zu den Biegeschwingungen zählen.

4. Zustandsdichte der Streckschwingungen des eindimensionalen Kontinuums und der linearen Kette

Die longitudinal polarisierten, fortschreitenden Wellen (Streckschwingungen)

$$u(x;t) = A \exp i(k\,x - \omega\,t), \qquad [21]$$

die sich entlang eines linearen, homogenen, eindimensionalen Kontinuums (einer Saite) frei ausbreiten können, genügen der Differentialgleichung

$$\bar{\varrho}\,\frac{\partial^2 u}{\partial t^2} = E\,\frac{\partial^2 u}{\partial x^2} \qquad [22]$$

[vgl. z. B. (14); x: Koordinate entlang des Kontinuums; t: Zeit; u: Verschiebung der Massenelemente in x-Richtung; k: der zu einem Skalar auf der x-Achse degenerierte Ausbreitungsvektor; E: Elastizitätsmodul; $\bar{\varrho}$: Massendichte].

Zwischen den Frequenzen ω und den (mechanischen) Wellenzahlen $|k| = 2\,\pi/\lambda$ besteht daher notwendig der Zusammenhang

$$\omega = (E/\bar{\varrho})^{1/2}\,|\,k\,|\,. \qquad [23]$$

Die Wellen erfüllen also die Relation [7] mit $c_{lK} = (E/\bar{\varrho})^{1/2}$ [6]) und unterliegen keiner Dispersion. Als Zustandsdichte $\varrho(\omega)$, die im eindimensionalen Fall umgekehrt proportional zum Betrag $|d\omega/dk|$ der Gruppengeschwindigkeit ist, erhält man im Bereich $0 \leqslant \omega \leqslant \infty$ eine Konstante. Schneidet man das Frequenzspektrum bei der Frequenz ω_{lK} ab und normiert auf f_l Freiheitsgrade, so folgt

$$\varrho_{lK}(\omega) = f_l/\omega_{lK}\,. \qquad [24]$$

Einsetzen von [24] in [1] führt auf eine *Debye*-Funktion [3] mit $n = 1$, die im Temperaturbereich

$$T \leqslant 0.0935\;\Theta_l \qquad [25]$$

(bis auf einen mit fallender Temperatur kleiner werdenden Fehler von 0.1%) durch [5] ersetzt werden kann und somit bei tieferen Temperaturen einen zu T proportionalen Beitrag zur Wärmekapazität liefert.

Um die Anwendbarkeit dieser Resultate, die der *Tarasov*-Näherung unterliegen, auf Polymer-Moleküle zu prüfen, betrachten wir nun als einfaches diskontinuierliches Modell eine lineare Kette, bei der gleiche diskrete Massenpunkte M in gleichem Abstand a auf einer Geraden angeordnet und mit (*Hooke*-schen) Federn der Stärke β verbunden sind.

Die longitudinal polarisierten, fortschreitenden Wellen

$$u_n(t) = A \exp i(k\,a\,n - \omega\,t), \qquad [26]$$

die sich entlang einer solchen Kette frei ausbreiten, genügen der Differentialgleichung

$$M\,\frac{\partial^2 u_n}{\partial t^2} = \beta\,(u_{n-1} - 2\,u_n + u_{n+1}) \qquad [27]$$

[vgl. (14); u_n: Verschiebung des n-ten Massenpunktes in Ketten-Richtung].

An Stelle von [23] tritt daher die Dispersionsrelation

$$\omega = \left(\frac{4\,\beta}{M}\right)^{1/2} \left|\,\sin\frac{k\,a}{2}\,\right|. \qquad [28]$$

Die diskrete Struktur der Kette bewirkt also, daß das Frequenzspektrum nach oben durch eine Maximalfrequenz $\omega_{lG} \equiv (4\,\beta/M)^{1/2}$ begrenzt wird und die Wellen im allgemeinen einer Dispersion unterliegen. Als Zustandsdichte erhält man aus [28]

$$\varrho_{lG}(\omega) = \frac{2\,f_l}{\pi}\,(\omega_{lG}^2 - \omega^2)^{-1/2}\,. \qquad [29]$$

Für $k\,a \ll \pi$, d. h. $\lambda \gg 2\,a$ gilt jedoch $\sin\,(k\,a/2) \approx k\,a/2$. Sind die Wellenlängen groß

[5]) Die Koeffizienten [20b] wurden ebenfalls durch Einsetzen der Werte aus Tab. 1, Spalte 2 bei 110 °K und 190 °K in [20a] gewonnen. Anschließend wurde noch eine kleinere Korrektur vorgenommen. Die angegebene maximale Abweichung läßt sich noch verringern, wenn man den anscheinend etwas ungenauen Wert bei 150 °K außer acht läßt.

[6]) Der Index K soll hier und im folgenden auf „Kontinuum" hinweisen. Er soll die betreffende Größe von der entsprechenden Größe unterscheiden, die wir aus der Gittertheorie herleiten und mit „G" indizieren.

genug, so kann näherungsweise [28] durch

$$\omega_{lG} = c_{lG} |k|, \quad \text{mit} \quad c_{lG} = a(\beta/M)^{1/2}, \qquad [30]$$

und [29] durch

$$\varrho_{lG}(\omega) = 2 f_l/\pi \omega_{lG} = \text{const} \qquad [31]$$

ersetzt werden.

Man kann also in der Tat erwarten, daß die *Tarasov*-Näherung in Temperaturbereichen, in denen nur Wellen angeregt sind, deren Wellenlänge groß gegenüber dem doppelten Abstand der Schwingungseinheiten in der Polymer-Kette sind, in bezug auf die Streckschwingungen der Kette eine gute Näherung darstellt. Ein Vergleich von [31] mit [24] zeigt allerdings, daß die *Tarasov*sche Abschneidefrequenz $\omega_1 \equiv \omega_{lK}$ bei höheren Frequenzen liegen sollte, als die durch die molekulare Struktur vorgegebene Grenzfrequenz ω_{lG} [7]). Aus [31] und [24] folgt

$$\omega_{lK} = 1.5708 \, \omega_{lG}. \qquad [32]$$

In Abb. 2 werden diese Verhältnisse noch einmal graphisch dargestellt.

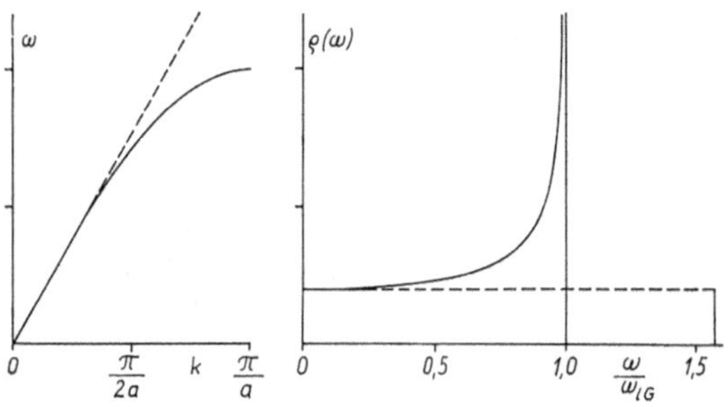

Abb. 2. Dispersionsrelation $\omega = \omega(k)$ (links) und Zustandsdichte $\varrho = \varrho(\omega)$ (rechts) der Streckschwingungen; *gestrichelte Linien*: für das homogene, eindimensionale Kontinuum nach [23], [24] und [32]; *ausgezogene Kurven*: für die lineare Kette nach [28] und [29]. Die Zustandsdichten wurden auf die gleiche Zahl f_l von Freiheitsgraden [gleiche Flächen unter $\varrho(\omega)$] normiert

5. Zustandsdichte der Biegeschwingungen des eindimensionalen Kontinuums und der linearen Kette

Die transversal polarisierten, fortschreitenden Wellen (Biegeschwingungen)

$$v(x; t) = B \exp i(k x - \omega t), \qquad [33]$$

die sich entlang eines linearen, homogenen, eindimensionalen Kontinuums frei ausbreiten können, genügen der Differentialgleichung

$$\bar{\varrho} \frac{\partial^2 v}{\partial t^2} = S \frac{\partial^2 v}{\partial x^2} \qquad [34]$$

[vgl. (14); v: Verschiebung der Massenelemente senkrecht zur x-Richtung; S: äußere Spannung, unter der das Kontinuum steht].

Da [33] und [34] formal mit [21] und [22] übereinstimmen, erhält man auch für die Biegeschwingungen des eindimensionalen Kontinuums (wie von *Tarasov* vorausgesetzt) eine Beziehung der Form [23] und eine konstante Zustandsdichte. An Stelle des Elastizitätsmoduls E, der eine charakteristische Eigenschaft des Kontinuums ist, tritt jedoch die äußere Spannung S, die keine Eigenschaft des Kontinuums darstellt. Verschwindet S, so verschwinden auch die Biegeschwingungen, d. h. ohne äußere Spannung ist das eindimensionale Kontinuum gar keiner Biegeschwingungen fähig. Das liegt daran, daß eine Saite mit dem Querschnitt auch ihre Biegesteifigkeit verliert.

Die zuletzt genannten Fakten lassen schon vermuten, daß die Zustandsdichte der Biegeschwingungen des eindimensionalen Kontinuums sich nicht zur Approximation der Zustandsdichte der Biegeschwingungen einer realen Polymer-Kette eignet, auch nicht im Gebiet $\lambda \gg 2a$, da reale Polymer-Ketten stets (besonders aber, wenn ihre Konformation, wie im Festkörper, weitgehend festliegt) eine Eigenbiegesteifigkeit besitzen. Betrachten wir wiederum die lineare Kette aus Abschnitt 4 als einfaches Modell einer Polymer-Kette, so ergibt sich im einzelnen folgendes:

Die transversal polarisierten, fortschreitenden Wellen

$$v_n(t) = B \exp i(k a n - \omega t), \qquad [35]$$

die sich entlang einer solchen Kette ausbreiten, beanspruchen in erster Linie die Biegesteifigkeit der Kette, die dadurch entsteht, daß der Verformung der Valenz*winkel* eine Kraft entgegenwirkt. Die Beanspruchung der den Valenz*bindungen* entsprechenden β-Federn ist demgegenüber, bei nicht zu großen Auslenkungen, vernachlässigbar klein. Beschreiben wir die rücktreibende Kraft bei der Valenzwinkelbeanspruchung durch eine *Hooke*sche Kraft mit der Federkonstanten $\varkappa'$ und bezeichnen die Abweichungen des Valenzwinkels von seinem Gleichgewichtswert (180°) beim n-ten Massenpunkt mit ε_n, so genügen die zur Kettenrichtung senkrechten Auslenkungen v_n des n-ten Massenpunktes der Differentialgleichung

$$M \frac{\partial^2 v_n}{\partial t^2} = \varkappa' (\varepsilon_{n-1} - 2 \varepsilon_n + \varepsilon_{n+1})$$

[7]) Das gilt auch im Falle komplizierterer Strukturen, wenn ω_{lG} als Grenzfrequenz der sog. akustischen Zweige angesehen wird.

[vgl. (15)]. Sind die Auslenkungen nicht zu groß, so kann man hierin in guter Näherung

$$\varepsilon_m = (-v_{m-1} + 2\,v_m - v_{m+1})/a$$

setzen. Mit $\varkappa \equiv \varkappa'/a$ erhalten wir dann als Bewegungsgleichung

$$M \frac{\partial^2 v_n}{\partial t^2} = \varkappa(-v_{n-2} + 4\,v_{n-1} - 6\,v_n + 4\,v_{n+1} - v_{n+2}). \qquad [36]$$

Einsetzen von [35] in [36] führt auf die Dispersionsrelation

$$\omega = \left(\frac{16\,\varkappa}{M}\right)^{1/2} \sin^2 \frac{k\,a}{2} \qquad [37]$$

Die auf f_t Freiheitsgrade normierte Zustandsdichte $\varrho(\omega) \sim |d\omega/dk|^{-1}$ ist demnach durch

$$\varrho_{tG}(\omega) = \frac{f_t}{\pi\,\omega_{tG}} \left[\frac{\omega}{\omega_{tG}}\left(1 - \frac{\omega}{\omega_{tG}}\right)\right]^{-1/2} \qquad [38]$$

gegeben. Sie wird durch die Maximalfrequenz $\omega_{tG} \equiv (16\,\varkappa/M)^{1/2}$ nach oben begrenzt.

[37] läßt erkennen, daß die Biegeschwingungen einer (isolierten) Polymer-Kette stets eine Dispersion erleiden, auch bei großen Wellenlängen. Innerhalb des der *Debye*- und *Tarasov*-Näherung entsprechenden Gebietes $\lambda \gg 2a$ erhält man aus [37]

$$\omega = a^2 \left(\frac{\varkappa}{M}\right)^{1/2} k^2 \qquad [39]$$

und aus [38]

$$\varrho_{tG}(\omega) = \frac{f_t}{\pi\,\omega_{tG}} \left(\frac{\omega}{\omega_{tG}}\right)^{-1/2} \sim \omega^{-1/2}. \qquad [40]$$

Einsetzen von [40] in [1] führt auf eine *Debye*-Funktion [3] mit $n = 1/2$, die im Temperaturbereich

$$T \leqslant 0.1111\,\Theta_t \qquad [41]$$

(bis auf einen mit fallender Temperatur kleiner werdenden Fehler von 0.1%) durch [5] ersetzt werden kann. Die Biegeschwingungen einer isolierten Kette liefern also, ganz im Einklang mit dem experimentellen Befund [20a], einen Beitrag zur Wärmekapazität, der bei tieferen Temperaturen proportional zu $T^{1/2}$ verläuft. Wir kommen damit zu dem Schluß, daß die Ursache für das Versagen der *Tarasov*-Näherung bei Polyäthylen in der Vernachlässigung der Biegesteifigkeit der Ketten zu sehen ist.

Die Näherungen [39] und [40] zeigen, zusammen mit den Näherungen [30] und [31], daß sich Polymer-Ketten innerhalb der Kontinuums-Theorie eher durch homogene dünne Stäbe mit endlichem Querschnitt Q, als durch eindimensionale Kontinua approximieren lassen. Die Streckschwingungen eines homogenen dünnen Stabes genügen ebenfalls den Gln. [21] bis [24]. Seine Biegeschwingungen genügen dagegen der Differentialgleichung

$$\bar{\varrho}\,\frac{\partial^2 v}{\partial t^2} = -\frac{E\,I}{Q}\,\frac{\partial^4 v}{\partial x^4} \qquad [42]$$

[vgl. (14); I: Biegemoment des Stabes]

und führen über [33] auf die [39] entsprechende Dispersionsrelation

$$\omega = \left(\frac{E\,I}{Q\,\bar{\varrho}}\right)^{1/2} k^2. \qquad [43]$$

Durch Abschneiden des Spektrums der Biegeschwingungen bei der Frequenz ω_{tK} und Normierung auf f_t Freiheitsgrade erhält man aus [43] die Zustandsdichte

$$\varrho_{tK}(\omega) = \frac{f_t}{2\,\omega_{tK}} \left(\frac{\omega}{\omega_{tK}}\right)^{-1/2}. \qquad [44]$$

Wie bei den Streckschwingungen ist also auch bei den Biegeschwingungen zu erwarten, daß die Abschneidefrequenz ω_{tK} der Kontinuums-Näherung bei höheren Werten liegt als die durch die molekulare Struktur vorgegebene Grenzfrequenz ω_{tG}. Nach [44] und [40] gilt

$$\omega_{tK} = 2.4674\,\omega_{tG} \qquad [45]$$

(vgl. Abb. 3).

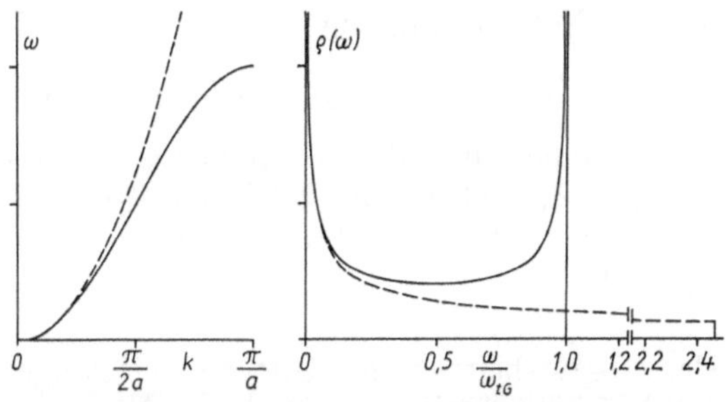

Abb. 3. Dispersionsrelation $\omega = \omega(k)$ (links) und Zustandsdichte $\varrho = \varrho(\omega)$ (rechts) der Biegeschwingungen; *gestrichelte Kurven*: für den homogenen, dünnen Stab nach [43], [44] und [45]; *ausgezogene Kurven*: für die lineare Kette nach [37] und [38]. Die Zustandsdichten wurden auf die gleiche Zahl f_t von Freiheitsgraden normiert

6. *Tarasov*-Näherung unter Berücksichtigung der Biegesteifigkeit

Die Ergebnisse der Abschnitte 4 und 5 legen es nahe, in der *Tarasov*-Näherung [13] zwischen Streck- und Biegeschwingungen zu unterscheiden.

Für den Beitrag $c_V(s)$ der Streckschwingungen zur Wärmekapazität können wir nach Abschnitt 4 den *Tarasov*schen Ausdruck

$$c_V(s) = R\left\{D_1\left(\frac{\Theta_{1s}}{T}\right) + \frac{\Theta_{3s}}{\Theta_{1s}}\left[D_3\left(\frac{\Theta_{3s}}{T}\right) - D_1\left(\frac{\Theta_{3s}}{T}\right)\right]\right\} \qquad [46a]$$

mit der Nebenbedingung

$$f_{1s} = L(\Theta_{1s} - \Theta_{3s})/\Theta_{1s}\,, \quad f_{3s} = L\,\Theta_{3s}/\Theta_{1s} \qquad [46\text{b}]$$

beibehalten. Die Zahl der Freiheitsgrade $f_{1s} + f_{3s}$ ist jedoch auf L und der Vorfaktor in [13] auf R zu reduzieren, da in einem Mol der Schwingungseinheiten nur L Streckschwingungen möglich sind. f_{3s} bezeichnet die Zahl der Freiheitsgrade, die zu $\varrho_s \sim \omega^2$, und f_{1s} die Zahl der Freiheitsgrade, die zu $\varrho_s = \text{const}$, beitragen [8]).

Geht man ganz entsprechend im Falle der Biegeschwingungen vor, d. h. nimmt man an, daß deren Zustandsdichte in einem ersten Intervall $0 \leqslant \omega \leqslant \omega_{3b}$ wieder durch $\varrho_b \sim \omega^2$ (vgl. Abschnitt 7 und Teil II, insbesondere dort Anm. 6), in einem daran anschließenden Intervall $\omega_{3b} \leqslant \omega \leqslant \omega_{1b}$ aber nach [40] bzw. [44] durch $\varrho_b \sim \omega^{-1/2}$ dargestellt werden kann, so erhält man als Beitrag der Biegeschwingungen zur Wärmekapazität den Ausdruck

$$c_V(b) = 2\,R\left\{D_{1/2}\left(\frac{\Theta_{1b}}{T}\right) + \left(\frac{\Theta_{3b}}{\Theta_{1b}}\right)^{1/2}\left[D_3\left(\frac{\Theta_{3b}}{T}\right) - D_{1/2}\left(\frac{\Theta_{3b}}{T}\right)\right]\right\}, \qquad [47\text{a}]$$

mit der Nebenbedingung

$$f_{1b} = 2\,L(\Theta_{1b}^{1/2} - \Theta_{3b}^{1/2})/\Theta_{1b}^{1/2}, \quad f_{3b} = 2\,L\,\Theta_{3b}^{1/2}/\Theta_{1b}^{1/2}. \qquad [47\text{b}]$$

f_{3b} bezeichnet die Zahl der Freiheitsgrade, die zu $\varrho_b \sim \omega^2$, und f_{1b} die Zahl der Freiheitsgrade, die zu $\varrho_b \sim \omega^{-1/2}$, beitragen. Insgesamt gilt

$$f_{3s} + f_{3b} + f_{1s} + f_{1b} = 3\,L\,. \qquad [48]$$

Der Gesamtbeitrag der Gitterschwingungen zur Wärmekapazität ist in dieser Näherung gegeben durch

$$c_V = c_V(s) + c_V(b)\,. \qquad [49]$$

[8]) Würden wir mit *Wunderlich* (6, 9) annehmen, daß kein akustischer Zweig der Streckschwingungen existiert, so entfiele [46] ganz. Zu dieser Annahme besteht jedoch kein physikalischer Grund. Zumindest gehören die (annähernd transversal polarisierten) Streckschwingungen, die sich senkrecht zu den Ketten ausbreiten, einem akustischen Zweig an. Ebenso sollten aber auch ein Teil der (annähernd longitudinal polarisierten) Streckschwingungen, die sich in Kettenrichtung ausbreiten, und ein Teil der Streckschwingungen, die sich in anderen Richtungen ausbreiten, zu akustischen Zweigen Anlaß geben. Für die Gesamtheit dieser Schwingungen gilt bei sehr großen Wellenlängen $\varrho \sim \omega^2$. Zu D_3 in [46a] tragen also alle Streckschwingungen etwas bei. In D_1 kann dagegen kein Beitrag der Streckschwingungen, die sich senkrecht zu den Ketten ausbreiten, enthalten sein, da deren Frequenzen wesentlich durch die zwischenmolekularen Wechselwirkungskräfte bestimmt werden und bei einer Maximalfrequenz enden, die in der Größenordnung von $\omega_{3s} \equiv k\,\Theta_{3s}/\hbar$ liegt (vgl. Teil II dieser Arbeit).

Im Temperaturbereich $T \ll \Theta_{3s}$, $\Theta_{3b} < \Theta_{1s}$, Θ_{1b} folgt aus [46–49] über [5] wiederum ein *Debye*sches T^3-Gesetz

$$c_V(T) = a_3\,T^3\,,$$
$$a_3 \equiv \frac{4\,\pi^4\,R}{5}\left(\frac{1}{\Theta_{1s}\,\Theta_{3s}^2} + \frac{2}{\Theta_{1b}^{1/2}\,\Theta_{3b}^{5/2}}\right). \qquad [50]$$

Im Temperaturbereich Θ_{3s}, $\Theta_{3b} \ll T \ll \Theta_{1s}$, Θ_{1b} erhalten wir jedoch nun (vorausgesetzt, daß auch tatsächlich Θ_{3s}, $\Theta_{3b} \ll \Theta_{1s}$, Θ_{1b} gilt) über [5] und [6] die mit dem experimentellen Resultat [20a] übereinstimmende Beziehung

$$c_V(T) = a_1\,T + a_{1/2}\,T^{1/2}\,, \qquad [51\text{a}]$$

wobei die Koeffizienten durch

$$a_1 \equiv \frac{R\,\pi^2}{3\Theta_{1s}}\,, \quad a_{1/2} \equiv \frac{3\,R\,\Gamma(3/2)\,\zeta(3/2)}{2\,\Theta_{1b}^{1/2}} \qquad [51\text{b}]$$

gegeben sind. Im Temperaturbereich Θ_{3s}, Θ_{3b}, Θ_{1s}, $\Theta_{1b} \ll T$ folgt die *Dulong-Petit*sche Regel.

Ehe wir diese Ergebnisse mit dem Experiment vergleichen und einer allgemeineren Kritik unterziehen, sei hervorgehoben, daß die Gln. [46–51] auch in dem von *Tarasov* vorgegebenen (beschränkten) Rahmen eigentlich noch zweier Ergänzungen bedürfen, um die bei Polymeren gegebenen Verhältnisse (so weit es in diesem Rahmen möglich ist) vollständig zu beschreiben:

In [47] steckt nämlich die Annahme, daß der Stab, mit dem wir die Polymer-Ketten bei höheren Frequenzen vergleichen, im Querschnitt isotrop ist, seine Biegeschwingungen also einfach entartet sind. Reale Polymer-Ketten besitzen dagegen diese Symmetrie im allgemeinen nicht, ihre Biegeschwingungen bilden vielmehr meist zwei untereinander verschiedene Zweige. Das gilt auch für den niederfrequenten Teil. Dementsprechend wäre [47a] in 2 Teilglieder

$$c_V(b) = R\sum_{i=1,2}\left\{D_{1/2}\left(\frac{\Theta_{1bi}}{T}\right) + \left(\frac{\Theta_{3bi}}{\Theta_{1bi}}\right)^{1/2}\left[D_3\left(\frac{\Theta_{3bi}}{T}\right) - D_{1/2}\left(\frac{\Theta_{3bi}}{T}\right)\right]\right\} \qquad [52]$$

aufzuspalten.

Ferner besitzt die Modell-Kette, durch die wir die Polymer-Ketten in den Abschnitten 4 und 5 ersetzt haben, (wie bereits am Schluß von Abschnitt 3 erwähnt) kein Trägheitsmoment in bezug auf ihre Achse und folglich keinen Freiheitsgrad der Rotation um ihre Achse. Bei realen Polymeren liegen dagegen die gitterdynamischen Einheiten im allgemeinen nicht auf den Kettenachsen. Polymer-Ketten besitzen daher – wie auch der dünne

Stab, den wir schließlich als Modell herangezogen haben – die Möglichkeit der Rotation um ihre Achse und, in höher angeregten Zuständen, die Möglichkeit zu Torsionsschwingungen.

Die Torsionsschwingungen eines dünnen Stabes

$$\varphi(x; t) = C \exp i (k x - \omega t)$$

genügen nun der Differentialgleichung

$$\bar{\varrho} \frac{\partial^2 \varphi}{\partial t^2} = G \frac{\partial^2 \varphi}{\partial x^2}$$

[vgl. z. B. (14); φ: Verschiebungswinkel der Massenelemente in der Querschnittsebene; G: Torsionsmodul des Stabes]. Innerhalb der Kontinuums-Näherung liefern also die Torsionsschwingungen einer isolierten Kette, wie ihre Streckschwingungen, einen konstanten Beitrag zur Zustandsdichte. Im Unterschied zu den niederfrequenten elastischen Streckschwingungen gehen aber die elastischen Torsionsschwingungen beim Einbau der Polymer-Ketten in einen Kristall in „optische" Schwingungen über (15, 16), d. h. mit $k \to 0$ wird $\omega \neq 0$. Ihr Beitrag zur Wärmekapazität kann daher nicht analog zu [46a] gebildet werden. Im Hinblick auf die Kontinuums-Näherung könnte man jedoch daran denken, den Frequenzbereich der Torsionsschwingungen auf $0 < \omega_r' \leqslant \omega \leqslant \omega_r''$ zu beschränken und [49] durch

$$c_V(r) = \frac{k f_r}{\Theta_r'' - \Theta_r'} \left[\Theta_r'' D_1\left(\frac{\Theta_r''}{T}\right) - \Theta_r' D_1\left(\frac{\Theta_r'}{T}\right)\right] \quad [53]$$

zu ergänzen. [48] wäre dann durch f_r zu ergänzen, wobei die Gesamtzahl $3L$ der Freiheitsgrade natürlich erhalten bleibt. Im Temperaturbereich $T \ll \Theta_r''$ würde das, je nach der relativen Lage von Θ_r'' gegenüber den anderen Θ-Temperaturen, in [51] unter Umständen eine Vergrößerung des Koeffizienten a_1 auf Kosten des Koeffizienten $a_{1/2}$ bedeuten (vgl. hierzu auch Teil II, Anm. 6). Es ist jedoch keineswegs sicher, daß die Torsionsschwingungen unter der Einwirkung der zwischenmolekularen Wechselwirkungskräfte bei kleinen Wellenzahlen noch der Relation [7] genügen. Zumindest für die in Kettenrichtung sich ausbreitenden Torsionswellen ist das nicht der Fall [vgl. (16, 17)]. Θ_r'' liegt für diese Wellen im übrigen in der Größenordnung von Θ_{3s}, Θ_{3b} [entsprechend der maximalen optischen Wellenzahl von $\approx 200\ \mathrm{cm}^{-1}$ (17)].

Schließlich sei schon hier auf eine weitere, allerdings außerhalb des Rahmens der *Tarasov*-Näherung liegende, notwendige Korrektur hingewiesen: Die zu [15] und [51] gestellte Voraussetzung $\Theta_3 \ll T \ll \Theta_1$ bedeutet, daß die Schwingungen, die in [13] bzw. [46] und [47] zu den D_3-Gliedern beitragen, in dem Temperaturbereich, in dem die D_1- und $D_{1/2}$-Glieder zu wirken beginnen, schon voll angeregt sind. Das heißt aber, daß ihre Anharmonizität berücksichtigt werden muß. Der Beitrag dieser Schwingungen zur Wärmekapazität strebt folglich im Bereich $T > \Theta_3$ nicht mit D_3 einem konstanten Wert zu, sondern steigt, zunächst proportional zur Temperatur, weiter an [vgl. (1)]. Hierdurch wird eine Vergrößerung des Koeffizienten a_1 in [15] bzw. [51] hervorgerufen. Einen direkten Beleg für die Wirksamkeit anharmonischer Effekte finden wir in dem Auftreten einer Differenz zwischen c_p und c_V, die bei Polyäthylen ab etwa $T \geqslant 70\ {}^\circ\mathrm{K}$ gegeben ist [vgl. Abschnitt 3].

Vergleichen wir nun die Gln. [46–51] mit den Werten der Tab. III. 8 (1), so erhalten wir zunächst durch Einsetzen von [20b] in [51b] $\Theta_{1s}^K = 605\ {}^\circ\mathrm{K}$ und $\Theta_{1b}^K = 3381\ {}^\circ\mathrm{K}$ oder durch Umrechnung über [32] bzw. [45] $\Theta_{1s}^G = 385\ {}^\circ\mathrm{K}$ und $\Theta_{1b}^G = 1370\ {}^\circ\mathrm{K}$. Keiner dieser Werte kann physikalisch interpretiert werden. Die gittertheoretische Grenzfrequenz der Streckschwingungen (die allerdings einem optischen Zweig angehört, der durch eine Lücke vom akustischen Zweig getrennt ist) führt vielmehr auf $\Theta_{1s}^G \approx 1400$–$1500\ {}^\circ\mathrm{K}$ und die gittertheoretische Grenzfrequenz der Biegeschwingungen auf $\Theta_{1b}^G \approx 800$–$900\ {}^\circ\mathrm{K}$ [vgl. (1), (16–21)]. Außerdem steht $\Theta_{1s}^K = 605\ {}^\circ\mathrm{K}$ nach [25] im Widerspruch zu der Annahme, daß D_1 in dem betrachteten Temperaturbereich durch [5] angenähert werden könne. Setzen wir umgekehrt in [51] $\Theta_{1s}^G = 1513\ {}^\circ\mathrm{K}$ und $\Theta_{1b}^G = 820\ {}^\circ\mathrm{K}$ (vgl. Teil II dieser Arbeit) ein, so erhalten wir eine zu große Wärmekapazität (Abb. 4, III). Rechnen wir über [32] und [45] um und setzen dementsprechend in [51] $\Theta_{1s}^K = 2377\ {}^\circ\mathrm{K}$ und $\Theta_{1b}^K = 2023\ {}^\circ\mathrm{K}$ ein, so erhalten wir eine zu kleine Wärmekapazität (Abb. 4, II).

Unmittelbar erreicht man also zwischen 100 °K und 190 °K mit der aus [46–51] hergeleiteten Näherung [51] zwar formal eine praktisch komplette Übereinstimmung, aber kein physikalisch interpretierbares Resultat. Man kann jedoch durchaus eine brauchbare Annäherung von [51] an [20] erzielen, wenn man die Umrechnungsfaktoren in [32] und [45] etwas kleiner wählt, so daß die Abschneidefrequenzen zwar immer noch größer als die der Gittertheorie, aber doch kleiner als die

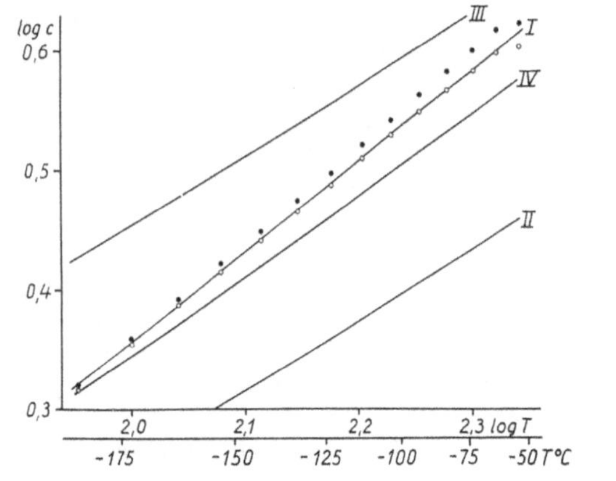

Abb. 4. Logarithmus der Wärmekapazität als Funktion des Logarithmus der Temperatur des 100% kristallinen Polyäthylens im Temperaturbereich von $T = 90$ °K bis $T = 220$ °K. *Ausgefüllte Kreise*: log c_p nach Tab. III. 8 (1); *leere Kreise*: log c_v nach Tab. III. 8 (1) und [18]; *Kurve I*: nach [19] (vgl. Tab. 1, Spalte 3); *Kurve II*: nach [51] mit $\Theta_{1s} = 2377$ °K und $\Theta_{1b} = 2023$ °K; *Kurve III*: nach [51] mit $\Theta_{1s} = 1513$ °K und $\Theta_{1b} = 820$ °K (die Θ-Werte der Kurven II und III sind über [32] und [45] miteinander verbunden); *Kurve IV*: mit $\Theta_{1s} \triangleq \Theta_\beta = 1513$ °K und $\Theta_{1b} \triangleq \Theta_\varkappa = 820$ °K errechnet aus dem *Stockmayer-Hecht*-Modell (vgl. Teil II dieser Arbeit) durch [32] und [45] gegebenen Abschneidefrequenzen werden. Der Koeffizient a_1 in [51] fällt dabei allerdings auf jeden Fall zu klein aus (vgl. in Abb. 4 den Anstieg der Kurven II–IV mit dem der Kurve I). Es liegt nahe, diese Diskrepanz auf den einen oder anderen der oben genannten Korrekturfaktoren (insbesondere auf die Anharmonizität der Schwingungen) zurückzuführen. Wir werden jedoch sogleich sehen, daß auch noch andere Ursachen dafür vorliegen können.

Versucht man mit den umfassenderen Gln. [46–49] den besten Angleich an die über [18] reduzierten Werte der Tab. III. 8 (1) über den „ganzen" Temperaturbereich $0° \leqslant T \leqslant 200$ °K zu erzielen, so liefert eine nicht-lineare Ausgleichsrechnung

$$\Theta_{3s} = 996.6\ °K, \quad \Theta_{1s} = 996.9\ °K,$$
$$\Theta_{3b} = 188.7\ °K, \quad \Theta_{1b} = 910.9\ °K. \qquad [54]$$

Die Abweichungen betragen im Intervall $50° \leqslant T \leqslant 200$ °K im allgemeinen weniger als 1% und höchstens 1.09%, im Intervall $20° \leqslant T \leqslant 40$ °K ungefähr 5% und im Intervall $0° \leqslant T \leqslant 17.5$ °K mehr als 10% (vgl. Tab. 2, Spalte 3 und 5). Im Intervall $50° \leqslant T \leqslant 200$ °K kann die Übereinstim-

Tab. 2. Wärmekapazität c_V des 100% kristallinen Polyäthylens in cal/Mol Grad

T °K	c_V nach Tab. III. 8 (1) und [18]	c_V nach [46–49] und [54]	c_V nach [46–49] und [55]	Abweichungen Spalte 2–3 in %	Abweichungen Spalte 2–4 in %
1.0	0.000026	0.0000211	0.0000188	+18.85	+27.69
2.0	0.000211	0.0001190	0.0001497	+43.60	+29.05
3.0	0.000712	0.0005091	0.0004549	+28.50	+36.11
4.0	0.001688	0.001281	0.001139	+24.11	+32.52
5.0	0.003298	0.002561	0.002274	+22.35	+31.05
7.5	0.0112	0.008812	0.007813	+21.32	+30.24
10.0	0.0262	0.02112	0.01861	+19.39	+28.97
12.5	0.0496	0.04122	0.03642	+16.89	+26.57
15.0	0.0825	0.07098	0.06299	+13.96	+23.65
17.5	0.124	0.1116	0.09935	+10.00	+19.88
20	0.174	0.1632	0.1461	+ 6.21	+16.03
30	0.449	0.4536	0.4203	— 1.02	+ 6.39
40	0.757	0.7911	0.7579	— 4.50	— 0.12
50	1.100	1.106	1.086	— 0.54	+ 1.27
60	1.398	1.384	1.382	+ 1.00	+ 1.14
70	1.647	1.629	1.644	+ 1.09	+ 0.18
80	1.866	1.851	1.879	+ 0.80	— 0.70
90	2.070	2.055	2.092	+ 0.72	— 1.06
100	2.261	2.247	2.289	+ 0.62	— 1.24
110	2.435	2.431	2.472	+ 0.16	— 1.52
120	2.599	2.608	2.643	— 0.35	— 1.69
130	2.760	2.778	2.805	— 0.65	— 1.63
140	2.919	2.942	2.959	— 0.79	— 1.37
150	3.068	3.100	3.105	— 1.04	— 1.20
160	3.234	3.251	3.243	— 0.52	— 0.28
170	3.379	3.395	3.375	— 0.47	+ 0.11
180	3.542	3.532	3.500	+ 0.28	+ 1.18
190	3.684	3.662	3.619	+ 0.60	+ 1.76
200	3.825	3.785	3.732	+ 1.05	+ 2.43

mung also als sehr gut bezeichnet werden[9]). Das Resultat $\Theta_{1s} \approx \Theta_{3s}$ widerspricht jedoch eindeutig dem ursprünglichen Konzept der Kontinuumstheorie. Will man die Vorbedingung $\Theta_{3s} \ll \Theta_{1s}$ aufrecht erhalten, so muß man, sofern die Ausgleichsrechnung über den ganzen Bereich $0° \leqslant T \leqslant 200$ °K geschlossen durchgeführt wird, entweder Θ_{3s} von vornherein festlegen, oder $\Theta_{3s} = \Theta_{3b}$ setzen. Mit der letzten Bedingung folgt für den besten Angleich

$$\Theta_{3s} = \Theta_{3b} = 199\,°\mathrm{K},\quad \Theta_{1s} = 1063\,°\mathrm{K},\quad \Theta_{1b} = 1351\,°\mathrm{K}. \qquad [55]$$

Hiermit erreicht man im Intervall $50° \leqslant T \leqslant 200$ °K zwar durchaus noch einen besseren Angleich als mit der *Tarasov*-Näherung [13] [vgl. (6, 7)], die Abweichungen von Tab. III. 8 (1) sind aber deutlich größer als mit [54] (vgl. Tab. 2). In gewisser Weise ist das Resultat $\Theta_{3s} \approx \Theta_{1s}$ in [54] natürlich eine Folge unseres Verfahrens. Würden wir den Angleich, wie in der Literatur üblich, mit Θ_{3s}, Θ_{3b} bei tiefen Temperaturen und mit Θ_{1s}, Θ_{1b} bei höheren Temperaturen getrennt vornehmen, so würde von vornherein $\Theta_{3s} \ll \Theta_{1s}$ impliziert[10]).

Das Faktum, daß wir mit [54] einen besseren Angleich erzielen als mit [55] läßt den Verdacht entstehen, daß sich anscheinend die Zustandsdichte der Gitterschwingungen zwischen ω_{3b} und ω_{1b} besser durch die Überlagerung einer mit ω abfallenden Funktion $\varrho_b \sim \omega^{-1/2}$ und einer mit ω ansteigenden Funktion $\varrho_s \sim \omega^2$ approximieren läßt, als durch die Überlagerung einer Funktion $\varrho_b \sim \omega^{-1/2}$ mit einer Konstanten $\varrho_s = \mathrm{const}$ (wie wir es ursprünglich erwartet hatten) oder durch eine Konstante $\varrho = \mathrm{const}$ allein (*Tarasov*-Näherung). Die Kastenfunktion $\varrho_s = \mathrm{const}$ scheidet vielmehr mit $\Theta_{3s} \approx \Theta_{1s}$ als Konkurrent ganz aus. Das deutet darauf hin, daß der dispersionslose Bereich $\omega \sim |k|$ der Streckschwingungen und der Bereich $\omega \sim k^2$ der Biegeschwingungen, also der Bereich, in dem die Kontinuums-Näherung physikalisch sinnvoll ist, bereits überschritten ist (vgl. Abb. 2 und 3) und die Funktionen D_n, unabhängig von der ihnen in der Kontinuums-Theorie beigelegten Bedeutung, in [13] bzw. [46–49] nur noch als bloße Anpassungsfunktionen dienen. Dafür spricht auch, daß die Zustandsdichte (Abb. 5), die man mit [54] errechnet, zumindest qualitativ recht gut mit der Zustandsdichte aus der Gitter-Theorie (19–22) bzw. aus den Neutronen-Streuexperimenten (23–25) übereinstimmt. $\omega_{3b} = 2.47 \cdot 10^{13}$ Hz ($\triangleq$ 131 cm^{-1}) entspricht der Grenzfrequenz der die zwischenmolekularen Bindungen beanspruchenden Gitterschwingungen und $\omega_{1b} = 1.19 \cdot 10^{14}$ Hz ($\triangleq$ 633 cm^{-1}), $\omega_{3s} = 1.30 \cdot 10^{14}$ Hz ($\triangleq$ 693 cm^{-1}) entsprechen der Grenzfrequenz der Biegeschwingungen bzw. der Grenzfrequenz der akustischen Zweige.

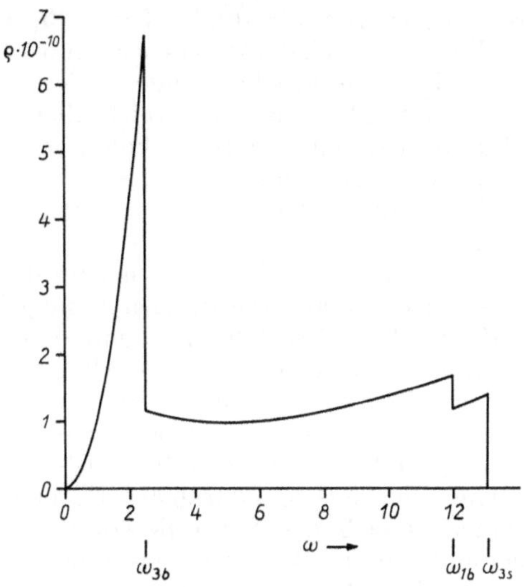

Abb. 5. Zustandsdichte $\varrho(\omega)$ [sec] der Gitterschwingungen des kristallinen Polyäthylens, gewonnen aus dem besten Angleich von [46–49] an die mit [18] reduzierten Werte der Tab. III. 8 (1) von 0° bis 200 °K. $\omega_{3b} = 2.47 \cdot 10^{13}$ Hz ($\triangleq$ 131 cm^{-1}), $\omega_{1b} = 1.19 \cdot 10^{14}$ Hz ($\triangleq$ 633 cm^{-1}), $\omega_{3s} = 1{,}30 \cdot 10^{14}$ Hz ($\triangleq$ 693 cm^{-1})

Unter diesen Umständen ist klar, daß wir eine formale Verbesserung von [46–49] erwarten können, wenn wir dort auch noch *Debye*-Funktionen D_n mit anderen Indizes als $n = \frac{1}{2}$, 1, 3 aufnähmen, entsprechend einer Verfeinerung der stückweisen Potenzreihenentwicklung [2]. Ein solches Vorgehen scheint jedoch wenig Sinn zu haben, zumal mit dem gleichen Aufwand an Rechnungen auch die Inversion von [1] betrieben werden kann. Im übrigen ist hier zu bemerken, daß aus der Gitter-Theorie im Bereich mittlerer Frequenzen für die Biegeschwingungen zwar auch eine Proportionalität $\varrho_b \sim \omega^{-1/2}$ folgt, daß aber durch die Wirkung der zwischenmolekularen Bindungen der Beginn dieser Proportionalität, im Gegensatz zu [40] und [44], zu

[9]) Daß wir nicht die gleiche Genauigkeit erreichen, wie mit [11], [17] und [51], [20] einzeln, liegt daran, daß wir nun den Angleich geschlossen über ein größeres Intervall erstrecken. – Über die Gründe für die ausgesprochen schlechte Übereinstimmung im Bereich der tiefen Temperaturen vgl. weiter unten.

[10]) Vom physikalischen Standpunkt ist 4 die Mindestzahl von Parametern um die Anisotropie zu berücksichtigen und zugleich zwischen Streck- und Biegeschwingungen zu unterscheiden.

einer endlichen Frequenz hin verschoben wird. Wir könnten daher auch schon eine Verbesserung erwarten, wenn wir [47] durch

$$c_V(b) = f_{3b}\, D\left(\frac{\Theta_{3b}}{T}\right) + \frac{1}{2}\,\frac{f_{1b}\, T^{1/2}}{(\Theta_{1b} - \Theta_{3b})^{1/2}} \int\limits_{\Theta_{3b}/T}^{\Theta_{1b}/T} \frac{\left(\frac{\Theta}{T}\right)^2 e^{\Theta/T}\, d\left(\frac{\Theta}{T}\right)}{\left(\frac{\Theta}{T} - \frac{\Theta_{3b}}{T}\right)^{1/2} (e^{\Theta/T} - 1)^2} \qquad [56]$$

ersetzten. Das zweite Glied auf der rechten Seite von [56] läßt sich jedoch nicht mehr durch *Debye*-Funktionen darstellen.

Schließlich ist festzustellen, daß die Übereinstimmung von [46–49, 54 bzw. 55] mit Tab. III. 8 (1) im Temperaturbereich $0° \leqslant T \leqslant 17.5$ °K ausgesprochen schlecht ist (vgl. Tab. 2), obwohl in diesem Bereich allein die D_3-Funktionen zur Geltung kommen und wir in Abschnitt 3 gesehen haben, daß hier eine Anpassung mit einer D_3-Funktion ohne Zwang möglich ist.

Das ist sicher z. T. darauf zurückzuführen, daß – nach Erweiterung des Anpassungsbereiches auf $0° \leqslant T \leqslant 200$ °K – mit den D_3-Funktionen nicht nur die Wirkung der Schwingungen zu beschreiben ist, deren Zustandsdichte tatsächlich proportional zu ω^2 verläuft, sondern auch noch die Wirkung der Schwingungen aus dem daran anschließenden Frequenzbereich, der durch die von den zwischenmolekularen Bindungskräften bestimmten Singularitäten beherrscht wird (vgl. Teil II dieser Arbeit) und der durch eine Kontinuums-Näherung nur ungenügend erfaßt werden kann. Verleihen wir aus diesem Grund bei der Ausgleichsrechnung den vorgegebenen Werten (Tab. 2, Spalte 2) nur in den Bereichen $0° \leqslant T \leqslant 17.5$ °K und $120° \leqslant T \leqslant 200$ °K das Gewicht 1.0, den Werten im Bereich $20° \leqslant T \leqslant 110$ °K dagegen das Gewicht 0.1, so erhalten wir $\Theta_{3s} = 956.3°$, $\Theta_{1s} = 958.5°$, $\Theta_{3b} = 183.6°$, $\Theta_{1b} = 949.5$ °K. Die prozentualen Abweichungen werden damit gegenüber den Abweichungen Tab. 2, Spalte 4, im Bereich $0° \leqslant T \leqslant 20$ °K um etwa 1/4 bis 1/3 verringert, im Bereich $30° \leqslant T \leqslant 110$ °K um etwa 1/3 vergrößert und im Bereich $120° \leqslant T \leqslant 200$ °K wiederum etwas verringert.

Zum Teil wird aber die schlechte Übereinstimmung im Bereich $0° \leqslant T \leqslant 17.5$ °K auch durch die Ausgleichsrechnung selbst hervorgerufen, bei der der Angleich an die Tieftemperatur-Werte streng mit dem Angleich an die um einige Zehnerpotenzen größeren Werte bei höheren Temperaturen gekoppelt ist. Den gleichen Effekt erhalten wir auch, wenn wir die *Tarasov*-Formel [13] über den geschlossenen Bereich $0° \leqslant T \leqslant 200$ °K anzugleichen versuchen. Daß *Wunderlich* (6) und *Tucker*, *Reese* (7) mit der *Tarasov*-Näherung einen weit besseren Angleich bei tieferen Temperaturen erzielen, liegt allein daran, daß sie den Tief-Temperaturbereich (mit Θ_3) und den Bereich höherer Temperaturen (mit Θ_1) völlig getrennt angleichen. Da in unserem Falle sowohl die vorgegebenen Werte (Tab. 2, Spalte 2) als auch die errechneten Werte (Tab. 2, Spalte 3 bzw. Spalte 4) bei tiefen Temperaturen beide sehr gut auf einer Geraden

$$\log c_V = 3 \log T + \text{const}$$

liegen[11]), würde es, um eine gute Übereinstimmung auch in diesem Temperaturbereich zu erreichen, genügen, vor der Ausgleichsrechnung einen einzigen Wert aus dem Bereich (etwa den bei $T = 1$ °K) fest vorzugeben. Leider war das jedoch bei dem angewandten Ausgleichsverfahren nicht möglich.

7. Voraussetzungen für eine konsequentere Kontinuums-Näherung

Sowohl in der ursprünglichen *Tarasov*-Formel [13], als auch in [46–49] wird die Anisotropie nur durch eine Art Mittelbildung berücksichtigt. Tatsächlich breiten sich die elastischen Wellen in einem anisotropen Kontinuum, wie im realen Gitter, je nach ihrer Polarisation, in jeder Raumrichtung mit einer anderen Geschwindigkeit aus. Dabei sind die Wellen im allgemeinen weder longitudinal noch transversal polarisiert. In einem genaueren Verfahren wäre also jeder Polarisationsrichtung p und jeder Raumrichtung $\mathfrak{k}/|\mathfrak{k}|$ ein eigenes *Debye*-Spektrum [8] mit jeweils verschiedener Abschneidefrequenz $\omega_3 = \omega_3(p; \mathfrak{k}/|\mathfrak{k}|)$ [9] zuzuordnen. In [1] bzw. [10] wäre dementsprechend auch noch über die verschiedenen Polarisationsrichtungen und Raumwinkelelemente zu summieren. Geht man so vor, so zeigt sich, daß eine Abhängigkeit der Form [8a] für die integrierte Zustandsdichte nur noch bei sehr kleinen Frequenzen bestehen bleibt. Oberhalb dieses Frequenzbereiches tritt dagegen eine Differenzierung der integrierten Zustandsdichte auf, deren Charakter durch die verschiedene

[11]) In Tab. 2, Spalte 3, weichen die Werte bei $T = 1$ °K und $T = 2$ °K und in Spalte 4 der Wert bei $T = 3$ °K etwas von der Geraden ab. Das liegt daran, daß an diesen Stellen bei der Rechnung in bezug auf $D_3(\Theta_{3b}/T)$ der Übergang von [5] nach [3] erfolgte.

Raumwinkelabhängigkeit der den drei Polarisationsrichtungen zugeordneten Frequenzzweige geprägt wird (26).

Im Falle der Polymeren wäre zusätzlich zu berücksichtigen, daß, verursacht durch die Biegesteifigkeit der Ketten, Relationen der Form [7] auch bei niederen Frequenzen nur für die Streckschwingungen und für die sich senkrecht zu den Ketten ausbreitenden Biegeschwingungen gelten. Für alle anderen Biegeschwingungen gilt dagegen an Stelle von [7] bei niederen Frequenzen

$$\omega = (c_x^2 k_x^2 + c_y^2 k_y^2 + c_z^2 k_z^2 + \bar{c}_z^4 k_z^4)^{1/2} \qquad [57]$$

[k_x, k_y, k_z: (kartesische) Komponenten des Wellenzahlvektors; z: Koordinaten-Achse in der Kettenrichtung], wobei c_x, c_y, c_z allein von den zwischenmolekularen Wechselwirkungskräften und $\bar{c}_z$ von der Biegesteifigkeit der Ketten abhängen (vgl. Teil II dieser Arbeit). Für die Biegeschwingungen ist also der *Debye*sche Ansatz [8], auch wenn man ihn jeweils nur auf eine bestimmte Ausbreitungsrichtung bezieht, nur gerechtfertigt, wenn

$$\bar{c}_z^4 k_z^4 \ll c_x^2 k_x^2 + c_y^2 k_y^2 + c_z^2 k_z^2 \qquad [58]$$

gilt. Der Gültigkeitsbereich dieser Ungleichung hängt, wie man unmittelbar sieht, von der Ausbreitungsrichtung der elastischen Wellen ab. Er wird um so kleiner, je kleiner der Winkel zwischen der Ausbreitungsrichtung und der Kettenrichtung ist. Ferner hängt der Gültigkeitsbereich von dem Verhältnis der Biegesteifigkeit zu den zwischenmolekularen Wechselwirkungskräften ab. Er wird um so kleiner, je größer dieses Verhältnis ist. Die Dispersion, der die Biegeschwingungen der isolierten Polymer-Ketten prinzipiell unterliegen (vgl. Abschn. 5), wird also unter dem Einfluß der zwischenmolekularen Wechselwirkungskräfte bei der Mehrzahl der Schwingungen nur in einem sehr kleinen Intervall oberhalb $\omega = 0$ näherungsweise aufgehoben.

Für die Beschränkung der Gültigkeit der *Debye*-Näherung bei Polymeren auf sehr tiefe Temperaturen finden wir so drei Ursachen:

1. Die Richtungsabhängigkeit der Wellenausbreitungsgeschwindigkeit, aufgrund der Anisotropie;

2. Die Wellenlängenabhängigkeit der Wellenausbreitungsgeschwindigkeit, die bei den die verhältnismäßig schwachen zwischenmolekularen Bindungen beanspruchenden Schwingungen schon von recht tiefen Frequenzen an gegeben ist und die zusätzlich, aufgrund der Biegesteifigkeit der Ketten, bei dem größten Teil der Biegeschwingungen bis zu sehr tiefen Frequenzen hinabreicht;

3. Das kleine Verhältnis der Stärke der zwischenmolekularen Bindungen zur Stärke der Valenzbindungen in Kettenrichtung, das bewirkt, daß das Spektrum der Gitterschwingungen bei höheren Frequenzen in das (nur schwach gestörte) Spektrum der Skelettschwingungen der isolierten Ketten entartet.

Ferner spielt – wie bereits bemerkt – bei Polymeren sicher auch die Anharmonizität der die zwischenmolekularen Bindungen beanspruchenden Gitterschwingungen schon von recht tiefen Temperaturen an eine Rolle (1, 27).

Sowohl in der *Tarasov*-Näherung [13] als auch in der Näherung [46–49] findet nur der dritte Punkt eine Berücksichtigung. Eine konsequentere Kontinuums-Näherung, die dem physikalischen Sachverhalt besser entspricht, würde jedoch einen Aufwand an Rechnungen erfordern, der dem Aufwand einer kompletten Berechnung der Gitterschwingungen fast gleich käme. Aus dieser Sicht gewinnt das *Stockmeyer-Hecht*-Modell (28) an Bedeutung, das, besonders in der von *Genensky* und *Newell* (22) vervollständigten Form, ebenso einfache aber physikalisch anscheinend doch korrektere Formeln liefert als die Verfahren von *Debye* und *Tarasov*. Hierauf wird im zweiten Teil dieser Arbeit eingegangen*).

Die Ausgleichsrechnungen zu Abschnitt 6 sowie die Berechnung einer fünfstelligen Tafel der Funktion $D_{1/2}(x)$ wurden von Herrn Dipl.-Math. *N. Kliewer* (Abt. Datenverarbeitung/Mathematik und Technik der BASF) besorgt. Hierfür möchte ich ihm auch an dieser Stelle herzlich danken.

Zusammenfassung

In dieser und einer folgenden Arbeit soll versucht werden, den durch eine neuere tabellarische Literaturzusammenstellung [Tab. III. 8 in (1)] gegebenen experimentellen Temperaturverlauf der Wärmekapazität des linearen Polyäthylens im kristallinen Zustand theoretisch zu begründen. In dem vorliegenden ersten Teil werden dabei die Aussagen und Gültigkeitsgrenzen verschiedener Kontinuums-Näherungen untersucht.

In Abschnitt 1 werden die Formeln zusammengestellt, die man für den Beitrag der Gitterschwingungen zur Wärmekapazität erhält, wenn man die Zustandsdichte der Gitterschwingungen stückweise in Potenzreihen nach der Frequenz entwickelt. In Abschnitt 2 wird kurz über die in der Literatur gebräuchlichen Näherungen von *Debye* und *Tarasov* referiert.

In Abschnitt 3 stellt sich heraus, daß im Falle des kristallinen Polyäthylens die *Debye*-Näherung zu brauchbaren Aussagen führt, wenn man sich in bezug auf die Wärmekapazität auf den Bereich sehr tiefer Temperaturen und in bezug auf das Spektrum der Gitterschwingungen auf denjenigen Bereich, der allein durch die zwischenmolekularen Wechselwirkungskräfte bestimmt

*) Teil II, eingegangen am 7. 12. 1970, erscheint demnächst in dieser Zeitschrift.

wird, beschränkt. Die zusätzlichen Aussagen der *Tarasov*-Näherung erweisen sich dagegen im Falle des Polyäthylens als nicht gegeben.

Um die Ursachen für das Versagen der *Tarasov*-Näherung zu ergründen, wird in den Abschnitten 4 und 5 die Zustandsdichte der Streck- und Biegeschwingungen des eindimensionalen Kontinuums mit der der linearen Kette verglichen. Es wird deutlich, daß die von *Tarasov* vernachlässigte Biegesteifigkeit der Polymer-Ketten einen wesentlichen Einfluß auf die Wärmekapazität ausübt. In einer Kontinuums-Näherung sind daher Polymer-Ketten eher mit dünnen Stäben als mit eindimensionalen Saiten vergleichbar.

In Abschnitt 6 wird die *Tarasov*-Formel durch ein Glied ergänzt, das die Biegesteifigkeit der Ketten berücksichtigt. Die so erhaltenen Formeln [46–51] stehen im Temperaturbereich $0° \leqslant T \leqslant 200$ °K zumindest formal in guter Übereinstimmung mit dem Experiment.

Der in Polymeren tatsächlich vorliegende physikalische Sachverhalt (vor allem die Richtungsabhängigkeit der Ausbreitungsgeschwindigkeit der elastischen Wellen und die Wellenlängenabhängigkeit der Ausbreitungsgeschwindigkeit, die in Polymeren schon bei sehr tiefen Frequenzen einsetzt) kommt jedoch auch in [46–51] nur ungenügend zur Geltung (Abschnitt 7). Da eine konsequente Kontinuums-Näherung einen Aufwand an Rechnungen erfordern würde, der einer kompletten Berechnung des Spektrums der Gitterschwingungen fast gleich käme, gewinnt zur Abschätzung der Wärmekapazität von Polymeren das noch verhältnismäßig einfache Gitter-Modell von *Stockmayer* und *Hecht* an Bedeutung. Hierauf wird im zweiten Teil dieser Arbeit eingegangen.

Summary

In this and a subsequent paper an attempt will be made to substantiate theoretically the dependence of heat capacity on temperature of linear polyethylene in the crystalline state, the data of which are listed in a new tabular survey of the literature [tab. III. 8 in (1)]. In this first part the statements of various continuum approximations and the limits of their validity are examined.

In section 1 the formulae are compiled which are obtained for the contribution of lattice vibrations to the heat capacity if the density of states of the lattice vibrations is expanded piecewise in a series of powers of the frequency. In section 2 the approximations of *Debye* and *Tarasov*, which are commonly used in the literature are briefly reported reviewed.

In section 3 it shown that in case of crystalline polyethylene at very low temperatures the *Debye* approximation leads to applicable statements only if that region of lattice vibrations is considered which is influenced solely by the intermolecular interaction forces. The additional statements of the *Tarasov* approximation, however, are not applicable to polyethylene.

In order to find out the reason why the *Tarasov* approximation does not work, the density of states of the stretching and bending modes of the one-dimensional continuum is compared in sections 4 and 5 with that of the linear chain. It becomes evident that the stiffness of the polymer chains, which is neglected by *Tarasov*, has a remarkable influence on the heat capacity. Consequently, in a continuum approximation polymer chains are rather comparable to thin rods than to one-dimensional strings.

In section 6 the *Tarasov* formula is completed by a term which considers the stiffness of the chains. At least formally the formulae [46–51], obtained in this way, correspond satisfactorily to the experiment in the temperature range of $0° \leqslant T \leqslant 200$ °K.

The actual physical facts, however, (above all the fact that in polymers the velocity of propagation of the elastic waves depends on the direction of the propagation as well as on the wave length) are in [46–51] also taken into account only insufficiently (section 7). Since a consistent continuum approximation would require a lot of calculations the extent of which comes close to a complete calculation of the lattice vibrations spectrum, the comparatively rather simple lattice model of *Stockmayer* and *Hecht* gains in importance for assessing the heat capacity of polymers. This point will be dealt with in the second part of this paper.

Literatur

1) *Wunderlich, B., H. Baur*, Adv. Polymer Sci. **7**, 151 (1970).

2) *Gröbner, W., N. Hofreiter*, Integraltafeln, 2. Teil, 3. Aufl. (Wien 1961).

3) *Tarasov, V. V.*, Zhur. Fiz. Khim. **24**, 111 (1950); *Landau, L. D., E. M. Lifschitz*, Lehrbuch der theoretischen Physik, Band V, S. 197 (Berlin 1966).

4) *Tarasov, V. V.*, Zhur. Fiz. Khim. **27**, 1430 (1953).

5) *Tarasov, V. V., G. A. Yunitskii*, Zhur. Fiz. Khim. **39**, 2077 (1965).

6) *Wunderlich, B.*, J. Chem. Phys. **37**, 1207 (1962).

7) *Tucker, J. E., W. Reese*, J. Chem. Phys. **46**, 1388 (1967).

8) *Wunderlich, B.*, Kolloid-Z. u. Z. Polymere **231**, 605 (1969).

9) *Wunderlich, B.*, J. Macromol. Sci. Phys. **B 3** (**1**), 67 (1969).

10) *Watermann, H. A.*, Kolloid-Z. u. Z. Polymere **192**, 2 (1963).

11) *Swan, P. R.*, J. Polymer Sci. **56**, 403 (1962).

12) *Nernst, W., F. A. Lindemann*, Z. Elektrochem. **17**, 817 (1911).

13) *Wunderlich, B.*, J. Chem. Phys. **37**, 1203 (1962).

14) *Schaefer, C.*, Einführung in die theoretische Physik, 1. Band, 2. Aufl. (Berlin-Leipzig 1922).

15) *Zbinden, R.*, Infrared Spectroscopy of High Polymers (New York-London 1964).

16) *Tasumi, M., T. Shimanouchi*, J. Chem. Phys. **43**, 1245 (1965).

17) *Tasumi, M., S. Krimm*, J. Chem. Phys. **46**, 755 (1967).

18) *Tasumi, M., T. Shimanouchi, T. Miyazawa*, J. Mol. Spectr. **9**, 261 (1962).

19) *Miyazawa, T., T. Kitagawa*, Polymer Letters **2**, 395 (1964).

20) *Kitagawa, T., T. Miyazawa*, Rep. Prog. Polymer Phys. (Japan) **8**, 53 (1965).

21) *Kitagawa, T., T. Miyazawa*, Rep. Prog. Polymer Phys. (Japan) **11**, 219 (1968).

22) *Genensky, S. M., G. F. Newell*, J. Chem. Phys. **26**, 486 (1957).

23) *Danner, H. R., G. J. Safford, H. Boutin, M. Berger*, J. Chem. Phys. **40**, 1417 (1964).

24) *Myers, W., J. L. Donovan, J. S. King*, J. Chem. Phys. **42**, 4299 (1965).

25) *Safford, G. J., A. W. Naumann*, Adv. Polymer Sci. **5**, 1 (1967).

26) *Fuchs, K.*, Proc. Roy. Soc. (London) **A 157**, 444 (1936).

27) *Hayakawa, R., Y. Wada*, Rep. Prog. Polymer Phys. (Japan) **11**, 215 (1968).

28) *Stockmayer, W. H., C. E. Hecht*, J. Chem. Phys. **21**, 1954 (1953).

Anschrift des Verfassers:
Dr. *H. Baur*, WH/MPL, G 201
Badische Anilin- & Soda-Fabrik AG,
6700 Ludwigshafen am Rhein

Kolloid-Z. u. Z. Polymere **241**, 1071–1074 (1970)

Aus dem Institut für Polymere der Universität Marburg/Lahn

Folgerungen auf Nahordnungsstrukturen in isotaktischen Polymethylmethacrylaten aus Lösungswärmen*)

Von Chr. Gerth und F. H. Müller

Mit 2 Abbildungen und 3 Tabellen

(Eingegangen am 25. August 1970)

1. Einleitung

Glasig erstarrende Polymere befinden sich unterhalb ihrer Einfriertemperatur bekanntlich in einem thermodynamischen Nichtgleichgewichtszustand. Durch Lösung in einem niedermolekularen Lösungsmittel werden sie in einen Gleichgewichtszustand überführt, nämlich den gelösten Zustand, der außer von dem Polymeren von dem Lösungsmittel und der Konzentration abhängt. Hält man diese beiden Variablen bei der Lösung verschiedener, aber chemisch gleicher Polymerproben konstant, so läßt sich zeigen, daß Differenzen in den Lösungswärmen lediglich Differenzen in den Inneren Energien der Ausgangszustände der Proben zuzuschreiben sind (1).

Isotaktisches Polymethylmethacrylat läßt sich durch verschiedene Vorbehandlung teilkristallin oder amorph darstellen. Aufgabe der vorliegenden Arbeit war es, Ordnungszustände von verschiedenen Proben dieses Polymerisats durch die Messung von Lösungswärmen zu erfassen. Es wird gezeigt, daß sich die amorphen Bereiche einer röntgenamorphen Probe in ihrem Ordnungsgrad von den amorphen Bereichen einer partiell kristallinen Probe unterscheiden. Zur Prüfung der Zuverlässigkeit der Lösungsmethode zur Beschreibung der Ordnungszustände von festen Polymeren und zum Vergleich mit den Ergebnissen der Messungen mit isotaktischem Polymethylmethacrylat wurden außerdem ataktische Polymerisate verschiedenen Molekulargewichts und ein syndiotaktisches Polymerisat untersucht.

2. Experimentelles

Das zur Messung der Lösungswärmen benutzte Kalorimeter sowie das Meßprinzip ist an anderer Stelle hinreichend beschrieben worden (1, 2).

Für die Untersuchungen wurden 7 verschiedene Substanzproben der Firma Röhm & Haas GmbH, Darmstadt verwandt: 5 ataktische radikalisch polymerisierte Proben verschiedenen Molekulargewichts sowie ein isotaktisches und ein syndiotaktisches Polymerisat. Der Taktizitätsgrad der stereogulären Proben wurde von der Firma Röhm & Haas mit Hilfe der NMR-Methode von *Bovey* (3) ermittelt und ergab folgende prozentualen Anteile der Triaden:

isotaktisch i = 82%, h = 14%, s = 4%

syndiotaktisch i = 5%, h = 13%, s = 82%

Das isotaktische Polymerisat lag partiell kristallin vor. Durch Lösen in Benzol und Gefriertrocknung konnte ein Teil der Probe in einen röntgenamorphen Zustand überführt werden. Der Kristallinitätsgrad konnte abgeschätzt werden, indem das Flüssigkeitsspektrum der amorphen Probe dem Weitwinkeldiagramm der partiellkristallinen Probe unterlegt wurde (4, 5). Es gab sich röntgenmäßig ein Kristallanteil, der ungefähr bei 26% lag.

Um einen schnellen Lösungsprozeß zu gewährleisten, wurden die ataktischen Polymerisate ebenfalls durch Gefriertrocknung in Pulverform überführt.

Die Lösungswärmemessungen wurden bei 25 °C durchgeführt; als Lösungsmittel wurde Chloroform verwandt. Die Endkonzentrationen der Lösungen lagen bei $3 \cdot 10^{-3}$ Grundmol PMMA/Mol Chloroform.

3. Meßergebnisse und Diskussion

Die Lösungswärmen der ataktischen Polymethylmethylmethacrylate mit Molekulargewichtsmitteln von 12000–320000 zeigten sich abhängig von Molekulargewicht (Tab. 1).

Tab. 1. Lösungswärmen ataktischer Polymethylmethacrylate in Chloroform bei 25 °C

Molekulargewicht	Lösungswärme cal · g^{-1}
12000	15,42 ± 0,12
54000	19,15 ± 0,07
80000	19,46 ± 0,10
100000	20,10 ± 0,22
320000	19,79 ± 0,09

Trägt man sie gegen die zugehörigen Einfriertemperaturen (6) auf, so ergibt sich ein linearer Zusammenhang (Abb. 1).

*) Vorgetragen auf der Arbeitssitzung des Fachausschusses Physik der Hochpolymeren in der Frühjahrstagung 1970 des Regionalverbandes Hessen-Mittelrhein-Saar der Deutschen Physikalischen Gesellschaft in Darmstadt, 10.–13. März 1970.

Eine derartige Molekulargewichtsabhängigkeit der Lösungswärmen folgt auch schon aus früheren Arbeiten von *G. V. Schulz* über die Lösungswärme von hemikolloiden Polystyrolen (7). Für hohe Molekulargewichte streben die Lösungswärmen einem Sättigungswert zu; die Lösungswärmen der amorphen stereoregulären Polymerisate erfüllen nicht die Gerade der ataktischen Proben. Taktizität bedingt also ein anderes Verhalten der Lösungswärmen.

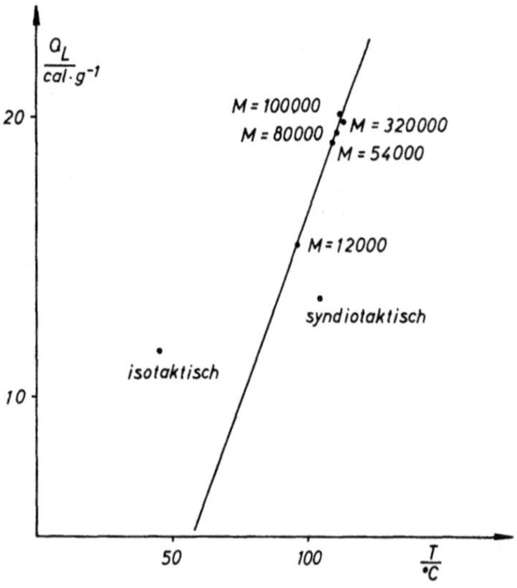

Abb. 1. Lösungswärme von PMMA in Chloroform be- 25 °C als Funktion der Einfriertemperatur

Für die Lösungswärme des partiell kristallinen isotaktischen Polymerisats ergab sich ein um 2,64 cal/g^{-1} niedrigerer Wert als für die durch Gefriertrocknung röntgenamorph gemachte Probe (Tab. 2). Diese Differenz ist qualitativ plausibel, da die Kristallitauflösung einen endothermen Beitrag liefert zu der sonst exothermen Auflösung des glasigen Polymethylmethacrylats. Eine quantitative Berechnung der Unterschiede, die zwischen den Lösungswärmen des partiell kristallinen und eines ideal amorphen Polymerisats auftreten dürfen, läßt sich zweckmäßig am Enthalpie-Temperatur-Diagramm eines Polymeren mit seinen verschiedenen Zustandsformen durchführen (Abb. 2).

Tab. 2. Lösungswärme von isotaktischem Polymethylmethacrylat in Chloroform bei 25 °C

röntgenamorph	11,57 ± 0,21 cal/g
partiell kristallin	8,93 ± 0,34 cal/g

Die Abb. 2 zeigt die schematische Darstellung der Enthalpie gegen die Temperatur im flüssigen, kristallinen und glasigen Zustand.

Der Lösungszustand ist durch die Verlängerung der Schmelzkurve nach tiefen Temperaturen hin gegeben. Ein partiell kristallines Polymeres wird im Rahmen dieses Diagramms zweckmäßig als Zweistoff-System aus amorphen und kristallinen Bestandteilen beschrieben. Bei einem Lösungsprozeß bei der Temperatur T_L bricht der Glaszustand zusammen und die Glasenthalpie wird freigesetzt. (Sprung von A nach B in Abb. 2). Gleichzeitig tritt bei der partiell kristallinen Substanz eine endotherme Schmelzenthalpie auf. (Gegensinniger Sprung von C nach B in Abb. 2). Zusätzlich treten bei beiden Lösungsmessungen Mischungsenthalpien auf. Quantitativ ergeben sich damit für die Lösungswärmen der beiden isotaktischen Proben folgende Beziehungen:

$$Q_{L,k} = \Delta H_{\mathrm{Glas},k} + \Delta H_m - \Delta H_s \qquad [1]$$

$Q_{L,k}$ = Lösungswärme des partiell-kristallinen Polymeren

$H_{\mathrm{Glas},k}$ = Glasenthalpie des partiell-kristallinen Polymeren

$$Q_{L,a} = \Delta H_{\mathrm{Glas},a} + \Delta H_m \qquad [2]$$

$Q_{L,a}$ = Lösungswärme des völlig amorphen Polymeren

$\Delta H_{\mathrm{Glas},a}$ = Glasenthalpie des amorphen Polymeren

Beim Vergleich der Glasenthalpien $\Delta H_{\mathrm{Glas},k}$ und $\Delta H_{\mathrm{Glas},a}$ muß der unterschiedliche Massenanteil des Amorphen berücksichtigt werden gemäß

$$\Delta H_{\mathrm{Glas},k} = (1 - w^c)\,\Delta H_{\mathrm{Glas},a} \qquad [3]$$

w^c = Kristallanteil des partiell kristallinen Polymerisates

Einsetzen von Gl. [1] und [3] in [2] ergibt für $Q_{L,a}$ die Beziehung:

$$Q_{L,a} = \frac{1}{1 - w^c}\,(Q_{L,k} + \Delta H_s) - \frac{w^c}{1 - w^c}\,\Delta H_m\,. \qquad [4]$$

Die Lösungswärme eines völlig amorphen Polymethylmethacrylats läßt sich demnach aus der Lösungswärme des partiell kristallinen Polymerisats errechnen, wenn die Kristallisationswärme ΔH_s und die Mischungswärme ΔH_m bekannt sind.

Die spezifische Kristallschmelzenthalpie für isotaktisches PMMA wurde mit Hilfe der Differentialthermoanalyse und unter Berücksichtigung des röntgenographisch gewonnenen Kristallanteils bestimmt zu ΔH_f = 25,6 cal. g^{-1} (es gilt: $\Delta H_f = \Delta H_s/w^c$). Zur Verwendung dieses Wertes in Gl. [4] muß noch die Temperaturabhängigkeit der Kristallschmelzenthalpie berücksichtigt werden, da das Auflösen der Kristallite beim Lösungsversuch nicht bei der Kristallitschmelztemperatur T_M erfolgt, sondern bei der um etwa 90 °C geringeren Lösungstemperatur T_L. Eine näherungsweise gültige Umrechnung ist bei Kenntnis der spezifischen

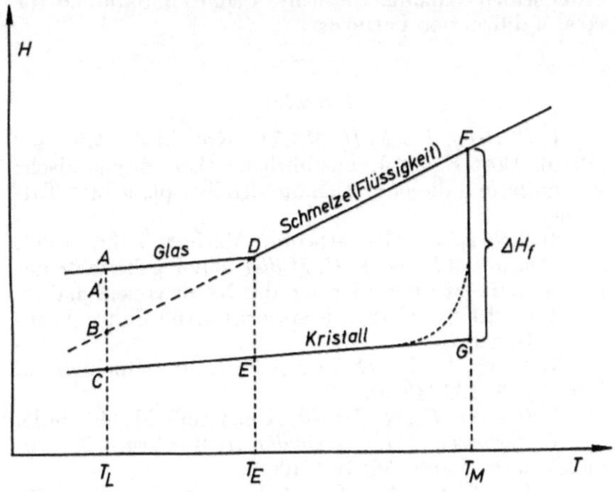

Abb. 2. Schematische Darstellung der Enthalpie eines Polymeren gegen die Temperatur im flüssigen, kristallinen und glasigen Zustand

Wärmen c_p von PMMA (8) der Abb. 2 zu entnehmen, da die spezifischen Kristallschmelzenthalpien $\Delta H_f\,(T_L = 25\,°C)$ und $\Delta H_f\,(T_M = 114\,°C)$ den Zustandsänderungen $C-B$ bzw. $G-F$ entsprechen:

$$\Delta H_f(T_L) = \int_{T_L}^{T_M} c_{p,\mathrm{kr}}(T) - c_{p,\mathrm{fl}}(T)\,dT + \Delta H_f(T_M)^{*)} \quad [5]$$

Eine Abschätzung der Größe der Mischungsenthalpie ΔH_m mit der *Hildebrand*-Beziehung (9) und den bekannten Löslichkeitsparametern für Chloroform und PMMA (10) zeigt, daß bei den verwendeten geringen Lösungskonzentrationen nur ein vernachlässigbar kleiner Anteil an Mischungswärme auftreten kann**). Der letzte Term in Gl. [4] entfällt damit.

*) In die obige Umrechnung gehen folgende Näherungen ein:

1. Statt der Berücksichtigung des gesamten Schmelzbereiches wird eine „Schwerpunktschmelztemperatur" T_M angenommen.

2. Die spezifischen Wärmen der kristallinen Substanz und des glasigen Materials werden gleichgesetzt:

$$c_{p,\mathrm{kr}} = c_{p,\mathrm{gl}}\,.$$

3. Die spezifischen Wärmen des kristallinen und des flüssigen Zustandes werden bei der numerischen Berechnung als temperaturabhängig angenähert und die Werte von *Gast* (8) für kommerzielles PMMA verwandt.

**) Diese Abschätzung wurde inzwischen durch Messungen der Verdünnungswärme bestätigt.

Setzt man die damit (z. T. näherungsweise) bekannten Daten in die rechte Seite der Gl. [4] ein und berücksichtigt auch die aus einem Versuch zur Bestimmung der Glastemperatur bekannte geringfügige Erhöhung der Glastemperatur des amorphen Anteils im partiell kristallinen ($\Delta T_G = 5°$), so erhält man die erstaunliche Tatsache, daß die Lösungswärme des reinen amorphen Materials sich von der berechneten des amorphen Anteils im partiell kristallinen (jeweils bezogen auf z. B. 1 g) unterscheidet: der berechnete Wert liegt erheblich über dem experimentell für das röntgenamorphe Polymerisat gewonnenen und gemessenen Wert (Tab. 3).

Tab. 3. Lösungswärme für den amorphen Anteil

a) im röntgenamorphen Material (unmittelbarer experimenteller Wert)	11,57 cal/g
b) im partiell kristallinen Material (aus experimentellen Daten berechneter Wert)	18,7 cal/g

Der berechnete Wert dürfte gemäß seiner Ableitung und den dabei eingehenden Näherungen zwar nicht allzu genau sein, die Diskrepanz zum gemessenen Wert bleibt aber auch bei großzügigem Ansatz für die möglichen Fehler bestehen.

Zusätzlich wurde durch Differentialthermoanalyse-Messungen an Polymethylmethacrylat-Lösungen mit erheblich größerer Endkonzentration sichergestellt, daß auch eine experimentelle Verfälschung der Meßwerte etwa durch unvollständige Kristallitauflösung ausgeschlossen werden kann. Das wäre ja eine Möglichkeit gewesen, die Differenzen auf eine simple Weise zu erklären.

Aus alledem bleibt also nur der Schluß möglich, daß ein Teil der Lösungswärme des amorphen Materials im Kalorimeter nicht erfaßt wird, weil ein konkurrierender endothermer Prozeß ihn kompensiert. Physikalisch würde das heißen, daß die röntgenamorphe isotaktische Probe nicht eine ideale statistische Flüssigkeitsstruktur besitzt, sondern noch Reste kristalliner Ordnung oder eine „Nahordnung" aufweist.

4. Schlußbemerkung

Die Untersuchungen und Überlegungen zu den Lösungswärmen von isotaktischem Polymethylmethacrylat geben ein Beispiel, in welcher Weise kalorimetrische Verfahren dazu beitragen können, Ordnungsstrukturen in polymeren Substanzen zu erfassen und zu beschreiben. Dabei zeichnen sich die kalorimetrischen Effekte durch eine große Ansprechempfindlichkeit aus.

Der Firma Röhm & Haas GmbH sei an dieser Stelle nochmals für die freundliche Überlassung des geeigneten Untersuchungsmaterials gedankt.

Der Deutschen Forschungsgemeinschaft sei verbindlichster Dank ausgesprochen für die intensive Förderung der kalorimetrischen Untersuchungen, die ohne diese Unterstützung nicht in diesem Ausmaße möglich gewesen wären.

Zusammenfassung

Isotaktisches PMMA läßt sich durch verschiedene Vorbehandlung teilkristallin oder amorph darstellen, wenigstens, soweit man die Kristallinität aus Röntgenbeugung bestimmt. Im Rahmen von umfangreichen Untersuchungen über Lösungswärme von PMMA-Proben verschiedenen Molekulargewichts und unterschiedlicher Taktizität finden wir, daß bei Auflösung eines amorphen isotaktischen PMMA eine geringere Lösungswärme frei wird, als aufgrund der theoretischen Extrapolation aus den Lösungswärmedaten eines teilkristallinen Polymerisats zu erwarten ist. Dieser Widerspruch läßt sich vernünftig nur so erklären, daß auch das „röntgenamorphe" Material schon eine sehr beträchtliche Nahordnung besitzt, eine Nachbarschaftsordnung, die wohl die Lösungswärmedaten erklärt, aber andererseits das Fehlen von Röntgeninterferenzen verstehen läßt.

Summary

Isotactic polymethylmethacrylate can be prepared by different preliminary treatment in partially crystalline or amorphous forms as far as crystallinity may be determined by X-ray diffraction. On account of extensive investigations on solution heats of PMMA of various molecular weights and different tacticity we find that by dissolving an amorphous isotactic PMMA a smaller amount of solution heat is set free as may be expected from theoretical extrapolation of solution heat data of a partially crystalline polymerisate. This contradiction can only be explained in a reasonable manner by the assumption that the X-ray-amorphous material already has an important part of neighbourhood order, i. e an order which explains the heat of solution data and the lack of diffraction patterns.

Literatur

1) *Stölting, J., F. H. Müller*, Kolloid-Z. **238**, 459 (1970). Dort S. 460ff. ausführliche thermodynamische Formulierung dieser an sich unmittelbar plausiblen Tatsache.

2) *Stölting, J.*, Dissertation Marburg/Lahn 1968; s. a. *Engelter, Ad.* und *F. H. Müller*, Sitzungsberichte der Gesellschaft zur Beförderung der Naturwissenschaften (Marburg 1962), S. 487, Festschrift „100 Jahre Farbwerke Hoechst".

3) *Bovey, F. A., G. Tiers*, Fortschr. Hochpolym. Forschg. **3**, 139 (1963).

4) *Hendus, H., G. Schnell*, Kunststoffe **51**, 69 (1961).

5) *Hermans, P. H., G. Challa, A. Weidinger*, Makromolekulare Chemie **56**, 169 (1962).

6) *Fox, T. G., B. S. Garret*, J. Amer. Chem. Soc. **80**, 1768 (1958).

7) *Schulz, G. V., K. V. Günner, H. Gerrens*, Z. Phys. Chem. **4**, 192 (1955).

8) *Gast, Th.*, Kunststoffe **43**, 15 (1953).

9) *Hildebrand, J., R. Scott*, The Solubility of Nonelectrolytes (New York 1949).

10) *Mangaraj, D., S. Patra, S. Rashid*, Makromol. Chem. **65**, 39 (1963).

Anschrift der Verfasser:
Dipl.-Phys.. *Chr. Gerth* und Prof. Dr. *F. H. Müller*
Institut für Polymere
3550 Marburg/Lahn, Marbacher Weg 15

Kolloid-Z. u. Z. Polymere **241**, 1075–1079 (1970)

Aus dem Institut für Polymere der Universität Marburg/Lahn

Die kalorimetrische Erfassung der Dehnungskristallisation Polymerer*)

Von D. Göritz und F. H. Müller

Mit 10 Abbildungen

(Eingegangen am 14. September 1970)

Es ist bekannt, daß einige gummiartige Polymere (Naturkautschuk, Polyisobutylen) beim Dehnen kristallisieren.

Kristallisation aber ist mit Freiwerden von Wärme gekoppelt. Diese Wärme und die zum Dehnen notwendige Arbeit läßt sich mit dem Verstreckungskalorimeter erfassen. Aus den Registrierkurven läßt sich damit der Kristallanteil am Ende des Dehnungs-Kristallisationsprozesses bestimmen.

Zusätzliche Aussagen über das Zeitverhalten der Kristallisation erhält man, wenn man die registrierten Meßkurven von ihrer apparativ bedingten zeitlichen Verzerrung befreit.

Deshalb soll im folgenden

1. kurz über das Verstreckungskalorimeter
2. über die zeitliche Entzerrung der Meßkurven und
3. über einige Meßergebnisse an Naturkautschuk

berichtet werden.

1. Das Verstreckungskalorimeter

Die Konstruktion des Kalorimeters ist in der Promotionsarbeit von *Ad. Engelter* (1) ausführlich beschrieben worden. Das Meßprinzip beruht auf Anwendung eines definierten Gasvolumens als empfindliches Gasthermometer:
die Volumina zweier geometrisch gleicher mit Luft oder Wasserstoff gefüllter Hohlzylinder sind mit je einer Kammer eines Differenzmanometers verbunden (Abb. 1).

In dem einen Gefäß (Probezylinder) befindet sich die zu untersuchende Probe, die über einen Zugdraht, der durch eine Quecksilberdichtung geführt wird, gedehnt werden kann. Im zweiten Zylinder ist ein Heizdraht zentral angebracht.

Wird im Probengefäß durch Dehnen z. B. von Kautschuk Wärme produziert, so fließt diese durch die Luft zur Zylinderwand ab und erhöht damit die mittlere Temperatur des Gases und somit den Druck. Über das Differenzmanometer wird ein Regelkreis gesteuert, der im Vergleichsgefäß elektrisch die gleiche Wärme erzeugt wie im Probengefäß. Der quadrierte Heizstrom entspricht der Wärmeproduktion pro Zeit. Das Integral ist proportional zur insgesamt produzierten Wärme.

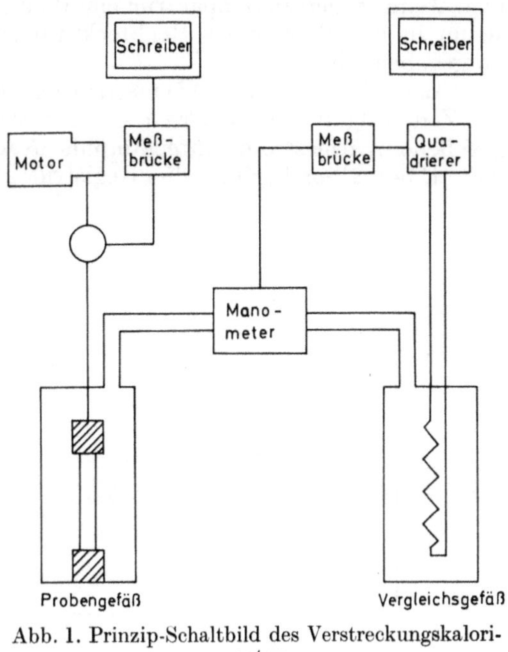

Abb. 1. Prinzip-Schaltbild des Verstreckungskalorimeters

Diese symmetrische Anordnung, ein Kompensationsverfahren, wurde gewählt, weil dadurch eine Reihe der Apparatekonstanten aus dem Meßergebnis von vornherein eliminiert wird.

Die Registrierung der Wärme erfolgt aber notwendig mit einer gewissen Trägheit. Die registrierte Kurve für den Wärmestrom entspricht nicht der tatsächlich ablaufenden zeitlichen Entstehung der Wärme in der Probe während der Verformung. Das liegt daran, daß eine extreme Empfindlichkeit erreicht werden muß. Und extreme Empfind-

*) Vorgetragen auf der Arbeitssitzung des Fachausschusses Physik der Hochpolymeren in der Frühjahrstagung 1970 des Regionalverbandes Hessen-Mittelrhein-Saar der Deutschen Physikalischen Gesellschaft in Darmstadt, 10.–13. März 1970.

lichkeit und momentanes Ansprechen einer Meßanordnung schließen physikalisch einander aus. Für die Gesamtbilanz bringt diese apparative Verzerrung der Wärmeregistrierung keine Schwierigkeit, es ist wie bei der Anwendung eines ballistischen Galvanometers: die gemessene Elektrizitätsmenge ist unabhängig von dem Ablauf der Entladungskurve. Für die zeitliche Zuordnung der Wärmeproduktion in einer Meßprobe zum Dehnungsprozeß aber ist eine Entzerrung erforderlich.

Gelingt sie, so zeigt sich, ist das Dehnungskalorimeter ein äußerst empfindliches Instrument, um Kristallisations- und Schmelzvorgänge bei Deformation zu verfolgen.

2. Die zeitliche Entzerrung

Die zeitliche Verzerrung erkennt man deutlich, wenn in der Meßapparatur ein Wärmestrom in der Form eines Rechteckimpulses vorgegeben wird.

In der Abb. 2 ist der Wärmestrom gegen die Zeit aufgetragen. Kurve *a* ist der vorgegebene Wärmestromrechteckimpuls. Nach dem Einschalten beginnt die Registrierung

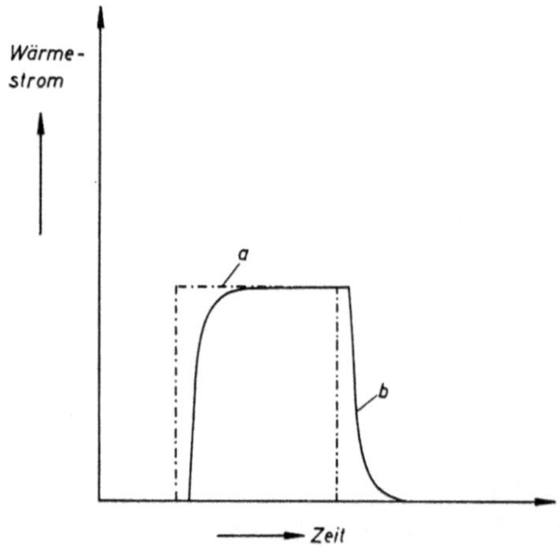

Abb. 2. Vorgegebener (a) und gemessener (b) Wärmestrom

ein paar Sekunden verspätet, hat einen endlichen Anstieg und lenkt nach einer Retardationszeit (hier etwa 2 min) in den konstanten Endwert ein. Das Ausklingen nach dem Abschalten verläuft symmetrisch.

Das verspätete Ansprechen der Apparatur (Totzeit) kann vernachlässigt werden, da man dadurch nur eine triviale konstante Verschiebung auf der Zeitachse erhält.

Um die Form des Abklingvorganges zu analysieren, wurde die Höhe des Wärmestroms variiert, und es wurden die registrierten Kurven übereinander gezeichnet (Abb. 3).

Wichtig ist hier die Tatsache, daß die Abklingfunktion unabhängig von der endgültigen Höhe des Wärmestroms ist.

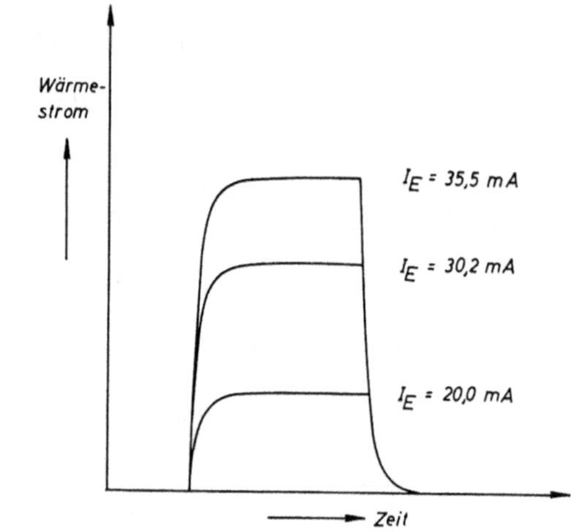

Abb. 3. Eichkurven für verschiedene Eichstromstärken

Es liegt nahe, diese Abklingfunktion durch eine Exponentialfunktion der einfachen Bauart

$$h = k \cdot e^{-at}$$

anzunähern. Diese Annäherung erwies sich tatsächlich für das vorliegende Kalorimeter als sehr exakt. Logarithmiert man obige Gleichung, so muß die Auftragung von ln *h* gegen die Zeit eine Gerade ergeben, aus der die Konstanten *k* und *a* als Neigung und Ordinatenabschnitt bestimmt werden können. Die Bilder von der berechneten und der gemessenen Abklingfunktion zeigt Abb. 4.

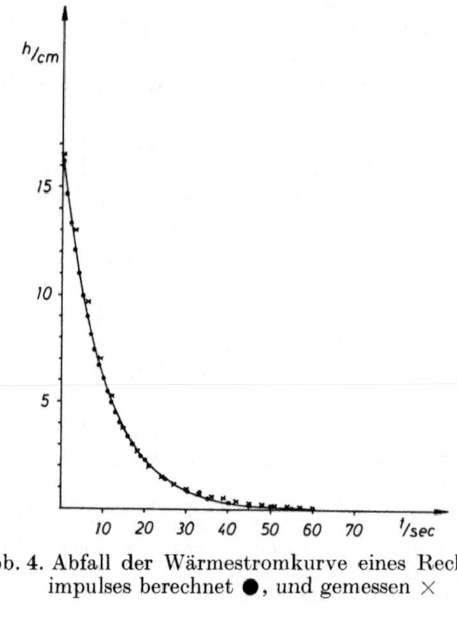

Abb. 4. Abfall der Wärmestromkurve eines Rechteckimpulses berechnet ●, und gemessen ×

Wie man sieht, läßt sich die Abklingfunktion tatsächlich sehr exakt mit der Exponentialfunktion beschreiben.

Wir betrachten jetzt eine experimentelle Wärmestrommeßkurve (Abb. 5) und interessieren uns für die Wärme, die bis zum Zeitpunkt t_1 in der Probe entstanden ist.

Nehmen wir an, daß die Wärmeproduktion zur Zeit t_1 abrupt aufhörte, so würde die Apparatur die Meßkurve weiter zeichnen, und zwar so, daß sie vom Zeitpunkt t_1 mit der apparativen Abklingfunktion gegen Null abfiele.

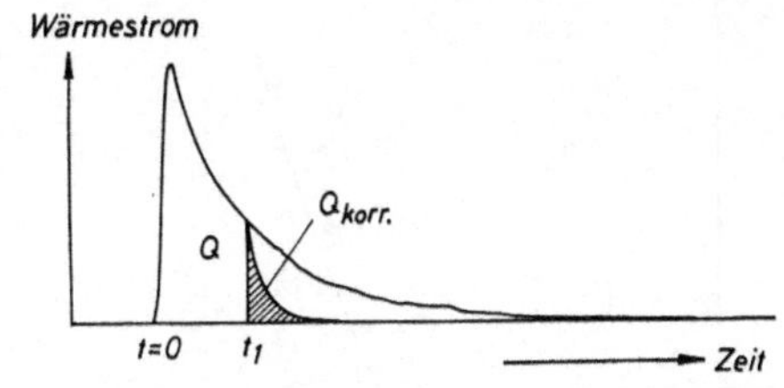

Abb. 5. Wärmestrommeßkurve von Naturkautschuk

Als tatsächlich bis zur Zeit t_1 produzierte Wärme müssen wir also die Wärme nehmen, die der Fläche bis t_1 entspricht zusätzlich einer Korrekturfläche gemäß dem Integral der Abklingfunktion von $t = t_1$ bis $t = \infty$.

Ersetzt man in der Exponentialgleichung die Zeit t mittels der Papiergeschwindigkeit durch den Weg s, so erhält man nach Integration über s und einigen kleinen Umrechnungen die sehr einfache Beziehung

$$F_{\text{korr}} = \frac{v_p}{a} h .$$

mit h = Höhe der registrierten Kurve, und v_p = Geschwindigkeit des Registrierpapiers.

Damit besteht also eine sehr einfache Vorschrift, um die zu jedem Zeitpunkt gehörende Korrekturfläche zu bestimmen und es lassen sich experimentelle Meßkurven von Q graphisch entzerren.

Abb. 6 zeigt die Anwendung dieser Entzerrungsmethode beim reversiblen thermoelastischen Effekt eines Stahldrahtes. Die gestrichelte Kurve gibt den entzerrten Verlauf des Wärmestroms wieder. Man erkennt, daß der Abkühlungs- und Erwärmungsvorgang nun tatsächlich innerhalb der Zeit der Belastung bzw. Entlastung des Drahtes erfolgt, wie es sein muß.

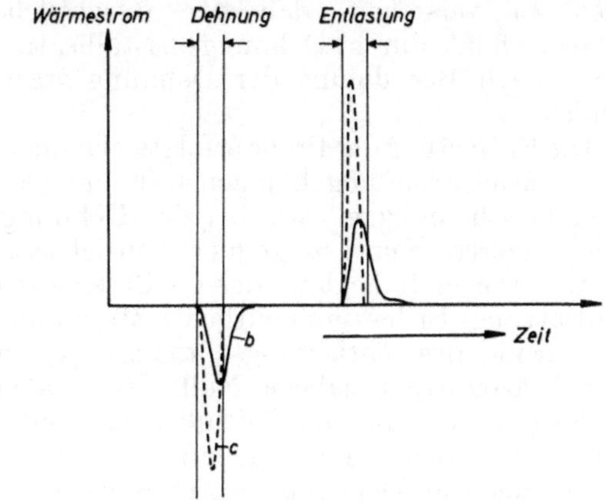

Abb. 6. Thermoelastischer Effekt von Stahldraht (*Chronifer* 1808)

3. Meßergebnisse an Naturkautschuk

In Abb. 7 ist die registrierte und die mit obiger Methode gewonnene entzerrte Wärmestromkurve für Naturkautschuk bei einer Dehnung auf das Vierfache der Ausgangslänge ($\alpha = 4$) d.h. um 300% eingetragen.

Der Dehnungsbeginn liegt bei (1). Die entzerrte Wärmestromkurve (b) steigt mit der Dehnung an und erreicht bei Abschluß der Dehnung (2) ein scharfes Maximum. Während des Dehnvorganges erfolgt in der Probe eine Abnahme der Entropie, die bekanntlich eine Erwärmung der Probe verursacht. Dieser Effekt muß vom Zeitpunkt (2) ab, von dem

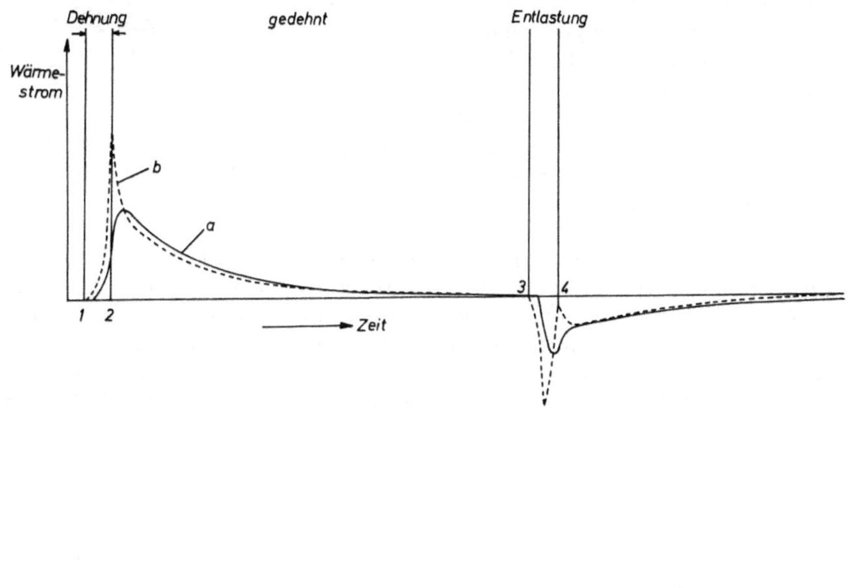

Abb. 7. Registrierte (a) und entzerrte (b) Wärmestromkurve bei einer Verstreckung um $\alpha = 4$

ab die Probe in gedehntem Zustand gehalten wird, aufhören. Es wird die Orientierungsentropie keinen Beitrag zur Wärmeproduktion mehr liefern. Wenn also weiterhin aus der Probe noch ein Wärmestrom abfließt, muß er eine andere Ursache haben. Zum Beispiel kann ein Kristallisationsvorgang Wärme freiwerden lassen. Kristallisation braucht bekanntlich Zeit zu ihrer Ausbildung, es ist also zu verstehen, daß der wesentliche Wärmeeffekt durch Dehnungskristallisation noch nach Beendigung der Dehnung stattfindet.

Die Entlastung der Probe erfolgte, nachdem der Wärmestrom abgeklungen war, mit gleicher Geschwindigkeit wie bei der Dehnung. Die entzerrte Kurve zeigt hier deutlich *zwei* Peaks. Der erste liegt wieder im Bereich der Entlastung. Er hat ein deutliches Maximum. Am Ende des Entlastungsvorgangs (4) ist der Wärmestrom nahezu Null. Dann aber steigt er erneut an und fällt über ein breites Maximum gegen die Nullinie ab.

Versuche mit kleinen Entlastungsgeschwindigkeiten zeigen, daß sich beide Peaks zu einem verschmieren. Aufgrund der schnellen Entlastung verursacht also anfangs nur die Zunahme der Orientierungsentropie die Abkühlung der Probe. Erst danach, etwa 20 sec später, beginnen die Kristalle aufzuschmelzen. Die dazu benötigte Wärmemenge entspricht der Fläche unter dem zweiten Peak.

Zur Bestimmung der Dehnungskristallisation muß man die zur statistischen Orientierung der Ketten gehörende Entropiewärme abtrennen. Aus dem Verhältnis von dem Rest der dann verbleibenden abgegebenen Wärmemenge kann man mittels der bekannten Schmelzwärme von Kautschuk, deren Wert sich in der Literatur findet, den Kristallanteil bestimmen. Man kann also einmal den Endwert des Kristallanteils zu einer gegebenen Dehnung (bei konstanter Temperatur und Verstreckgeschwindigkeit) feststellen. Das ist in Abb. 8 aufgetragen.

Zum Vergleich sind Meßwerte von *Goppel* (2), röntgenographisch ermittelt, eingetragen worden. Wie man erkennt, lassen sich mit Hilfe des Verstreckungskalorimeters auch für sehr kleine Dehnungsgrade die Kristallanteile sehr exakt bestimmen, die röntgenographischen Werte streuen dort sehr.

Diese Endwerte des Kristallisationsgrades in Abhängigkeit von der Dehnung sind aber bereits mit einigen Methoden bestimmt worden (z.B. auch mit Dichtemessungen). Interessanter ist der *zeitliche Ablauf* der Dehnungskristallisation, den man aus den

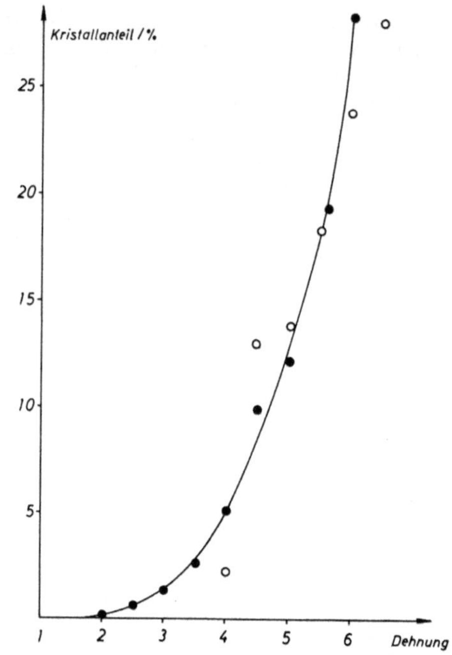

Abb. 8. Kristallanteil w^c in Abhängigkeit vom Dehnungsgrad. Messung von *Goppel*: ○, eigene Messung: ●

entzerrten Meßkurven erhält. Diese zeitliche Ausbildung der Dehnungskristallisation ist in Abb. 9 aufgetragen.

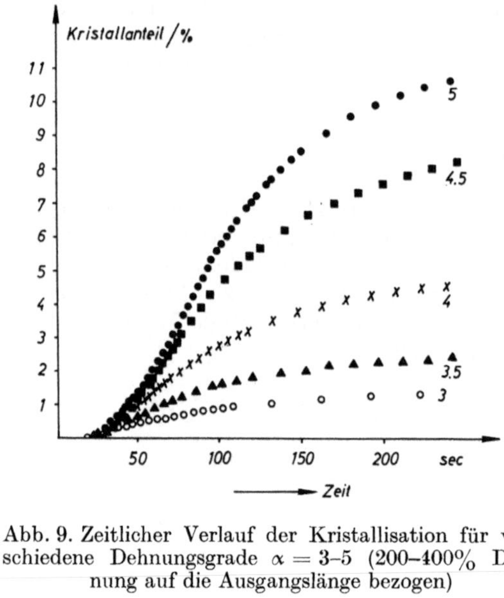

Abb. 9. Zeitlicher Verlauf der Kristallisation für verschiedene Dehnungsgrade $\alpha = 3$–5 (200–400% Dehnung auf die Ausgangslänge bezogen)

Parameter ist die maximale Verstreckung. Der Verlauf der Kristallisation niedermolekularer Stoffe und auch kristallisationsfähiger Polymerer wird hier wie in üblicher Art bei konstanter Temperatur in Abhängigkeit von der Zeit als S-förmige Kurve gefunden (Induktionszeit – max. Kristallisationsablauf – Sättigung).

Über den Charakter des S-förmigen Anstiegs ergibt sich Näheres, wenn man die Zeitabhängigkeit der Dehnungskristallisation nach *Avrami* aufträgt. Dies zeigt Abb. 10. Man erhält eine Gerade mit dem Anstieg 1 statt üblicherweise größer als eins.

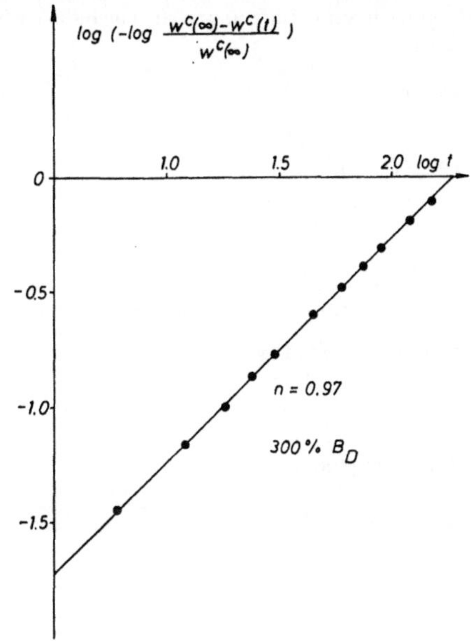

Abb. 10. *Avrami*-Auftragung der Dehnungskristallisation von Naturkautschuk. Dehnungsgrad: $\alpha = 4$

Nach der *Avrami*-Theorie folgt daraus für den Kristallisationsprozeß ein lineares Kristallwachstum mit athermischer Keimbildung (3). Übrigens haben Experimente, durch Verfolgung der zeitlichen Änderung der Dichte die Kinetik und die Dehnungskristallisation zu erfassen, ebenfalls zum Exponent 1 in der *Avrami*-Darstellung geführt.

Abschließende Bemerkung

Die Verstreckungskalorimetrie erlaubt also, die beim Dehnen auftretende Kristallisation, selbst schon für sehr geringe Kristallisationsgrade, nachzuweisen. Befreit man die registrierten Wärmestrommeßkurven von ihrer apparativen zeitlichen Verzerrung, so kann man weitere Aussagen über die Kinetik der Dehnungskristallisation gewinnen.

Der Deutschen Forschungsgemeinschaft sei für die Unterstützung dieser Arbeiten am Verstreckungskalorimeter, insbesondere der Arbeiten über die Kristallisation beim Dehnen, verbindlichst gedankt. Unser Dank gilt auch dem Fond der Chemie.

Zusammenfassung

Naturkautschuk gehört ebenso wie Polyisobutylen zu denjenigen Polymeren, die beim Verstrecken gut kristallisieren. Die die Kristallisation begleitende Wärmeentwicklung kann im Verstreckungskalorimeter mit sehr hoher Empfindlichkeit erfaßt werden. Wesentlich dafür ist, daß man die Registrierkurven für den Wärmestrom, die die Apparatur liefert, in bezug auf ihre zeitliche Verzeichnung entzerrt. Aus den entzerrten Kurven läßt sich die Kristallisationswärme von der zur statistischen Orientierung der Ketten gehörigen Entropiewärme abtrennen und auf diese Weise sowohl der zeitliche Verlauf der Kristallisation als auch bei Entlastung der zeitliche Verlauf des Schmelzens der Kristallite verfolgen. Der Kristallisationsgrad läßt sich mit erheblicher Genauigkeit, selbst bei sehr geringem Anteil, bestimmen.

Summary

Natural rubber belongs just like polyisobutylene to the class of polymers that crystallize well when stretched. The heat development arising out of the crystallization may be especially well be determined by means of the stretching calorimeter. It is essential that the registered heat curves will before be corrected as far as an erroneous time factor is involved. Then from the corrected curves the crystallization heat may be separated from the entropy belonging to the statistical orientation of the chains. This way the time factor involved for the crystallization as well as the time factor involved in melting of the crystallites when released may be well determined. The rate of crystallization and also the degree of crystallization may be possible with great precision – even if very small.

Literatur

1) *Engelter, Ad., F. H. Müller*, Kolloid-Z. u. Z. Polymere **157**, 89 (1958); Rheol. Acta **1**, 39 (1958).

2) *Goppel, J. M.*, Appl. Sci. Research **A-1**, 18 (1949).

3) *Mandelkern, L.*, 'Crystallization of Polymers'.

Anschrift der Verfasser:

Dipl.-Phys. *D. Göritz* und Prof. *F. H. Müller*
Universität Marburg, Institut für Polymere
3550 Marburg/L., Marbacher Weg 15

Folgende Vorträge wurden schon veröffentlicht:

Aus dem Deutschen Kunststoff-Institut, Darmstadt

Elektronenspinresonanz-, Differentialthermoanalyse- und Molekulargewichtsuntersuchungen an mechanisch beanspruchten Kunststoff-Fäden

Von *J. Becht* und *H. Fischer*

erschienen

Kolloid-Z. u. Z. Polymere, **240**, 766–774 (1970)

Aus dem Institut für Technische Elektronik der Technischen Hochschule, München

Über den elektronischen Leitungsmechanismus in Polyäthylen

Von *O. Dehoust*

erschienen

Kolloid-Z. u. Z. Polymere, **235**, 1271–1280 (1969)

Aus dem Deutschen Kunststoff-Institut, Darmstadt

Die spezifische Wärme von Mischungen aus Polyvinylchlorid und Weichmachern

Von *R. Hoffmann* und *W. Knappe*

erschienen

Kolloid-Z. u. Z. Polymere, **240**, 784–789 (1970)

Aus dem Deutschen Kunststoff-Institut, Darmstadt

Effects of crosslinking and chain degradation on the thermal conductivity of polymers

Von *W. Knappe* and *O. Yamamoto*

erschienen

Kolloid-Z. u. Z. Polymere, **240**, 775–783 (1970)

Für die Schriftleitung verantwortlich: Für Originalarbeiten Prof. Dr. F. H. Müller, 3550 Marbach b. Marburg/Lahn
und Prof. Dr. A. Weiss, 8000 München 2
für Referate und Berichte Dr. K. Requardt, 6078 Neu-Isenburg
Anzeigenverwaltung: Dr. Karl Niedermeyer Nachf., 6000 Frankfurt/M. 90, Georg-Speyer-Straße 76
Dr. Dietrich Steinkopff Verlag, 6100 Darmstadt, Saalbaustraße 12
Herstellung: Universitätsdruckerei Mainz GmbH

GPSR Compliance

The European Union's (EU) General Product Safety Regulation (GPSR) is a set of rules that requires consumer products to be safe and our obligations to ensure this.

If you have any concerns about our products, you can contact us on ProductSafety@springernature.com

In case Publisher is established outside the EU, the EU authorized representative is:

Springer Nature Customer Service Center GmbH
Europaplatz 3
69115 Heidelberg, Germany

Batch number: 10578403

Printed by Printforce, the Netherlands